Springer-Lehrbuch

Thorsten Pampel

# Mathematik für Wirtschaftswissenschaftler

 Springer

Dr. Thorsten Pampel
Universität Bielefeld
Fakultät für Wirtschaftswissenschaften
Universitätsstraße 25
33615 Bielefeld
Germany
tpampel@wiwi.uni-bielefeld.de

ISSN 0937-7433
ISBN 978-3-642-04489-2        e-ISBN 978-3-642-04490-8
DOI 10.1007/978-3-642-04490-8
Springer Heidelberg Dordrecht London New York

Die Deutsche Nationalbibliothek verzeichnet diese Publikation in der Deutschen Nationalbibliografie;
detaillierte bibliografische Daten sind im Internet über http://dnb.d-nb.de abrufbar.

*Einbandentwurf:* WMXDesign GmbH, Heidelberg

Gedruckt auf säurefreiem Papier

Springer ist Teil der Fachverlagsgruppe Springer Science+Business Media (www.springer.com)

# Vorwort

In den Wirtschaftswissenschaften – sowohl in BWL als auch in VWL – wird heutzutage mehr Mathematik verwendet, als viele Studierende erwarten. Bereits in den ersten Semestern des Bachelorstudiums werden mathematische Methoden genutzt. Funktionseigenschaften werden untersucht, um Marktgleichgewichte zu bestimmen oder Entscheidungprobleme zu formulieren und zu lösen. Lineare Gleichungssysteme werden bei der innerbetrieblichen Leistungsverrechnung oder bei einer Input-Output-Analyse aufgestellt und gelöst. Im weiteren Studienverlauf treten Eigenwerte und Eigenvektoren auf, beispielsweise bei der Analyse zeitlicher Entwicklungen in Wachstumsmodellen.

Dieses Lehrbuch richtet sich an Studierende der Wirtschaftswissenschaften und vermittelt das notwendige mathematische Handwerkszeug für das **gesamte** Studium, auch wenn die entsprechenden Vorlesungen typischerweise am Anfang des Studiums vorgesehen sind. Für ein erfolgreiches Studium ist es von Anfang an erforderlich, mathematische Techniken zu beherrschen und korrekt anzuwenden. Im weiteren Studienverlauf – bei Seminar-, Bachelor- oder Masterarbeit – ist es auch notwendig, selbstständig mathematische Inhalte zu erarbeiten und zu formulieren.

In den ersten Teilen des Buches werden kontinuierlich, aufeinander aufbauend, die mathematischen Konzepte und Methoden eingeführt. Deren korrekte Verwendung wird an Beispielen verdeutlicht und durch Abbildungen illustriert. Beweise – oft als Beweisskizze – werden geführt, wenn sie konstruktiv sind, zu weiterführenden Methoden überleiten oder dadurch das Verständnis der Aussagen vertieft wird. Ansonsten wird für diejenigen, die die Details nachvollziehen wollen, auf entsprechende mathematische Literatur verwiesen. Im abstrakteren letzten Teil werden vermehrt Beweise angegeben, da hierdurch das Verständnis für die Begriffe verbessert wird.

Die meisten Kapitel werden durch einen Abschnitt mit einer ökonomischen Anwendung ergänzt. Begriffe und Ergebnisse des jeweiligen Kapitels werden hierbei direkt verwendet.

Dieses Lehrbuch ist anhand meiner Vorlesungsskripten zu den Basisveranstaltungen Mathematik für Wirtschaftswissenschaftler I und II – die ich mehrfach seit dem Sommersemester 2003 an der Universität Bielefeld gehalten habe – entstanden.

Ich danke allen Kollegen, Tutoren und Studierenden für Kommentare und Anregungen. Meinen besonderer Dank gilt Claus-Jochen Haake, Mark Hahmeier und Andreas Szczutkowski für die kontinuierliche Weiterentwicklung und Verbesserung der vorlesungsbegleitenden Materialien, wann immer sie die Vorlesungen gehalten haben. Oliver Claas danke ich für seine intensive Unterstützung bei der Korrektur des Manuskripts.

Bielefeld, im September 2009                                          *Thorsten Pampel*

# Inhaltsverzeichnis

## Teil III  Differential- und Integralrechnung

## Teil IV  Lineare Gleichungssysteme

**Teil VI  Lineare Algebra**

# Warum benötigen Wirtschaftswissenschaftler Mathematik?

Ziele in den Wirtschaftswissenschaften sind unter anderem:

- die Entwicklung ökonomischer Daten darzustellen,
- Wechselwirkungen zu erkennen,
- beobachtete Phänomene zu erklären,
- individuelle Entscheidungen zu beschreiben und zu analysieren,
- Auswirkungen von Entscheidungen zu beurteilen und
- Prognosen zu erstellen.

Volkswirtschaften und Unternehmen sind sehr komplex und es gibt vielfältige Verflechtungen und Wechselwirkungen zwischen den einzelnen Beteiligten.

Eine mathematische Beschreibung der Entscheidungen und Interaktionen verschiedener Beteiligter ermöglicht oft eine systematische Modellierung und Analyse einer **vereinfachten** Darstellung der Realität. Bereits bei der Beschreibung eines solchen **Modells** wird Mathematik benutzt:

- Ökonomische Größen werden durch Variablen beschrieben,
- Beobachtungen werden mit ökonometrischen oder statistischen Methoden aufbereitet,
- Wechselwirkungen werden durch Funktionen dargestellt,
- Entscheidungen werden als optimierendes Verhalten modelliert.

Sind alle Modellannahmen zusammengestellt, dann werden verschiedene mathematische Konzepte und Methoden als Analyseinstrument eingesetzt, um Schlussfolgerungen für das Modell abzuleiten. Die Ergebnisse werden abschließend interpretiert.

Da solche Modelle nur Teile der Realität widerspiegeln und oft die Modifikation einzelner Modellannahmen zu unterschiedlichen Ergebnissen führen kann, ist bei der Interpretation besondere Vorsicht geboten. Wenn aber Einigkeit über die zu betrachtenden Modellannahmen herrscht, dann ist die Mathematik ein sehr präzises Analyseinstrument.

Ziel dieses Buches ist es, die mathematischen Begriffsbildungen, Konzepte und Lösungsmethoden zu vermitteln, die in den Wirtschaftswissenschaften oft verwendet werden, um Modelle zu analysieren. Folgende Zusammenhänge treten dabei auf:

1. Die Beschreibung von ökonomischen Zusammenhängen und Wechselwirkungen erfolgt mit Hilfe von Funktionen.
2. Entscheidungen werden aufgrund optimierenden Verhaltens modelliert (Beispiele sind Nutzenmaximierung von Konsumenten, Gewinnmaximierung oder Kostenminimierung von Firmen).
3. Die Preisbildung wird durch ein Gleichgewichtskonzept beschrieben, bei dem Gleichgewichtspreise so bestimmt werden, dass Angebot und Nachfrage übereinstimmen. Hierbei werden Gleichungssysteme gelöst.

Daher sind die zentralen Anwendungen in den Wirtschaftswissenschaften die **Untersuchung von Funktionen**, die **Bestimmung von Nullstellen** und das **Lösen von Optimierungsproblemen**. Diese Themen ziehen sich wie ein *roter Faden* durch das Buch.

Die Inhalte von Teil I sind weitgehend eine Zusammenfassung von mathematischen Grundkenntnissen über Zahlen, Mengen und Abbildungen; ergänzt mit einem kurzen Überblick über mathematische Begriffsbildungen und das mathematische Vorgehen bei Beweisen. Für Studierende, die hiermit Schwierigkeiten haben, könnte die umfangreiche Aufgabensammlung Gerlach, Schelten und Steuer (2004) hilfreich sein.

Folgen und Reihen in Teil II sind kein typischer Schulstoff, sie ermöglichen es aber, den Grenzwertbegriff einzuführen. In Anwendungen können zeitliche Entwicklungen als Folgen beschrieben werden.

Der Funktionsbegriff sowie die Differential- und Integralrechnung wird in Teil III behandelt. Insbesondere werden hier Zusammenhänge zwischen Ableitungen und Funktionseigenschaften erläutert und Lösungsmethoden für eindimensionale Optimierungsprobleme angegeben.

Zur Behandlung von Fragestellungen mit mehreren Variablen beschäftigen wir uns in Teil IV zunächst mit linearen Gleichungssystemen und linearen Abbildungen, bevor in Teil V mehrdimensionale Funktionen untersucht werden. Dabei werden Lösungskonzepte für die Optimierung mit und ohne Nebenbedingungen erklärt.

Abschließend werden in Teil VI allgemeine Konzepte der Linearen Algebra eingeführt und die Untersuchung von Eigenwerten und Eigenvektoren dargestellt. Diese spielen eine Rolle bei der Untersuchung zeitabhängiger Phänomene und dynamischer Systeme.

Die meisten Kapitel sind durch einen Anwendungsabschnitt ergänzt, in dem gezeigt wird, wie die eingeführten Begriffe und Methoden Anwendung finden.

# Teil I
# Mathematische Grundlagen

In Kapitel 1 werden grundlegende mathematische Begriffe eingeführt, die bei wirtschaftswissenschaftlichen Fragestellungen relevant sind.

In den ersten Abschnitten werden **Zahlen, Mengen und Abbildungen** eingeführt und einige wichtige Eigenschaften erläutert. Wichtig für alle Fragestellungen, bei denen etwas berechnet werden muss, ist das korrekte Umformen von **Gleichungen** und **Ungleichungen** sowie das Beherrschen der **Rechenregeln für reelle Zahlen und für Brüche**. Neben diesen Themen werden das **Summenzeichen** eingeführt und die **binomischen Formeln** zusammengestellt und verallgemeinert. Zusätzlich werden **Potenzen, Wurzeln und Beträge** definiert und hierzu jeweils die Rechenregeln angegeben.

Um neue Ergebnisse zu erzielen, ist es häufig notwendig, Aussagen präzise zu formulieren und zu **beweisen**. Daher werden Kapitel 2 die mathematische Begriffsbildungen und Vorgehensweisen zusammengestellt, die benötigt werden, um mathematische Texte zu verstehen oder selber zu schreiben.

Dabei werden Begriffe zur **Aussagenlogik** eingeführt und erläutert, wie diese in mathematischen Texten gelesen und interpretiert werde. Nach einer kurzen Übersicht über Begriffe wie **Definition, Satz, Lemma und Korollar** werden die wichtigsten **Beweistechniken** an Beispielen erläutert.

# Kapitel 1
# Zahlen, Mengen, Abbildungen

In diesem Kapitel werden **Zahlen**, **Mengen** und **Abbildungen** eingeführt und die verschiedenen **Rechenregeln** und **Schreibweisen** erläutert. Insbesondere wird auf den Umgang mit **Gleichungen** und **Ungleichungen** eingegangen.

Bei wirtschaftswissenschaftlichen Fragestellungen werden **Zahlen** benutzt, um ökonomische Größen zu beschreiben. **Mengen** fassen Dinge mit bestimmten Eigenschaften zusammen; beispielsweise enthält eine Budgetmenge die möglichen Einkäufe, die mit einem vorhandenen Budget finanzierbar sind. **Abbildungen** erklären Zusammenhänge zwischen verschiedenen Größen; beispielsweise wird durch eine Abbildung einem Einkaufswageninhalt genau der Wert zugeordnet, der an der Kasse bezahlt werden muss.

Ein zentrales Konzept in den Wirtschaftswissenschaften ist das **Marktgleichgewicht**. Um Marktgleichgewichte zu bestimmen, werden Angebot und Nachfrage in einer **Gleichung** aufgeschrieben. Die Gleichung wird dann durch **Äquivalenzumformungen** nach einer **Variablen** – dem Preis – aufgelöst. **Ungleichungen** treten beispielsweise bei der Beschreibung von Budgetmengen auf. Zu der Budgetmenge gehören alle Güterbündel, die bei vorgegebenen Güterpreisen höchstens ein vorgegebenes Budget kosten.

## 1.1 Die Zahlensysteme

Ökonomische Größen wie Lagerbestände, die Produktion einer Firma, die Anzahl der Arbeitslosen, das Staatsbudget, Kontostände oder Pro-Kopf-Einkommen werden durch Zahlen beschrieben. Dabei werden unterschiedliche Zahlenarten benutzt, wie natürliche Zahlen, ganze Zahlen, rationale und reelle Zahlen. In diesem Abschnitt werden die Grundrechenarten und die verschiedenen Zahlenarten eingeführt. Ein schön illustrierter Überblick über die Zahlenarten findet sich in Küstenmacher, Partoll und Wagner (2003, Kapitel 1).

Die ersten Zahlen, die bereits kleine Kinder durch das **Zählen** entdecken, sind die **natürlichen Zahlen** $1, 2, 3, 4, 5, \ldots$ Die **Menge der natürlichen Zahlen** wird

T. Pampel, *Mathematik für Wirtschaftswissenschaftler*, Springer-Lehrbuch,
DOI 10.1007/978-3-642-04490-8_1, © Springer-Verlag Berlin Heidelberg 2010

bezeichnet als $\mathbb{N} = \{0, 1, 2, 3, 4, 5, \ldots\}$, wobei die historisch sehr spät entdeckte Zahl 0 hinzugenommen wird.

**Natürliche Zahlen** beschreiben beispielsweise den Lagerbestand eines Supermarktes an Milchflaschen oder die Anzahl der Arbeitslosen einer Volkswirtschaft. Für das **Rechnen** mit Zahlen stehen die vier **Grundrechenarten** zur Verfügung:

| Rechenart | Symbol | Beschreibung | | | Ergebnis |
|---|---|---|---|---|---|
| Addition | $+$ | Summand $+$ Summand | $=$ | | Summe |
| Multiplikation | $\cdot$ | Faktor $\cdot$ Faktor | $=$ | | Produkt |
| Subtraktion | $-$ | Minuend $-$ Subtrahend | $=$ | | Differenz |
| Division | : oder / | Dividend : Divisor | $=$ | | Quotient |

Die **Summe** und das **Produkt** natürlicher Zahlen sind wieder eine natürliche Zahl. Dagegen ist die **Differenz** keine natürliche Zahl, wenn der Subtrahend (die zweite Zahl) größer ist als der Minuend (die erste Zahl). Aus diesem Grund wird das Zahlensystem um die **negativen Zahlen** erweitert und es ergibt sich die **Menge der ganzen Zahlen**

$$\mathbb{Z} = \{\ldots, -2, -1, 0, 1, 2, \ldots\}.$$

Die **Subtraktion** wird beispielsweise zur Beschreibung einer Auszahlung von einem Konto oder von Lagerabgängen benutzt. Ist die Auszahlung von einem Konto größer als der Kontostand, so wird das Ergebnis – eine negative Zahl – als Schulden interpretiert. Ein weiteres Beispiel, bei dem ganze Zahlen auftreten, ist die Überschussnachfrage. Sie ist positiv, wenn die Nachfrage größer als das Angebot ist und negativ, wenn das Angebot größer als die Nachfrage ist.

Um Pro-Kopf-Größen anzugeben oder einen bestimmten Anlagebetrag gleichmäßig auf mehrere Anleger aufzuteilen, wird die **Division** benutzt. Es ist allerdings unmöglich, beispielsweise 500 Aktien gleichmäßig auf drei Anleger zu verteilen. Aus diesem Grund wird das Zahlensystem um die **Brüche** erweitert. Ein Bruch $x = \frac{500}{3}$ ist dann genau die Zahl, mit der 3 multipliziert werden muss, damit das Ergebnis 500 ist, d. h. $\frac{500}{3}$ ist genau die Zahl, die $3 \cdot x = 500$ löst. Allgemeiner lässt sich jeder Bruch schreiben als $\frac{a}{b}$, wobei der **Zähler** $a$ und der **Nenner** $b$ jeweils ganze Zahlen sind und $b$ niemals null sein darf. Die Menge aller Brüche wird als die **Menge der rationalen Zahlen** $\mathbb{Q}$ bezeichnet und kann folgendermaßen dargestellt werden:

$$\mathbb{Q} = \left\{ \frac{a}{b} \ \middle| \ a, b \in \mathbb{Z}, b \neq 0 \right\}.$$

Ebenso wie die Multiplikation eine Abkürzung für mehrfaches Addieren der gleichen Zahl ist, sind die **Potenzen** eine Abkürzung für $n$-faches Multiplizieren mit der gleichen Zahl und es wird definiert (mit dem Symbol[1] „:=")

---

[1] Das Symbol := bzw. =: bedeutet, dass der Ausdruck auf der Seite mit dem Doppelpunkt durch den anderen Ausdruck **definiert** wird.

$$q^n := \underbrace{q \cdot q \cdot \ldots \cdot q,}_{n \text{ Faktoren}}$$

wobei $n$ eine natürliche Zahl ist. Dabei heißt $q$ die **Basis** und $n$ der **Exponent**. Wird beispielsweise 1 Euro zu 3 Prozent[2] angelegt, so ist der Kapitalstand nach einem Jahr $\frac{103}{100}$ Euro und nach fünf Jahren $\left(\frac{103}{100}\right)^5$ Euro. Um umgekehrt den Zinssatz zu bestimmen, der notwendig ist, um nach $n$ Jahren einen Kapitalstand $K$ zu erreichen, muss eine Zahl $x$ bestimmt werden, die $x^n = K$ erfüllt. Diese Frage tritt auf, wenn zu einer Anlage der **effektive Jahreszins** bestimmt werden soll. Es stellt sich heraus, dass es nicht immer eine rationale Zahl gibt, die dieses Problem löst. Beispielsweise gibt es keine rationale Zahl, deren Quadrat 2 ist, d. h. die $x^2 = 2$ löst.

Um diese Fragestellung zu behandeln und Zahlen wie $\left(\frac{103}{100}\right)^5$ einfacher darzustellen, werden die **reellen Zahlen** eingeführt. Das sind Zahlen, die sich als **Dezimalzahl** schreiben lassen, wobei Dezimalzahlen von der Form $m.a_1a_2a_3\ldots$ sind, $m$ eine ganze Zahl ist und $a_1, a_2, a_3, \ldots$ Ziffern $0, 1, 2, \ldots, 9$ sind. Die **Menge der reellen Zahlen** wird mit $\mathbb{R}$ bezeichnet. Beispielsweise ist $\left(\frac{103}{100}\right)^5 = 1.1592740743$ und hat somit bereits zehn Nachkommastellen. Die positive Lösung von $x^2 = 2$ wird als „Wurzel von 2", kurz $\sqrt{2}$, bezeichnet. Sie ist keine rationale Zahl, lässt sich aber als Dezimalzahl mit unendlich vielen Nachkommastellen darstellen. Dass $\sqrt{2}$ eine reelle, aber nicht rationale Zahl ist, wird auf Seite 39 als Beispiel für einen indirekten Beweis gezeigt. Umgekehrt ist aber jede rationale Zahl auch eine reelle Zahl und lässt sich als **endliche** oder **periodische** Dezimalzahl schreiben. Das erkennt man bei der schriftlichen Division, bei der irgendwann der Rest 0 ist oder sich ein Restwert wiederholt.

*Anmerkung 1.1.* Damit $x^n = K$ auch für **negative $K$** und **gerade** $n$ immer eine Lösung hat, muss das Zahlensystem erneut erweitert werden. Dies geschieht, indem eine **imaginäre Zahl** i als Lösung von $\text{i}^2 = -1$ **definiert** wird. Alle Zahlen der Form $a + \text{i} \cdot b$ mit reellen Zahlen $a$ und $b$ ergeben die **komplexen Zahlen**. Die komplexen Zahlen $\mathbb{C}$ werden erst später in Abschnitt 17.1 ausführlich betrachtet.

Zum Abschluss dieses Abschnitts wird noch die Prozentrechnung anhand der Mehrwertsteuer von 19 Prozent behandelt. Um die Mehrwertsteuer für einen Einkauf, der brutto (ohne Steuer) 150€ kostet, zu bestimmen, wird 150 mit 19%, also $\frac{19}{100} = 0.19$ (19 Hundertstel) multipliziert[3].

Die Mehrwertsteuer ist $0.19 \cdot 150 = 28.50$ Euro. Der Nettopreis (Preis inklusive Mehrwertsteuer) wird bestimmt, indem $150 + 0.19 \cdot 150 = 1.19 \cdot 150 = 178.50$ berechnet wird. Soll umgekehrt aus 178.50€ Nettopreis der Bruttopreis bestimmt werden, so muss durch 1.19 geteilt werden, d. h. $\frac{1}{1.19} \cdot 178.50 = 150$.

Erhalten Sie auf das Produkt 18% Rabatt auf den Bruttopreis, so müssen Sie $150 - 0.18 \cdot 150 = 150 - 27 = 123$ Euro bezahlen, also den Preis mit $1 - 0.18 = 0.82$

---

[2] Prozent heißt „pro Einhundert". Damit sind 3 Prozent (3%) gerade 3 Hundertstel und es gilt $3\% = \frac{3}{100} = 0.03$. Da neben den Zinsen auch das Kapital erhalten bleibt, ist der Kapitalstand nach einem Jahr das 1.03-fache des Kapitaleinsatzes.

[3] Einheiten, hier €, werden bei den Rechnungen im Allgemeinen nicht mit angegeben.

multiplizieren. Interessant ist die Frage, was Sie bezahlen müssen, wenn Sie 18% Rabatt auf den Nettopreis erhalten, also noch die Mehrwertsteuer von 19% berücksichtigen müssen. Das Ergebnis ist $(150 \cdot 1.19) \cdot 0.82 = 146.37$ Euro und damit **weniger** als 150€. Ein Fazit ist, dass für Sie 18% Rabatt besser sind, als die Mehrwertsteuer erstattet zu bekommen (damit wird manchmal Werbung gemacht).

## 1.2 Mengen

In vielen Fällen werden Dinge zu **Mengen** zusammengefasst, beispielsweise „alle Firmen mit weniger als 10 Mitarbeitern", „alle Rentner", „alle Aktiengesellschaften, die im DAX vertreten sind" oder „alle reellen Zahlen zwischen 1 und 5". In diesem Abschnitt werden die wichtigsten Symbole und Begriffe der Mengenlehre[4] eingeführt.

> **Definition 1.1.** Eine **Menge** ist eine Zusammenfassung von bestimmten wohlunterschiedenen Objekten unserer Anschauung oder unseres Denkens zu einem Ganzen. Die Objekte einer Menge $A$ heißen **Elemente** von $A$. Als Kurzschreibweise dafür, dass ein Objekt $x$ ein Element einer Menge $A$ ist, wird $x \in A$ geschrieben. Eine Menge, die kein Element enthält, heißt **leere Menge** und wird mit $\emptyset$ oder $\{\ \}$ bezeichnet.

Dabei bedeutet „bestimmte wohlunterschiedene Objekte", dass jedes Element genau **einmal** in einer Menge auftritt und feststellbar ist, ob ein Objekt ein Element einer Menge ist oder nicht.

Die Fibonacci-Zahlen[5] $0, 1, 1, 2, 3, 5, 8, 13, 21, \ldots$ bilden beispielsweise keine Menge, da die 1 doppelt auftritt. Die Menge, die aus den Fibonacci-Zahlen gebildet wird, ist $\{0, 1, 2, 3, 5, 8, 13, 21, \ldots\}$.

Mengen enthalten aber nicht immer nur Zahlen, beispielsweise könnten für Statistiken die „Menge aller Firmen", die „Menge aller Firmen mit höchstens 10 Mitarbeitern" oder die „Menge aller Handwerksbetriebe" interessant sein. Bezeichnet $A$ die „Menge aller Firmen", so lässt sich die „Menge aller Firmen mit höchstens 10 Mitarbeitern" schreiben als

$$\{\, x \in A \mid x \text{ hat höchstens 10 Mitarbeiter} \,\}.$$

Diese Menge ist ein **Teil** der Menge aller Firmen. Ebenso ist jeder Handwerksbetrieb eine Firma. Damit ist auch die Menge der Handwerksbetriebe ein **Teil** der Menge der Firmen. Solche Mengen werden als **Teilmengen** bezeichnet.

---

[4] Die Begriffsbildung folgt der „naiven" Mengenlehre, wie sie von Georg Cantor (1845–1918) entwickelt wurde, siehe Cantor (1895). Es gibt auch eine (formalere) „axiomatische" Mengenlehre.

[5] Die Fibonacci-Zahlen werden gebildet, indem mit 0 und 1 gestartet wird und dann jede weitere Zahl die Summe der beiden Vorgänger ist.

**Definition 1.2.** Eine Menge $B$ heißt **Teilmenge** von $A$, geschrieben $B \subset A$, wenn jedes Element von $B$ auch ein Element von $A$ ist, d. h. wenn aus $x \in B$ auch $x \in A$ folgt.

- Zwei Mengen $A$ und $B$ sind **gleich**, geschrieben als $A = B$, wenn $A \subset B$ und $B \subset A$ ist, d. h. wenn aus $x \in B$ auch $x \in A$ folgt und umgekehrt.
- Eine Teilmenge $B \subset A$ heißt **echte Teilmenge** von $A$, auch geschrieben als $B \subsetneq A$, wenn $A$ Elemente enthält, die nicht Elemente von $B$ sind.
- Enthält $B$ ein Element $x$, das nicht in $A$ ist, dann schreibt man $x \notin A$ und $B \not\subset A$.
- Die Teilmenge aller Elemente einer Menge $A$ mit einer Eigenschaft $E$ wird beschrieben als $\{x \in A \mid x$ hat die Eigenschaft $E\}$.

*Anmerkung 1.2.* Eine Menge ist immer auch eine Teilmenge von sich selbst, d. h. $A \subset A$. In der Literatur wird als Symbol für eine Teilmenge manchmal auch $\subseteq$ benutzt. Das Symbol $\subset$ steht dann für eine echte Teilmenge.

Die „Menge aller Handwerksbetriebe mit höchstens 10 Mitarbeitern" enthält alle Firmen, die einerseits Handwerksbetriebe sind, andererseits höchstens 10 Mitarbeiter haben. Aus diesem Grund wird die Menge als **Durchschnitt** der „Menge aller Firmen mit höchstens 10 Mitarbeitern" und der „Menge aller Handwerksbetriebe" bezeichnet.

**Definition 1.3.** Für zwei Mengen $A$ und $B$ definieren wir folgende Mengen:

**Vereinigung**: $A \cup B := \{x \mid x \in A$ oder $x \in B$ (oder beides)$\}$
**Durchschnitt**: $A \cap B := \{x \mid x \in A$ und $x \in B\}$
**Differenz**: $A \setminus B := \{x \mid x \in A$ und $x \notin B\}$

Gilt $A \cap B = \emptyset$, so heißen $A$ und $B$ **disjunkt** .

*Beispiel 1.1.* Betrachte folgende Mengen:

- $A$ ist die „Menge aller Firmen"
- $B$ ist die „Menge aller Firmen mit höchstens 10 Mitarbeitern"
- $C$ ist die „Menge aller Firmen mit 10 bis 100 Mitarbeitern"
- $D$ ist die „Menge aller Firmen mit höchstens 5 Mitarbeitern"
- $E$ ist die „Menge aller Handwerksbetriebe"

Dann gelten folgende Zusammenhänge: $B \subset A, C \subset A, D \subset A, E \subset A, D \subset B, D \subsetneq B$, $B \not\subset D, E \not\subset D, D \not\subset E$. Ferner gilt:

$B \cap C = \{x \in A \mid \text{Firma } x \text{ hat genau 10 Mitarbeiter}\}$

$B \cup C = \{x \in A \mid \text{Firma } x \text{ hat bis zu 100 Mitarbeiter}\}$

$B \setminus C = \{x \in A \mid \text{Firma } x \text{ hat weniger als 10 Mitarbeiter}\}$

$C \setminus B = \{x \in A \mid \text{Firma } x \text{ hat 11 bis 100 Mitarbeiter}\}$

$D \cap C = \emptyset$

$D \cap B = D$

$D \cup B = B$

$E \cap D = \{x \in A \mid x \text{ ist ein Handwerksbetrieb mit höchstens 5 Mitarbeitern}\}$

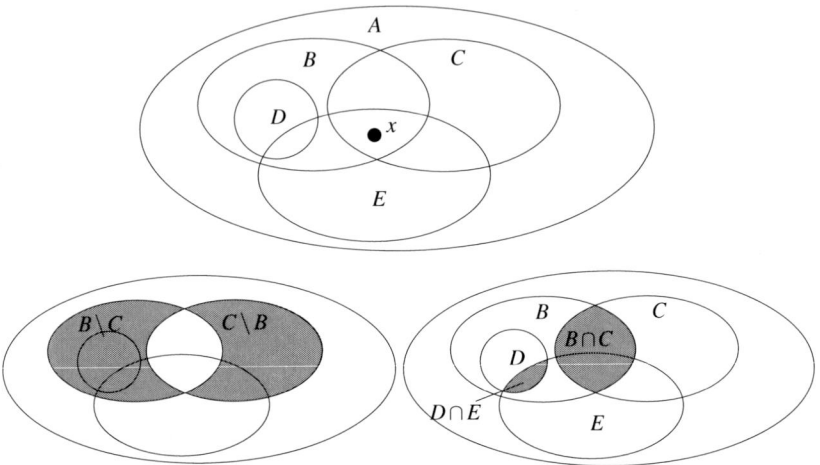

**Abb. 1.1** Illustration der Mengen $A$, $B$, $C$, $D$ und $E$ sowie von $B \cap C$, $D \cap E$, $B \setminus C$ und $C \setminus B$. Da $C$ und $D$ sich nicht überschneiden, ist $C \cap D = \emptyset$. Der Punkt $x$ stellt einen Handwerksbetrieb ($x \in E$) dar mit 10 Mitarbeitern ($x \in B \cap C$)

In Abschnitt 1.1 sind folgende Zahlenmengen[6] eingeführt worden:

---

[6] Um die Mengen $\mathbb{Q}$ und $\mathbb{R}$ im Sinne der Mengendefinition korrekt zu beschreiben, müssen Brüche wie $\frac{2}{3}$ und $\frac{-4}{-6}$ und Dezimalzahlen wie $3.239999\ldots$ und $3.240000\ldots$ miteinander „identifiziert" werden, damit keine Zahl mehrfach in der jeweiligen Menge auftritt. Mathematisch formal geschieht dies durch die Bildung sogenannter Äquivalenzklassen.

Die Menge der reellen Zahlen lässt sich mit Hilfe von Reihen, die in Kapitel 4 behandelt werden, präziser darstellen. Es gilt

$$\mathbb{R} = \left\{ m + \sum_{i=1}^{\infty} a_i \left( \frac{1}{10} \right)^i \; \middle| \; m \in \mathbb{Z}, a_i \in \{0, 1, \ldots, 9\} \right\},$$

wobei beispielsweise $3(0.1)^3 = 0.003$ ist und somit durch $a_i(0.1)^i$ die $i$-te Nachkommastelle $a_i$ angegeben wird.

$$\mathbb{N} \qquad = \{0,1,2,3,4,\ldots\}, \qquad\qquad\qquad \text{natürliche Zahlen,}$$
$$\mathbb{N} \setminus \{0\} = \{1,2,3,4,\ldots\}, \qquad\qquad \text{positive natürliche Zahlen,}$$
$$\mathbb{Z} \qquad = \{\ldots,-2,-1,0,1,2,\ldots\}, \qquad\qquad\qquad \text{ganze Zahlen,}$$
$$\mathbb{Q} \qquad = \left\{ \tfrac{a}{b} \mid a,b \in \mathbb{Z}, b \neq 0 \right\}, \qquad\qquad\qquad \text{rationale Zahlen,}$$
$$\mathbb{R} \qquad = \{ m.a_1 a_2 a_3 \ldots \mid m \in \mathbb{Z}, a_i \in \{0,1,\ldots,9\} \}, \quad \text{reelle Zahlen.}$$

Für diese Mengen ergeben sich die Teilmengenbeziehungen

$$\mathbb{N} \subset \mathbb{Z} \subset \mathbb{Q} \subset \mathbb{R} \text{ und sogar } \mathbb{N} \subsetneq \mathbb{Z} \subsetneq \mathbb{Q} \subsetneq \mathbb{R}.$$

Ausgehend von diesen Mengen werden Intervalle definiert, die im Folgenden von großer Bedeutung sein werden.

$$\mathbb{R}_{++} = \{x \in \mathbb{R} \mid x > 0\} \qquad \textbf{positive} \text{ reelle Zahlen}$$
$$\mathbb{R}_{+} = \{x \in \mathbb{R} \mid x \geq 0\} \qquad \textbf{nichtnegative} \text{ reelle Zahlen}$$
$$[a,b] = \{x \in \mathbb{R} \mid a \leq x \leq b\} \; \textbf{abgeschlossenes} \text{ Intervall, mit } a \text{ und } b$$
$$(a,b) = \{x \in \mathbb{R} \mid a < x < b\} \; \textbf{offenes} \text{ Intervall, ohne } a \text{ und ohne } b$$
$$(a,b] = \{x \in \mathbb{R} \mid a < x \leq b\} \; \textbf{halboffenes} \text{ Intervall, mit } b \text{ aber ohne } a$$
$$[a,b) = \{x \in \mathbb{R} \mid a \leq x < b\} \; \textbf{halboffenes} \text{ Intervall, mit } a \text{ aber ohne } b$$
$$(-\infty,b] = \{x \in \mathbb{R} \mid x \leq b\} \qquad \text{reelle Zahlen kleiner oder gleich } b$$
$$[a,\infty) = \{x \in \mathbb{R} \mid x \geq a\} \qquad \text{reelle Zahlen größer oder gleich } a$$
$$(-\infty,b) = \{x \in \mathbb{R} \mid x < b\} \qquad \text{reelle Zahlen kleiner als } b$$
$$(a,\infty) = \{x \in \mathbb{R} \mid x > a\} \qquad \text{reelle Zahlen größer als } a$$

Dabei bedeutet das Symbol $\infty$ „unendlich". Statt $(a,b)$ wird manchmal auch $]a,b[$ geschrieben. Ist bei obigen Intervallen $a > b$, so ergibt sich die leere Menge. Beispielsweise ist $(2,1) = \emptyset$, da es keine reelle Zahl gibt, die größer als 2 und kleiner als 1 ist. Ferner ist $[a,a] = \{a\}$, $(a,a] = \emptyset$ und es gilt $\mathbb{R}_{++} = (0,\infty)$, $\mathbb{R}_{+} = [0,\infty)$.

Intervalle lassen sich wie in Abb. 1.2 auf einem Zahlenstrahl darstellen, wobei der fehlende Abschluss bei $B = (0,\infty)$ bedeutet, dass alle größeren Zahlen angenommen werden.

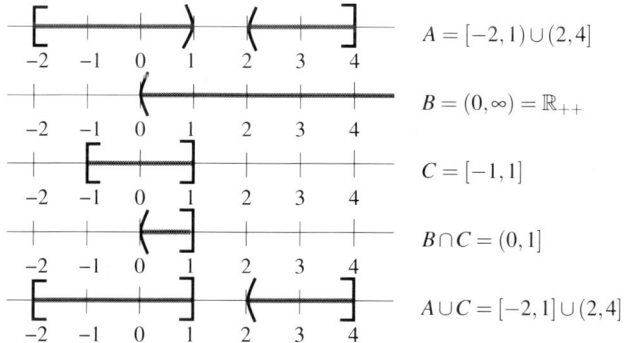

**Abb. 1.2**  Darstellung von Mengen auf dem Zahlenstrahl

## 1.3 Abbildungen

Die **Abbildung** ist eines der wichtigsten mathematischen Konzepte in den Wirtschaftswissenschaften. Durch eine Abbildung wird eine Zuordnung von Elementen einer Menge zu Elementen einer anderen Menge vorgenommen. Handelt es sich um eine Abbildung zwischen Zahlenmengen, wird sie auch als **Funktion** bezeichnet. Oft werden die Begriffe **Abbildung** und **Funktion** auch als Synonyme verwendet.

Mit Hilfe von Abbildungen oder Funktionen werden in den Wirtschaftswissenschaften Zusammenhänge zwischen ökonomischen Größen beschrieben. Beispielsweise beschreibt eine Nachfragefunktion die Nachfrage nach einem Gut in Abhängigkeit von dessen Preis. In Kapitel 5 werden ausführlich reellwertige Funktionen behandelt; hier werden nur kurz die allgemeinen Begriffe vorgestellt.

---

**Definition 1.4.** Eine **Abbildung** $f$ **von einer Menge** $D$ **in eine Menge** $T$

$$\begin{aligned} f : D &\to T \\ x &\mapsto f(x) \end{aligned}$$

ist eine Zuordnungsvorschrift (Regel), die jedem Element aus $D$ genau ein Element aus $T$ zuordnet. Die Menge $D$ heißt **Definitionsbereich** und die Menge $T$ heißt **Zielbereich** oder **Ziel** .
Für eine Menge $M \subset D$ heißt die Menge $f(M) := \{f(x) \mid x \in M\}$ die **Bildmenge** oder das **Bild** der Menge $M$. Die Menge $R_f := f(D) = \{f(x) \mid x \in D\} \subset T$ ist die **Bildmenge** oder das **Bild** von $f$.
Ist $M \subset T$, so heißt die Menge $f^{-1}(M) = \{x \in D \mid f(x) \in M\}$ das **Urbild** von $M$. Ist $y \in T$, so heißt die Menge $f^{-1}(\{y\}) = \{x \in D \mid f(x) = y\}$ das **Urbild** von $y$.

---

Somit wird durch eine Abbildung jedem $x \in D$ genau ein Wert $f(x) \in T$ zugeordnet. **Wichtig**: Der **Definitionsbereich** $D$ und der **Zielbereich**[7] $T$ sind ebenso wichtige Bestandteile einer Abbildung wie die eigentliche Zuordnungsregel $f$.

*Anmerkung 1.3.* Ist über den Definitions- und Zielbereich nichts angegeben, so gehen diese Informationen meistens aus dem Kontext hervor. Im Folgenden werden meistens **reellwertige** Funktionen betrachtet mit $T = \mathbb{R}$, sofern nichts anderes angegeben ist. Ist der Definitionsbereich nicht angegeben, so wird der **maximale Definitionsbereich** $D_f$ betrachtet, d. h. die Menge aller Werte, für die die Zuordnungsregel Sinn macht. Ist beispielsweise $f(x) = \frac{1}{x}$, so ist der maximale Definitionsbereich $D_f = \mathbb{R} \setminus \{0\}$, also die Menge aller reellen Zahlen außer der Null.

---

[7] Statt Zielbereich wird oft auch der Begriff Wertebereich verwendet, siehe Riedel und Wichardt (2007) oder Mosler, Dyckerhoff und Scheicher (2009). Da der Begriff Wertebereich aber auch im Sinne von Bildmenge benutzt wird – oft in der Schule, aber beispielsweise auch in Sydsæter und Hammond (2009) – wird er hier vermieden.

Wichtig ist auch, dass **jedem** Element aus dem Definitionsbereich **genau ein** Element aus dem Zielbereich zugeordnet wird. Dieser Zusammenhang wird in Abb. 1.3 illustriert, wobei (a), (c), (d) und (e) Abbildungen veranschaulichen, während (b) **keine** Abbildung darstellt. In (b) gibt es einerseits einen Punkt im Definitionsbereich, dem kein Punkt im Zielbereich zugeordnet wird, und andererseits gibt es einen anderen Punkt im Definitionsbereich, dem zwei Punkte im Zielbereich zugeordnet werden. Beides darf bei einer Abbildung nicht auftreten.

Es ist aber möglich, dass Elemente aus dem Zielbereich gar nicht oder mehrfach erreicht werden. Abbildungen, bei denen die Punkte aus dem Zielbereich **mindestens einmal**, **höchstens einmal** oder **genau einmal** erreicht werden, haben besondere Bezeichnungen: **injektiv, surjektiv** und **bijektiv**.

---

**Definition 1.5.**

- Eine Abbildung $f$ von $D$ nach $T$ heißt **injektiv**, wenn verschiedene Elemente aus $D$ auf verschiedene Elemente aus $T$ abgebildet werden, d. h. wenn für $x_1, x_2 \in D$ gilt

$$x_1 \neq x_2 \implies f(x_1) \neq f(x_2).$$

Äquivalent dazu ist $f$ genau dann injektiv, wenn für $x_1, x_2 \in D$ gilt

$$f(x_1) = f(x_2) \implies x_1 = x_2.$$

- Eine Abbildung $f$ von $D$ nach $T$ heißt **surjektiv**, wenn die Bildmenge und der Zielbereich übereinstimmen, d. h., wenn $R_f = f(D) = T$ ist.
- Eine Abbildung $f$ von $D$ nach $T$ heißt **bijektiv**, wenn sie injektiv und surjektiv ist.

---

Diese Eigenschaften lassen sich leichter folgendermaßen merken:

---

**Alternative Beschreibung von injektiv, surjektiv und bijektiv**

- Eine Abbildung $f$ von $D$ nach $T$ ist genau dann **injektiv**, wenn es zu jedem Element $y \in T$ **höchstens ein** $x \in D$ gibt mit $y = f(x)$.
- Eine Abbildung $f$ von $D$ nach $T$ ist genau dann **surjektiv**, wenn es zu jedem Element $y \in T$ **mindestens ein** $x \in D$ gibt mit $y = f(x)$. In diesem Fall stimmen die Bildmenge und der Zielbereich überein.
- Eine Abbildung $f$ von $D$ nach $T$ ist genau dann **bijektiv**, wenn es zu jedem Element $y \in T$ **genau ein** $x \in D$ gibt mit $y = f(x)$.

---

Ist eine Abbildung $f : D \to T$ bijektiv, so wird durch die Zuordnungsregel „bilde $y \in T$ auf den Wert $x \in D$ ab, für den $f(x) = y$ ist" eine Abbildung $T \to D$ definiert.

**Definition 1.6.** Sei $f : D \to T$ eine bijektive Abbildung. Dann heißt die Abbildung

$$f^{-1} : \quad T \quad \to D$$
$$y = f(x) \mapsto x$$

die **Inverse** oder **Umkehrfunktion** Eine bijektive Abbildung heißt auch **invertierbar**. Für die Inverse $f^{-1}$ gilt:

$$f(f^{-1}(y)) = y \text{ für alle } y \in T \text{ und}$$
$$f^{-1}(f(x)) = x \text{ für alle } x \in D.$$

Die Eigenschaften injektiv, surjektiv und bijektiv hängen ebenfalls entscheidend davon ab, welche Mengen $D$ und $T$ betrachtet werden. Die folgende Grafik soll die verschiedenen Begriffe illustrieren.

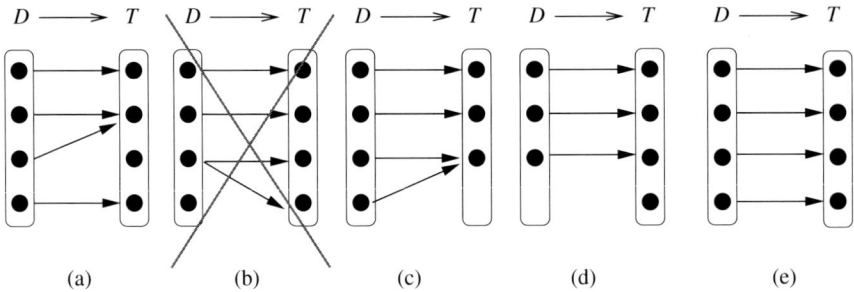

**Abb. 1.3** Außer (b) beschreiben alle Zuordnungen Abbildungen, wobei (c) und (e) surjektiv sind, (d) und (e) injektiv sind und (e) bijektiv ist

*Beispiel 1.2.* Durch die Regel $x \mapsto x^2$ („$x$ wird auf $x^2$ abgebildet") wird eine Funktion beschrieben, die aus der Schule bekannt ist. Hieran werden nun die Begriffe injektiv, surjektiv und bijektiv erläutert. Als Zielbereich wird zunächst $\mathbb{R}$ angenommen. Da $x^2 = x \cdot x$ für alle reellen Zahlen definiert ist, ist der maximale Definitionsbereich $\mathbb{R}$ und es liegt eine Funktion

$$f : \mathbb{R} \to \mathbb{R}$$
$$x \mapsto x^2$$

vor. Diese wird graphisch in Abb. 1.4 dargestellt. Die Bildmenge ist $R_f = \mathbb{R}_+$, da immer $x^2 \geq 0$ gilt. Die Funktion ist somit nicht surjektiv, da negative Zahlen nicht angenommen werden. Sie ist auch nicht injektiv, da jede positive Zahl $y \in \mathbb{R}_{++}$ von **zwei** Elementen $x_1 = \sqrt{y}$ und $x_2 = -\sqrt{y} \in \mathbb{R}$ aus dem Definitionsbereich erreicht wird.

**Abb. 1.4** Graphische
Darstellung der Funktion
$f(x) = x^2$

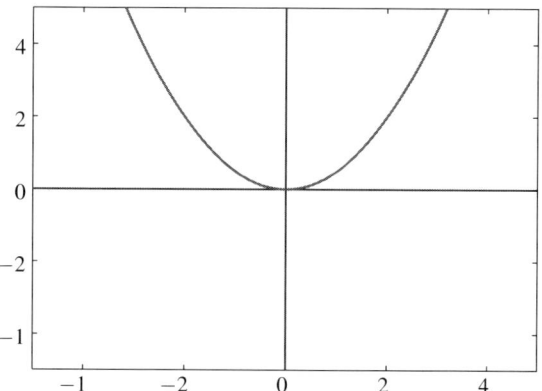

Durch Veränderung von Definitions- und Zielbereich ergibt sich:

- $f : \mathbb{R} \to \mathbb{R}_+$, $x \mapsto x^2$ ist surjektiv, aber nicht injektiv,
- $f : \mathbb{R}_+ \to \mathbb{R}$, $x \mapsto x^2$ ist injektiv, aber nicht surjektiv,
- $f : \mathbb{R}_+ \to \mathbb{R}_+$, $x \mapsto x^2$ ist surjektiv und injektiv und damit bijektiv.
- Die Umkehrfunktion von $f : \mathbb{R}_+ \to \mathbb{R}_+$, $x \mapsto x^2$ ist $f^{-1} : \mathbb{R}_+ \to \mathbb{R}_+, x \mapsto \sqrt{x}$.

Genau genommen wird in Abb. 1.4 die Menge

$$\left\{ (x,y) \in \mathbb{R}^2 \mid y = f(x) \right\}$$

der Paare $\left(x, f(x)\right)$ dargestellt[8]. Diese Menge heißt **Graph** von $f$.

Ökonomische Beispiele für Funktionen (bzw. Abbildungen) sind Nachfragefunktionen und Angebotsfunktionen. Diese Funktionen geben eine Regel an, die jedem (positiven) Preis eine Güternachfrage bzw. ein Güterangebot zuordnet. Bei der Frage nach einem Gütermarktgleichgewicht wird ein Preis gesucht, bei dem die Güternachfrage und das Güterangebot übereinstimmen.

Die Bestimmung von Gleichgewichtspreisen lässt sich mathematisch darauf zurückführen, Nullstellen der Überschussnachfragefunktion – die Differenz aus Nachfragefunktion und Angebotsfunktion – zu bestimmen. Nullstellenbestimmung von Funktionen ist ein zentrales Thema in den folgenden Teilen.

## 1.4 Variablen und Gleichungen

Bereits in den vorherigen Kapiteln traten an verschiedenen Stellen Buchstaben auf. Die Buchstaben oder andere Symbole – wie beispielsweise griechische Buchstaben – werden als Platzhalter für Zahlen verwendet. Sie erlauben es, einen **Zahlenwert**

---

[8] Die Menge $\mathbb{R}^2$ enthält alle Paare reeller Zahlen. Details hierzu werden in den Kapitel 10 ausgeführt.

erst zu einem späteren Zeitpunkt festzulegen, entweder, um allgemeingültige Aussagen zu treffen, die für viele verschiedene Zahlen gelten, oder um mit Größen zu rechnen, deren Zahlenwert zunächst nicht bekannt ist. Die Platzhalter werden als **Variablen** bezeichnet, da ihre Zahlenwerte „variiert" werden können.

Eine Reparatur dauert 2 Stunden und der Stundenlohn beträgt 50€ ohne Mehrwertsteuer. Dann ist der Rechnungsbetrag $50 \cdot 1.19 \cdot 2 = 119$ Euro inklusive 19% Mehrwertsteuer. Um den Rechnungsbetrag für unterschiedliche Arbeitszeiten ausrechnen zu können, ist es sinnvoll, die Arbeitszeit als Variable aufzufassen und beispielsweise mit $L$ zu bezeichnen. Der Rechnungsbetrag ist dann $50 \cdot 1.19 \cdot L = 59.5L$. Um auch die Möglichkeit von Preis- oder Mehrwertsteuererhöhungen zu berücksichtigen, ist es sinnvoll, Symbole wie $p$ und $\tau$ für den Stundenlohn 50 € und den Mehrwertsteuersatz 19% $= 0.19$ einzuführen. Der Rechnungsbetrag ist dann

$$p(1+\tau)L, \ \text{mit } p = 50 \text{ und } \tau = 0.19.$$

Die Variablen $p$ und $\tau$ sind in diesem Fall Abkürzungen für gegebene Zahlenwerte und werden auch **Parameter** genannt.

Variablen werden auch benutzt, um Größen zu bezeichnen, deren Zahlenwerte noch bestimmt werden sollen und die durch bestimmte Eigenschaften beschrieben werden. Ist im obigen Beispiel der Rechnungsbetrag 119€ und es wurden 2 Stunden gearbeitet, dann ist der Stundenlohn gerade die Zahl $p$, für die

$$p \cdot 1.19 \cdot 2 = 119$$

gilt. In diesem Fall wird die Variable $p$ auch **Unbekannte** genannt. Natürlich lässt sich $p = 50$ hier leicht bestimmen. Das ist aber nicht immer der Fall. Es können Fälle auftreten, in denen es keinen oder mehrere mögliche Zahlenwerte gibt.

*Anmerkung 1.4.* In ökonomischen Modellen werden die Symbole für Variablen meistens so gewählt, dass ein Zusammenhang zur (oft englischen) Bezeichnung vorliegt, beispielsweise $p$ für Preis (price), $C$ für Konsum (consumption), $S$ für Ersparnisse (savings). Die Symbole können auch mit Indizes versehen sein, beispielsweise steht $L^d$ oft für Arbeitsnachfrage (labor demand) und $L^s$ für Arbeitsangebot (labor supply). Ob Variablen die Bedeutung von Parametern oder Unbekannten haben, hängt immer vom Zusammenhang ab (siehe Preis $p$ in obigem Beispiel).

Variablen werden auch benutzt, um allgemeingültige Aussagen zu machen. Beispielsweise bedeutet

$$a+b = b+a \ \text{für alle } a,b \in \mathbb{R},$$

dass anstelle der Buchstaben $a$ und $b$ jede beliebige reelle Zahl eingesetzt werden kann. Somit spielt bei der Addition die Reihenfolge keine Rolle, egal welche **Zahlen** eingesetzt werden.

## *Gleichungen und Umformungen*

Bei vielen ökonomischen Fragestellungen spielt die Gleichheit bestimmter Größen eine wichtige Rolle. Beispielsweise liegt ein Gütermarktgleichgewicht vor, wenn **die Güternachfrage gleich dem Güterangebot** ist.

Eine **Gleichung** besteht dabei aus zwei (mathematischen) **Ausdrücken**, die den gleichen Wert annehmen, wobei ein (mathematischer) **Ausdruck** aus Zahlen, Variablen, Funktionen und deren Verknüpfung durch $+$, $-$, $\cdot$ und $:$ besteht und einen Wert annimmt, wenn die Variablen durch Zahlen ersetzt werden.

Eine typische Aufgabe ist die Bestimmung von Werten, die eine Variable annehmen muss, damit eine Gleichung gilt. Dieses nennt man auch **Auflösen nach einer Variablen**.

Zum Auflösen werden typischerweise **Äquivalenzumformungen** benutzt, bei denen die beiden Ausdrücke der Gleichung gleich behandelt werden.

| Äquivalenzumformungen | | |
|---|---|---|
| Addition von $c$ | $a = b \iff$ | $a + c = b + c$ |
| Multiplikation mit $c \neq 0$ | $a = b \iff$ | $ac = bc$ |
| Division durch $c \neq 0$ | $a = b \iff$ | $\frac{a}{c} = \frac{b}{c}$ |
| Kehrwertbildung bei $a \neq 0$, $b \neq 0$ | $a = b \iff$ | $\frac{1}{a} = \frac{1}{b}$ |

*Anmerkung 1.5.* Ist $f : D \to T$ eine **injektive** Funktion und $a, b \in D$, dann gilt auch

$$a = b \iff f(a) = f(b).$$

Hier ist die Injektivität und $a, b \in D$ wichtig. Beispielsweise $a^2 = b^2$ impliziert nur $a = b$ wenn $a, b \in D = \mathbb{R}_+$ ist, sonst kann bei $D = \mathbb{R}$ auch $a = -b$ sein.

*Beispiel 1.3.* Suche die Lösungen $x \in \mathbb{R}$ von $-3 - (1-a)x = b$

$$-3 - (1-a)x = b \quad \big|\ +3, \text{ addieren von } +3$$
$$\iff \quad -(1-a)x = b + 3$$

**1. Fall**: Für $a \neq 1$ wird durch $-(1-a)$ geteilt

$$-(1-a)x = b + 3 \quad \big|\ : (-(1-a)), \text{ teilen durch } -(1-a)$$
$$\iff \quad x = -\frac{b+3}{1-a} \quad\quad\quad \text{falls } a \neq 1$$

**2. Fall**: Für $a = 1$ ergibt sich ausgehend von $-(1-a)x = b+3$ (und damit $0 = b+3$), dass bei $b = -3$ jedes $x \in \mathbb{R}$ die Gleichung löst und dass es bei $b \neq -3$ keine Lösung gibt.

An diesem Beispiel ist zu erkennen, dass beim Multiplizieren und beim Dividieren Fallunterscheidungen notwendig werden können.

## 1.5 Rechenregeln

In diesem Abschnitt werden bekannte Rechenregeln für reelle Zahlen und Brüche zusammengestellt. Ferner wird eine Kurzschreibweise für **Summen** mit den entsprechenden Regeln angegeben.

### *Rechenregeln für reelle Zahlen*

| Rechenregeln in $\mathbb{R}$ für $a, b, c \in \mathbb{R}$ | |
| --- | --- |
| 1. Assoziativgesetz der Addition | $(a+b)+c = a+(b+c)$ |
| 2. Kommutativgesetz der Addition | $a+b = b+a$ |
| 3. Neutrales Element der Addition ist 0 | $0+a = a$ |
| 4. Inverse Element der Addition zu $a$ ist $-a$ | $a+(-a) = 0$ |
| 5. Assoziativgesetz der Multiplikation | $(a \cdot b) \cdot c = a \cdot (b \cdot c)$ |
| 6. Kommutativgesetz der Multiplikation | $a \cdot b = b \cdot a$ |
| 7. Neutrales Element der Multiplikation ist 1 | $1 \cdot a = a$ |
| 8. Inverses Element der Multipl. zu $a \neq 0$ ist $\frac{1}{a}$ | $a \cdot \frac{1}{a} = 1$ |
| 9. Distributivgesetz | $a \cdot (b+c) = a \cdot b + a \cdot c$ |
| | $(a+b) \cdot c = a \cdot c + b \cdot c$ |

Dabei ist zu beachten, dass grundsätzlich **Punktrechnung** („·", „:") vor **Strichrechnung** („+", „−") gilt und ansonsten **Klammern** „( )" gesetzt werden müssen. So ist die Klammer bei 9. notwendig, da $a \cdot b + c$ bedeuten würde, dass erst das Produkt $a \cdot b$ gebildet wird und dann $c$ addiert wird. Die Klammern bei den Assoziativgesetzen 1. und 5. besagen, dass es egal ist, ob erst $a$ und $b$ addiert (multipliziert) werden und dann $c$ oder erst $b$ und $c$ addiert (multipliziert) werden und dann $a$.

**Achtung**: Besonders das Distributivgesetz verleitet manchmal zu Fehlern. Bei Umformungen werden leicht die Klammern vergessen, oder es werden nicht alle Summanden mit der entsprechenden Zahl multipliziert.

Die Rechenregeln gelten ebenso für rationale Zahlen $a, b, c \in \mathbb{Q}$. Bei ganzen Zahlen gelten die Regeln mit Ausnahme von 8., der Existenz eines inversen Elements der Multiplikation, da im Allgemeinen $\frac{1}{a}$ keine ganze Zahl ist. Die einzigen Ausnahmen sind $a = 1$ und $a = -1$. Für natürliche Zahlen gelten ebenfalls alle Gesetze mit Ausnahme von 4. und 8.

## Bruchrechnung

Auch wenn im Zusammenhang mit ökonomischen Fragestellungen meistens reelle Zahlen auftreten, ist es wichtig, die Regeln der Bruchrechnung sicher zu beherrschen. Insbesondere treten bei der Behandlung ökonomischer Fragestellungen oft Funktionen der Form $\frac{f(x)}{g(x)}$ auf, deren korrekte Behandlung einen sicheren Umgang mit den Bruchrechenregeln erfordert.

| **Rechenregeln für Brüche**, $a,b,c,d \in \mathbb{Z}, b \neq 0, d \neq 0$ | |
|---|---|
| 1. Ganze Zahl | $a = \dfrac{a}{1}$ |
| 2. Erweitern mit $c \in \mathbb{Z}, c \neq 0$ | $\dfrac{a}{b} = \dfrac{ac}{bc}$ |
| 3. Addition bei gleichem Nenner | $\dfrac{a}{b} + \dfrac{c}{b} = \dfrac{a+c}{b}$ |
| 4. Subtraktion bei gleichem Nenner | $\dfrac{a}{b} - \dfrac{c}{b} = \dfrac{a-c}{b}$ |
| 5. Multiplikation mit $c \in \mathbb{Z}$ | $c \cdot \dfrac{a}{b} = \dfrac{c \cdot a}{b}$ |
| 6. Division durch $c \in \mathbb{Z}, c \neq 0$ | $\dfrac{a}{b} / c = \dfrac{a}{b} \cdot \dfrac{1}{c} = \dfrac{a}{b \cdot c}$ |
| 7. Addition von $\frac{a}{b}, \frac{c}{d} \in \mathbb{Q}$ | $\dfrac{a}{b} + \dfrac{c}{d} = \dfrac{ad}{bd} + \dfrac{bc}{bd} = \dfrac{ad+bc}{bd}$ |
| 8. Subtraktion von $\frac{a}{b}, \frac{c}{d} \in \mathbb{Q}$ | $\dfrac{a}{b} - \dfrac{c}{d} = \dfrac{ad}{bd} - \dfrac{bc}{bd} = \dfrac{ad-bc}{bd}$ |
| 9. Multiplikation von $\frac{a}{b}, \frac{c}{d} \in \mathbb{Q}$ | $\dfrac{a}{b} \cdot \dfrac{c}{d} = \dfrac{ac}{bd}$ |
| 10. Division von $\frac{a}{b}$ durch $\frac{c}{d}, c \neq 0$ | $\dfrac{a}{b} / \dfrac{c}{d} = \dfrac{a}{b} \cdot \dfrac{d}{c} = \dfrac{ad}{bc}$ |

Zusätzlich ist besonders wichtig:

**Merke:** Bei einem Bruch $\dfrac{a}{b}$ muss $b \neq 0$ sein.

Dieser Umstand führt bei Umformungen oft zu Fallunterscheidungen. Wenn im Nenner beispielsweise $x^2 - 4$ steht, müssen die Fälle mit $x = 2$ und $x = -2$ ausgeschlossen werden (oder gesondert behandelt werden).

Bei der Addition 7. und der Subtraktion 8. werden zunächst durch Erweitern gleiche Nenner erzeugt und dann die Zähler addiert bzw. subtrahiert. Bei der Multiplikation 9. werden jeweils die Zähler und die Nenner miteinander multipliziert. Die Division 10. erfolgt durch Multiplikation mit dem Kehrwert, d. h. Zähler und Nenner werden vertauscht.

## *Summen und Produkte*

Angenommen, am Tag $i$ produziert eine Molkerei $a_i$ Liter Milch und es soll die Jahresproduktion bestimmt werden, dann ist dies

$$a_1 + a_2 + a_3 + \ldots + a_{365}.$$

Als abkürzende Schreibweise hierfür wird nun das **Summenzeichen** eingeführt und obige Summe geschrieben als $\sum_{i=1}^{365} a_i$. Das bedeutet, die Variable $i$ durchläuft alle natürlichen Zahlen von 1 bis 365 und die zugehörigen Tagesproduktionen $a_i$ werden addiert.

---

**Definition 1.7.** Seien $a_m, a_{m+1}, \ldots, a_n \in \mathbb{R}$, $n \geq m$, dann wird die Summe durch folgendes Symbol abgekürzt:

$$\sum_{i=m}^{n} a_i := a_m + a_{m+1} + \ldots + a_n.$$

Dabei heißt $\sum$ das **Summenzeichen**. Für $n < m$ wird definiert $\sum_{i=m}^{n} a_i := 0$.

---

Zum einfacheren Umgang mit der Summenschreibweise werden die Rechenregeln für Summen zusammengefasst.

---

| | **Rechenregeln für Summen, $n \geq m$** |
|---|---|
| 1. | $\sum_{i=1}^{n} a = n \cdot a$, wobei $a$ eine Konstante ist |
| 2. | $\sum_{i=m}^{n} (c a_i) = c \sum_{i=m}^{n} a_i$, $c \in \mathbb{R}$ |
| 3. | $\sum_{i=m}^{n} a_i = \sum_{i=m}^{k} a_i + \sum_{i=k+1}^{n} a_i$, $m \leq k \leq n-1$ |
| 4. | $\sum_{i=m}^{n} a_i = \sum_{i=m+k}^{n+k} a_{i-k}$, $k \in \mathbb{N}$ |
| 5. | $\sum_{i=m}^{n} (a_i + b_i) = \sum_{i=m}^{n} a_i + \sum_{i=m}^{n} b_i$ |
| 6. | $\sum_{i=m}^{n} (a_i - b_i) = \sum_{i=m}^{n} a_i - \sum_{i=m}^{n} b_i$ |
| 7. | $\sum_{i=1}^{n} \left( \sum_{j=1}^{m} a_{ij} \right) = \sum_{j=1}^{m} \left( \sum_{i=1}^{n} a_{ij} \right)$ |

Ist die tägliche Produktion konstant 10 000 Liter, so ist nach 1. die Jahresproduktion 3 650 000 Liter. Ist $c$ der Preis pro Liter, so ist es gemäß 2. für die Bestimmung des Wertes der Jahresproduktion egal, ob die Werte der Tagesproduktion $ca_i$
aufsummiert werden oder ob der Wert durch multiplizieren von $c$ mit der Jahresproduktion $\sum_{i=1}^{365} a_i$ bestimmt wird. 3. bedeutet beispielsweise, dass die Summe der
Halbjahresproduktionen die Jahresproduktion ergibt. Gibt es $m$ Maschinen und be-
schreibt $a_{ij}$ die Tagesproduktion von Maschine $j$ am Tag $i$, so wird bei $\sum_{i=1}^{365} \sum_{j=1}^{m} a_{ij}$
erst die Tagesproduktion $\sum_{j=1}^{m} a_{ij}$ der Firma am Tag $i$ bestimmt und dann über al-
le Tage summiert, während bei $\sum_{j=1}^{m} \sum_{i=1}^{365} a_{ij}$ jeweils die Jahresproduktion $\sum_{i=1}^{365} a_{ij}$
von Maschine $j$ ermittelt wird und dann über die Maschinen summiert wird. Nach
7. stimmen die Ergebnisse überein.

Analog zum Summenzeichen gibt es das **Produktzeichen**.

**Definition 1.8.** Seien $a_m, a_{m+1}, \ldots, a_n \in \mathbb{R}$, $n \geq m$, dann wird definiert

$$\prod_{i=m}^{n} a_i := a_m \cdot a_{m+1} \cdot \ldots \cdot a_n.$$

Dabei heißt $\prod$ das **Produktzeichen**. Für $n < m$ wird definiert $\prod_{i=m}^{n} a_i := 1$.

## 1.6 Binomische Formeln

Wichtig für die Vereinfachung von Gleichungen sind häufig die **binomischen Formeln**, die in diesem Abschnitt behandelt werden.

Aus den Rechenregeln für reelle Zahlen erhält man direkt die folgenden wichtigen Identitäten, d. h. Gleichungen, die für alle reellen Zahlen $a, b \in \mathbb{R}$ gelten.

| Binomische Formeln | |
|---|---|
| 1. binomische Formel | $(a+b)^2 = a^2 + 2ab + b^2$ |
| 2. binomische Formel | $(a-b)^2 = a^2 - 2ab + b^2$ |
| 3. binomische Formel | $(a-b)(a+b) = a^2 - b^2$ |

Ein Beispiel, in dem gezeigt wird, wie vorteilhaft es sein kann, die binomischen
Formeln zu beherrschen, findet sich in Gerlach, Schelten und Steuer (2004). Dort
wird unter wiederholtem Anwenden der binomischen Formeln und der Bruchrechenregeln gezeigt, dass

$$\left( \frac{2a}{2a+b} - \frac{4a^2}{4a^2+4ab+b^2} \right) \Big/ \left( \frac{2a}{4a^2-b^2} + \frac{1}{b-2a} \right) + \frac{8a^2}{2a+b} = 2a$$

gilt. Als Vergleich wird ein Ausdruck bestimmt, der sich durch reines Anwenden der Bruchrechenregeln ergibt. Das Ergebnis ist zwar richtig, aber vollkommen unübersichtlich und für weitere Rechnungen ungeeignet.

Formeln für höhere Potenzen $(a+b)^n$ ergeben sich durch mehrfaches multiplizieren mit $a+b$, beispielsweise gilt

$$(a+b)^3 = (a+b)^2(a+b) = (a^2+2ab+b^2)(a+b) = a^3+3a^2b+3ab^2+b^3.$$

| **Binomische Formeln höherer Ordnung** für $n = 3,4,5$ |
|---|
| $(a+b)^2 = a^2+2ab+b^2$ |
| $(a+b)^3 = a^3+3a^2b+3ab^2+b^3$ |
| $(a+b)^4 = a^4+\boxed{4}\,a^3b+\boxed{6}\,a^2b^2+4ab^3+b^4$ |
| $(a+b)^5 = a^5+5a^4b+\boxed{10}\,a^3b^2+10a^2b^3+5ab^4+b^5$ |

Die Koeffizienten (Vorfaktoren) der Potenzen einer Formel ergeben sich als Summe zweier Koeffizienten der vorherigen Formel. Beispielsweise ist die $\boxed{10}$ vor $a^3b^2$ bei $(a+b)^5$ gerade $\boxed{4}+\boxed{6}$, die Summe der Koeffizienten vor $a^3b$ und $a^2b^2$ bei $(a+b)^4$. Die Koeffizienten lassen sich am einfachsten anhand des **Pascalschen Dreiecks** ermitteln. In Abb. 1.6 ist das Pascalsche Dreieck dargestellt. Es wird konstruiert, indem jeweils die Summe der benachbarten Einträge aus der vorherigen Zeile gebildet wird. Beispielsweise ist $\boxed{10}$ gerade die Summe $\boxed{4}+\boxed{6}$.

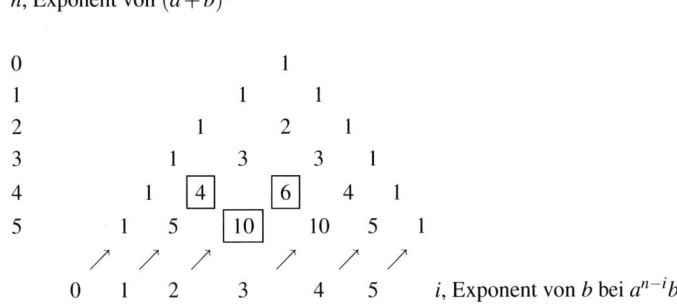

**Pascalsches Dreieck**

$n$, Exponent von $(a+b)^n$

```
0                    1
1                 1     1
2              1     2     1
3           1     3     3     1
4        1   [4]     [6]   4   1
5      1   5   [10]   10   5   1
          ↗   ↗   ↗     ↗   ↗   ↗
       0   1   2   3     4   5     i, Exponent von b bei a^{n-i}b^i
```

**Abb. 1.5** Das Pascalsche Dreieck ergibt die Koeffizienten der binomischen Formel. Der Koeffizient vor $a^{n-i}b^i$ aus der Formel von $(a+b)^n$ findet sich in der $n$-ten Zeile und der $i$-ten Diagonale

Zur Bestimmung einer allgemeinen Formel, auch für höhere Potenzen, werden zunächst die **Binomialkoeffizienten** $\binom{n}{i}$ definiert. Es stellt sich heraus, dass $\binom{n}{i}$ gerade der Eintrag der Zeile $n$ und Diagonale $i$ im Pascalschen Dreieck ist. Somit ist $\boxed{10}$ der Eintrag in Zeile 5 und Diagonale 2 und es gilt $\boxed{10} = \binom{5}{2}$.

**Definition 1.9.** Das Produkt der ersten $n$ natürlichen Zahlen heißt **Fakultät** und wird geschrieben als $n! := 1 \cdot 2 \cdot 3 \cdot \ldots \cdot (n-1) \cdot n$. Ferner wird definiert $0! := 1$. Ist $n, i \in \mathbb{N}$ mit $n \geq i$, so heißt

$$\binom{n}{i} := \frac{n!}{i!(n-i)!} = \frac{n \cdot (n-1) \cdot \ldots \cdot (n-i+1)}{1 \cdot 2 \cdot \ldots \cdot i}$$

der **Binomialkoeffizient** (gesprochen „$n$ über $i$").

Aus dieser Definition lassen sich folgende Regeln ableiten:

| **Regeln für Binomialkoeffizienten** |
|:---:|
| $\binom{n}{0} = \binom{n}{n} = 1$  und  $\binom{n}{i} = \binom{n}{n-i}$ |
| $\binom{n}{i} + \binom{n}{i+1} = \binom{n+1}{i+1}$ |

Die Eigenschaften $\binom{n}{0} = \binom{n}{n} = 1$ und $\binom{n}{i} = \binom{n}{n-i}$ folgen ziemlich direkt aus der Definition. $\binom{n}{i} + \binom{n}{i+1} = \binom{n+1}{i+1}$ lässt sich folgendermaßen zeigen:

$$\begin{aligned}
\binom{n}{i} + \binom{n}{i+1} &= \frac{n!}{i!\,(n-i)!} + \frac{n!}{(i+1)!\,(n-i-1)!} \\
&= \frac{n!\,(i+1)}{(i+1)!\,(n-i)!} + \frac{n!\,(n-i)}{(i+1)!\,(n-i)!} \\
&= \frac{n!\,\big((i+1)+(n-i)\big)}{(i+1)!\,(n-i)!} = \frac{n!\,(1+n)}{(i+1)!\,(n-i)!} \\
&= \frac{(n+1)!}{(i+1)!\,((n+1)-(i+1))!} = \binom{n+1}{i+1}.
\end{aligned}$$

Diese drei Eigenschaften beschreiben gerade die Regeln, die zur Konstruktion des Pascalschen Dreiecks benutzt werden, so dass die Binomialkoeffizienten die Einträge des Pascalschen Dreiecks sind. Damit ist zu vermuten, dass

$$(a+b)^n = \binom{n}{0}a^n + \binom{n}{1}a^{n-1}b + \binom{n}{2}a^{n-2}b^2 + \ldots + \binom{n}{n-2}a^2b^{n-2} + \binom{n}{n-1}ab^{n-1} + \binom{n}{n}b^n$$

ist, und in der Tat gilt der folgende **binomische Lehrsatz**:

**Satz 1.1.** *Seien $a, b \in \mathbb{R}$ reelle Zahlen und $n \in \mathbb{N}$, dann gilt*

$$(a+b)^n = \sum_{i=0}^{n} \binom{n}{i} a^{n-i} b^i.$$

Ein ausführlicher Beweis findet sich in Forster (2008a) oder in Hildebrandt (2006).
Die Beweisidee beruht auf dem Prinzip der **vollständigen Induktion**, das in Abschnitt 2.3 noch erläutert wird. Die Formel wird für $n = 1$ gezeigt (Induktionsanfang) und es wird gezeigt (Induktionsschritt):

„Wenn die Formel für ein $n \in \mathbb{N}$ gilt, dann gilt sie auch für $n + 1 \in \mathbb{N}$."

Damit gilt die Formel für $n = 1$ (Induktionsanfang) und somit auch für $n = 2$ (Induktionsschritt) und somit auch für $n = 3$ (Induktionsschritt) und somit auch für $n = 4$ (Induktionsschritt) und somit auch für $n = 5$ (Induktionsschritt) und so weiter. Nach dem Prinzip der vollständigen Induktion gilt sie für alle natürlichen Zahlen.

Ein wichtiges Fazit aus diesem Abschnitt ist:

---

**Merke:** Im Allgemeinen gilt $a^n + b^n \neq (a+b)^n$

---

In der Wahrscheinlichkeitsrechnung spielen die Binomialkoeffizienten eine wichtige Rolle. Betrachte ein Experiment mit zwei möglichen Ausgängen (positiv, negativ), das $n$-mal durchgeführt wird, wobei die einzelnen Experimente einander nicht beeinflussen (Unabhängigkeit). Dann ist $\binom{n}{i}$ die Anzahl der Versuchsausgänge mit $i$ positiven Ergebnissen. Ist die Wahrscheinlichkeit für den positiven Ausgang eines einzelnen Experimentes $p \in [0,1]$ und für einen negativen Ausgang $(1-p)$, so ist die Wahrscheinlichkeit bei $n$ Experimenten für einen spezielle Versuchsausgang mit $i$ positiven Ergebnissen $p^i \cdot (1-p)^{n-i}$. Die Gesamtwahrscheinlichkeit ist $\binom{n}{i}(1-p)^{n-i} \cdot p^i$. Die Werte $\binom{n}{i}(1-p)^{n-i} \cdot p^i$ mit $p \in [0,1]$ heißen auch **Binomialverteilung**. Wird über alle möglichen Versuchsausgänge, d. h. $i = 0, 1, 2, \ldots, n$ positive Ergebnisse summiert, so muss die Summe 1 sein. Der binomische Lehrsatz ergibt genau diese Eigenschaft, denn

$$\sum_{i=0}^{n} \binom{n}{i}(1-p)^{n-i} p^i = \big((1-p)+p\big)^n = 1^n = 1.$$

*Beispiel 1.4.* Wird mit fünf (fairen) Würfeln gewürfelt, so ist $\binom{5}{2} = 10$ die Anzahl der möglichen Anordnungen mit genau zwei *Sechsen*. Das liegt daran, dass eine *Sechs* bei einem der 5 Würfel fällt und für die zweite *Sechs* noch 4 Möglichkeiten vorhanden sind, also $4 \cdot 5 = \frac{5 \cdot 4 \cdot 3 \cdot 2 \cdot 1}{3 \cdot 2 \cdot 1} = \frac{5!}{3!}$. Es wird allerdings jede Kombination zweimal gezählt, so dass noch durch $2 = 2 \cdot 1 = 2!$ geteilt werden muss. Folglich ist die Zahl der Anordnungen $\frac{5!}{3! \, 2!} = \binom{5}{2} = 10$.

Die Wahrscheinlichkeit für eine dieser zehn Anordnungen – beispielsweise für: „der 1. und der 2. Würfel zeigt eine *Sechs*" – ist $\frac{5}{6}^3 \cdot \frac{1}{6}^2$, so dass $\binom{5}{2} \frac{5}{6}^3 \cdot \frac{1}{6}^2$ die Wahrscheinlichkeit für das Ergebnis „genau zwei *Sechsen* werden geworfen" ist.

## 1.7 Potenzen und Wurzeln

Wird eine Gleichung der Form $y = x^n$ betrachtet, so heißt $x^n$ die **$n$-te Potenz von $x$**. Wird diese Gleichung nach $x$ aufgelöst, so ergibt sich $\sqrt[n]{y}$, die **$n$-te Wurzel von $y$**. Die **$n$-te Potenz** $x^n$ mit $x \in \mathbb{R}$ und $n \in \mathbb{N}$ ist eine abkürzende Schreibweise für $n$-faches Multiplizieren von $x$ mit sich selbst. Es folgt direkt $x^n \cdot x^m = x^{n+m}$ für $n, m \in \mathbb{N}$ und $x^{n-m} = \frac{x^n}{x^m}$ für $x \neq 0$, $n, m \in \mathbb{N}$ mit $n \geq m$. Um diese Regel auch für $n < m$ zu erhalten, wird definiert $x^{-n} := \frac{1}{x^n}$ für $x \neq 0$ und $x^0 := 1$ für $x \neq 0$. Zusammenfassend gilt:

> **Definition 1.10.** Für $n \in \mathbb{N}$, $x \in \mathbb{R}$ ist die **Potenz von $x$** definiert durch
>
> - $x^n := \underbrace{x \cdot x \cdot \ldots \cdot x}_{n\text{-fach}}$
> - $x^{-n} := \frac{1}{x^n}$ für $x > 0$,
> - Für $n = 0$, $x \in \mathbb{R}$ wird definiert $x^0 := 1$
> - $0^n = 0$, falls $n \neq 0$,
>
> Die Zahl $x$ heißt **Basis** und $n$ heißt **Exponent**.

Der Wert $0^0$ wird formal als $0^0 := 1$ definiert. Damit sind Potenzen für **ganzzahlige Exponenten** definiert. Wird diese Gleichung $y = x^n$ nach $x$ aufgelöst, so ist die Lösung definiert als $\sqrt[n]{y}$, die **$n$-te Wurzel von $y$**. Somit gilt

$$y = \underbrace{\sqrt[n]{y} \cdot \sqrt[n]{y} \cdot \ldots \cdot \sqrt[n]{y}}_{n\text{-fach}}.$$

> **Definition 1.11.** Ist $y \geq 0$ und $n \in \mathbb{N}$, so heißt die **nichtnegative** Lösung $x$ von $y = x^n$ die **$n$-te Wurzel von $y$**, kurz $\sqrt[n]{y}$. Im Fall $n = 2$ heißt die Lösung **Wurzel von $y$**, kurz $\sqrt{y}$. Ist $n \in \mathbb{N}$ **ungerade**, so ist $\sqrt[n]{y}$ auch für $y < 0$ definiert.
> Für $y \geq 0$ definieren Wurzeln auch rationale Potenzen durch $y^{\frac{1}{n}} := \sqrt[n]{y}$.

Die Potenzdarstellung ist dadurch begründet, dass sich durch diese Definition die Rechenregel $(x^n)^m = x^{n \cdot m}$ für natürliche Zahlen $n, m \in \mathbb{N}$ auf Brüche übertragen lässt. Insbesondere gilt für $y \geq 0$:

$$y^{\frac{m}{n}} = \sqrt[n]{y^m} = \left(\sqrt[n]{y}\right)^m \text{ und } y^{\frac{m}{n}} = x \iff y^m = x^n.$$

Außerdem gilt:

$$y = \left(\sqrt[n]{y}\right)^n \text{ und } y = \sqrt[n]{y^n}.$$

Somit ist die **Wurzelfunktion** $\mathbb{R}_+ \to \mathbb{R}_+$, $y \mapsto \sqrt[n]{y}$ die Umkehrfunktion der **Potenzfunktion** $\mathbb{R}_+ \to \mathbb{R}_+$, $x \mapsto x^n$.

**Abb. 1.6** Die **Potenzfunkti-on** $\mathbb{R}_+ \to \mathbb{R}_+$, $x \mapsto x^2$ und ihre Umkehrfunktion, die **Wurzel-funktion** $\mathbb{R}_+ \to \mathbb{R}_+$, $y \mapsto \sqrt{y}$

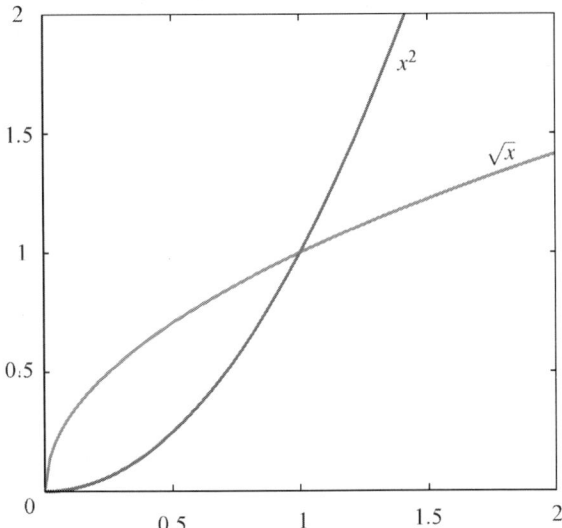

*Anmerkung 1.6.* Ist $n$ eine **ungerade** Zahl, so macht es auch Sinn, $\sqrt[n]{y}$ für negative Basen $y < 0$ zu definieren. Der Übergang zu rationalen Exponenten ist aber nicht möglich, wenn die Bruchrechenregeln in den Exponenten gelten sollen (und das ist sehr vorteilhaft). Beispielsweise würde gelten:

$$-2 = \sqrt[3]{-8} = (-8)^{\frac{1}{3}} = (-8)^{\frac{2}{6}} = \sqrt[6]{(-8)^2} = \sqrt[6]{64} = 2,$$

was offensichtlich **falsch** ist. Aus diesem Grund ist die Bruch-Schreibweise $y^{\frac{1}{n}}$ **nur** für nichtnegative Zahlen $y \geq 0$ definiert. Wurzeln mit ungeradem $n$ sind formal auch für $y < 0$ als Lösung $x$ von $y = x^n$ definiert, sie werden hier aber nur für $y \geq 0$ betrachtet.

Damit sind Potenzen mit rationalen Exponenten definiert[9].

| **Rechenregeln für Potenzen:** für $p, q \in \mathbb{Q}$, $x, y \geq 0$ | |
|---|---|
| 1. | $x^p \cdot x^q = x^{p+q}$ |
| 2. | $(x^p)^q = x^{p \cdot q}$ |
| 3. | $x^{-p} = \frac{1}{x^p}$ für $x \neq 0$ |
| 4. | $x^{p-q} = \frac{x^p}{x^q}$ für $x \neq 0$ |
| 5. | $x^p \cdot y^p = (x \cdot y)^p$ |

---

[9] Für reelle Exponenten werden die Potenzen später definiert. Die Rechenregeln sind bei reellen Exponenten die gleichen wie bei rationalen Exponenten.

Für $p \neq 0$ gilt wegen der Bijektivität der Potenzfunktion für $x, y > 0$

$$x^p = y^p \iff x = y.$$

Die Graphen der Potenzfunktionen werden in Abb. 1.7 für verschiedene rationale Exponenten dargestellt. Im Zusammenhang mit Potenzen stellt sich auch die Frage

**Abb. 1.7** Darstellung der **Potenzfunktionen** $\mathbb{R}_+ \to \mathbb{R}_+, x \mapsto x^p$ mit Exponenten $p = -2, -1, 0, \frac{1}{2}, \frac{1}{3}, 1, 2, 3$

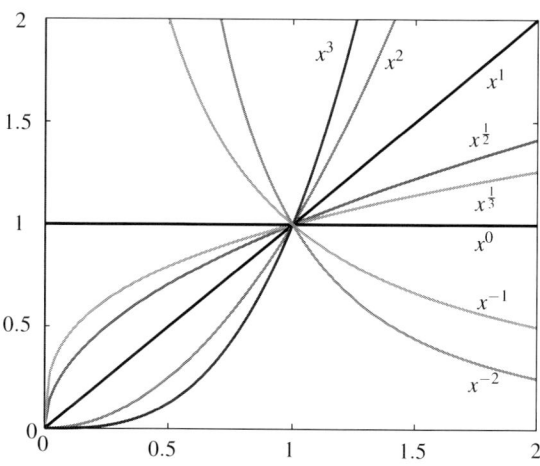

nach der Lösung von **quadratischen Gleichungen** der Form

$$x^2 + px + q = 0.$$

Eine Möglichkeit, diese zu lösen, ist mittels **quadratischer Ergänzung**:

$$x^2 + px + q = 0$$
$$\iff \quad x^2 + 2\left(\frac{p}{2}\right)x + \left(\left(\frac{p}{2}\right)^2 - \left(\frac{p}{2}\right)^2\right) + q = 0$$
$$\iff \quad x^2 + 2\left(\frac{p}{2}\right)x + \left(\frac{p}{2}\right)^2 = \left(\frac{p}{2}\right)^2 - q$$
$$\iff \quad \left(x + \frac{p}{2}\right)^2 = \left(\frac{p}{2}\right)^2 - q$$

Ist $\left(\frac{p}{2}\right)^2 < q$, so ist dies mit reellen Zahlen nicht lösbar. Ist $\left(\frac{p}{2}\right)^2 = q$, so gibt es genau eine Lösung $-\frac{p}{2}$. Ist $\left(\frac{p}{2}\right)^2 > q$, so ergeben sich zwei Lösungen:

$$x_1 = -\frac{p}{2} + \sqrt{\left(\frac{p}{2}\right)^2 - q} \quad \text{und} \quad x_2 = -\frac{p}{2} - \sqrt{\left(\frac{p}{2}\right)^2 - q},$$

oder kurz $x_{\pm} = -\frac{p}{2} \pm \sqrt{\left(\frac{p}{2}\right)^2 - q}$. Das ist die sogenannte **p-q-Formel**.

## 1.8 Ungleichungen und Beträge

Steht zur Produktion von Gütern eine bestimmte maximale Arbeitsmenge zur Verfügung, so muss diese nicht vollständig ausgeschöpft werden. Ein solcher Zusammenhang lässt sich durch eine **Ungleichung** beschreiben, beispielsweise $L \leq \bar{L}$, was bedeutet, dass jede Arbeitsmenge zulässig ist, die den Wert $\bar{L}$ nicht überschreitet. Ungleichungen treten bei der Beschreibung der Budgetmenge auf. Eine Budgetmenge ist die Menge aller Güterbündel $(x_1, \ldots, x_n)$, die mit einem vorgegebenen Budget $m$ bei gegebenen Preisen $(p_1, \ldots, p_n)$ finanzierbar sind. Die Budgetbedingung ist $p_1 x_1 + \ldots + p_n x_n \leq m$. Die Suche nach optimalen Güterbündeln innerhalb der Budgetmenge wird in Kapitel 15 behandelt.

**Ungleichungen** bestehen aus zwei Ausdrücken und einer Beziehung

- **größer** $>$,
- **größer-gleich** $\geq$,
- **kleiner** $<$,
- **kleiner-gleich** $\leq$.

Eine typische Aufgabe ist die Bestimmung der Menge aller Werte, die eine Variable annehmen kann, damit eine Ungleichung erfüllt ist. Zur Lösung solcher Fragestellungen werden Äquivalenzumformungen wie bei den Gleichungen benutzt. Allerdings ist zusätzlich darauf zu achten, dass sich die „Richtung" der **Ungleichheitszeichen** ändern kann. Beispielsweise wird bei der Multiplikation mit $-1$ aus **größer** ($5 > 3$) ein **kleiner** ($-5 < -3$).

| Äquivalenzumformungen | | |
|---|---|---|
| Addition von $c \in \mathbb{R}$ | $a < b$ | $\Longleftrightarrow$ $a + c < b + c$ |
| Multiplikation mit $c > 0$ | $a < b$ | $\Longleftrightarrow$ $ac < bc$ |
| Multiplikation mit $c < 0$ | $a < b$ | $\Longleftrightarrow$ $ac > bc$ |
| Kehrwertbildung bei $ab > 0$ | $a < b$ | $\Longleftrightarrow$ $\frac{1}{a} > \frac{1}{b}$ |
| Kehrwertbildung bei $ab < 0$ | $a < 0 < b$ | $\Longleftrightarrow$ $\frac{1}{a} < 0 < \frac{1}{b}$ |
| Potenzen, $p > 0$, $x, y > 0$ | $x^p < y^p$ | $\Longleftrightarrow$ $x < y$ |
| Potenzen, $p < 0$, $x, y > 0$ | $x^p < y^p$ | $\Longleftrightarrow$ $x > y$ |

Alle Äquivalenzumformungen gelten auch, wenn in der rechten Spalte $>$ durch $\geq$ und $<$ durch $\leq$ ersetzt wird.

Bei der Addition und der Multiplikation mit einer positiven Zahl bleiben die Richtungen der Ungleichungen bestehen. Die Multiplikation mit einer negativen Zahl führt zu einem Richtungswechsel. Die Kehrwertbildung führt zu einem Richtungswechsel, wenn $a$ und $b$ die gleichen Vorzeichen haben, d. h. $ab > 0$. Unterschiedliche Vorzeichen bleiben bei der Kehrwertbildung erhalten, so dass die Richtungen sich nicht ändern.

Sollen beispielsweise Prognosen daraufhin untersucht werden, wie gut sie sind, so ist es nicht so wichtig, ob die Prognose zu hoch oder zu niedrig war, entscheidend ist die Abweichung der Prognose von der Realisierung (die Differenz) ohne Berücksichtigung des Vorzeichens. Diese Größe wird **Betrag** genannt.

**Definition 1.12.** Ist $a \in \mathbb{R}$ eine reelle Zahl, so heißt die Zahl ohne Vorzeichen der **Betrag** von $a$. Der Betrag von $a$ ist

$$|a| := \begin{cases} a, & \text{wenn } a > 0, \\ 0, & \text{wenn } a = 0, \\ -a, & \text{wenn } a < 0. \end{cases}$$

Die Betragsfunktion $x \mapsto |x|$ hat einen maximalen Definitionsbereich $\mathbb{R}$ und die Bildmenge ist $\mathbb{R}_+$. Der Graph der Betragsfunktion ist in Abb. 1.8 dargestellt. Für das

**Abb. 1.8** Der Graph der Betragsfunktion von $x \mapsto |x|$

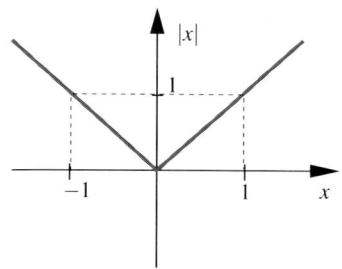

Rechnen mit Beträgen gelten folgende Regeln:

| | **Rechenregeln für Beträge** | |
|---|---|---|
| 1. | $|a| \geq 0$, | Positivität |
| 2. | $|a| = 0 \iff a = 0$, | Eindeutigkeit der 0 |
| 3. | $|-a| - |a|$ | |
| 4. | $a \leq |a|$ und $-a \leq |a|$, | mit Gleichheit in einem Fall |
| 5. | $|a|^2 = a^2$ | |
| 6. | $\sqrt{a^2} = |a|$, | **wichtig** bei Umformungen |
| 7. | $|ab| = |a|\,|b|$ und $\left|\frac{a}{b}\right| = \frac{|a|}{|b|}$ | |
| 8. | $\big||a| - |b|\big| \leq |a \pm b| \leq |a| + |b|$, Dreiecksungleichung | |
| 9. | $|a| < C \iff -C < a < C$, | um Betrag aufzulösen |

## 1.9 Anwendung: Das Gütermarktgleichgewicht

Die Bestimmung von Gütermarktgleichgewichten ist eine typische Aufgabe aus der Mikroökonomik. In diesem Anwendungsabschnitt zu Teil I wird das Vorgehen zur Behandlung dieser Fragestellung für ein – vergleichsweise einfaches – Beispiel[10] erläutert.

In einer Ökonomie gibt es Konsumenten, die ein Gut nachfragen (kaufen wollen) und Produzenten, die das Gut anbieten (produzieren und verkaufen wollen). Wie viel nachgefragt und angeboten wird, hängt vom Güterpreis ab, wobei der Güterpreis eine Variable $p \geq 0$ (ein negativer Preis ist hier nicht sinnvoll) ist. Der Zusammenhang zwischen der Güternachfrage und dem Güterpreis wird beschrieben durch die Nachfragefunktion $D : \mathbb{R}_+ \to \mathbb{R}_+$. In diesem Beispiel wird die spezielle Form

$$D(p) = \max\{0, a - cp\} = \begin{cases} a - cp, & \text{falls } p < \frac{a}{c} \\ 0, & \text{falls } p \geq \frac{a}{c} \end{cases} \quad \text{mit } a > 0, c > 0$$

als Nachfragefunktion angenommen.

Ebenso wird angenommen, dass der Zusammenhang zwischen Güterangebot und Güterpreis durch die Angebotsfunktion $S : \mathbb{R}_+ \to \mathbb{R}_+$ beschrieben wird. Als spezielle Form wird

$$S(p) = \max\{0, dp - b\} = \begin{cases} dp - b, & \text{falls } p > \frac{b}{d} \\ 0, & \text{falls } p \leq \frac{b}{d} \end{cases} \quad \text{mit } b > 0, d > 0$$

als Angebotsfunktion angenommen.

Angebots- und Nachfragefunktion für $\frac{b}{d} < \frac{a}{c}$ sind in Abb. 1.9 illustriert. Hier ist auch das Marktgleichgewicht eingezeichnet, dass im Folgenden bestimmt wird.

**Abb. 1.9** Illustration des Marktgleichgewichts, wenn $\frac{b}{d} < \frac{a}{c}$ gilt

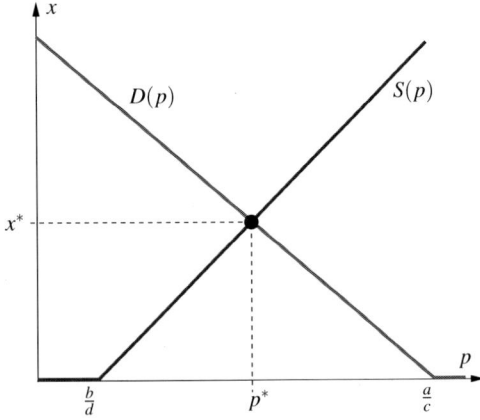

----

[10] Das Beispiel entspricht Böhm (1995, Aufgabe 3.1), dort finden sich auch weitere Details.

Ein Gütermarktgleichgewicht liegt vor, wenn das Güterangebot der Güternachfrage entspricht. Gesucht ist daher ein Güterpreis $p^* \geq 0$, der $S(p^*) = D(p^*)$ erfüllt. Die Gleichgewichtsmenge ist $x^* = S(p^*) = D(p^*)$. Offensichtlich kann $x^* = S(p^*) = D(p^*) > 0$ nur gelten, wenn $p < \frac{a}{c}$ **und** $p > \frac{b}{d}$ ist. Damit kann es nur dann ein Gütermarktgleichgewicht mit $x^* > 0$ geben, wenn $\frac{b}{d} < \frac{a}{c} \iff bc < ad$ erfüllt ist, sonst nicht.

Für die Bestimmung von Gütermarktgleichgewichten, bei denen wirklich etwas gehandelt wird, d. h. mit $x^* > 0$, folgt nun die eigentliche mathematische Analyse.

- Ist $bc < ad$, dann ist die Bedingung für Gütermarkträumung:

$$a - cp^* = D(p^*) = S(p^*) = dp^* - b.$$

- Mit wenigen Äquivalenzumformungen ist der Gleichgewichtspreis $p^* = \frac{a+b}{c+d}$.
- Die Gleichgewichtsmenge ist $x^* = \frac{ad-bc}{c+d} > 0$.
- Wegen $\frac{b}{d} < \frac{a+b}{c+d} \Leftrightarrow b(c+d) < d(a+b) \Leftrightarrow bc < ad$ und $\frac{a+b}{c+d} < \frac{a}{c} \Leftrightarrow c(a+b) < a(c+d) \Leftrightarrow bc < ad$ ist insbesondere $\frac{b}{d} < p^* < \frac{a}{c}$.
- In diesem Beispiel ist die Lösung $p^*$ und damit das Gleichgewicht eindeutig.

Angebots- und Nachfragefunktion für $\frac{a}{c} < \frac{b}{d}$ sind in Abb. 1.10 illustriert. Angebot und Nachfrage können nur übereinstimmen, wenn $p^* \in \left[\frac{a}{c}, \frac{b}{d}\right]$. Dann ist die gehandelte Gütermenge aber $x^* = 0$.

**Abb. 1.10** Illustration, wenn $\frac{a}{c} < \frac{b}{d}$ ist: Marktgleichgewichts mit $x^* = 0$ für jeden Preis $p^* \in \left[\frac{a}{c}, \frac{b}{d}\right]$

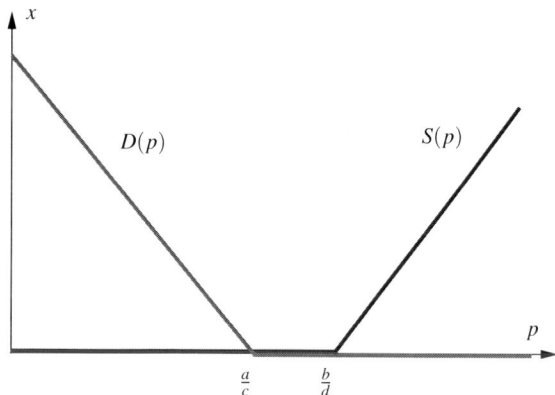

**Fazit:** Mit mathematischen Methoden wurden Bedingungen an die Parameter ermittelt, die ein Gütermarktgleichgewicht ermöglichen. Desweiteren wurde eine allgemeine Formel für den Gleichgewichtspreis und die Gleichgewichtsmenge hergeleitet. Die Rechnungen für spezielle Parameterkonstellationen sind Teil der folgenden Aufgaben.

# Aufgaben zu Kapitel 1

## Aufgaben zu Abschnitt 1.1

**1.1.** Geben Sie zu folgenden ökonomischen Größen an, durch welche Zahlenarten sie darstellbar sind: Arbeitslosenzahl, Pro-Kopf-Konsum, Lagerbestände an Milchflaschen, Lagerbestände an Rohöl, Kontostand eines Girokontos, Kontostand einer Festgeldanlage.

**1.2.** Teilen Sie schriftlich 3 : 7 und begründen Sie, dass das Ergebnis eine periodische Dezimalzahl ist.

**1.3.** Sie wollen einen Schreibtisch für 240 € kaufen und erhalten 20% Rabatt. Auf den Rechnungsbetrag erhalten Sie einen Barzahlungsrabatt von 3%. Wie viel müssen Sie bezahlen? Um den Schreibtisch von der Steuer abzusetzen, muss die Mehrwertsteuer von 19% ausgewiesen werden. Wie hoch ist die Mehrwertsteuer?

## Aufgaben zu Abschnitt 1.2

**1.4.** Machen Sie sich klar, dass die Zusammenhänge aus Beispiel 1.1 gelten.

**1.5.** Skizzieren Sie folgende Mengen auf dem Zahlenstrahl:

a) $[-2,1] \cup [0,2)$   b) $[-2,5] \setminus [0,2)$   c) $\mathbb{R} \setminus [-2,1]$   d) $\mathbb{R}_{++} \cup [-2,-1]$

e) $[-2,1] \cap [0,2)$   f) $[0,2) \setminus [-2,1]$   g) $\mathbb{R}_{+} \cup [-2,0]$   h) $\mathbb{R}_{++} \cup [-2,0)$

## Aufgaben zu Abschnitt 1.3

**1.6.** Geben Sie an, welche Zuordnungsvorschrift eine Abbildung beschreibt:

a) „Ordne jedem Bürger eines Landes die Personalausweisnummer zu."
b) „Ordne jedem Bürger eines Landes seinen Geburtstag zu."
c) „Ordne jedem Bürger eines Landes seine Kontonummer zu."
d) „Ordne jedem Bürger eines Landes seinen Fingerabdruck zu."

Geben Sie jeweils einen sinnvollen Zielbereich an und begründen Sie, ob die Abbildungen injektiv, surjektiv und/oder bijektiv sind.

**1.7.** Geben Sie an, welche Zuordnungsvorschrift eine Funktion beschreibt:

a) „Ordne jeder reellen Zahl $y$ die Lösung $x$ von $x^2 = y$ zu."
b) „Ordne jeder positiven reellen Zahl $y$ die Lösung $x$ von $x^2 = y$ zu."
c) „Ordne jeder positiven reellen Zahl $y$ die positive Lösung $x$ von $x^2 = y$ zu."

Geben Sie bei der Abbildung den Definitionsbereich, den Zielbereich und die Bildmenge an. Ist die Abbildung injektiv, surjektiv und/oder bijektiv?

**1.8.** Bestimmen Sie den maximalen Definitionsbereich $D_f$ und die Bildmenge $R_f$ einer Funktion, die durch $f(x) = \frac{8-x}{x}$ beschrieben wird (Zielbereich ist $T = \mathbb{R}$). Ist die Funktion injektiv, surjektiv und/oder bijektiv? Begründen Sie, dass durch $f(x) = \frac{8-x}{x}$ für $x \neq 0$ und $f(0) = -1$ eine bijektive Funktion von $\mathbb{R}$ nach $\mathbb{R}$ definiert ist, und geben Sie die Umkehrfunktion an.

**1.9.** Bestimmen Sie den maximalen Definitionsbereich $D_f$ und die Bildmenge $R_f$ einer Funktion, die durch $f(x) := \frac{x}{1+x^2}$ beschrieben wird (Zielbereich ist $T = \mathbb{R}$). Ist die Funktion injektiv, surjektiv und/oder bijektiv?

### Aufgaben zu Abschnitt 1.4

**1.10.** Der Zusammenhang zwischen der angebotenen Gütermenge $x$ und dem Güterpreis $p$ sei von der Form $x = dp - b$ mit $d > 0$ und $b > 0$. Der Zusammenhang zwischen der nachgefragter Gütermenge $y$ und dem Güterpreis $p$ sei von der Form $y = a - cp$ mit $a > 0$ und $c > 0$. Geben Sie für $a, b, c, d, p, x$ und $y$ an, was in diesem Zusammenhang Variablen und Parameter sind.

**1.11.** In einem Gütermarktgleichgewicht stimmen Angebot $x$ und Nachfrage $y$ überein. Lösen Sie $a - bp = cp - d$ nach dem Gleichgewichtspreis $p$ auf.

**1.12.** Überlegen Sie, ob jede Parameterkonstellation sinnvolle Gleichgewichtspreise ergibt (Gütermengen sind typischerweise nicht negativ).

### Aufgaben zu Abschnitt 1.5

**1.13.** Berechnen und vereinfachen Sie:

a) $(5 \cdot 2 - 3(3 - 5))3$

b) $3a + (b - (c + b(1 - c))) + (1 - b)c$

c) $\left(5 \cdot \frac{1}{2} + \frac{2}{3}\right) / \frac{1}{6}$

d) $\frac{5ab}{3x} \cdot \frac{2x}{15b}$

**1.14.** Berechnen Sie folgende Summen:

a) $\displaystyle\sum_{i=1}^{10} i$

b) $\displaystyle\sum_{i=1}^{6} i^2$

c) $\displaystyle\sum_{i=1}^{4} 30$

d) $\displaystyle\sum_{i=0}^{4} 30$

e) $\displaystyle\sum_{j=1}^{10} \sum_{i=1}^{6} (j \cdot i^2)$

f) $\displaystyle\sum_{i=1}^{6} \sum_{j=1}^{10} (j \cdot i^2)$

g) $\displaystyle\sum_{i=1}^{n} (2i - 1)$ für $n = 1, 2, \ldots, 6$

### Aufgaben zu Abschnitt 1.6

**1.15.** Berechnen und vereinfachen Sie:

a) $\left(\dfrac{5a^2 b}{3x} - \dfrac{4x}{15b}\right) / (5ab + 2x)$

b) $\dfrac{x^2 - y^2}{x + y} \cdot (y - x)$

c) $(3a - 2b)^2 - 4b^2$

d) $\dfrac{ab + b^2}{a^2 - b^2}$

**1.16.** Berechnen Sie folgende Fakultäten $0!, 1!, \ldots, 8!$ und Binomialkoeffizienten $\binom{2}{4}, \binom{20}{1}, \binom{20}{0}, \binom{20}{19}$. Ergänzen Sie das Pascalsche Dreieck, so dass Sie $\binom{6}{3}, \binom{7}{1}$ und $\binom{7}{3}$ ablesen können.

**Aufgaben zu Abschnitt 1.7**

**1.17.** Für welche $x \in \mathbb{R}$ sind folgende Ausdrücke definiert? Vereinfachen Sie:

a) $\dfrac{x^2-1}{\sqrt[4]{(x+1)^2}}$

b) $\left( (x-1) \sqrt[3]{(x^2-2x+1)^2} \right)^{\frac{1}{7}}$

c) $\dfrac{h}{\sqrt{x+h}-\sqrt{x}}$

d) $\sqrt{\left( \dfrac{\sqrt{5}-\sqrt{3}}{\sqrt{5}+\sqrt{3}} - x \right)}$

**1.18.** Lösen Sie nach $x$ auf:

a) $(x^2-4x+4)^2 = 1$

b) $4^x - 4^{x-1} = 3(2^{x+1} - 2^x)$

c) $\sqrt{x(x-2)} = 1$

d) $x + \sqrt{x} - 6 = 0$

**Aufgaben zu Abschnitt 1.8**

**1.19.** Berechnen und vereinfachen Sie $|-2 \cdot (2-4)|$ und $|4a| - 3|2a|$.

**1.20.** Welche $x \in \mathbb{R}$ lösen folgende Ungleichungen?

a) $-x^2 + 2x + 15 \geq 0$

b) $\dfrac{a}{x-a} > \dfrac{1}{x}$, mit $a > 0$

**1.21.** Skizzieren Sie den Graph von $|x^2-1|$. Geben Sie die Intervalle an, in denen $|x^2-1| < 1$ gilt. Bestimmen Sie in Abhängigkeit von einem Parameter $a \geq 0$ die Intervalle, in denen $|x^2-1| < a$ gilt.

**Aufgaben zu Abschnitt 1.9**

**1.22.** Machen Sie sich klar, dass die Argumente und Ergebnisse im Anwendungsabschnitt 1.9 stimmen.

**1.23.** Bestimmen Sie für $a = 7$, $b = 2$, $c = 1$ und $d = 2$ ein Marktgleichgewicht: Gleichgewichtsmenge $x^*$ und Gleichgewichtspreis $p^*$.

**1.24.** Skizzieren Sie den Verlauf der Angebots- und der Nachfragefunktion in einer Zeichnung für $\frac{a}{c} \geq \frac{b}{d}$ (oder speziell $a = 7$, $b = 2$, $c = 1$ und $d = 2$) und für $\frac{a}{c} < \frac{b}{d}$ (oder speziell $a = 2$, $b = 6$, $c = 1$ und $d = 2$).

**1.25.** Bestimmen Sie die Überschussnachfragefunktion $Z(p) = D(p) - S(p)$ und überprüfen Sie, für welche (positiven) Parameter $a, b, c, d$ ein Gleichgewicht existiert. Skizzieren Sie die Überschussnachfragefunktion.

**1.26.** Für welche Parameterwerte existiert ein Gleichgewicht mit positiven Preisen und positiven Mengen? Bestimmen Sie für diesen Fall den Gleichgewichtspreis und die Gleichgewichtsmenge.

# Kapitel 2
# Mathematische Vorgehensweise

Um neue Ergebnisse zu erzielen, ist es häufig notwendig, Aussagen präzise zu formulieren und zu **beweisen**. Daher werden in diesem Kapitel die mathematische Begriffsbildungen und Vorgehensweisen zusammengestellt, die benötigt werden, um mathematische Texte zu verstehen oder selber zu schreiben.

## 2.1 Mathematische Logik

Um Aussagen mathematisch präzise zu formulieren, ist dieser Abschnitt über „mathematische Logik" angefügt.

> **Definition 2.1.** Eine (mathematische) **Aussage** $\mathscr{P}$ ist ein Satz, der entweder **wahr** oder **falsch** ist. Die **Negation** $\neg\mathscr{P}$ einer Aussage $\mathscr{P}$ ist genau dann wahr, wenn $\mathscr{P}$ falsch ist und genau dann falsch, wenn $\mathscr{P}$ wahr ist.

Bezogen auf die Vierecke in Abb. 2.1 soll entschieden werden, welche der Sätze mathematische Aussagen sind und ob die Aussagen „wahr" oder „falsch" sind.

- „Das Viereck aus Abb. 2.1 hat gleiche Seitenlängen."
  Das ist **keine** mathematische Aussage (welches Viereck?).
- „Die Vierecke $A$ und $D$ haben je gleiche Seitenlängen."
  Das ist eine mathematische Aussage, die **wahr** ist.
- „Alle Vierecke aus Abb. 2.1 haben je gleiche Seitenlängen."
  Das ist eine mathematische Aussage, die **falsch** ist.
- „Mindestens ein Viereck aus Abb. 2.1 hat gleiche Seitenlängen."
  Das ist eine mathematische Aussage, die **wahr** ist (A oder D).
- „Wie viele Vierecke aus Abb. 2.1 sind Rechtecke?"
  Das ist **keine** mathematische Aussage (sondern eine Frage).

T. Pampel, *Mathematik für Wirtschaftswissenschaftler*, Springer-Lehrbuch,
DOI 10.1007/978-3-642-04490-8_2, © Springer-Verlag Berlin Heidelberg 2010

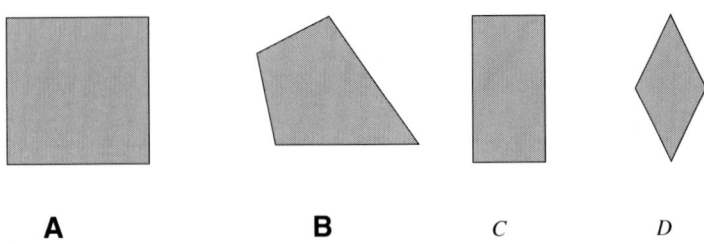

**Abb. 2.1** Verschiedene Vierecke

*Anmerkung 2.1.* Entscheidend dafür, ob ein Satz eine mathematische Aussage ist, ist auch, dass die auftretenden Begriffe bekannt sind. Beispielsweise ist keiner der obigen Sätze eine mathematische Aussage, wenn Ihnen nicht bekannt ist, was ein Viereck ist.

Nun werden die Negationen zu einigen Aussagen angegeben:

- „Jedes Auto auf dem Parkplatz ist rot."
  Die Negation lautet: „Auf dem Parkplatz steht mindestens ein Auto, das nicht rot ist."
- „Auf dem Parkplatz steht (mindestens) ein rotes Auto."
  Die Negation lautet: „Auf dem Parkplatz steht kein rotes Auto."
- „Auf dem Parkplatz steht genau ein rotes Auto."
  Die Negation lautet: „Auf dem Parkplatz steht entweder kein rotes Auto oder es stehen mindestens zwei rote Autos auf dem Parkplatz."

In vielen Fällen sind mathematische Aussagen von der Form „**Wenn** … gilt, **dann** gilt auch …". Solche Aussagen werden als **Implikation** bezeichnet.

> **Definition 2.2.** Eine **Implikation** ist eine Aussage der Form
> „**Wenn** $\mathscr{P}$ gilt, **dann** gilt auch $\mathscr{Q}$",
> wobei $\mathscr{P}$ und $\mathscr{Q}$ zwei Aussagen sind. Die mathematische Beschreibung hierfür ist
> $$\mathscr{P} \Longrightarrow \mathscr{Q}.$$

Wichtig ist es, textliche Umschreibungen von $\mathscr{P} \Longrightarrow \mathscr{Q}$ zu erkennen.

> **Textliche Beschreibungen einer Implikation:**
>
> - „**Wenn** $\mathscr{P}$ gilt, **dann** gilt auch $\mathscr{Q}$."
> - „**Aus** $\mathscr{P}$ **folgt** $\mathscr{Q}$."
> - „$\mathscr{P}$ ist eine **hinreichende Bedingung** für $\mathscr{Q}$."
> - „$\mathscr{Q}$ ist eine **notwendige Bedingung** für $\mathscr{P}$."

Als Beispiel wird eine Implikation nun auf verschiedene Weise beschrieben:

- **Wenn** ein Viereck $A$ ein Quadrat ist, **dann** hat $A$ gleiche Seitenlängen.
- **Daraus**, dass ein Viereck $A$ ein Quadrat ist, **folgt**, dass $A$ gleiche Seitenlängen besitzt.
- Eine **notwendige Bedingung** dafür, dass ein Viereck $A$ ein Quadrat ist, ist, dass $A$ gleiche Seitenlängen besitzt.
- Eine **hinreichende Bedingung** dafür, dass ein Viereck $A$ gleiche Seitenlängen besitzt, ist, dass es ein Quadrat ist.

In vielen Fällen soll eine Aussage durch eine andere **äquivalente** Aussage ersetzt werden; insbesondere wenn bei der anderen Aussage bekannt ist, dass sie wahr ist.

> **Definition 2.3.** Zwei Aussagen $\mathscr{P}$ und $\mathscr{Q}$ heißen **äquivalent**, wenn sowohl $\mathscr{P} \implies \mathscr{Q}$ als auch $\mathscr{Q} \implies \mathscr{P}$ gilt. Die mathematische Beschreibung hierfür ist
>
> $$\mathscr{P} \iff \mathscr{Q}.$$

Auch für $\mathscr{P} \iff \mathscr{Q}$ gibt es verschiedene textliche Umschreibungen.

> **Textliche Beschreibungen von Äquivalenz:**
>
> - „$\mathscr{P}$ gilt **genau dann, wenn** $\mathscr{Q}$ gilt",
> - „$\mathscr{P}$ gilt **dann und nur dann, wenn** $\mathscr{Q}$ gilt",
> - „$\mathscr{P}$ ist **notwendig und hinreichend** für $\mathscr{Q}$".

*Beispiel 2.1.* • Ein Viereck ist **genau dann** ein Quadrat, **wenn** es ein Rechteck ist und gleiche Seitenlängen hat.
- Ein Viereck ist **dann und nur dann** ein Quadrat, **wenn** es ein Rechteck ist und gleiche Seitenlängen hat.
- **Notwendig und hinreichend** dafür, dass ein Viereck ein Quadrat ist, ist, dass es ein Rechteck mit gleichen Seitenlängen ist.

## 2.2 Definition, Satz, Lemma, Korollar

Eine ausführliche Zusammenstellung und Erläuterung mathematischer Begriffe und viele weitere Hinweise zum Umgang mit den typischen Bezeichnungen der Mathematik finden sich in Beutelspacher (1992). In diesem kurzen Abschnitt werden wenige typische Begriffe erklärt, die bei mathematischen Argumentationen – auch in diesem Buch – häufig auftreten.

- Neue Begriffe werden durch **Definitionen** eingeführt.
- Zusammenhänge und Folgerungen aus bisher Bekanntem werden möglichst präzise in einem **Satz** beschrieben. Zu einem Satz gehört auch ein **Beweis**, in dem nachgewiesen wird, dass die Aussage des Satzes richtig ist. Synonym werden oft auch die Begriffe **Proposition** oder **Theorem** benutzt, wobei **Theorem** oft auch im Sinne von „zentraler Satz" gebraucht wird.
- Ein **Lemma** lässt sich meist als **technischer Hilfssatz** umschreiben. Es präzisiert Teilergebnisse, die für den eigentlichen Satz oder einen Beweis benötigt werden. Eine andere Bedeutung – **Hauptgedanke**, z. B. Lemma von Zorn – tritt hauptsächlich in mathematischen Texten auf und selten in Anwendungen.
- Ein **Korollar** ist eine direkte **Folgerung** aus einem vorangegangen Ergebnis und bezieht sich oft auf einen Spezialfall, der von dem allgemeineren Ergebnis bereits abgedeckt ist.

## 2.3 Der mathematische Beweis

Auch in vielen ökonomischen Arbeiten werden Aussagen mathematisch **bewiesen**. Aus diesem Grund ist es notwendig, die wichtigsten **Beweistechniken** zu kennen. Diese werden nun kurz beschrieben.

1. **Direkter Beweis**
   Benutze mathematische Aussagen, von denen bekannt ist, dass sie „wahr" sind und folgere hieraus die behauptete Aussage.
2. **Indirekter Beweis** oder **Beweis durch Widerspruch**
   Nimm das Gegenteil der behaupteten Aussage an, bzw. nimm an, dass die behauptete Aussage „falsch" ist. Folgere, dass dann ein Widerspruch auftritt, z. B. dass eine „falsche" mathematische Aussage gelten müsste. Damit kann die behauptete Aussage nicht „falsch" sein, sie muss also „wahr" sein.
3. **Induktionsbeweis** (nur für natürliche Zahlen)
   **Induktionsanfang:** Zeige: Die Aussage gilt für eine natürliche Zahl $n_0$.
   **Induktionsschritt:** Zeige: Wenn die Aussage für eine natürliche Zahl $n$ gilt, dann ist die Aussage auch für $n+1$ „wahr".
   Damit ist die Aussage für alle natürlichen Zahlen $n \geq n_0$ gezeigt.

Diese Beweistechniken werden nun anhand von Beispielen erläutert.

1. Der Nachweis von $\binom{n}{i} + \binom{n}{i+1} = \binom{n+1}{i+1}$, der Regel für Binomialkoeffizienten auf Seite 23, war ein Beispiel für einen **direkten Beweis**. Diese Gleichung wurde aus den Definitionen der Fakultät und des Binomialkoeffizienten sowie aus den Rechenregeln hergeleitet.

   Als weiteres Beispiel wird **direkt** beweisen, dass $\sum_{i=0}^{n} q^i = \frac{1-q^{n+1}}{1-q}$ für $n \in \mathbb{N}$ und $q \neq 1$ ist. Mit den bisherigen Rechenregeln und einigen (geschickten) Umformungen ergibt sich:

$$(1-q)\sum_{i=0}^{n}q^i = \sum_{i=0}^{n}(1-q)q^i = \sum_{i=0}^{n}(q^i - q^{i+1})$$

$$= (q^0 - q^1) + (q^1 - q^2) + \ldots + (q^{n-1} - q^n) + (q^n - q^{n+1})$$

$$= q^0 \underbrace{-q^1 + q^1}_{=0} \underbrace{-q^2 + q^2}_{=0} \underbrace{-q^3 + \ldots + q^{n-1}}_{=0} \underbrace{-q^n + q^n}_{=0} -q^{n+1}$$

$$= 1 - q^{n+1}.$$

Dividieren dieser Gleichung durch $(1-q)$ ergibt die Behauptung.

2. Als Beispiel für einen Beweis durch Widerspruch wird gezeigt, dass $x^2 = 2$ keine rationale Lösung besitzt.

> Angenommen es gibt eine rationale Lösung von $x^2 = 2$. Dann gibt es natürliche Zahlen $p, q \in \mathbb{N}$, die **keinen gemeinsamen Teiler besitzen** (soweit wie möglich gekürzt), so dass $\left(\frac{p}{q}\right)^2 = 2$ gilt. Dann gilt auch $p^2 = 2q^2$ und $p^2$ ist gerade. Somit ist auch $p$ gerade (eigentlich wäre dies auch zu zeigen) und $k := \frac{p}{2} \in \mathbb{N}$. Daraus folgt $(2k)^2 = 2q^2$ und $2k^2 = q^2$. Das impliziert, dass auch $q$ gerade ist. Folglich besitzen $p$ und $q$ **den gemeinsamen Teiler 2**, was ein Widerspruch ist (Annahme: $p$ und $q$ haben keinen gemeinsamen Teiler, siehe oben). Damit kann die Annahme, es gebe eine rationale Lösung von $x^2 = 2$, **nicht wahr** sein und das Gegenteil muss gelten.

3. Ein Beispiel für einen Induktionsbeweis (bzw. eine Beweisskizze) trat beim Beweis von Satz 1.1 (Seite 24) auf.

   Nun beweisen wir die Aussage $\sum_{i=0}^{n}q^i = \frac{1-q^{n+1}}{1-q}$ für $n \in \mathbb{N}$ und $q \neq 1$ noch einmal; diesmal mit **vollständiger Induktion**.

   - **Induktionsanfang:** Für $n = 0$ gilt offensichtlich

   $$\sum_{i=0}^{0}q^i = q^0 = 1 = \frac{1-q^{0+1}}{1-q}.$$

   - **Induktionsschritt:** Angenommen $\sum_{i=0}^{n}q^i = \frac{1-q^{n+1}}{1-q}$ gilt für $n$, dann gilt für $n+1$:

   $$\sum_{i=0}^{n+1}q^i = q^{n+1} + \sum_{i=0}^{n}q^i \qquad \text{(aus der Induktionsvoraussetzung folgt)}$$

   $$= q^{n+1} + \frac{1-q^{n+1}}{1-q} = \frac{q^{n+1}-q^{n+2}}{1-q} + \frac{1-q^{n+1}}{1-q} = \frac{1-q^{n+2}}{1-q}.$$

   Also gilt die Formel für $n+1$, wenn sie für $n$ gilt. Nach dem Prinzip der vollständigen Induktion gilt sie somit für alle natürlichen Zahlen $n \geq 0$.

Manchmal ist es einfacher zu zeigen, dass eine bestimmte Aussage nicht gilt. In solchen Fällen ist folgender Zusammenhang – der Kontraposition oder Umkehrschluss genannt wird – hilfreich:

**Satz 2.1.** *Seien $\mathscr{P}$ und $\mathscr{Q}$ zwei Aussagen, dann gilt*
$$\mathscr{P} \implies \mathscr{Q} \text{ genau dann, wenn } \neg\mathscr{Q} \implies \neg\mathscr{P},$$
*und*
$$\mathscr{P} \iff \mathscr{Q} \text{ genau dann, wenn } \neg\mathscr{Q} \iff \neg\mathscr{P}.$$

Dieser Zusammenhang wurde beispielsweise in Definition 1.5 benutzt, als

$$f(x_1) = f(x_2) \implies x_1 = x_2$$

und

$$x_1 \neq x_2 \implies f(x_1) \neq f(x_2)$$

als äquivalent angegeben wurden.


## Aufgaben zu Kapitel 2

### Aufgaben zu Abschnitt 2.1

**2.1.** Welche der folgenden Sätze sind mathematische Aussagen? Geben Sie zu den Aussagen an, ob sie wahr oder falsch sind. Geben Sie die Negation an.

a) „Jede Woche hat 7 Tage."    b) „Der Monat hat 30 Tage."
c) „Jedes Jahr hat 365 Tage."    d) „Jede Nacht hat 12 bis 13 Stunden."
e) „Hat der Januar 31 Tage?"    f) „Es gibt Monate mit weniger als 30 Tagen."

**2.2.** Betrachte ein Viereck $A$ und folgende Aussagen:

- $\mathscr{P} = $ „Das Viereck $A$ ist ein Parallelogramm."
- $\mathscr{Q} = $ „Das Viereck $A$ ist ein Quadrat."
- $\mathscr{R} = $ „Das Viereck $A$ ist ein Rechteck."
- $\mathscr{S} = $ „Das Viereck $A$ hat gleiche Seitenlängen."

Welche der folgenden Implikationen oder Äquivalenzen sind richtig?

a) $\mathscr{P} \implies \mathscr{Q}$
c) $\mathscr{Q} \implies \mathscr{P}$                b) $\mathscr{Q} \iff \mathscr{R}$ und $\mathscr{S}$
e) $\neg\mathscr{P} \iff \neg\mathscr{Q}$            d) $\mathscr{Q} \iff \mathscr{P}$ und $\mathscr{S}$

### Aufgaben zu Abschnitt 2.3

**2.3.** Zeigen Sie durch vollständige Induktion

a) $\displaystyle\sum_{i=1}^{n} i = \frac{n(n+1)}{2}$            b) $\displaystyle\sum_{i=1}^{n} \frac{1}{i \cdot (i+1)} = \frac{n}{n+1}$

c) $\displaystyle\sum_{i=1}^{n} (2i-1) = n^2$

# Teil II
# Folgen und Reihen

In diesem Teil werden Folgen und Reihen behandelt. **Folgen** spielen eine wichtige Rolle, wenn zeitliche Entwicklungen beschrieben werden. Typische Beispiele sind die Beschreibung von Kontenentwicklungen oder die Analyse von Quartalszahlen einer Volkswirtschaft. Desweiteren lässt sich der **Grenzwertbegriff** gut anhand von Folgen erklären.

Neben den Folgengliedern interessiert manchmal auch ihre Summe. Solche aufsummierten Folgenglieder definieren eine **Reihe**. Ein Beispiel hierfür ist der Gegenwartswert einer Geldanlage, die über mehrere Perioden einen Ertrag liefert. Ein anderes Beispiel ist bei Wachstumsmodellen der diskontierte zukünftige Nutzen, über den optimiert wird. Desweiteren kann die – in den Wirtschaftswissenschaften wichtige – **Exponentialfunktion** über Reihen definiert werden.

# Kapitel 3
# Folgen

Eine Folge reeller Zahlen ordnet natürlichen Zahlen jeweils eine reelle Zahl zu. Liegen beispielsweise volkswirtschaftliche Daten quartalsweise vor, so kann man diese als Folge interpretieren. Als einführende Anwendung wird die Entwicklung des Kontostandes mit Zins-und-Zinseszins-Rechnung als Folge aufgefasst. Im Anwendungsabschnitt 3.4 wird die zeitliche Entwicklung im Solow-Wachstumsmodell anhand der Folgeneigenschaften untersucht. Als wichtiges mathematisches Konzept wird in Abschnitt 3.3 der **Grenzwertbegriff** anhand von Folgen eingeführt.

## 3.1 Zinsrechnung

Als einführendes Beispiel wird zunächst die Zinsrechnung behandelt, da die Entwicklung des Kontostandes bei Zins-und-Zinseszins-Rechnung als Folge beschrieben werden kann. Die betrachteten Variablen sind

| | | | |
|---|---|---|---|
| $n$ | Periode | $N$ | Laufzeit |
| $A$ | Anfangskapital | $E$ | Endvermögen |
| $K_n$ | Kapital in Periode $n$ | | |
| $p$ | Zinssatz | $p^*$ | effektiver Jahreszins |

Der einfachste Fall ist ein Konto, auf das einmalig am Anfang von Periode 0 ein Anfangskapital $A > 0$ eingezahlt wird (mit $A < 0$ lässt sich die Kreditaufnahme modellieren). Das Kapital in Periode 0 ist $K_0 = A$ und wird jeweils nach einer Periode (typischerweise ein Jahr) zu einem Zinssatz $p$ verzinst. Somit ist der Kapitalstand nach einer Periode $K_1 = (1 + p)K_0 = (1 + p)A$, nach zwei Perioden $K_2 = (1 + p)K_1 = (1 + p)^2 K_0$, nach drei Perioden $K_3 = (1 + p)K_2 = (1 + p)^3 K_0$ und so weiter. Die Entwicklung des Kapitals von Periode $n$ nach Periode $n + 1$ ist rekursiv definiert durch $K_{n+1} = (1 + p)K_n$ und es gilt $K_n = (1 + p)^n K_0$.

Wegen $K_0 = A$ gilt in diesem Fall $K_n = (1 + p)^n A$. Bei einer Laufzeit von $N$ Perioden ist $K_N$ gleichzeitig das Endvermögen $E$. Damit gilt

T. Pampel, *Mathematik für Wirtschaftswissenschaftler*, Springer-Lehrbuch, DOI 10.1007/978-3-642-04490-8_3, © Springer-Verlag Berlin Heidelberg 2010

$$E = K_N = (1+p)^N K_0 = (1+p)^N A.$$

Das notwendige Anfangskapital, um bei gegebenem Zinssatz $p$ und einer Laufzeit $N$ ein Endvermögen $E$ zu erreichen, ergibt sich durch Auflösen der Formel nach $A$ und ist

$$A = \frac{E}{(1+p)^N}.$$

Der **effektive Jahreszins** einer Geldanlage ist derjenige konstante Zinssatz $p^*$, der – wenn es eine alternative Geldanlage für den selben Anlagezeitraum mit diesem konstanten Zinssatz $p^*$ gäbe – die gleichen Zahlungsströme ermöglichen würde. Bei einer Geldanlage mit jährlichen Zahlungseingang $A_i$ und Auszahlungen $E_i$ müsste $p^*$ folgende Gleichung lösen:

$$\sum_{i=0}^{N} \frac{E_i - A_i}{(1+p)^i} = 0,$$

wobei insbesondere $A_0 = A$ und $E_N = E$ gilt. Das ist hier einfach, denn es gibt nur eine Einzahlung $A_0 = A$ und eine Auszahlung $E_N = E$. Wegen $\frac{E}{(1+p^*)^N} - A = 0$ gilt damit

$$p^* = \left( \frac{E}{A} \right)^{\frac{1}{N}} - 1.$$

Mit $K_0 = A$ und $E = (1+p)^N A$ ergibt sich – wie erwartet – der effektive Jahreszins $p^* = p$ (das war schließlich auch so angenommen worden).

*Anmerkung 3.1.* Soll zu einer Geldanlage die **Mindestlaufzeit** bestimmt werden, so muss $E = (1+p)^N K_0$ nach $N$ aufgelöst werden. Im Vorgriff auf die später folgende Behandlung der Logarithmusfunktion wird hier die zugehörige Formel angegeben:

$$N^* = \frac{\log\left(\frac{E}{A}\right)}{\log(1+p)}.$$

Da die Mindestlaufzeit $N \in \mathbb{N}$ eine natürliche Zahl ist, wird sie so gewählt, dass $N - 1 < N^* \leq N$ ist.

Nun sollen die Formeln für eine leichte Modifikation hergeleitet werden. Es sei angenommen, dass auf die Geldanlage ein Ausgabeaufschlag $aA$, $a \in [0,1)$ zu bezahlen ist, so dass $K_0 = (1-a)A$ ist. Das Kapital in Periode $n$ ist dann

$$K_n = (1+p)^n K_0 = (1+p)^n (1-a)A,$$

das Endvermögen ist somit

$$E = (1+p)^N K_0 = (1+p)^N (1-a)A.$$

Das notwendige Anfangskapital $A$ um $E$ zu erreichen ist $A = \frac{E}{(1+p)^N (1-a)}$, und der effektive Jahreszins ist

$$p^* = \left(\frac{E}{A}\right)^{\frac{1}{N}} - 1 = (1+p)(1-a)^{\frac{1}{N}} - 1.$$

Bei den meisten Größen ist die Wirkung so, als ob entsprechend weniger Geld angelegt wurde. Interessant ist der effektive Jahreszins, da dieser jetzt von der Laufzeit abhängt. Für kleine $N$ kann er sogar negativ werden und für große $N$ nähert er sich $p$. Um Geldanlagen zu vergleichen, ist der effektive Jahreszins sehr gut geeignet, allerdings müssen alle Zahlungsströme berücksichtigt werden.

Die Zinsrechnung ist ein Teil der Finanzmathematik. Weitere Anwendungen sind: die Berechnung von Renten, die Berechnung von Schuldentilgung und die Investitionsrechnung.

## 3.2 Folgen

In diesem Abschnitt werden **Folgen** definiert und Eigenschaften wie **Beschränktheit** oder **Monotonie** behandelt. Eine Folge ist eine Aneinanderreihung von reellen Zahlen, so dass jeder natürlichen Zahl $i \in \mathbb{N}$ eine reelle Zahl $a_i \in \mathbb{R}$ zugeordnet wird. Formal ist dies eine Abbildung von $\mathbb{N}$ nach $\mathbb{R}$.

> **Definition 3.1.** Eine **Folge** (oder Zahlenfolge) $\{a_i\}_{i=0}^{\infty}$ ist eine Abbildung $\mathbb{N} \to \mathbb{R}$, die jeder natürlichen Zahl $i \in \mathbb{N}$ eine reelle Zahl $a_i \in \mathbb{R}$ zuordnet.
> Die Zahl $a_i$ heißt **$i$-tes Folgenglied**.
> Ist $n_0 \geq 0$, so ist $\{a_i\}_{i=n_0}^{\infty}$ eine **Folge**, die bei $n_0$ beginnt.

Wenn der Anfangsindex $n_0$ klar sind, schreibt man statt $\{a_i\}_{i=n_0}^{\infty}$ auch kurz $\{a_i\}$.

*Beispiel 3.1.*

1. Die **arithmetische Folge** mit $a_{i+1} = a_i + d$, $a_0$ gegeben:
   $\{a_0 + id\}_{i=0}^{\infty} = \{a_0, a_0 + d, a_0 + 2d, a_0 + 3d, \ldots\}$ mit $a_i = a_0 + id$.
2. Die **geometrische Folge** mit $a_{i+1} = a_i q$, $a_0$ gegeben:
   $\{a_0 q^i\}_{i=0}^{\infty} = \{a_0, a_0 q, a_0 q^2, a_0 q^3, \ldots\}$ mit $a_i = a_0 q^i$.
3. Die **Fibonacci-Zahlen** mit $a_{i+2} = a_{i+1} + a_i$, $a_0 = 0, a_1 = 1$:
   $\{a_i\}_{i=0}^{\infty} = \{0, 1, 1, 2, 3, 5, 8, 13, 21, 34, \ldots\}$.
4. Die Folge $\left\{\frac{i}{i+1}\right\}_{i=1}^{\infty} = \{\frac{1}{2}, \frac{2}{3}, \frac{3}{4}, \frac{4}{5}, \ldots\}$ mit $n_0 = 1$ und $a_i = \frac{i}{i+1}$, $i \geq 1$.
5. Die **natürlichen Zahlen** $\{i\}_{i=0}^{\infty} = \{0, 1, 2, 3, 4, 5, 6, 7, \ldots\}$ mit $a_i = i$, $i \geq 0$.
6. Die **alternierende Folge** $\{(-1)^i\}_{i=0}^{\infty} = \{1, -1, 1, -1, \ldots\}$ mit $a_i = (-1)^i$, $i \geq 0$.
7. Die **konstante Folge** $\{1\}_{i=0}^{\infty} = \{1, 1, 1, 1, 1, 1, 1, \ldots\}$ mit $a_i = 1$, $i \geq 0$.

Bei der Folge der Fibonacci-Zahlen wird ein Folgenglied aus den vorherigen Folgengliedern bestimmt. Eine solche Folge heißt **rekursiv** (oder **induktiv**) definiert. Das Prinzip ist wie bei der vollständigen Induktion. Es wird ein Anfangswert $a_0$ (bei den Fibonacci-Zahlen zwei Anfangswerte $a_0 = 0$ und $a_1 = 1$) festgelegt und eine Regel angegeben, wie aus den bisherigen Folgengliedern $a_0$ bis $a_n$ das Folgenglied $a_{n+1}$ bestimmt wird. Bei der arithmetischen und der geometrischen Folge ist neben der rekursiven Bestimmung auch eine Formel angegeben, wie die Folgenglieder direkt bestimmt werden können.

Bei ökonomischen Anwendungen, wie beispielsweise bei der Behandlung von Wachstumsmodellen, wird die zeitliche Entwicklung häufig durch Folgen beschrieben, wobei der Hauptarbeitsaufwand die Ermittlung einer rekursiven Beschreibung ist.

Besonders häufig tritt die geometrische Folge auf. Dabei ist zu beachten, dass das Vorzeichen der Folgenglieder immer wechselt, wenn $q < 0$ ist. Ferner werden die Folgenglieder betragsmäßig beliebig groß, wenn $|q| > 1$ ist und betragsmäßig beliebig klein, wenn $|q| < 1$ ist. Als Beispiel werden die geometrischen Folgen in Abb. 3.1 für $q = \frac{4}{3}$ (divergent) und in Abb. 3.2 für $q = -\frac{3}{4}$ (konvergent) dargestellt.

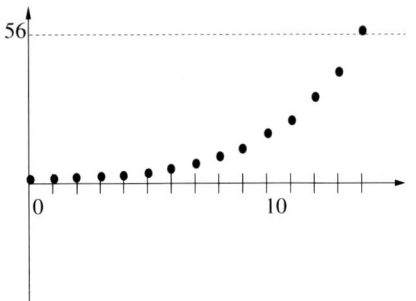 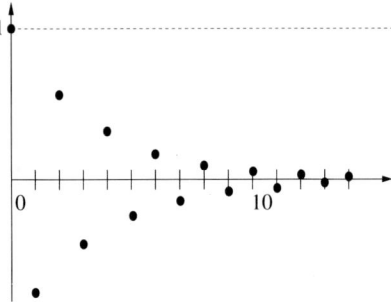

**Abb. 3.1**  Divergente geometrische Folge mit $q = \frac{4}{3}$

**Abb. 3.2**  Konvergente geometrische Folge mit $q = -\frac{3}{4}$

Eine wichtige Frage bei Folgen ist, ob die Folgenglieder beliebig groß werden können oder ob sie beschränkt sind, d. h. einen bestimmten Wert nicht über- oder unterschreiten.

**Definition 3.2.** Eine Folge $\{a_i\}_{i=n_0}^{\infty}$ heißt **nach oben beschränkt**, wenn es eine **obere Schranke** $c \in \mathbb{R}$ gibt, so dass alle Folgenglieder kleiner als $c$ sind, d. h.,

$$a_i \leq c \text{ für alle } i \geq n_0.$$

Eine Folge heißt **nach unten beschränkt**, wenn es eine **unter Schranke** $d \in \mathbb{R}$ gibt, so dass

$$a_i \geq d \text{ für alle } i \geq n_0 \text{ gilt.}$$

Eine Folge heißt **beschränkt**, wenn sie nach oben und unten beschränkt ist.

**Definition 3.3.** Ist eine Folge nach unten beschränkt, dann heißt die größte unter Schranke das **Infimum** der Folge. Wird das Infimum von einem Folgenglied angenommen, so ist es das **Minimum** der Folge.

Ist eine Folge nach oben beschränkt, dann heißt die kleinste obere Schranke das **Supremum** der Folge. Wird das Supremum von einem Folgenglied angenommen, so ist es das **Maximum** der Folge.

Diese Eigenschaften werden anhand der Folgen aus Beispiel 3.1 untersucht.

1. Die arithmetische Folge mit $d \neq 0$ ist nicht beschränkt. Allerdings ist sie für $d > 0$ ($d < 0$) nach unten (oben) beschränkt durch jede Zahl $c \leq a_0$ ($c \geq a_0$), d. h., $a_0$ ist das Infimum (Supremum) und gleichzeitig auch das Minimum (Maximum).
2. Die geometrische Folge mit $|q| \leq 1$ ist durch $|a_0|$ beschränkt. Für $|q| > 1$ ist sie nicht beschränkt. Für $q = -1$ ergibt sich eine **alternierende** Folge wie im Fall 6. und für $q = 1$ eine **konstante** Folge wie im Fall 7.
3. Die Folge der Fibonacci-Zahlen ist nicht beschränkt.
4. Die Folge $\{\frac{1}{2}, \frac{2}{3}, \frac{3}{4}, \frac{4}{5}, \ldots\}$ ist beschränkt mit Minimum $\frac{1}{2}$ (ein Infimum das durch $a_1$ angenommen wird) und Supremum 1 (das nicht erreicht wird).
5. Die Folge natürlicher Zahlen $\{0, 1, 2, 3, 4, 5, 6, 7, \ldots\}$ ist nicht beschränkt.
6. Die alternierende Folge $\{1, -1, 1, 1, -1, 1, 1, \ldots\}$ ist beschränkt mit Infimum und Minimum $-1$ sowie Supremum und Maximum 1.
7. Die konstante Folge $\{1, 1, 1, 1, 1, 1, 1, \ldots\}$ ist beschränkt, wobei 1 sowohl Infimum als auch Supremum ist.

Eine weitere wichtige Eigenschaft von Folgen ist die **Monotonie**.

**Definition 3.4.** Eine Folge $\{a_i\}_{i=n_0}^{\infty}$ heißt **streng monoton steigend**, wenn

$$a_{i+1} > a_i$$

für alle $i \geq n_0$ gilt, und **streng monoton fallend**, wenn

$$a_{i+1} < a_i$$

für alle $i \geq n_0$ gilt. Eine Folge $\{a_i\}_{i=n_0}^{\infty}$ heißt **monoton steigend**, wenn

$$a_{i+1} \geq a_i$$

für alle $i \geq n_0$ gilt, und **monoton fallend**, wenn

$$a_{i+1} \leq a_i$$

für alle $i \geq n_0$ gilt. Eine Folge heißt **monoton**, wenn sie monoton fallend oder steigend ist.

Auch die Monotonie wird anhand der Folgen aus Beispiel 3.1 untersucht.

1. Die arithmetische Folge ist streng monoton steigend, wenn $d > 0$ ist und streng monoton fallend, wenn $d < 0$ ist.
2. Die geometrische Folge mit $0 < q < 1$ ist streng monoton fallend, wenn $a_0 > 0$ ist. Für $a_0 < 0$ sind alle Folgenglieder negativ und die Folge ist streng monoton steigend (die Beträge der Folgenglieder werden allerdings kleiner).
   Die geometrische Folge mit $q > 1$ ist streng monoton steigend, wenn $a_0 > 0$ ist und streng monoton fallend, wenn $a_0 < 0$ ist.
   Die geometrische Folge mit $q < 0$ ist nicht monoton, da die Folgenglieder jedesmal das Vorzeichen wechseln.
3. Die Folge der Fibonacci-Zahlen ist streng monoton steigend.
4. Die Folge $\{\frac{1}{2}, \frac{2}{3}, \frac{3}{4}, \frac{4}{5}, \ldots\}$ ist streng monoton steigend.
5. Die Folge der natürlichen Zahlen ist streng monoton steigend.
6. Die alternierende Folge $\{1, -1, 1, -1, 1, -1, 1, \ldots\}$ ist nicht monoton.
7. Die Folge $\{1, 1, 1, 1, 1, 1, 1, \ldots\}$ ist monoton fallend **und (!)** monoton steigend[1], aber nicht streng monoton.

## 3.3 Grenzwerte von Folgen

In vielen Anwendungen spielt der **Grenzwert einer Folge** eine wichtige Rolle. Die Konvergenz einer Folge gegen einen Grenzwert $a \in \mathbb{R}$ bedeutet, dass die Folgenglieder letztendlich in der Nähe von $a$ liegen, wobei „Nähe" so erklärt wird, dass die Abweichung höchstens $\varepsilon > 0$ beträgt. In Wachstumsmodellen bedeutet die **Konvergenz** gegen einen Grenzwert, dass langfristig ein stationärer Zustand erreicht wird.

---

**Definition 3.5.** Die Folge $\{a_i\}_{i=n_0}^{\infty}$ **konvergiert** gegen eine reelle Zahl $a \in \mathbb{R}$, wenn es zu jeder positiven Zahl $\varepsilon > 0$ eine natürliche Zahl $N(\varepsilon)$ gibt, so dass

$$|a_n - a| < \varepsilon$$

für alle $n \geq N(\varepsilon)$ gilt. Die Zahl $a$ heißt **Grenzwert** der Folge $\{a_i\}_{i=n_0}^{\infty}$ und man schreibt

$$\lim_{i \to \infty} a_i = a.$$

Ist der Grenzwert 0, so heißt sie **Nullfolge**.

Eine Folge $\{a_i\}_{i=n_0}^{\infty}$, die nicht konvergiert, heißt **divergent**.

---

[1] Das mag überraschen, entspricht aber der Definition. Bisweilen wird aus diesem Grund die Eigenschaft „monoton steigend" als „monoton nicht-fallend" bezeichnet und dann „streng monoton steigend" einfach als „monoton steigend" definiert.

Wird durch $U_\varepsilon(a) := (a - \varepsilon, a + \varepsilon)$ eine **$\varepsilon$-Umgebung** von $a$ definiert, so bedeutet die Konvergenz gegen $a$, dass zu jedem vorgegebenen $\varepsilon > 0$ letztendlich alle Folgenglieder in der $\varepsilon$-Umgebung von $a$ sind. Dies wird in Abb. 3.3 illustriert.

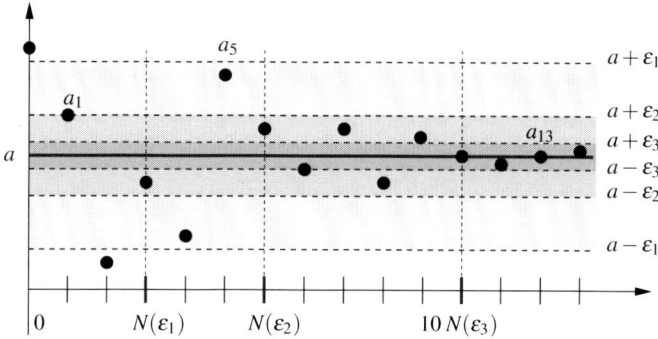

**Abb. 3.3** Eine Folge mit Grenzwert $a$ und der Darstellung von drei $\varepsilon$-Umgebungen $(a - \varepsilon, a + \varepsilon)$ von $a$ sowie der zugehörigen (kleinstmöglichen) Zahl $N(\varepsilon)$

**Definition 3.6.** Eine Folge $\{a_i\}_{i=n_0}^\infty$ heißt **bestimmt divergent** oder **uneigentlich konvergent** gegen $+\infty$, wenn es zu jedem $K \in \mathbb{R}$ eine natürliche Zahl $N(K)$ gibt, so dass

$$a_n > K \text{ für alle } n \geq N(K)$$

gilt. Man schreibt

$$\lim_{i \to \infty} a_i = \infty.$$

Eine Folge heißt **bestimmt divergent** oder **uneigentlich konvergent** gegen $-\infty$, wenn es zu jedem $K \in \mathbb{R}$ eine natürliche Zahl $N(K)$ gibt, so dass

$$a_n < K \text{ für alle } n \geq N(K)$$

gilt. Man schreibt

$$\lim_{i \to \infty} a_i = -\infty.$$

Die Folgen aus Beispiel 3.1 haben folgende Konvergenzeigenschaften:

1. Die arithmetische Folge mit $d \neq 0$ ist bestimmt divergent gegen $\infty$, falls $d > 0$, und gegen $-\infty$, falls $d < 0$ ist.
2. Die geometrische Folge mit $|q| < 1$ ist eine Nullfolge.
   Die geometrische Folge mit $q = 1$ konvergiert gegen $a_0$ (alle $a_i = a_0$).
   Die geometrische Folge mit $q = -1$ ist divergent (abwechselnd $a_0$ und $-a_0$).

Die geometrische Folge mit $q > 1$ ist bestimmt divergent gegen $\infty$, falls $a_0 > 0$,
und bestimmt divergent gegen $-\infty$, falls $a_0 < 0$ ist.
Die geometrische Folge mit $q < -1$ ist divergent.

3. Die Folge der Fibonacci-Zahlen ist bestimmt divergent gegen $\infty$.
4. Die Folge $\{\frac{1}{2}, \frac{2}{3}, \frac{3}{4}, \frac{4}{5}, \ldots\}$ konvergiert gegen 1.
5. Die Folge der natürlichen Zahlen ist bestimmt divergent gegen $\infty$.
6. Die Folge $\{1, -1, 1, -1, 1, -1, 1, \ldots\}$ ist divergent.
7. Die Folge $\{1, 1, 1, 1, 1, 1, 1, \ldots\}$ konvergiert gegen 1.

Im Zusammenhang mit dem Grenzwert einer Folge ist es wichtig, dass er (wenn es
ihn gibt) eindeutig ist. Das besagt der folgende Satz.

**Satz 3.1.** *Der Grenzwert einer konvergenten Folge ist eindeutig.*

Ein ausführlicher Beweis findet sich in Forster (2008a). Die Beweisidee ist folgende:
Angenommen, es gibt zwei Grenzwerte $a \neq b$, dann sind für $\varepsilon := \frac{|a-b|}{3} > 0$ die $\varepsilon$-
Umgebungen disjunkt, d. h. $(a - \varepsilon, a + \varepsilon) \cap (b - \varepsilon, b + \varepsilon) = \emptyset$. Es ist demnach nicht
möglich, dass die Folge gleichzeitig gegen $a$ und gegen $b$ konvergiert.

Desweiteren ist es möglich, folgenden Zusammenhang zwischen Beschränktheit,
Monotonie und Konvergenz zu erhalten:

**Satz 3.2.** *Jede **konvergente** Folge ist **beschränkt**. Jede **monoton steigende**
(**monoton fallende**) nach **oben** (**unten**) beschränkte Folge konvergiert gegen
eine reelle Zahl.*

Der Beweis des ersten Teils beruht darauf, dass für ein $\varepsilon > 0$ alle Folgenglieder
$a_i$ mit $i \geq N(\varepsilon)$ durch $a + \varepsilon$ nach oben beschränkt sind. Dann ist das Maximum der
endlich vielen Folgenelemente $a_i$, $i = n_0, \ldots, N(\varepsilon) - 1$ und der Zahl $a + \varepsilon$ eine obere
Schranke der Folge. Eine untere Schranke ergibt sich analog. Ein formaler Beweis
des Satzes – auch des zweiten Teils – findet sich in Forster (2008a).

*Anmerkung 3.2.* Wirtschaftswissenschaftler sollten diesen Satz kennen, den folgenden mathematischen Hintergrund dagegen **nicht** unbedingt (Details finden sich in
Forster (2008a) über mehrere Sätze verteilt). Zusammengefasst gilt:
Der zweite Teil gilt aufgrund der **Vollständigkeit** der reellen Zahlen (der Satz gilt
**nicht** für $\mathbb{Q}$, da der Grenzwert möglicherweise nicht rational ist). Vollständigkeit bedeutet, dass jede Cauchy-Folge in $\mathbb{R}$ konvergiert, wobei $\{a_i\}_{i=1}^{\infty}$ eine Cauchy-Folge
ist, wenn es zu jeder positiven Zahl $\varepsilon > 0$ eine natürliche Zahl $N(\varepsilon)$ gibt, so dass
$|a_n - a_m| < \varepsilon$ für alle $n, m \geq N(\varepsilon)$ ist. Desweiteren besagt der Satz von Bolzano und
Weierstraß, dass jede beschränkte Folge konvergente Teilfolgen besitzt, d. h. eine
konvergente Folge $\{a_{n_k}\}_{k=1}^{\infty}$, wobei $n_0 < n_1 < n_2 < n_3 < n_4 < n_5 \ldots$ eine aufstei-
gende Folge natürlicher Zahlen ist. Zusammen mit der Monotonieeigenschaft ergibt
sich die Konvergenz der ganzen Folge gegen den Grenzwert der Teilfolge.

**Einige spezielle Grenzwerte:**

- $\lim_{n\to\infty} \frac{1}{n} = 0,$      $\lim_{n\to\infty} \left(1 + \frac{1}{n}\right)^n = e,$
- $\lim_{n\to\infty} \frac{x^n}{n!} = 0,$      $\lim_{n\to\infty} \left(1 + \frac{p}{n}\right)^n = e^p,$
- $\lim_{n\to\infty} \frac{n}{n+1} = 1,$      $\lim_{n\to\infty} \sqrt[n]{n} = \lim_{n\to\infty} n^{\frac{1}{n}} = 1.$
- Seien $b_k \neq 0$ und $c_l \neq 0$ und $\pm$ das Vorzeichen von $\frac{b_k}{c_l}$. Dann gilt

$$\lim_{n\to\infty} \frac{b_k n^k + b_{k-1}n^{k-1} + \ldots + b_1 n + b_0}{c_l n^l + c_{l-1}n^{l-1} + \ldots + c_1 n + c_0} = \begin{cases} \pm\infty, & \text{wenn } k > l, \\ \frac{b_k}{c_l}, & \text{wenn } k = l \\ 0, & \text{wenn } k < l. \end{cases}$$

Ist der führende Exponent im Zähler größer, dann ist die Quotientenfolge bestimmt divergent. Ist der führende Exponent im Nenner größer, dann ist es eine Nullfolge. Sind die führenden Exponenten gleich, dann ist der Quotient der Vorfaktoren der Grenzwert.

Dabei ist e die **Eulersche Zahl** $e \approx 2.718281828459\ldots$ Sie ist eine reelle Zahl, die nicht rational ist. Der Grenzwert $\lim_{n\to\infty} \left(1 + \frac{p}{n}\right)^n = e^p$ spielt eine Rolle bei der Zinsrechnung. Ist $p = 0.036$ der jährliche Zinssatz, so muss das Anfangskapital mit $1 + p = 1.036$ multipliziert werden. Erhält man halbjährlich einen Zinssatz $\frac{p}{2} = 0.018$, so sind die jährlichen Zinsen (inklusive Zinseszins) $\left(1 + \frac{p}{2}\right)^2 = 1.036324$. Bei monatlicher Verzinsung mit $\frac{p}{12} = 0.003$ sind die jährlichen Zinsen (inklusive Zinseszins) $\left(1 + \frac{p}{12}\right)^{12} = 1.03659998\ldots$ Für beliebiges $n$ sind die Jahreszinsen $\left(1 + \frac{p}{n}\right)^n$. Die Betrachtung für $n \to \infty$ ist gleichbedeutend damit, dass beliebig kleine Zeitintervalle betrachtet werden. Der Grenzwert $e^p = 1.036655846\ldots$ beschreibt die **stetige Verzinsung** durch $e^{pt}$, $t \in \mathbb{R}_+$.

Fazit: Wenn Banken Schulden vierteljährlich abrechnen und Guthaben jährlich, so würden sie sogar Gewinne machen, wenn die Zinssätze „gleich" sind.

Die Grenzwerte komplizierterer Folgen lassen sich häufig aufgrund folgender Grenzwertsätze berechnen:

**Satz 3.3.** *Seien $\{a_i\}_{i=n_0}^{\infty}$ und $\{b_i\}_{i=n_0}^{\infty}$ zwei konvergente Folgen mit Grenzwerten $\lim_{i\to\infty} a_i = a$ und $\lim_{i\to\infty} b_i = b$ und $z \in \mathbb{R}$, dann gilt:*

*1. Ist $a_i \leq b_i$ für alle $i \geq n_0$, so gilt $a \leq b$,*
*2. $\lim_{i\to\infty}(a_i \pm z) = a \pm z$,*
*3. $\lim_{i\to\infty}(z a_i) = za$,*
*4. $\lim_{i\to\infty}(a_i \pm b_i) = a \pm b$,*
*5. $\lim_{i\to\infty}(a_i b_i) = ab$.*
*6. $\lim_{i\to\infty} \frac{a_i}{b_i} = \frac{a}{b}$, falls $\lim_{i\to\infty} b_i = b \neq 0$ ist.*

Beweise finden sich in Forster (2008a). Exemplarisch wird $\lim_{i \to \infty}(a_i b_i) = ab$ gezeigt. Da die Folgen $\{a_i\}_{i=n_0}^{\infty}$ und $\{b_i\}_{i=n_0}^{\infty}$ konvergieren, sind sie auch beschränkt (siehe Satz 3.2) und es gibt ein $K > 0$, so dass $|a_i| \leq K$ und $|b_i| \leq K$ für alle $i$. Insbesondere gilt auch $|b| \leq K$ und $|a| \leq K$. Zu gegebenem $\varepsilon > 0$ gibt es wegen der Konvergenz beider Folgen ein $N(\varepsilon) := \max\left\{N_a\left(\frac{\varepsilon}{2K}\right), N_b\left(\frac{\varepsilon}{2K}\right)\right\} \in \mathbb{N}$, so dass $|a_i - a| < \frac{\varepsilon}{2K}$ und $|b_i - b| < \frac{\varepsilon}{2K}$ für alle $i \geq N(\varepsilon)$ gilt. Somit gilt nach Dreiecksungleichung (siehe Rechenregeln für Beträge auf Seite 29)

$$|a_i b_i - ab| = |a_i(b_i - b) - b(a - a_i)| \leq |a_i|\,|b_i - b| + |b|\,|a_i - a| < K\frac{\varepsilon}{2K} + K\frac{\varepsilon}{2K} = \varepsilon$$

und es ist bewiesen, dass die Folge $\{a_i b_i\}_{i=1}^{\infty}$ gegen $ab$ konvergiert.

Komplizierter ist es, wenn bei Quotienten die Folge im Nenner eine Nullfolge ist oder eine Folge bestimmt divergiert.

**Satz 3.4.** *Sei* $\{a_i\}_{i=n_0}^{\infty}$ *eine konvergente Folge mit* $\lim_{i \to \infty} a_i = a \neq 0$.

1. *Ist* $\lim_{i \to \infty} b_i = 0$ *und* $\frac{a_i}{b_i} > 0$ *ab einem bestimmten Folgenglied, dann ist die Quotientenfolge bestimmt divergent und es gilt* $\lim_{i \to \infty} \frac{a_i}{b_i} = \infty$.
2. *Ist* $\lim_{i \to \infty} b_i = 0$ *und* $\frac{a_i}{b_i} < 0$ *ab einem bestimmten Folgenglied, dann ist die Quotientenfolge bestimmt divergent und es gilt* $\lim_{i \to \infty} \frac{a_i}{b_i} = -\infty$.
3. *Ist* $\lim_{i \to \infty} b_i = \pm\infty$, *dann gilt* $\lim_{i \to \infty} \frac{a_i}{b_i} = 0$.

Auch diese Ergebnisse finden sich in Forster (2008a).

## 3.4 Anwendung: Das Solow-Modell

Eine Anwendung von Folgen und deren Eigenschaften ist die Modellierung und Analyse zeitlicher Entwicklungen in Wachstumsmodellen[2]. Die Ideen werden nun für eine einfache Variante des Solow-Modells vermittelt[3].

Im Solow-Modell wird die Entwicklung einer Volkswirtschaft in Abhängigkeit von der Kapitalintensität $k$ – Kapitaleinheiten pro Arbeitseinheit – dargestellt.

Durch verschiedene Annahmen, die in Kapitel 14 behandelt werden (lineare Homogenität und Quasikonkavität), lässt sich die Arbeitsproduktivität $y$ – Produktion pro Arbeitseinheit – als (konkave) Funktion der Kapitalintensität $k$ schreiben, d. h. $y = f(k)$. Speziell wird hier die Cobb-Douglas-Produktionsfunktion betrachtet, so dass $y = Ak^{\alpha}$, mit $\alpha \in (0,1)$ und $A > 0$, ist.

---

[2] Dieses Anwendungsbeispiel soll aufzeigen, wie die bisherigen mathematischen Methoden genutzt werden können. Typischerweise werden die Ergebnisse Literatur nicht so formal hergeleitet.

[3] In dieser Version werden Zeitperioden – z. B. Quartal oder Jahr – betrachtet und der Übergang von einer Periode zur nächsten modelliert. Dies ist ein Modell in diskreter Zeit.

Im Solow-Modell wird angenommen, dass ein fester Anteil $s \in (0,1)$ der Produktion in Form von neuen Investitionen gespart wird. Damit ergeben sich als Investitionen pro Arbeitseinheit $sf(k) = sAk^\alpha$. Zusätzlich wird hier vereinfachend angenommen, dass alles Kapital bei der Produktion verbraucht wird und dass die Arbeitsmenge konstant ist.

Mit diesen Annahmen sind in einer Periode $t$ alle volkswirtschaftlich relevanten Größen Funktionen der Kapitalintensität $k_t$. Ist in einer Anfangsperiode $t = 0$ die Kapitalintensität $k_0$, dann ist die Folge der Kapitalintensitäten $\{k_t\}_{t=0}^\infty$ für die Entwicklung der Volkswirtschaft entscheidend. Diese Entwicklung wird im Solow-Modell rekursiv beschrieben durch

$$k_{t+1} = sf(k_t) = sAk_t^\alpha.$$

Anhand der folgenden Äquivalenzumformungen lässt sich die Dynamik des Solow-Modells beschreiben.

$$k_{t+1} \gtreqqless k_t \iff sAk_t^\alpha \gtreqqless k_t \iff sA \gtreqqless k_t^{1-\alpha} \iff (sA)^{\frac{1}{1-\alpha}} \gtreqqless k_t \iff \bar{k} \gtreqqless k_t.$$

mit $\bar{k} := (sA)^{\frac{1}{1-\alpha}}$. Bei den Umformungen ist $\gtreqqless$ so zu lesen, dass immer nur ein Zeichen gilt ($>$, $=$ oder $<$). Der mittlere Fall „$=$" besagt, dass für $k_t = \bar{k}$ auch $k_{t+1} = k_t = \bar{k}$ ist. Nach dem Prinzip der vollständigen Induktion ergibt der Anfangswert $k_0 = \bar{k}$ die konstante Folge mit $k_t = \bar{k}$ für alle $t \geq 0$. Der Wert $\bar{k}$ heißt **Fixpunkt** oder **steady state** des Systems.

Nun wird die zeitliche Entwicklung bei Anfangswerten $k_0 \in (0, \bar{k})$ systematisch mit den bisher eingeführten Methoden untersucht.
- Durch vollständige Induktion wird für $k_0 \in (0, \bar{k})$ gezeigt:

$$0 < k_t < \bar{k} \quad \text{für alle } t \geq 0.$$

**Induktionsanfang:** Für $t = 0$ gilt $0 < k_0 < \bar{k}$ nach Voraussetzung.
Beim **Induktionsschritt** wird folgendermaßen argumentiert:
Ist $0 < k_t < \bar{k}$ für $t \in \mathbb{N}$, so gilt auch $k_{t+1} = sk_t^\alpha < sA\bar{k}^\alpha = \bar{k}$, wobei bei „$<$" die Induktionsvoraussetzung $k_t < \bar{k}$ eingeht. Ebenso gilt $k_{t+1} = sAk_t^\alpha > 0$ bei $k_t > 0$. Damit wurde gezeigt, dass $k_t \in (0, \bar{k})$ für alle $t \in \mathbb{N}$ gilt, wenn $k_0 \in (0, \bar{k})$ ist.
- Wegen $k_{t+1} > k_t \iff \bar{k} > k_t$ ist die Folge $\{k_t\}_{t=0}^\infty$ monoton steigend.
- Da die Folge monoton steigend und nach oben durch $\bar{k}$ beschränkt ist, ist sie konvergent (siehe Satz 3.2).
- In der Tat konvergiert die Folge gegen den einzigen Fixpunkt $\bar{k}$. Um das zu zeigen, sind allerdings zusätzliche Argumente notwendig.
- Eine analoge Argumentation ergibt für $k_t > \bar{k}$ eine monoton fallende Folge, die ebenfalls gegen $\bar{k}$ konvergiert.

Diese Argumente wurden für eine spezielle Produktionsfunktion, bei konstantem Arbeitsangebot und ohne Abschreibung von Kapital erläutert. Sie gelten aber auch allgemeiner, es muss nur sichergestellt werden, dass es überhaupt einen Fixpunkt gibt.

Das Fazit aus dieser Analyse ist, dass die Dynamik im Solow-Modell immer monoton gegen den Fixpunkt des Systems konvergiert, wenn es überhaupt einen Fixpunkt gibt.

## Aufgaben zu Kapitel 3

### Aufgaben zu Abschnitt 3.1

**3.1.** Erkundigen Sie sich bei Geldinstituten oder im Internet nach einer Geldanlage von $A = 5000$ Euro bei 5 Jahren Laufzeit.

a) Bestimmen Sie jeweils den Kapitalbestand $K_i$ am Ende der Jahre $i = 0,1,2,3,4,5$ sowie das Endvermögen $E$ (Achtung, bei Ausgabeaufschlägen oder Abschlussgebühren kann $K_0 \neq A$ sein).
b) Berechnen Sie jeweils den effektiven Jahreszins $p^*$.
c) Vergleichen Sie die Geldanlagen anhand des effektiven Jahreszins.

**3.2.** Sie können Geld zu einem Zinssatz von $2.5\%$ anlegen (d. h., $p = 0.025$) und wollen in 40 Jahren 1 000 000 Euro ausgezahlt bekommen. Wie viel Geld müssen Sie heute einzahlen?

**3.3.** Betrachten Sie eine Geldanlage, bei der neben den Zinsen noch am Laufzeitende ein Bonus $B$ ausgezahlt wird. Modifizieren Sie die Zinsformeln so, dass Sie Endvermögen, Anfangskapital, effektiven Jahreszins und Mindestlaufzeit bestimmen können.

### Aufgaben zu Abschnitt 3.3

**3.4.** Bestimmen Sie (wenn möglich) die Grenzwerte der Folgen:

a) $a_n = 2 + (-1)^n \frac{1}{n}$     b) $a_n = 2(-1)^n + \frac{1}{n}$     c) $a_n = \frac{1+2n^2}{n^2+3n-1}$
d) $a_n = \frac{1+2n}{2+n}$     e) $a_n = \frac{1+2n^2}{n}$     f) $a_n = \frac{1-(0.5)^n}{0.5}$

**3.5.** Zeigen Sie anhand der Definition von Konvergenz, dass für zwei Folgen $\{a_i\}$, $\{b_i\}$ mit $\lim_{i\to\infty} a_i = a$ und $\lim_{i\to\infty} b_i = b$ stets $\lim_{i\to\infty}(a_i + b_i) = a+b$ gilt.

### Aufgaben zu Abschnitt 3.1

**3.6.** Folgern Sie für das Wachstumsmodell, dass für $k_0 > \bar{k}$ eine monoton fallende, nach unten durch $\bar{k}$ beschränkte Folge vorliegt, die konvergiert.

**3.7.** Betrachten Sie das Solow-Modell mit $s = \frac{1}{2}$, $4 = \frac{1}{2}$ und $\alpha = \frac{1}{2}$.

a) Bestimmen Sie den Fixpunkt.
b) Bestimmen Sie $k_0, k_1, \ldots, k_6$ jeweils für $k_0 = 1$ und $k_0 = 16$.
c) Skizzieren Sie beide Zeitreihen in einem Diagramm mit der Zeit $t$ auf einer Achse und den Kapitalintensitäten $k_t$ auf der anderen.

# Kapitel 4
# Reihen

Beschreiben die Glieder einer Folge Zuwächse einer Geldanlage von einer Periode zur nächsten oder den Nutzen einer Periode in einem Wachstumsmodell, dann ist auch die Summe der Folgenglieder wichtig. Insbesondere stellt sich die Frage, ob diese Summe konvergiert. Die summierten Folgenglieder werden als Reihe bezeichnet und in diesem Kapitel untersucht. Desweiteren wird in Abschnitt 4.2 die – in den Wirtschaftswissenschaften wichtige – **Exponentialfunktion** über Reihen definiert.

## 4.1 Reihen

Eine Reihe entsteht, indem die Folgenglieder aufsummiert werden.

**Definition 4.1.** Sei $\{a_i\}_{i=n_0}^{\infty}$ eine Folge, dann heißt $S_n := \sum_{i=n_0}^{n} a_i$ die $n$**-te Partialsumme**. Die Folge der Partialsummen $\{S_i\}_{i=n_0}^{\infty}$ heißt **Reihe** und wird geschrieben als $\sum_{i=n_0}^{\infty} a_i$.

Die Reihe heißt **konvergent** oder **summierbar**, wenn die Folge der Partialsummen $\{S_i\}_{i=n_0}^{\infty}$ konvergiert. Konvergiert $\{S_i\}_{i=n_0}^{\infty}$, dann heißt der Grenzwert

$$\sum_{i=n_0}^{\infty} a_i := \lim_{n\to\infty} S_n = \lim_{n\to\infty} \sum_{i=n_0}^{n} a_i$$

die (unendliche) **Summe** oder der **Wert der unendlichen Reihe**. Die Reihe heißt **absolut konvergent**, wenn der Grenzwert der Beträge der Folgenglieder

$$\sum_{i=1}^{\infty} |a_i| = \lim_{n\to\infty} \sum_{i=1}^{n} |a_i|$$

existiert.

T. Pampel, *Mathematik für Wirtschaftswissenschaftler*, Springer-Lehrbuch,
DOI 10.1007/978-3-642-04490-8_4, © Springer-Verlag Berlin Heidelberg 2010

*Anmerkung 4.1.* Mit $\sum_{i=n_0}^{\infty} a_i$ wird sowohl die Reihe als auch (im Falle der Konvergenz) deren unendliche Summe bezeichnet.

Die drei Kriterien für absolute Konvergenz am Ende dieses Abschnitts garantieren auch die (normale) Konvergenz, denn es gilt:

**Satz 4.1.** *Jede absolut konvergente Reihe konvergiert.*

Eine Reihe kann nur dann konvergieren, wenn die zugehörige Folge eine Nullfolge ist. Andernfalls gäbe es immer wieder Folgenglieder, die die Konvergenz der Summe zerstören. Im Umkehrschluss bedeutet dieses:

**Satz 4.2.** *Konvergiert eine Reihe, dann ist die Folge eine Nullfolge.*

Ein Beweis, der das „Cauchysche Konvergenzkriterium" benutzt, findet sich in Forster (2008a). Die Umkehrung ist **nicht** richtig, denn es gibt Nullfolgen, deren Reihen nicht konvergieren. Ein Beispiel ist die **harmonische Reihe** $\sum_{i=1}^{\infty} \frac{1}{i}$. Sie divergiert, denn mit den Zweierpotenzen $n = 2^k$, $k \in \mathbb{N}$ gilt

$$\sum_{i=1}^{2^k} \frac{1}{i} = 1 + \underbrace{\frac{1}{2}}_{=\frac{1}{2}} + \underbrace{\left(\frac{1}{3} + \frac{1}{4}\right)}_{>\frac{1}{2}} + \underbrace{\left(\frac{1}{5} + \frac{1}{6} + \frac{1}{7} + \frac{1}{8}\right)}_{>\frac{1}{2}} + \dots + \underbrace{\left(\frac{1}{2^{k-1}+1} + \dots + \frac{1}{2^k}\right)}_{>\frac{1}{2}}$$

$$\geq 1 + \frac{1}{2}k \longrightarrow \infty \quad \text{für } k \to \infty.$$

*Anmerkung 4.2.* An diesem Ergebnisse erkennt man auch, dass im Allgemeinen $(\sum_{i=1}^{\infty} a_i)(\sum_{i=1}^{\infty} b_i)$ **nicht** gleich $\sum_{i=1}^{\infty}(a_i b_i)$ ist, denn mit $a_i = b_i = \frac{1}{i}$ ist $\sum_{i=1}^{\infty}(a_i b_i) = \sum_{i=1}^{\infty} \frac{1}{i^2} = \frac{\pi^2}{6}$ konvergent, wogegen $\sum_{i=1}^{\infty} a_i$ und $\sum_{i=1}^{\infty} b_i$ divergieren (beides sind die harmonische Reihe). In der Tat sind auch die Reihen $\sum_{i=1}^{\infty} \frac{1}{i^k}$ für $k \in \mathbb{N}$, $k \geq 2$ konvergent, die Grenzwerte werden hier aber nicht benötigt. Wenn zwei Reihen $\sum_{i=0}^{\infty} a_i$ und $\sum_{i=0}^{\infty} b_i$ **absolut** konvergieren, dann definiert $c_n := \sum_{i=0}^{n}(a_{n-i} b_i)$ eine absolut konvergente Reihe $\sum_{i=0}^{\infty} c_i$ und es gilt

$$\left(\sum_{i=0}^{\infty} a_i\right)\left(\sum_{i=0}^{\infty} b_i\right) = \sum_{i=0}^{\infty} c_i \text{ mit } c_n = \sum_{i=0}^{n}(a_{n-i} b_i).$$

Die Bestimmung der einzelnen Folgenglieder $c_i$ ist allerdings aufwändig.

Aus $\sum_{i=0}^{n} q^i = \frac{1-q^{n+1}}{1-q}$ (gezeigt in Abschnitt 2.3) und der Grenzwertbildung folgt die Konvergenz der geometrischen Reihe für $|q| < 1$, denn es gilt

$$\sum_{i=0}^{\infty} q^i = \lim_{n \to \infty} \sum_{i=0}^{n} q^i = \lim_{n \to \infty} \frac{1-q^{n+1}}{1-q} = \frac{1}{1-q}.$$

Aus $\sum_{i=1}^{n} \frac{1}{i(i+1)} = \frac{n}{n+1}$ (siehe Aufgabe 2.3) und der Grenzwertbildung ergibt sich die Konvergenz der Reihe

$$\sum_{i=1}^{\infty} \frac{1}{i(i+1)} = \lim_{n \to \infty} \sum_{i=1}^{n} \frac{1}{i(i+1)} = \lim_{n \to \infty} \frac{n}{n+1} = 1.$$

Im Allgemeinen ist es meistens nicht klar, ob eine Reihe überhaupt konvergiert. Absolute Konvergenz lässt sich aber oft überprüfen mit einem der drei Kriterien aus den Sätzen 4.3, 4.4 oder 4.5.

**Satz 4.3.** *(Majorantenkriterium) Eine Reihe $\sum_{i=0}^{\infty} a_i$ konvergiert absolut, wenn es eine natürliche Zahl $N \geq n_0$ gibt, so dass $|a_i| \leq c_i$ für $i \geq N$ gilt, wobei $\sum_{i=n_0}^{\infty} c_i$, $c_i \geq 0$ eine (bekannte) konvergente Reihe ist.*

Dies soll hier nur für $N = 0$ gezeigt werden. Die beiden Folgen von Partialsummen $S_n = \sum_{i=0}^{n} |a_i|$ und $\tilde{S}_n = \sum_{i=0}^{n} c_i$ sind monoton steigend. Da $S_n \leq \tilde{S}_n$ für alle $n$ gilt, sind beide Folgen durch $\sum_{i=0}^{\infty} c_i$ nach oben beschränkt, also konvergent. Damit konvergiert die Reihe $\sum_{i=0}^{\infty} a_i$ absolut und es gilt $\sum_{i=0}^{\infty} |a_i| \leq \sum_{i=0}^{\infty} c_i$.

Aus dem Majorantenkriterium lassen sich weitere Kriterien – das Quotientenkriterium und das Wurzelkriterium – ableiten.

**Satz 4.4.** *(Quotientenkriterium) Eine Reihe $\sum_{i=n_0}^{\infty} a_i$ konvergiert absolut, wenn es eine reelle Zahl $0 < \delta < 1$ und eine natürliche Zahl $N \geq n_0$ mit $a_i \neq 0$ für $i \geq N$ gibt, so dass gilt:*

$$\left| \frac{a_{i+1}}{a_i} \right| \leq \delta < 1 \qquad \text{für } i \geq N.$$

Auch hier wird der Fall mit $n_0 = 0$ und $N = 0$ betrachtet. Aus $\left| \frac{a_{i+1}}{a_i} \right| \leq \delta$ folgt $|a_{i+1}| \leq \delta |a_i|$ und per vollständiger Induktion $|a_i| \leq \delta^i |a_0|$. Somit gilt der Satz nach dem Majorantenkriterium mit der geometrischen Reihe.

**Satz 4.5.** *(Wurzelkriterium) Eine Reihe $\sum_{i=n_0}^{\infty} a_i$ konvergiert absolut, wenn es eine reelle Zahl $0 < \delta < 1$ und ein natürliche Zahl $N \geq n_0$ gibt, so dass gilt:*

$$\sqrt[i]{|a_i|} < \delta < 1 \qquad \text{für } i \geq N.$$

Für jedes $i$ mit $\sqrt[i]{|a_i|} < \delta$ gilt $|a_i| \leq \delta^i$ (beide Seiten mit $i$ potenziert). Somit gilt der Satz nach dem Majorantenkriterium mit der geometrischen Reihe.

## 4.2 Die Exponentialfunktion

Ein diesem Abschnitt wird die Exponentialfunktion als unendliche Reihe definiert.

$$\exp(x) := 1 + \sum_{i=1}^{\infty} \frac{x^i}{i!} = 1 + \frac{x}{1!} + \frac{x^2}{2!} + \frac{x^3}{3!} + \dots$$

$$= 1 + x + \frac{1}{2}x^2 + \frac{1}{6}x^3 + \frac{1}{24}x^4 + \frac{1}{120}x^5 + \frac{1}{720}x^6 + \frac{1}{5040}x^7 + \dots$$

In Abb. 4.1 ist dargestellt, wie durch Hinzunehmen weiterer Summanden die Funktion $\exp(x)$ „entsteht", d. h., neben $\exp(x)$ sind folgende Polynome gezeichnet:

1. $1 + x$,
2. $1 + x + \frac{1}{2}x^2$,
3. $1 + x + \frac{1}{2}x^2 + \frac{1}{6}x^3$,
4. $1 + x + \frac{1}{2}x^2 + \frac{1}{6}x^3 + \frac{1}{24}x^4$,
5. $1 + x + \frac{1}{2}x^2 + \frac{1}{6}x^3 + \frac{1}{24}x^4 + \frac{1}{120}x^5$,
6. $1 + x + \frac{1}{2}x^2 + \frac{1}{6}x^3 + \frac{1}{24}x^4 + \frac{1}{120}x^5 + \frac{1}{720}x^6$,
7. $1 + x + \frac{1}{2}x^2 + \frac{1}{6}x^3 + \frac{1}{24}x^4 + \frac{1}{120}x^5 + \frac{1}{720}x^6 + \frac{1}{5040}x^7$.

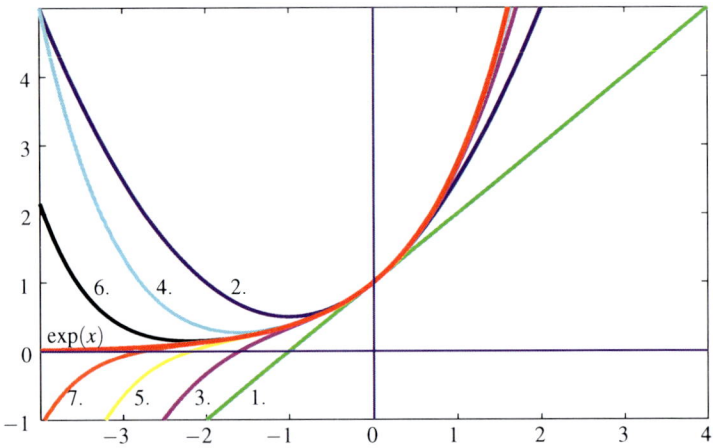

**Abb. 4.1** Darstellung von $\exp(x)$ und der ersten Polynome der Reihenentwicklung

Diese Reihe konvergiert für alle $x \in \mathbb{R}$ absolut, denn nach Wurzelkriterium gilt

$$\sqrt[i]{\left|\frac{x^i}{i!}\right|} < \delta \iff \frac{|x|^i}{i!} < \delta^i \iff \frac{\left|\frac{x}{\delta}\right|^i}{i!} < 1,$$

mit $\delta \in (0,1)$. Für hinreichend große $i$ ist dies immer erfüllt, weil $\lim_{i \to \infty} \frac{y^i}{i!} = 0$ gilt (setze $y = \left| \frac{x}{\delta} \right|$).

Um zu zeigen, dass es oft mehrere Wege gibt, etwas zu beweisen, wird auch mit dem Quotientenkriterium gezeigt, dass die Exponentialfunktion absolut konvergiert: Für jedes $\delta \in (0,1)$ und für $i > \frac{x}{\delta} - 1$ gilt

$$\frac{\frac{x^{i+1}}{(i+1)!}}{\frac{x^i}{i!}} = \frac{x}{(i+1)} < \delta < 1.$$

Damit ist das Quotientenkriterium ist für jedes $N \in \mathbb{N}$ mit $N > \frac{x}{\delta} - 1$ erfüllt.

Somit definiert $\exp(x)$ eine Funktion $\mathbb{R} \to \mathbb{R}$. Einige wichtige Eigenschaften werden im folgenden Satz zusammengefasst, vgl. Hildebrandt (2006). Insbesondere wird $\exp(x) > 0$ gezeigt und dass $\exp$ als Funktion $\mathbb{R} \to (0,\infty)$ bijektiv, also invertierbar, ist.

**Satz 4.6.** *Die Reihe* $\exp(x) := 1 + \sum_{i=1}^{\infty} \frac{x^i}{i!}$ *definiert eine bijektive Funktion* $\exp : \mathbb{R} \to (0,\infty)$ *mit folgenden Eigenschaften*

$$\exp(0) = 1,$$
$$\exp(1) = e, \qquad e \approx 2.718281828459\ldots \text{ ist die Eulersche Zahl}$$
$$\exp(x+y) = \exp(x) \cdot \exp(y).$$

Die Funktion $\exp : \mathbb{R} \to (0,\infty)$ ist damit invertierbar und es wird definiert:

**Definition 4.2.** Die Funktion $\exp : \mathbb{R} \to (0,\infty)$ heißt **Exponentialfunktion** und ihre Inverse (Umkehrfunktion) $\log : (0,\infty) \to \mathbb{R}$ heißt **natürlicher Logarithmus** (manchmal wird auch die Bezeichnung $\ln(x)$ verwendet).

Durch vollständige Induktion lässt sich $\exp(n) = e^n$ für alle $n \in \mathbb{N}$, $n \geq 1$ herleiten und wegen

$$e = \exp(1) = \exp \underbrace{\left( \frac{1}{n} + \ldots + \frac{1}{n} \right)}_{n\text{-fach}} = \exp \left( \frac{1}{n} \right)^n$$

folgt auch $\exp \left( \frac{1}{n} \right) = e^{\frac{1}{n}}$. Analog gilt $e^p = \exp \left( \frac{p}{n} \right)^n$ für alle $p \in \mathbb{N}$, also $\exp(q) = e^q$ für $q \in \mathbb{Q}$, $q \geq 0$. Wegen $1 = \exp(q)\exp(-q)$ gilt $\exp(-q) = \frac{1}{\exp(q)} = e^{-q}$. Damit gilt $\exp(q) = e^q$ für alle rationalen Zahlen $q \in \mathbb{Q}$. Mit diesem Zusammenhang werden **reelle** Potenzen zur Basis e definiert durch

$$e^x := \exp(x)$$

und es gelten folgende Rechenregeln:

| **Rechenregeln** für $e^x$: für $x, y \in \mathbb{R}$ | |
|---|---|
| 1. | $e^0 = 1 \qquad$ und $\qquad e^1 = e$ |
| 2. | $e^x \cdot e^y = e^{x+y}$ |
| 3. | $(e^x)^y = e^{x \cdot y}$ |
| 4. | $e^{-x} = \frac{1}{e^x}$ |
| 5. | $e^{x-y} = \frac{e^x}{e^y}$ |

Da log die Umkehrfunktion von exp ist, gilt

$$e^{\log(x)} = x \text{ und } \log(e^r) = r$$

für alle $x \in (0, \infty)$ und $r \in \mathbb{R}$. Damit lassen sich die Regeln für das Rechnen mit Logarithmen zusammenfassen:

| **Rechenregeln für Logarithmen:** für $r \in \mathbb{R}, p \in \mathbb{R}, x \in (0, \infty)$ | |
|---|---|
| 1. | $\log(1) = 0 \qquad$ und $\qquad \log(e) = 1$ |
| 2. | $\log(e^x) = x \qquad$ und $\qquad e^{\log(x)} = x$ |
| 3. | $\log(x_1 \cdot x_2) = \log(x_1) + \log(x_2)$ |
| 4. | $\log(\frac{x_1}{x_2}) = \log(x_1) - \log(x_2)$ |
| 5. | $\log(x^p) = p \log(x)$ |

In Abb. 4.2 wir die Exponentialfunktion und ihre Umkehrfunktion, die Logarithmusfunktion dargestellt.

Für alle rationalen Exponenten $q$ wurden für $a > 0$ Potenzen $a^q$ definiert. Mit den obigen Rechenregeln gilt

$$a^q = \exp\left(\log\left(a^q\right)\right) = \exp\left(q \log(a)\right),$$

so dass reelle Potenzen von $a > 0$ folgendermaßen definiert werden:

**Definition 4.3.** Sei $a > 0$ und $x$ eine **reelle** Zahl. Dann ist

$$a^x := \exp\left(x \log(a)\right) = e^{x \log(a)}$$

die **Potenz** $x$ zur **Basis** $a$.

**Abb. 4.2** Die Exponentialfunktion $e^x$ und ihre Umkehrfunktion, die Logarithmusfunktion $\log(x)$

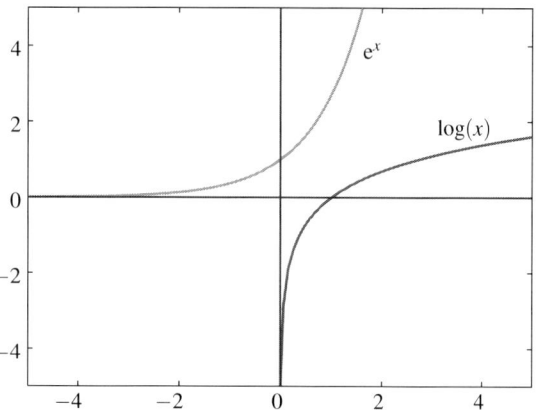

Für diese Erweiterung der Potenzen auf die reellen Zahlen gelten die gleichen Rechenregeln wie für rationale Exponenten, siehe Seite 26.

Die Umkehrfunktion von $x \mapsto a^x$ als Funktion von $\mathbb{R} \to (0, \infty)$ wird als Logarithmus zur Basis $a$, kurz $\log_a$ bezeichnet und wegen

$$a^x = y \iff e^{x \log(a)} = y \iff x \log(a) = \log(y) \iff x = \frac{\log(y)}{\log(a)}$$

gilt

$$x = \log_a(y) = \frac{\log(y)}{\log(a)}.$$

Dieser Zusammenhang sorgt dafür, dass es für Rechnungen ausreicht, **eine** Logarithmusfunktion zu kennen. Im Verlauf dieser Vorlesung wird der natürliche Logarithmus (d. h. zur Basis e) betrachtet. Taschenrechner haben üblicherweise nur
Tasten für den natürliche Logarithmus (Basis e) und den dekadischen Logarithmus
(Basis 10).

## 4.3 Anwendung: Diskontierter Nutzen

In Wachstumsmodellen wird typischerweise angenommen, dass die Gesamtproduktion aufgeteilt wird in Investitionen und in Konsum. Wie in der Beschreibung des
Solow-Modells in Abschnitt 3.4 wird über die Investitionen die Kapitalakkumulati-
on als Folge $\{k_t\}_{t=0}^{\infty}$ beschrieben. Der Konsum in Periode $t$ ist dann die Differenz
zwischen Gesamtproduktion (hierzu zählt eventuell auch nicht abgeschriebenes Kapital) und den Investitionen. Für das Solow-Modell in Abschnitt 3.4 ergibt das die
Folge $\{c_t\}_{t=0}^{\infty}$, wobei $c_t = f(k_t) - sf(k_t) = (1-s)f(k_t)$ der Pro-Kopf-Konsum in
Periode $t$ ist.

Für den Vergleich verschiedener Politikentscheidungen wird oft der diskontierte zukünftige Nutzen

$$\sum_{t=0}^{\infty} \delta^t u(c_t), \text{ mit } \delta \in (0,1)$$

als typisches Wohlfahrtsmaß definiert. Dabei ist $u : [0, \infty) \longrightarrow \mathbb{R}$ eine Nutzenfunktion, die dem Konsum $c \in \mathbb{R}_+$ den Nutzen $u(c)$ zuordnet. Die Zahl $\delta \in (0,1)$ ist ein Diskontfaktor, der den Nutzen schwächer gewichtet, je weiter er in der Zukunft realisiert wird.

Hier wird klar, dass dieses Wohlfahrtsmaß nur sinnvoll ist, wenn sichergestellt ist, dass die Reihe konvergiert.

Diese Frage wird nun mit den Methoden aus diesem Abschnitt untersucht.

Wenn die Folge der Nutzenniveaus $\{u(c_t)\}_{t=0}^{\infty}$ beschränkt ist, dann gibt es ein $\bar{u} > 0$ mit $|u(c_t)| \leq \bar{u}$. Wegen $|\delta^t u(c_t)| \leq \delta^t \bar{u}$ ist die geometrische Reihe $\{\delta^t \bar{u}\}_{t=0}^{\infty}$ eine Majorante; diese konvergiert gegen $\frac{\bar{u}}{1-\delta}$, wenn $\delta < 1$ ist.

Da die Beschränktheit von $\{u(c_t)\}_{t=0}^{\infty}$ meistens erfüllt ist – insbesondere, wenn $c_t$ konvergiert – ist damit sichergestellt, dass

$$\sum_{t=0}^{\infty} \delta^t u(c_t), \text{ mit } \delta \in (0,1)$$

als Wohlfahrtsmaß vernünftig definiert ist.

## Aufgaben zu Kapitel 4

### Aufgaben zu Abschnitt 4.1

**4.1.** Geben Sie an, welche Reihe $\sum_{i=1}^{\infty} a_i$ konvergiert, und bestimmen Sie die Summe:

a) $a_i = \dfrac{1}{i(i+1)}$

b) $a_i = \dfrac{i+1}{i^2-1}, i > 1, a_1 = 0$

c) $a_i = 2^{3i}$

d) $a_i = \dfrac{1}{(i+1)(i+2)}$

e) $a_i = 3^{-2i}$

f) $a_i = \dfrac{1}{\sqrt{2^i}}$

### Aufgaben zu Abschnitt 4.2

**4.2.** Lösen Sie nach $x$ auf:

a) $\log(x^2 - 4x + 5) = 0$

b) $e^{x(2-x)} = e^{-3}$

c) $\dfrac{x \log(\sqrt{x} - 5)}{x^2 + 1} = 0$

d) $\dfrac{\log(\sqrt{x} - 5)}{4} = 1$

### Aufgaben zu Abschnitt 4.3

**4.3.** Sei $u(c) = c$, $c_t = 1$ konstant für alle $t \geq 0$ und $\delta = 0.9$. Bestimmen Sie den diskontierten Nutzen.

# Teil III
# Differential- und Integralrechnung

In diesem Teil werden eindimensionale reellwertige Funktionen untersucht. Bei der Differentialrechnung werden Zusammenhänge zwischen der Ableitung einer Funktion und deren Eigenschaften untersucht. Die Differentialrechnung ist wohl das wichtigste mathematische Analyseinstrument, wenn es um die Eigenschaften von Funktionen und insbesondere um die Bestimmung von Minima und Maxima geht.

Ferner werden das Integral und die Integrationsregeln eingeführt. Ein wichtiges Anwendungsgebiet der Integralrechnung ist die Wahrscheinlichkeitsrechnung: bei stetigen Dichtefunktionen werden Wahrscheinlichkeiten, Erwartungswert und Varianz über die Integration bestimmt.

# Kapitel 5
# Eindimensionale Funktionen

In diesem Kapitel werden **eindimensionale** reellwertige Funktionen und deren Eigenschaften eingeführt. Eigenschaften wie **Beschränktheit**, **Monotonie** und **Konvexität und Konkavität** sind wichtig bei der Beschreibung ökonomischer Zusammenhänge; beispielsweise bedeutet eine unbeschränkte, monoton steigende Angebotsfunktion, dass jede Nachfrage befriedigt werden kann, wenn der Preis hinreichend hoch ist. Viele typische reellwertige Funktionen lassen sich aus wenigen einfachen Funktionen herleiten. Ferner werden die wichtigsten reellwertigen Funktionen graphisch dargestellt und ihre Eigenschaften erläutert.

## 5.1 Eigenschaften von reellwertigen Funktionen

**Eindimensionale reellwertige Funktionen** sind Abbildungen $f$ von einer Teilmenge $D \subset \mathbb{R}$ in eine Teilmenge $T \subset \mathbb{R}$ der reellen Zahlen. Wenn keine Aussage über den **Definitionsbereich** $D$ oder den Zielbereich $T$ gemacht wird, so wird zu $f$ der **maximale Definitionsbereich** $D_f$ bestimmt. Dieser enthält allen reellen Zahlen, für die die Zuordnungsvorschrift $f$ sinnvoll ist. Beispielsweise werden Nullen im Nenner oder negative Zahlen bei Wurzeln oder Logarithmen ausgeschlossen. Als **Zielbereich** wird $T = \mathbb{R}$ angenommen, wenn dies nicht ausdrücklich anders angegeben wird. Eine wichtige Menge ist $R_f := \{f(x) \,|\, x \in D\} \subset \mathbb{R}$, die **Bildmenge** oder das **Bild** von $f$, die alle reellen Zahlen enthält, die angenommen werden. Die Bezeichnungen entsprechen denen aus Abschnitt 1.3.

In diesem Abschnitt werden Eigenschaften wie **Beschränktheit**, **Monotonie** und **Konvexität und Konkavität** von Funktionen definiert. Dabei sind die Begriffe Beschränktheit und Monotonie ähnlich definiert wie bei Folgen in Kapitel 3.

Eine Funktion ist **beschränkt**, wenn es eine obere und eine untere Schranke gibt, so dass alle Funktionswerte dazwischen liegen. Eine Produktionsfunktion ist beispielsweise immer nach unten durch 0 beschränkt (negative Produktionsmengen machen selten Sinn); ist sie auch nach oben beschränkt, so ist die kleinste obere Schranke – das Supremum – die Kapazitätsgrenze.

T. Pampel, *Mathematik für Wirtschaftswissenschaftler*, Springer-Lehrbuch, DOI 10.1007/978-3-642-04490-8_5, © Springer-Verlag Berlin Heidelberg 2010

**Definition 5.1.** Eine Funktion $f : D \to \mathbb{R}$ heißt **nach oben beschränkt**, wenn es ein $c \in \mathbb{R}$ gibt, so dass

$$f(x) \leq c$$

für alle $x \in D$ gilt. Eine solche Zahl $c$ heißt **obere Schranke** und die kleinste obere Schranke heißt **Supremum** der Funktion. Gibt es keine obere Schranke, so heißt die Funktion **nach oben unbeschränkt**.
Eine Funktion heißt **nach unten beschränkt**, wenn es ein $d \in \mathbb{R}$ gibt, so dass

$$f(x) \geq d$$

für alle $x \in D$ gilt. Eine solche Zahl $d$ heißt **untere Schranke** und die kleinste untere Schranke heißt **Infimum** der Funktion. Gibt es keine untere Schranke, so heißt die Funktion **nach unten unbeschränkt**.
Eine Funktion $f : D \to \mathbb{R}$ heißt **beschränkt**, wenn sie nach oben und nach unten beschränkt ist. Eine Funktion heißt **unbeschränkt**, wenn sie nicht beschränkt ist.

Wird eine Teilmenge $I \subset D$ betrachtet, so gelten die Bezeichnungen mit dem Zusatz „auf $I$", beispielsweise ist die Funktion $f(x) = \frac{1}{x}$ auf $(0, \infty)$ nach unten durch 0 beschränkt. Dabei ist 0 das Infimum, aber kein Minimum. Die Funktion ist aber auf $(0, \infty)$ nach oben unbeschränkt, da die Funktionswerte nahe 0 beliebig groß werden. Der Graph von $f(x) = \frac{1}{x}$ ist in Abb. 5.1 dargestellt.

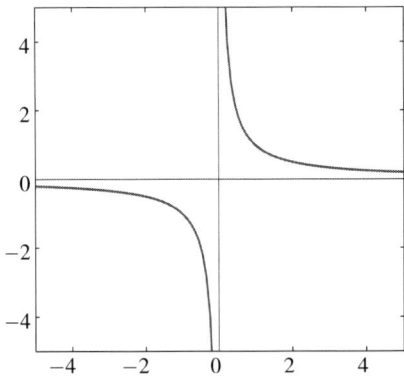

**Abb. 5.1** Darstellung von $f(x) = \frac{1}{x}$

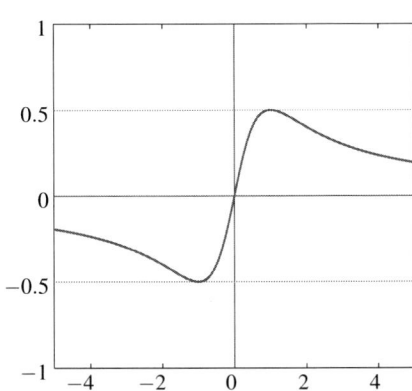

**Abb. 5.2** Darstellung von $f(x) = \frac{x}{x^2+1}$

Abb. 5.2 zeigt den Graphen der Funktion $f(x) = \frac{x}{x^2+1}$. Man erkennt, dass diese Funktion beschränkt sind. Eine genauere Analyse wird in Beispiel 5.1 durchgeführt.

*Beispiel 5.1.* Um zu zeigen, dass $f(x) = \frac{x}{x^2+1}$ nach oben durch $\frac{1}{2}$ (oder eine größere Zahl) beschränkt ist, wird folgender Zusammenhang genutzt:

$$\frac{x}{x^2+1} \leq \frac{1}{2} \iff 2x \leq x^2+1 \iff 0 \leq x^2 - 2x + 1 \iff 0 \leq (x-1)^2,$$

wobei $0 \leq (x-1)^2$ immer gilt. Analog wird gezeigt

$$\frac{x}{x^2+1} \geq -\frac{1}{2} \iff -2x \leq x^2+1 \iff 0 \leq x^2 + 2x + 1 \iff 0 \leq (x+1)^2.$$

Damit ist $f(x) = \frac{x}{x^2+1}$ beschränkt mit Supremum $\frac{1}{2}$ und Infimum $-\frac{1}{2}$ (siehe auch Abb. 5.2). Da $f(1) = \frac{1}{2}$ und $f(-1) = -\frac{1}{2}$ gilt, werden Supremum und Infimum angenommen und sind somit auch **Maximum** und **Minimum**.

Ebenso wie eine Folge streng monoton steigend ist, wenn Folgenglieder mit größerem Index $i$ größer sind, heißt eine **Funktion streng monoton steigend**, wenn Funktionswerte von größeren Elementen im Definitionsbereich auch größer sind.

**Definition 5.2.** Eine Funktion $f : D \to \mathbb{R}$ heißt **streng monoton steigend**, wenn

$$f(x_1) < f(x_2) \text{ für alle } x_1, x_2 \in D \text{ mit } x_1 < x_2$$

gilt, und **streng monoton fallend**, wenn

$$f(x_1) > f(x_2) \text{ für alle } x_1, x_2 \in D \text{ mit } x_1 < x_2$$

gilt. Eine Funktion $f : D \to \mathbb{R}$ heißt **(schwach) monoton steigend**, wenn

$$f(x_1) \leq f(x_2) \text{ für alle } x_1, x_2 \in D \text{ mit } x_1 < x_2$$

gilt, und **(schwach) monoton fallend**, wenn

$$f(x_1) \geq f(x_2) \text{ für alle } x_1, x_2 \in D \text{ mit } x_1 < x_2$$

gilt. Eine Funktion heißt **monoton**, wenn sie entweder monoton steigend oder monoton fallend ist.

*Anmerkung 5.1.* Schwach monoton steigend (fallend) wird manchmal auch als „monoton nicht-fallend (nicht-steigend)" bezeichnet und gilt insbesondere auch für konstante Funktionen.

Wird eine Teilmenge $I \subset D$ betrachtet, so gelten die Bezeichnungen mit dem Zusatz „auf $I$", beispielsweise ist die Funktion $f(x) = \frac{1}{x}$ auf $(0, \infty)$ streng monoton fallend. Das ergibt sich aus

$$f(x_1) > f(x_2) \iff \frac{1}{x_1} > \frac{1}{x_2} \iff x_1 < x_2.$$

Mit denselben Argumenten ist $f(x) = \frac{1}{x}$ auf $(-\infty, 0)$ streng monoton fallend (siehe auch Abb. 5.1). **Achtung**, $f(x) = \frac{1}{x}$ ist **nicht** auf dem maximalen Definitionsbereich $\mathbb{R} \setminus \{0\}$ monoton fallend, da für $x_1 < 0 < x_2$ gilt $\frac{1}{x_1} < 0 < \frac{1}{x_2}$, also $f(x_1) < f(x_2)$.

In Abb. 5.3 wird eine Funktion skizziert und die Monotonieeigenschaften auf den verschiedenen Intervallen angegeben.

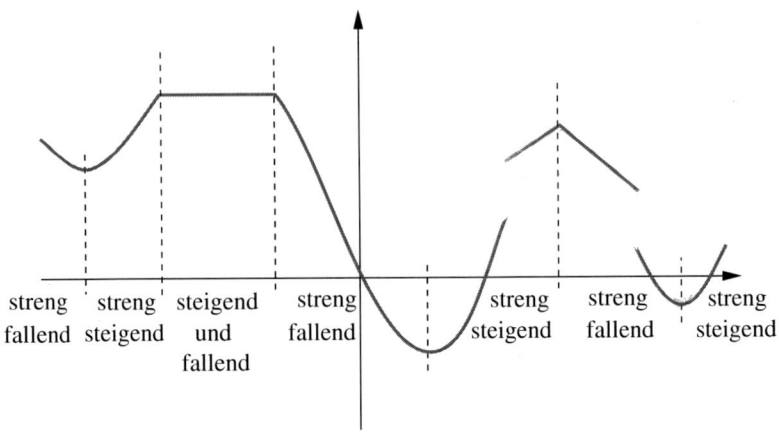

**Abb. 5.3**  Bereiche einer Funktion, in denen eine Funktion monoton fällt oder steigt

Weitere für die Optimierung von Funktionen wichtige Eigenschaften sind die **Konkavität** und die **Konvexität**. Die Eigenschaft hat geometrisch etwas damit zu tun, ob eine Sekante (Verbindungslinie) oberhalb oder unterhalb der Funktion verläuft. Zu beachten ist, dass die folgende Definition nur für ein **Intervall** $I \subset D$ gilt, da alle Funktionswerte im Intervall durchlaufen werden.

**Definition 5.3.** (Konvexität und Konkavität)

- Eine Funktion $f : D \to \mathbb{R}$ heißt **konvex** auf einem Intervall $I \subset D$, wenn für alle $x_1, x_2 \in I$ und $\lambda \in [0, 1]$ gilt

$$f((1-\lambda)x_1 + \lambda x_2) \leq (1-\lambda)f(x_1) + \lambda f(x_2).$$

- Eine Funktion $f : D \to \mathbb{R}$ heißt **konkav** auf einem Intervall $I \subset D$, wenn für alle $x_1, x_2 \in I$ und $\lambda \in [0, 1]$ gilt

$$f((1-\lambda)x_1 + \lambda x_2) \geq (1-\lambda)f(x_1) + \lambda f(x_2).$$

- Die Funktion heißt **streng konvex** bzw. **streng konkav**, wenn „<" bzw. „>" für alle $\lambda \in (0, 1)$ alle $x_1, x_2 \in I$ mit $x_1 \neq x_2$ gilt.

Geometrisch durchläuft die rechte Seite $(1-\lambda)f(x_1)+\lambda f(x_2)$ jeweils alle Punkte auf der Sekante, wenn $\lambda$ das Intervall $[0,1]$ durchläuft (gerade Verbindungslinie in Abb. 5.4). Die linke Seite $f((1-\lambda)x_1+\lambda x_2)$ läuft dagegen die Funktion entlang (Kurve in Abb. 5.4).

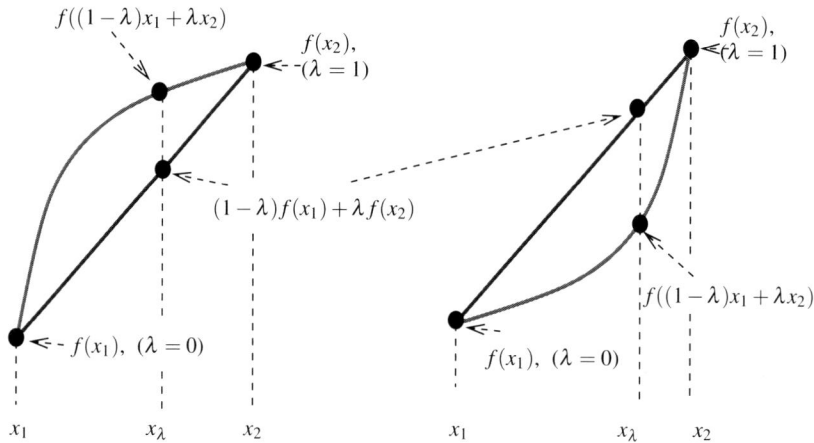

streng konkav, Sekante **unterhalb** der Kurve          streng konvex, Sekante **oberhalb** der Kurve

**Abb. 5.4** Darstellung von Konkavität (links) und Konvexität (rechts), wobei $x_\lambda = (1-\lambda)x_1+\lambda x_2$ das Intervall $[x_1,x_2]$ durchläuft, wenn $\lambda$ das Intervall $[0,1]$ durchläuft

Ein etwas einfacheres Kriterium, das in Schwarze (2005) als Definition genommen wird, ergibt folgender Satz:

**Satz 5.1.** *Eine Funktion $f : D \to T$ ist genau dann **konvex** auf einem Intervall $I \subset D$, wenn für alle $x_1,x_2 \in I$ gilt*

$$f\left(\frac{1}{2}(x_1+x_2)\right) \le \frac{1}{2}\left(f(x_1)+f(x_2)\right)$$

*und genau dann **konkav** auf einem Intervall $I \subset D$, wenn für alle $x_1,x_2 \in I$ gilt*

$$f\left(\frac{1}{2}(x_1+x_2)\right) \ge \frac{1}{2}\left(f(x_1)+f(x_2)\right).$$

*Die Funktion ist **streng konvex** bzw. **streng konkav**, wenn „$<$" bzw. „$>$" für alle $x_1,x_2 \in I$ mit $x_1 \ne x_2$ gilt.*

In Abb. 5.5 wird eine Funktion skizziert und die Konvexitäts- und Konkavitätseigenschaften angegeben.

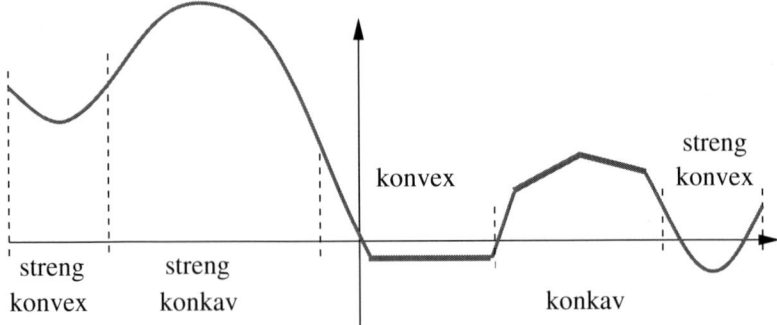

**Abb. 5.5** Bereiche einer Funktion, in denen die Funktion konvex oder konkav ist

## 5.2 Zusammengesetzte Funktionen

Besonders einfach sind die **konstante Abbildung** $f(x) = c$ und die **Identitätsabbildung** Id : $\mathbb{R} \to \mathbb{R}$ definiert durch Id$(x) = x$, siehe Abb. 5.6. Aus diesen beiden

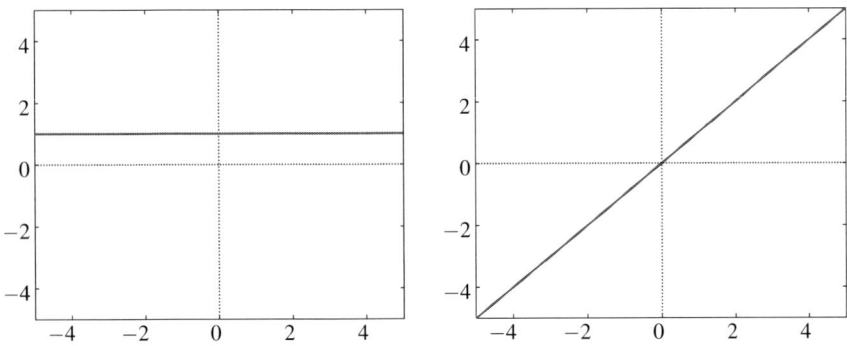

**Abb. 5.6** Die konstante Abbildung $f(x) = 1$ und die Identitätsabbildung Id$(x) = x$

Funktionen lassen sich Geraden, Polynome, Hyperbeln, ganzrationale Funktionen und gebrochenrationale Funktionen zusammensetzen durch:

- Multiplikation von Funktionen mit reellen Zahlen,
- Addition, Multiplikation und Division von Funktionen,
- Komposition von Funktionen (Funktionen nacheinander anwenden),
- Inversenbildung.

Zusammengesetzte Funktionen werden folgendermaßen punktweise definiert:

> **Definition 5.4.** Seien $f, g : D \to \mathbb{R}$ zwei Funktionen mit Definitionsbereich $D$ und $\lambda \in \mathbb{R}$, dann werden folgende Funktionen definiert:
>
> $$\lambda f : \quad D \to \mathbb{R}$$
> $$x \mapsto \lambda f(x),$$
>
> $$f + g : \quad D \to \mathbb{R}$$
> $$x \mapsto f(x) + g(x),$$
>
> $$f \cdot g : \quad D \to \mathbb{R}$$
> $$x \mapsto f(x) \cdot g(x),$$
>
> $$\frac{f}{g} : \quad D' \to \mathbb{R} \text{ mit } D' := \{x \in D \mid g(x) \neq 0\}.$$
> $$x \mapsto \frac{f(x)}{g(x)}.$$
>
> Seien $f : D_f \to \mathbb{R}$ und $g : D_g \to \mathbb{R}$ zwei Funktionen und $R_g \subset D_f$, dann ist
>
> $$f \circ g : \quad D_g \to \mathbb{R}$$
> $$x \mapsto f(g(x))$$
>
> die **Komposition** von $f$ und $g$.

Dabei ist zu beachten, dass die Funktionen jeweils denselben Definitionsbereich besitzen (notfalls durch Einschränkung der Definitionsbereiche) und dass bei Kompositionen die „innere" Funktion $g$ nur auf Werte abbildet, die im Definitionsbereich der „äußeren" Funktion $f$ liegen ($R_g \subset D_f$).

Da auch die Umkehrfunktionen wichtig sind, werden hier noch einmal die Begriffe injektiv, surjektiv und bijektiv für reellwertige Funktionen aufgegriffen.

- Eine Funktion $f : D \to \mathbb{R}$ ist **injektiv**, wenn es zu jedem $y \in \mathbb{R}$ **höchstens ein** $x \in D$ mit $y = f(x)$ gibt.
- Eine Funktion $f : D \to \mathbb{R}$ ist **surjektiv**, wenn es zu jedem $y \in \mathbb{R}$ **mindestens ein** $x \in D$ mit $y = f(x)$ gibt, d. h., $R_f = \mathbb{R}$.
- Eine Funktion $f : D \to \mathbb{R}$ ist **bijektiv** oder **invertierbar**, wenn es zu jedem $y \in \mathbb{R}$ **genau ein** $x \in D$ mit $y = f(x)$ gibt, d. h., $y = f(x)$ lässt sich **eindeutig** nach $x$ auflösen.

Ist $f : \mathbb{R} \to \mathbb{R}$ eine **bijektive** Funktion, dann gibt es eine **Funktion** $f^{-1} : \mathbb{R} \to \mathbb{R}$, so dass $f(f^{-1}(y)) = y$ für alle $y \in \mathbb{R}$ und $f^{-1}(f(x)) = x$ für alle $x \in \mathbb{R}$ gilt. Die Funktion $f^{-1}$ heißt **Umkehrfunktion** oder **Inverse**.

Durch geeignetes Einschränken des Definitionsbereichs und Einschränken des Zielbereichs auf das Bild ist es in vielen Fällen möglich, Umkehrfunktionen auf den eingeschränkten Mengen zu definieren. Beispielsweise ist $x \mapsto x^2$ als Funktion $\mathbb{R}_+ \to \mathbb{R}_+$ invertierbar mit der Wurzelfunktion $x \mapsto \sqrt{x}$ als Umkehrfunktion.

---

**Bestimmung von injektiv, surjektiv, bijektiv** von $f : \mathbb{R} \to \mathbb{R}$:

1. Stellen Sie die Gleichung $f(x) = y$ auf.
2. Versuchen Sie diese Gleichung nach $x$ aufzulösen.
3. Wenn sich herausstellt, dass dies nicht für alle $y \in \mathbb{R}$ möglich ist, dann ist die Funktion **nicht surjektiv**. Alle $y \in \mathbb{R}$, für die das Auflösen möglich ist, bilden die **Bildmenge** $R_f$.
4. Wenn sich herausstellt, dass zu einem $y \in R_f$ mehrere Lösungen in $\mathbb{R}$ existieren, dann ist die Funktion **nicht injektiv**. Möglicherweise gibt es durch Einschränkung des **Definitionsbereichs** auf $\tilde{D} \subset \mathbb{R}$ eine eindeutige Lösung in $\tilde{D}$.
5. Wenn es zu jedem $y \in \mathbb{R}$ **genau ein** $x =: g(y) \in \mathbb{R}$ gibt, dann ist die Funktion **invertierbar** und die **Umkehrfunktion** ist

$$f^{-1} : \quad \mathbb{R} \to \mathbb{R}$$
$$y \mapsto g(y)$$

6. Ist $f$ nicht surjektiv, so definiere $T := R_f$. Ist $f$ nicht injektiv, so definiere (falls möglich) $D = \tilde{D}$. Dann ist $f : \tilde{D} \to R_f$ invertierbar mit einer Funktion

$$f^{-1} : \quad R_f \to \tilde{D}$$
$$y \mapsto f^{-1}(y)$$

---

*Anmerkung 5.2.* Ist $f$ nicht surjektiv und der maximale Definitionsbereich nicht ganz $\mathbb{R}$, so ist es manchmal möglich, Funktionswerte an Definitionslücken so festzulegen, dass eine bijektive Funktion entsteht. Beispielsweise besitzt $f(x) = \frac{1}{x+1}$ eine Definitionslücke bei $-1$ und der Wert $0$ wird nicht angenommen. Mit der Festlegung $f(x) = \frac{1}{x+1}$ für $x \neq -1$ und $f(-1) = 0$ liegt dann eine bijektive Funktion vor. Die Umkehrfunktion ist $f^{-1}(y) = \frac{1-y}{y}$ für $y \neq 0$ und $f^{-1}(0) = -1$.

## 5.3 Spezielle Funktionen

In diesem Abschnitt werden verschiedene häufig auftretende Funktionen dargestellt und auf ihre Eigenschaften untersucht.

### *Geraden*

Eine **Gerade** ist von der Form

$$f(x) = ax + b, \quad a, b \in \mathbb{R}, \, a \neq 0.$$

Im Spezialfall $b = 0$ ist dies eine **lineare Funktion** $f(x) = ax$ und für $b \neq 0$ heißt sie **affin-lineare Funktion**.

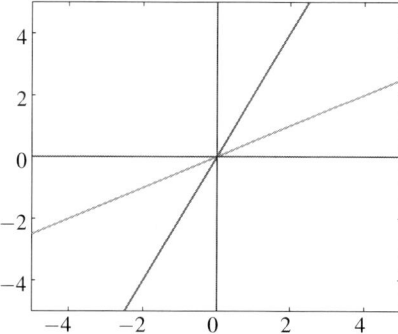

**Abb. 5.7** Die lineare Funktion $f(x) = ax$ mit $a = 2$ und die Inverse $f^{-1}(x) = \frac{1}{a}x = \frac{1}{2}x$

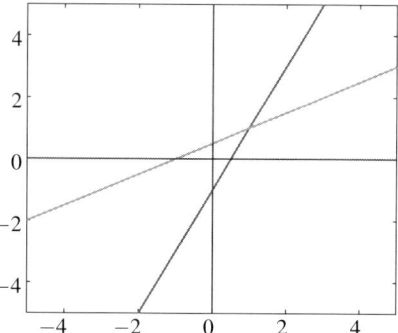

**Abb. 5.8** Die affin-lineare Funktion $f(x) = ax + b$ mit $a = 2$, $b = -1$ und die Inverse $f^{-1}(x) = \frac{1}{a}x - \frac{b}{a} = \frac{1}{2}x + \frac{1}{2}$

Eigenschaften von Geraden mit $a \neq 0$ sind:

- Der maximale Definitionsbereich ist $\mathbb{R}$.
- Die Bildmenge ist $\mathbb{R}$.
- Geraden sind **unbeschränkt**.
- Geraden sind **streng monoton steigend (fallend)** für $a > 0$ $(a < 0)$.
- Geraden sind **konvex und konkav** (beides gleichzeitig).
- Geraden sind **bijektiv** mit der Inversen $f^{-1}(x) = \frac{1}{a}x - \frac{b}{a}$; ebenfalls eine Gerade.

## *Monome*

Ein typisches Monom ist die Parabel $x^2$. Allgemeiner ist ein **Monom** eine Potenz-funktion $x^n$ mit natürlichem Exponenten, d. h.,

$$f(x) = ax^n, \qquad a \in \mathbb{R}, a \neq 0, n \in \mathbb{N}, n \geq 1.$$

Es ist dabei zwischen geraden Exponenten $n = 2,4,6,\ldots$ (siehe Abb. 5.9) und un-geradem $n = 1,3,5,\ldots$ (siehe Abb. 5.10) zu unterscheiden.

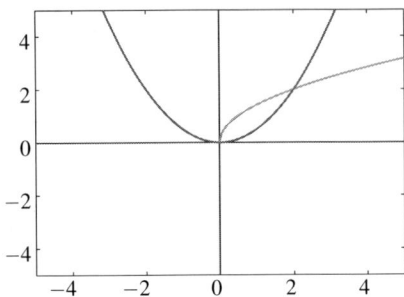
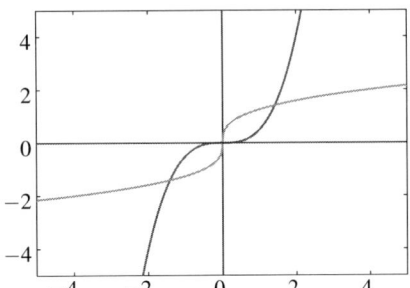

**Abb. 5.9** Die Funktion $f(x) = ax^2$ mit $a = 2$ und die Inverse $f^{-1}(x) = \sqrt{\frac{1}{a}x}$ der Ein-schränkung von $f$ auf $[0,\infty)$

**Abb. 5.10** Die Funktion $f(x) = ax^3$ mit $a = \frac{1}{2}$ und die Inverse $f^{-1}(x) = \sqrt[3]{\frac{1}{a}x}$

Eigenschaften von Monomen mit **geradem** Exponenten und $a > 0$:

- Der maximale Definitionsbereich ist $\mathbb{R}$.
- Die Bildmenge ist $\mathbb{R}_+ = [0,\infty)$.
- Monome mit geradem Exponenten sind (nach oben) **unbeschränkt**.
- Sie sind **streng monoton fallend** auf $(-\infty,0]$ und **streng monoton steigend** auf $[0,\infty)$.
- Monome mit geradem Exponenten sind **streng konvex**.
- Sie sind als Funktion $f : \mathbb{R} \to \mathbb{R}$ weder **injektiv** noch **surjektiv**. Durch Ein-schränken von Definitions- und Zielbereich auf $\mathbb{R}_+$ ist $f : \mathbb{R}_+ \to \mathbb{R}_+$ invertierbar mit $f^{-1} : \mathbb{R}_+ \to \mathbb{R}_+$ definiert durch $f^{-1}(x) = \sqrt[n]{\frac{1}{a}x}$.

Eigenschaften von Monomen mit **ungeradem** Exponenten und $a > 0$:

- Der maximale Definitionsbereich ist $\mathbb{R}$.
- Die Bildmenge ist $\mathbb{R}$.
- Monome mit ungeradem Exponenten sind **unbeschränkt**.
- Monome mit ungeradem Exponenten sind **streng monoton steigend** auf $\mathbb{R}$.
- Sie sind **streng konkav** auf $(-\infty,0]$ und **streng konvex** auf $[0,\infty)$.
- Monome mit ungeradem Exponenten sind **bijektiv** mit Inverser $f^{-1}(x) = \sqrt[n]{\frac{1}{a}x}$.

## *Hyperbeln*

Eine **Hyperbel** ist eine Funktion

$$f(x) = \frac{1}{x^n}, \, n \in \mathbb{N}, n \geq 1.$$

Es ist dabei zwischen ungeradem $n$ (siehe Abb. 5.11) und geradem $n$ (siehe Abb. 5.12) zu unterscheiden.

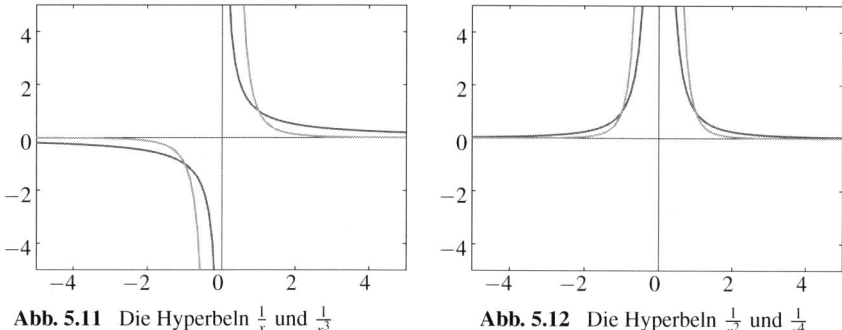

**Abb. 5.11** Die Hyperbeln $\frac{1}{x}$ und $\frac{1}{x^3}$      **Abb. 5.12** Die Hyperbeln $\frac{1}{x^2}$ und $\frac{1}{x^4}$

Eigenschaften von Hyperbeln:

- Der maximale Definitionsbereich ist $\mathbb{R} \setminus \{0\}$.
- Die Bildmenge ist $\mathbb{R} \setminus \{0\}$ für ungerade $n$ und $\mathbb{R}_{++}$ für gerade $n$.
- Hyperbeln sind **unbeschränkt**.
- Hyperbeln sind **streng monoton fallend** auf $(0, \infty)$. Sie sind auf $(-\infty, 0)$ **streng monoton steigend** für gerade $n$ und **streng monoton fallend** für ungerade $n$.
- Hyperbeln sind **streng konvex** auf $(0, \infty)$. Auf $(-\infty, 0)$ sind sie **streng konvex** für gerade $n$ und **streng konkav** für ungerade $n$.
- Für ungerade $n$ sind Hyperbeln bijektiv als Funktion $\mathbb{R} \setminus \{0\} \to \mathbb{R} \setminus \{0\}$ und für gerade $n$ nur als Funktion $(0, \infty) \to (0, \infty)$. Die Inverse ist $f^{-1}(x) = \frac{1}{\sqrt[n]{x}}$.

## *Ganzrationale Funktionen*

**Ganzrationale Funktionen** oder **Polynome** sind die Summe von Monomen unterschiedlichen Grades

$$f(x) = a_n x^n + a_{n-1} x^{n-1} + \ldots + a_1 x + a_0,$$

die auf $\mathbb{R}$ definiert sind.

Weitere Eigenschaften müssen aber in jedem Einzelfall untersucht werden. Das geschieht typischerweise anhand von Ableitungen (siehe Kapitel 6).

**Abb. 5.13** Das Polynom
$f(x) = \frac{1}{2}x^3 - 2x^2 + 1$

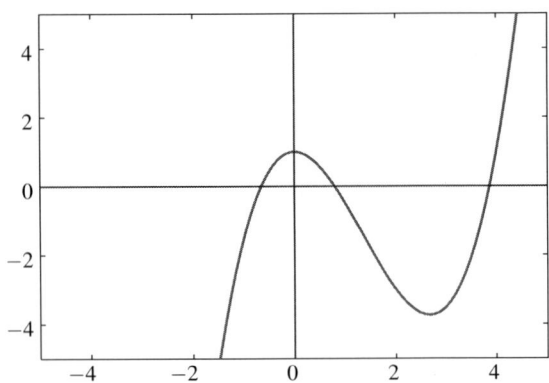

## Gebrochenrationale Funktionen

**Gebrochenrationale Funktionen** sind der Quotient von zwei ganzrationalen Funktionen

$$f(x) = \frac{a_n x^n + a_{n-1} x^{n-1} + \ldots + a_1 x + a_0}{b_m x^m + b_{m-1} x^{m-1} + \ldots + b_1 x + b_0}.$$

**Abb. 5.14** Die gebrochenrationale Funktion
$f(x) = \dfrac{\frac{2}{3}x^3 - \frac{1}{5}x^2 + 1}{x^2 - \frac{1}{2}}$

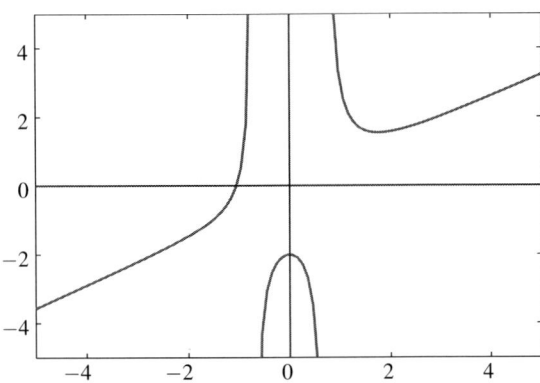

Der maximale Definitionsbereich besteht aus allen reellen Zahlen mit Ausnahme der Nullstellen der Nennerfunktion. Weitere Eigenschaften müssen aber, wie bei den ganzrationalen Funktionen, in jedem Einzelfall untersucht werden. Das geschieht typischerweise anhand von Ableitungen.

*Anmerkung 5.3.* An den Nullstellen des Nenners treten meistens Polstellen wie bei Hyperbeln auf. Es ist aber auch möglich, dass eine Nullstelle des Nenners auch eine Nullstelle des Zählers ist. In diesem Fall kann es sein, dass sich die Nullstellen „herauskürzen" und eine „stetig hebbare Lücke" vorliegt.

## *Potenzfunktionen*

Wie bereits in Abschnitt 1.7 beschrieben und in Abschnitt 4.2 auf reelle Exponenten erweitert, sind **Potenzfunktionen** von der Form

$$f(x) = x^p, \quad p \in \mathbb{R}.$$

Dabei ist zu beachten, dass die Potenzfunktion mit reellen Exponenten nicht für negative $x$ definiert ist. Ist $p < 0$ muss sogar $x > 0$ gelten.

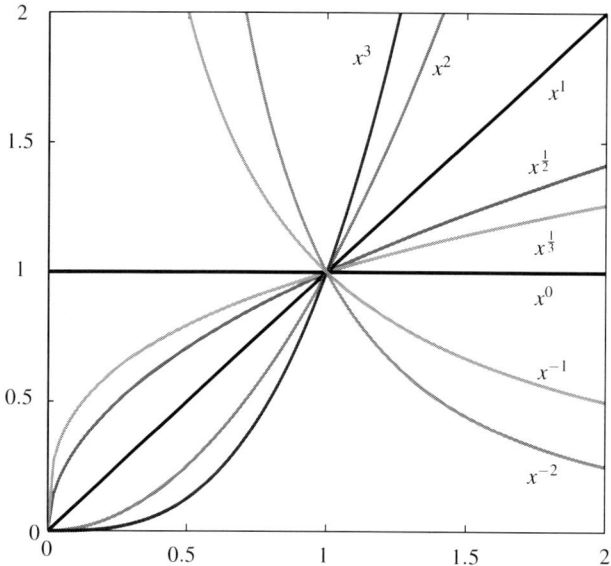

**Abb. 5.15** Darstellung der **Potenzfunktionen** $(0,\infty) \to (0,\infty)$, $x \mapsto x^p$ mit Exponenten $p = -2, -1, 0, \frac{1}{3}, \frac{1}{2}, 1, 2, 3$

Potenzfunktionen sind für $p \neq 0$ invertierbar mit der Inversen $f^{-1}(x) = x^{\frac{1}{p}}$, d. h. die Inverse ist ebenfalls eine Potenzfunktion mit Exponent $\frac{1}{p}$.

Für Exponenten $p < 0$ sind die Eigenschaften die gleichen wie die Eigenschaften von Hyperbeln auf $(0,\infty)$. Für Exponenten $p > 1$ sind die Eigenschaften die gleichen wie die Eigenschaften von Monomen auf $[0,\infty)$.

Eigenschaften von Potenzfunktionen mit $p \in (0,1)$:

- Der maximale Definitionsbereich ist $[0,\infty)$ bei $p > 0$ und $(0,\infty)$ bei $p < 0$.
- Die Bildmenge ist $[0,\infty)$ bei $p > 0$ und $(0,\infty)$ bei $p < 0$.
- Potenzfunktionen sind (nach oben) **unbeschränkt**.
- Potenzfunktionen sind **streng monoton steigend**.
- Potenzfunktionen sind **streng konkav**.

## *Exponentialfunktionen*

Exponentialfunktionen sind von der Form

$$f(x) = a^x = e^{x \log(a)}, \quad a > 0.$$

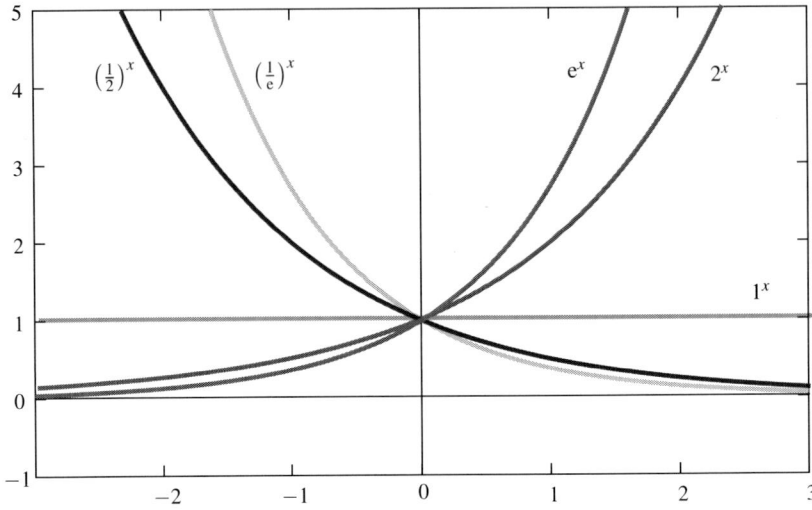

**Abb. 5.16** Darstellung der **Exponentialfunktionen** $\mathbb{R} \to \mathbb{R}$, $x \mapsto a^x$ mit Basen $a = \frac{1}{e}, \frac{1}{2}, 1, 2, e$

Eigenschaften von Exponentialfunktionen für $a \neq 1$:

- Der maximale Definitionsbereich ist $\mathbb{R}$.
- Die Bildmenge ist $\mathbb{R}_{++} = (0, \infty)$.
- Exponentialfunktionen sind (nach oben) **unbeschränkt**.
- Exponentialfunktionen sind **streng monoton steigend**, falls $a > 1$, und **streng monoton fallend**, falls $a < 1$ ist.
- Exponentialfunktionen sind **streng konvex**.
- Exponentialfunktionen $f : \mathbb{R} \to (0, \infty)$ sind invertierbar mit $f^{-1}(x) = \log_a(x)$.

## *Logarithmusfunktionen*

Logarithmusfunktionen sind für $a \neq 1$ definiert auf $\mathbb{R}_{++}$ und von der Form

$$f(x) = \log_a(x) = \frac{\log(x)}{\log(a)}.$$

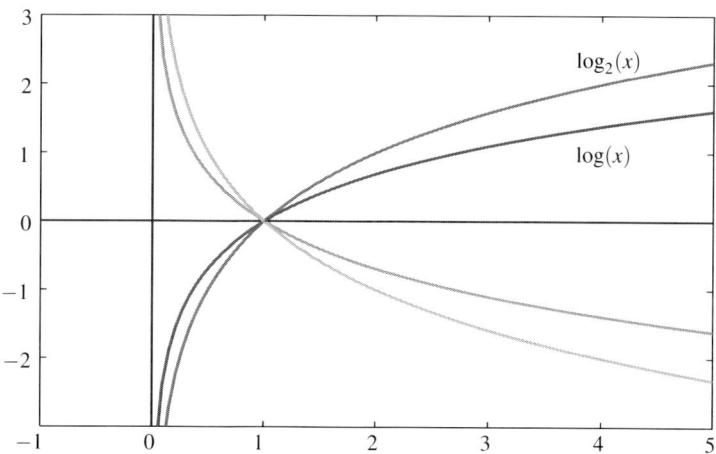

**Abb. 5.17  Logarithmusfunktionen** $\mathbb{R} \to \mathbb{R}$, $x \mapsto \log_a(x)$ mit $a = \frac{1}{e}, \frac{1}{2}, 2, e$, wobei $\log_{\frac{1}{e}}(x) = -\log(x)$ und $\log_{\frac{1}{2}}(x) = -\log_2(x) = -\frac{\log(x)}{\log(2)}$ gilt

Eigenschaften von Logarithmusfunktionen für $a \neq 1$:

- Der maximale Definitionsbereich ist $\mathbb{R}_{++} = (0, \infty)$.
- Die Bildmenge ist $\mathbb{R}$.
- Logarithmusfunktionen sind **unbeschränkt**.
- Logarithmusfunktionen sind **streng monoton steigend**, falls $a > 1$ ist, und **streng monoton fallend**, falls $a \in (0, 1)$ ist.
- Logarithmusfunktionen sind **streng konkav**, falls $a > 1$ ist, und **streng konvex**, falls $a \in (0, 1)$ ist.
- Logarithmusfunktionen $f : (0, \infty) \to \mathbb{R}$ sind invertierbar mit $f^{-1}(x) = a^x$.

Die Exponentialfunktionen und die Logarithmusfunktionen sind jeweils invers zueinander.

## *Trigonometrische Funktionen*

Die **trigonometrischen Funktionen** $\sin(x)$, $\cos(x)$, $\tan(x)$ und $\cot(x)$ werden bei ökonomischen Fragestellungen nicht so oft benutzt[1]. Dennoch sollen zumindest die Graphen der Funktionen dargestellt werden. Der maximale Definitionsbereich von

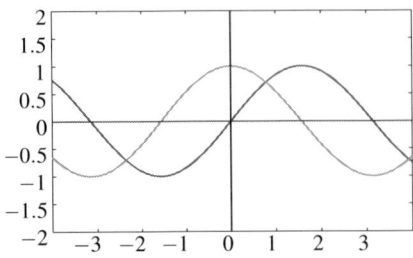

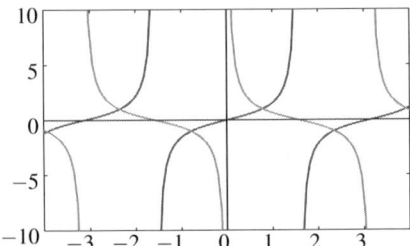

**Abb. 5.18**  Die Funktionen $\sin(x)$, $\cos(x)$          **Abb. 5.19**  Die Funktionen $\tan(x)$ und $\cot(x)$

sin und cos ist $\mathbb{R}$, die Bildmenge ist $[-1, 1]$, damit sind sie durch 1 **beschränkt**. Die Funktionen sind periodisch mit Periodenlänge $2\pi$, so dass Monotonieeigenschaften und Konvexität und Konkavität periodisch sind (jeweils auf Intervallen der Länge $\pi$). Die Funktion tan ist periodisch und auf $\left(-\frac{\pi}{2}, \frac{\pi}{2}\right)$ **streng monoton steigend** mit der Bildmenge $\mathbb{R}$.

## Aufgaben zu Kapitel 5

**5.1.** Untersuchen Sie die Funktion $f : (0, \infty) \to \mathbb{R}$, $f(x) := \frac{8-x}{x}$. Prüfen Sie Beschränktheit, Monotonie und Konvexität/Konkavität.

**5.2.** Sei $f$ definiert durch $f(x) := \frac{x}{x+1}$. Geben Sie den maximalen Definitionsbereich an. Prüfen Sie anhand der Definition von Monotonie, ob $f$ (streng) monoton fallend oder (streng) monoton steigend auf $(-\infty, -1)$ ist.

**5.3.** Zeigen Sie, dass die Funktion $\sqrt{x}$ streng konkav ist. Sie können dabei den Satz 5.1 mit den Mittelpunkten benutzen.

**5.4.** Sei $f : \mathbb{R} \to \mathbb{R}$ die Funktion, die durch $f(x) := \frac{x}{\sqrt{|x|}}$ für $x \neq 0$ und $f(0) := 0$ definiert ist. Prüfen Sie, ob $f$ injektiv, surjektiv und/oder bijektiv ist, und bestimmen Sie gegebenenfalls die Umkehrfunktion.

**5.5.** Eine Funktion $f$ sei definiert durch $f(x) := \frac{x^2-x}{x^2-1}$. Geben Sie den maximalen Definitionsbereich an und definieren Sie die Funktionswerte an den Definitionslücken so, dass eine bijektive Funktion $f : \mathbb{R} \to \mathbb{R}$ entsteht.

---

[1] Sie treten allerdings auf, wenn bei linearen Differenzengleichungen oder Differentialgleichungen komplexe Eigenwerte auftreten und Lösungen bestimmt werden soll.

# Kapitel 6
# Grenzwerte und Stetigkeit

In diesem Kapitel werden **Grenzwerte von Funktionen** und **Stetigkeit** von Funktionen behandelt. Die Begriffe werden in Abschnitt 6.1 eingeführt. In Abschnitt 6.2 werden zwei wichtig Sätze angegeben, bei denen die Stetigkeit eine entscheidende Rolle spielt: der **Zwischenwertsatz** und der **Extremwertsatz** (oder **Satz vom Minimum und Maximum**). Der Zwischenwertsatz ist für die Wirtschaftswissenschaften wichtig, da er bei Stetigkeit und Vorzeichenwechsel auf einem Intervall Nullstellen von Funktionen sicherstellt. Beispielsweise beschreiben die Nullstellen der Überschussnachfragefunktion Marktgleichgewichte, die oft mit dem Zwischenwertsatz nachgewiesen werden können. Der Extremwertsatz garantiert die Existenz von Minima und Maxima von Funktionen auf einem Intervall bei Stetigkeit. Das ist wichtig für das Modellieren von optimierendem Verhalten von Konsumenten oder Unternehmen.

## 6.1 Definitionen von Grenzwerten und Stetigkeit

Grenzwerte von Funktionen beschreiben das Verhalten von Funktionswerten in der Nähe eines vorgegebenen Punktes im Definitionsbereich oder am Rand des Definitionsbereichs. Die **abgeschlossene Hülle** ist die Menge, die den Definitionsbereich und insbesondere dessen Rand enthält.

**Definition 6.1.** Sei $D$ eine Menge in $\mathbb{R}$, dann heißt die Menge

$$\bar{D} := \left\{ a \in \mathbb{R} \;\middle|\; \text{es gibt eine Folge } \{x_i\}, x_i \in D \text{ mit } \lim_{i \to \infty} x_i = a \right\}$$

die **abgeschlossene Hülle** oder **Abschluss** von $D$.

Eine reelle Zahl $a$ heißt **innerer Punkt** von $D$, wenn es ein $\varepsilon > 0$ gibt, so dass das Intervall $(a - \varepsilon, a + \varepsilon) \subset D$ im Definitionsbereich liegt.

T. Pampel, *Mathematik für Wirtschaftswissenschaftler*, Springer-Lehrbuch, DOI 10.1007/978-3-642-04490-8_6, © Springer-Verlag Berlin Heidelberg 2010

Da insbesondere konstante Folgen möglich sind, gilt immer $D \subset \bar{D}$. In vielen Fällen besteht $D$ aus beschränkten Intervallen. In diesem Fall enthält $\bar{D}$ die Intervalle einschließlich der Endpunkte, d. h. die abgeschlossenen Intervalle. Nun wird der **Grenzwert** oder **Limes** einer Funktion in einem Punkt $a \in \bar{D}$ definiert.

**Definition 6.2.** (Folgenkriterium) Eine reelle Zahl $A \in \mathbb{R}$ heißt **Grenzwert** oder **Limes** einer Funktion $f : D \to \mathbb{R}$ bei $a \in \bar{D}$, wenn für **jede Folge** $\{x_i\}_{i=0}^{\infty}$, $x_i \in D$ mit $\lim_{i \to \infty} x_i = a$ die Folge $\{f(x_i)\}_{i=0}^{\infty}$ der Funktionswerte gegen $A$ konvergiert, d. h. $\lim_{i \to \infty} f(x_i) = A$. Hierfür wird geschrieben $\lim_{x \to a} f(x) = A$.

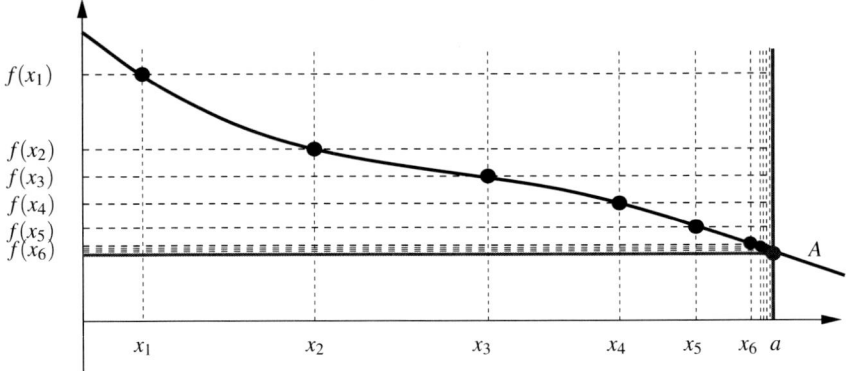

**Abb. 6.1** Darstellung einer Funktion mit Grenzwert $A$ bei $a$. Die ersten Folgenglieder $x_i$ einer Folge, die gegen $a$ konvergiert, und die zugehörige Folge von Funktionswerten $f(x_i)$

Daraus ergibt sich eine Definition für Stetigkeit, die besagt, dass eine Funktion stetig an einem Punkt $a$ ist, wenn ein Grenzwert bei $a$ existiert und dieser mit dem Funktionswert $f(a)$ übereinstimmt. Bezogen auf Definition 6.2 ist Stetigkeit dann folgendermaßen definiert:

**Definition 6.3.** (Folgenkriterium) Eine Funktion $f : D \to T$ heißt **stetig in einem Punkt** $a \in D$, wenn für **jede** Folge $\{x_i\}$ aus $D$ mit $\lim_{i \to \infty} x_i = a$ gilt $\lim_{i \to \infty} f(x_i) = f(a)$. Eine **Funktion** $f : D \to T$ heißt **stetig**, wenn sie **in jedem Punkt** $a \in D$ stetig ist.

*Anmerkung 6.1.* Wenn gezeigt werden soll, dass eine Funktion **nicht** stetig ist, muss „nur" ein Gegenbeispiel gefunden werden. Eine Funktion ist nicht stetig in $a$, wenn es eine konvergente Folgen $\{x_i\}$ mit $\lim_{i \to \infty} x_i = a$ gibt, für die $\{f(x_i)\}_{i=0}^{\infty}$ nicht gegen $f(a)$ konvergiert.

Da es meistens schwierig ist, etwas „für jede Folge" zu zeigen, gibt es noch eine
äquivalente Definition des Grenzwertes und der Stetigkeit. Diese Definition besagt,
dass der Funktionswert $f(x)$ beliebig nahe bei einem Grenzwert $A$ liegt (in einem
Intervall $(A - \varepsilon, A + \varepsilon)$ für beliebig kleine $\varepsilon > 0$), wenn $x$ hinreichend nahe bei $a$
liegt (in einem Intervall $(a - \delta, a + \delta)$ für hinreichend kleines $\delta > 0$). Das wird hier
ebenfalls als Definition formuliert[1]. Beispielsweise in Forster (2008a) wird gezeigt,
dass beide Definitionen äquivalent sind.

---

**Definition 6.4.** ($\varepsilon$-$\delta$-Kriterium) Eine reelle Zahl $A \in \mathbb{R}$ heißt **Grenzwert** oder
**Limes** einer Funktion $f : D \to \mathbb{R}$ in $a \in \bar{D}$, wenn für jedes $\varepsilon > 0$ ein $\delta > 0$
existiert, so dass für alle $x \in D$ mit $|x - a| < \delta$ gilt:

$$|f(x) - A| < \varepsilon.$$

---

Hiermit lässt sich Stetigkeit ebenfalls anhand des $\varepsilon$-$\delta$-Kriteriums beschrieben.

---

**Definition 6.5.** ($\varepsilon$-$\delta$-Kriterium) Eine Funktion $f : D \to \mathbb{R}$ ist **stetig in einem
Punkt** $a \in D$, wenn zu jedem $\varepsilon > 0$ ein $\delta > 0$ existiert, so dass für alle $x \in D$
mit $|x - a| < \delta$ gilt:

$$|f(x) - f(a)| < \varepsilon.$$

---

Bei ökonomischen Fragestellungen treten bisweilen kritische Stellen auf, an denen
sich etwas elementar verändert, beispielsweise kann das Konsumentenverhalten bei
Vollbeschäftigung anders sein als bei Arbeitslosigkeit. Um das Verhalten in der Nähe eines solchen kritischen Punktes geeignet zu beschreiben ist es oft notwendig,
das Verhalten „links" und „rechts" des Punktes gesondert zu betrachten und insbesondere zu überprüfen, ob sich an der kritischen Stelle gleiche Grenzwerte ergeben
und ob Funktionen dort stetig sind.

---

**Definition 6.6.** (Folgenkriterium) Eine reelle Zahl $A \in \mathbb{R}$ heißt **rechtsseitiger
(linksseitiger) Limes** einer Funktion $f : D \to \mathbb{R}$ in $a \in \bar{D}$, wenn für **jede Folge**
$\{x_i\}_{i=0}^{\infty}$, $x_i \in D$ mit $x_i > 0$ ($x_i < 0$) und $\lim_{i \to \infty} x_i = a$ die Folge $\{f(x_i)\}_{i=0}^{\infty}$
der Funktionswerte gegen $A$ konvergiert und wenigstens eine solche Folge
existiert. Hierfür wird geschrieben $\lim_{\substack{x \to a \\ x > a}} f(x) = A$ $\left( \lim_{\substack{x \to a \\ x < a}} f(x) = A \right)$.

---

[1] In der Mathematik wird immer genau **eine Definition** angegeben und die äquivalente Aussage
als **Satz** formuliert und die Äquivalenz bewiesen. Hier (und bei folgenden Definitionen) werden
beide Beschreibungen als Definition angegeben, um die Gleichwertigkeit zu unterstreichen. Beide
Definitionen können je nach Zusammenhang (oder eigenem Verständnis) benutzt werden.

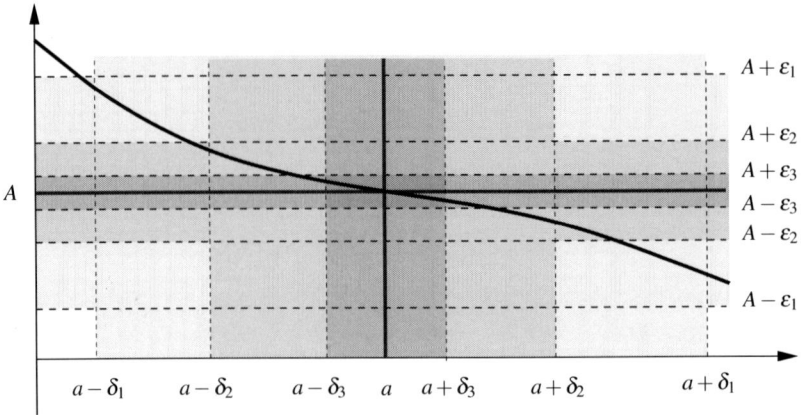

**Abb. 6.2** Darstellung des Grenzwertbegriffs und der Stetigkeit anhand des $\varepsilon$-$\delta$-Kriteriums

Das entsprechende $\varepsilon$-$\delta$-Kriterium ist:

**Definition 6.7.** ($\varepsilon$-$\delta$-Kriterium) Eine reelle Zahl $A \in \mathbb{R}$ heißt **rechtsseitiger** bzw. **linksseitiger Limes** einer Funktion $f : D \to \mathbb{R}$ in $a \in \bar{D}$, wenn für jedes $\varepsilon > 0$ ein $\delta > 0$ existiert, so dass $(a, a + \delta) \cap D \neq \emptyset$ bzw. $(a - \delta, a) \cap D \neq \emptyset$ und für alle $x \in D$ mit $a < x < a + \delta$ bzw. $a - \delta < x < a$

$$|f(x) - A| < \varepsilon$$

gilt.

Die meisten Funktionen, die in ökonomischen Modellen auftreten, sind stetig oder es gibt nur wenige Punkte, an denen dies fraglich ist und die überprüft werden müssen. Das Überprüfen der Stetigkeit an einer speziellen Stelle geht oft am einfachsten anhand des folgenden Satzes:

**Satz 6.1.** *Eine Funktion $f : D \to \mathbb{R}$ ist genau dann **stetig** in einem **inneren Punkt** $a \in D$, wenn der rechtsseitige und der linksseitige Limes in $a \in D$ existieren und mit dem Funktionswert $f(a)$ übereinstimmen, d. h., wenn*

$$\lim_{\substack{x \to a \\ x < a}} f(x) = \lim_{\substack{x \to a \\ x > a}} f(x) = f(a).$$

*gilt. Bei einem Randpunkt reicht es, wenn der (entsprechende) rechtsseitige bzw. der linksseitige Limes bei $a \in D$ existiert und mit dem Funktionswert $f(a)$ übereinstimmt.*

Wenn es keinen Grenzwert gibt, liegt das oft daran, dass die Funktionswerte in der Nähe eines Punktes beliebig groß oder beliebig klein werden[2].

**Definition 6.8.** (Folgenkriterium) Eine Funktion $f$ **strebt** bei $a \in \bar{D}$ **gegen unendlich (minus unendlich)**, wenn für jede Folge $\{x_i\}$ aus $D$, die gegen $a$ konvergiert, gilt, dass die Folge $\{f(x_i)\}$ bestimmt divergent gegen unendlich (minus unendlich) ist. Hierfür wird geschrieben

$$\lim_{x \to a} f(x) = \infty \qquad \left( \lim_{x \to a} f(x) = -\infty \right).$$

Die Funktion heißt **bestimmt divergent** bei $a$.
Rechts- und linksseitiger Limes werden wie zuvor definiert.

Das entsprechende $\varepsilon$-$\delta$-Kriterium ist:

**Definition 6.9.** ($\varepsilon$-$\delta$-Kriterium) Eine Funktion $f$ **strebt** bei $a \in \bar{D}$ genau dann **gegen unendlich (minus unendlich)**, wenn für jedes $K \in \mathbb{R}$ ein $\delta > 0$ existiert, so dass

$$f(x) > K \quad (f(x) < K) \text{ für alle } x \in D \text{ mit } 0 < |x - a| < \delta$$

gilt. Die Funktion heißt **bestimmt divergent** bei $a$.

**Abb. 6.3** Darstellung von $f(x) = \frac{1}{x^2}$, eine Funktion für die $\lim_{x \to 0} f(x) = \infty$ gilt. Zu gegebenem $K$ ist ein Intervall $(-\delta, \delta)$ so bestimmt, dass in diesem Intervall $f(x) > K$ gilt

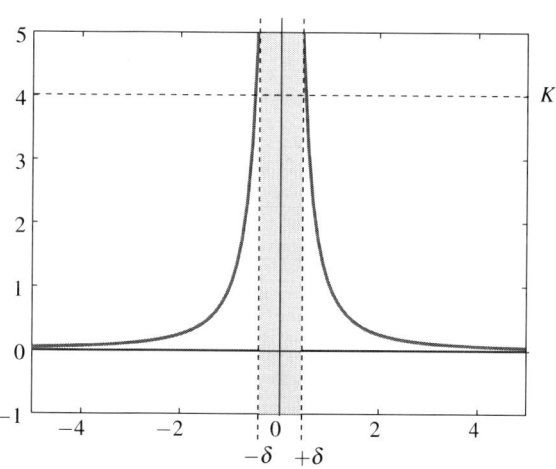

---

[2] Es gibt auch andere Fälle, wie die Funktion $\sin\left(\frac{1}{x}\right)$, die in der Nähe von 0 immer wieder alle Werte in $[-1, 1]$ annimmt. Dies ist aber für ökonomische Fragestellungen untypisch.

Abschließend wird noch das Verhalten für $x \to \infty$ und $x \to -\infty$ erklärt.

**Definition 6.10.** (Folgenkriterium) Die Funktion $f$ konvergiert für $x$ gegen unendlich (minus unendlich) gegen eine Zahl $A$, wenn für jede bestimmt divergente Folge $\{x_i\}$ aus $D$ gegen $+\infty$ $(-\infty)$ die Folge $\{f(x_i)\}$ gegen $A$ konvergiert. Hierfür wird geschrieben

$$\lim_{x \to \infty} f(x) = A \quad \left( \lim_{x \to -\infty} f(x) = A \right).$$

Das entsprechende $\varepsilon$-$\delta$-Kriterium ist:

**Definition 6.11.** ($\varepsilon$-$\delta$-Kriterium) Eine Funktion $f$ hat einen **Grenzwert $A$ für $x$ gegen unendlich (minus unendlich)** genau dann, wenn es für jedes $\varepsilon > 0$ ein $K \in \mathbb{R}$ gibt, so dass

$$|f(x) - A| < \varepsilon$$

für alle $x \in D$ mit $x > K$ $(x < K)$ gilt.

**Abb. 6.4** Darstellung von $f(x) = \frac{1}{x^2}$, eine Funktion für die $\lim_{x \to \infty} f(x) = 0$ gilt. Zu gegebenem $\varepsilon$ ist ein $K \in \mathbb{R}$ eingezeichnet, so dass $|f(x)| < \varepsilon$ für $x > K$ gilt

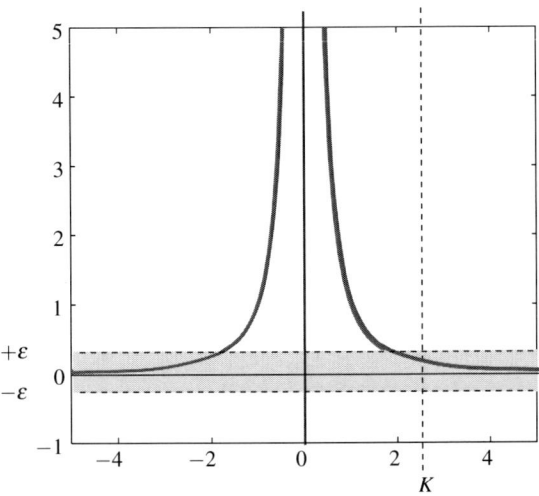

Damit kann das Verhalten von Funktionen am Rand des Definitionsbereichs und insbesondere an Definitionslücken durch Grenzwertbildung beschrieben werden. Speziell bei gebrochenrationalen Funktionen ist bei der Untersuchung des Verhaltens an einer Definitionslücke $a$ der rechtsseitige und der linksseitige Limes zu bilden. Stimmen beide überein, so wird dieser Punkt als **stetig hebbare Lücke** bezeichnet. In dem Fall kann eine Funktion erzeugt werden, die bei $a$ stetig ist, indem

$f(a)$ mit den Grenzwerten gleichgesetzt wird. Strebt die Funktion bei einer Definitionslücke gegen unendlich oder minus unendlich, so heißt der Wert **Polstelle**.

Zur Untersuchung von **Unstetigkeitsstellen** und **Randverhalten** ist es möglich, zusätzliche Information durch **Polynomdivision** zu erhalten. Beispielsweise ist

$$f(x) = \frac{x^3}{x-2} = x^2 + 2x + 4 + \frac{8}{x-2},$$

wie aus folgender **Polynomdivision** ersichtlich ist:

$$
\begin{array}{l}
\quad x^3 \qquad\qquad\quad : (x-2) = x^2 + 2x + 4 + \frac{8}{x-2}. \\
-[\,x^3 \;-\; 2x^2\;\,] \\
\quad\overline{\qquad 2x^2} \\
\qquad -[\,2x^2 \;-\; 4x\;\,] \\
\qquad\quad\overline{\qquad 4x} \\
\qquad\qquad -[\,4x \;-\;\; 8\;\,\,] \\
\qquad\qquad\quad\overline{\qquad\quad 8}
\end{array}
$$

Das asymptotische Verhalten bei $x = 2$ ist somit durch $\frac{8}{x-2} + 12$ sehr gut beschrieben (da $2^2 + 2 \cdot 2 + 4 = 12$ ist) und das asymptotische Verhalten für $x \to \pm\infty$ ist wie das von $x^2 + 2x + 4$.

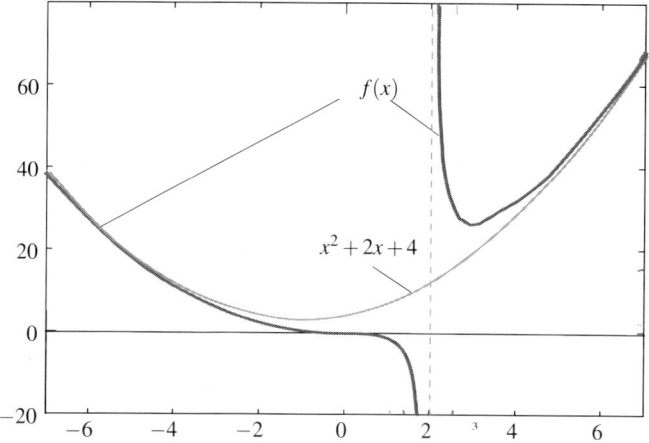

**Abb. 6.5** Zerlegung von $f(x) = \frac{x^3}{x-2}$ in das Polynom $x^2 + 2x + 4$ und die Hyperbel $\frac{8}{x-2}$

In Abschnitt 5.2 wurden zusammengesetzte Funktionen behandelt. Aus der punktweisen Definition von zusammengesetzten Funktionen und den Grenzwertsätzen für Folgen lassen sich die Grenzwertsätze für diese Funktionen ableiten:

**Satz 6.2.** *Seien $f : D \to \mathbb{R}$ und $g : D \to \mathbb{R}$ Funktionen mit $\lim_{x \to a} f(x) = A$ und $\lim_{x \to a} g(x) = B$, dann gilt*

1. $\lim_{x \to a} \lambda f(x) = \lambda A$, *für $\lambda \in \mathbb{R}$*
2. $\lim_{x \to a} \big(f(x) \pm g(x)\big) = A \pm B$,
3. $\lim_{x \to a} \big(f(x) g(x)\big) = AB$.
4. $\lim_{x \to a} \frac{f(x)}{g(x)} = \frac{A}{B}$, *falls $B \neq 0$.*

*Diese Regeln gelten auch für „$a = \pm\infty$".*

**Anmerkung 6.2.** Wenn auch „$A = \pm\infty$" oder „$B = \pm\infty$" betrachtet werden sollen, muss häufig untersucht werden, welche Funktion „schneller" konvergiert. Das gilt auch für Quotienten, bei denen Zähler und Nenner gegen 0 konvergieren. Ein mögliches Verfahren ist die Regel von L'Hospital, die in Abschnitt 8.2 behandelt wird.

Da die zusammengesetzten Funktionen aus Abschnitt 5.2 jeweils auf ihrem Definitionsbereich stetig sind, lässt sich die Stetigkeit der meisten Funktionen aufgrund des folgenden Satzes herleiten:

**Satz 6.3.** *Seien $f : D \to \mathbb{R}$ und $g : D \to \mathbb{R}$ stetig in $a$ und $\lambda \in \mathbb{R}$, dann gilt*

1. $\lambda f : D \to \mathbb{R}$ *ist stetig in $a$,*
2. $f \pm g : D \to \mathbb{R}$ *ist stetig in $a$,*
3. $fg : D \to \mathbb{R}$ *ist stetig in $a$,*
4. $\frac{f}{g} : D' \to \mathbb{R}$ *ist stetig in $a \in D' := \{x \in D \mid g(x) \neq 0\}$.*
5. $g \circ f : D \to \mathbb{R}$ *stetig in $a$, wenn $f : D \to \mathbb{R}$ stetig in $a$ und $g : E \to \mathbb{R}$ stetig in $b := f(a)$ ist und $f(D) \subset E$ gilt.*

Abschließend noch einige spezielle Grenzwerte:

**Spezielle Grenzwerte:**

- $\lim_{x \to 0} a^x = 1$ für $a \neq 0$,
- $\lim_{x \to \infty} \frac{x^a}{e^x} = 0$ für $a > 0$,
- $\lim_{x \to 0} (1+x)^{\frac{1}{x}} = e$,
- $\lim_{x \to 0} x^x = 1$,

- $\lim_{x \to 0} \big(x^a \log(x)\big) = 0$ für $a > 0$,
- $\lim_{x \to 0} \frac{(1+x)^n - 1}{x} = n$,
- $\lim_{x \to 0} \frac{a^x - 1}{x} = \log(a)$,
- $\lim_{x \to \infty} \frac{\log(x)}{x^a} = 0$ für $a > 0$.

## 6.2 Zwischenwertsatz und Extremwertsatz

In diesem Abschnitt werden zwei Sätze behandelt, bei denen die Stetigkeit von Funktionen eine entscheidende Rolle spielt. Der **Zwischenwertsatz** garantiert, dass bestimmte Werte angenommen werden und ermöglicht insbesondere, Bedingungen anzugeben, unter denen es **Nullstellen** von Funktionen gibt. Der **Extremwertsatz** garantiert die Existenz von Minima und Maxima stetiger Funktionen auf abgeschlossenen Intervallen. Das ist wichtig für das Modellieren optimierenden Verhaltens von Konsumenten und Unternehmen.

**Satz 6.4.** *(Zwischenwertsatz) Ist $f : D \to \mathbb{R}$ stetig auf einem abgeschlossenen Intervall $[a,b] \subset D$, dann nimmt $f$ alle Wert zwischen $f(a)$ und $f(b)$ an.*

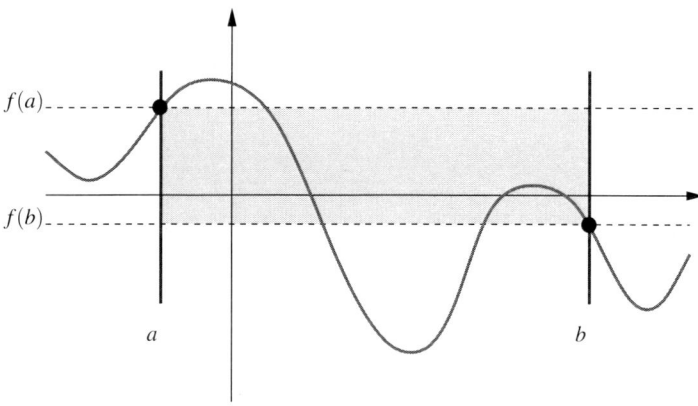

**Abb. 6.6** Darstellung der Aussage des Zwischenwertsatzes

Dieser Satz besagt, dass (mindestens) alle Werte zwischen $f(a)$ und $f(b)$ angenommen werden. Aus Abb. 6.6 wird aber auch deutlich, dass möglicherweise weitere Werte getroffen werden. Ein Beweis findet sich in Forster (2008a). Die Beweisidee wird bei dem folgenden Satz angegeben, der den Spezialfall der Nullstellensuche behandelt. Der Beweis dafür ist sehr konstruktiv, da er das **Intervallhalbierungsverfahren (Bisektionsverfahren)** benutzt und damit ein Näherungsverfahren für Nullstellen erklärt.

**Satz 6.5.** *(Existenz einer Nullstelle) Ist $f : D \to \mathbb{R}$ stetig auf einem abgeschlossenen Intervall $[a,b] \subset D$ und haben $f(a)$ und $f(b)$ unterschiedliche Vorzeichen (d. h. $f(a)f(b) < 0$), dann gibt es ein $p \in [a,b]$ mit $f(p) = 0$.*

Die Beweisidee ist, mit dem Intervall $[a,b]$ zu starten, am Mittelpunkt zu prüfen, auf welcher Seite ein Vorzeichenwechsel vorliegt, und dann das entsprechende halbierte Intervall zu betrachten. Es entsteht eine Folge von Intervallen, deren Länge gegen null konvergiert und auf denen immer ein Vorzeichenwechsel stattfindet. Das führt dazu, dass es einen Grenzwert $p$ gibt, der in allen Intervallen liegt. Die **Stetigkeit** ergibt $f(p) = 0$.

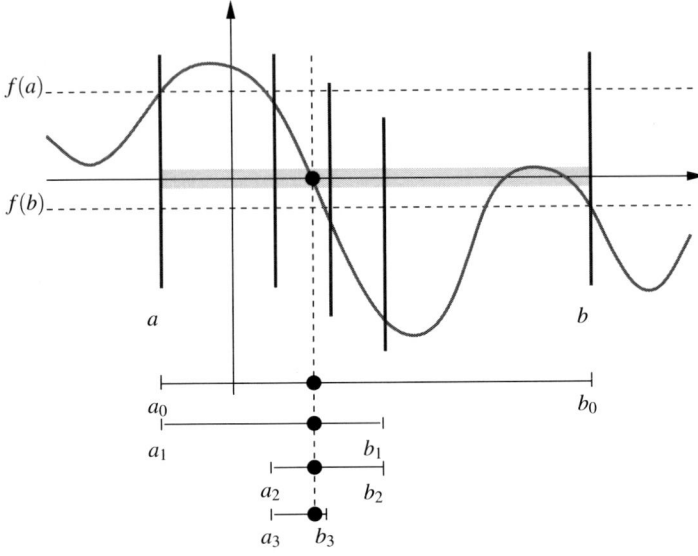

**Abb. 6.7** Darstellung des Intervallhalbierungsverfahrens

**Nullstellensuche durch Intervallhalbierung**
Sei $f : D \to \mathbb{R}$ stetig auf einem abgeschlossenen Intervall $[a,b] \subset D$, wobei $f(a)$ und $f(b)$ unterschiedliche Vorzeichen haben, und sei $c > 0$ eine vorgegebenen Genauigkeit.

0. Starte mit $a$ und $b$.
1. Berechne den Mittelpunkt $m := \frac{1}{2}(b+a)$.
2. Falls $|f(m)| < c$, ist wurde die Nullstelle mit vorgegebener Genauigkeit approximiert. ENDE!
3. Falls $f(m)f(a) < 0$ ist, liegt ein Vorzeichenwechsel in $[a,m]$ vor. Setze mit $a$ und $b := m$ bei 1. fort.
4. Sonst ist $f(m)f(b) < 0$ und ein Vorzeichenwechsel liegt in $[m,b]$ vor. Setze $a := m$ und $b$ bei 1. fort.

Der Extremwertsatz garantiert die Existenz von Minimum und Maximum einer Funktion auf einem Intervall, wenn die Funktion stetig ist.

**Satz 6.6.** *(Extremwertsatz) Ist* $f : D \to \mathbb{R}$ *stetig auf einem abgeschlossenen Intervall* $[a,b] \subset D$, *dann ist* $f$ *beschränkt auf* $[a,b]$ *und nimmt sein Minimum und sein Maximum auf* $[a,b]$ *an, d. h., es gibt* $\underline{p}, \overline{p} \in [a,b]$ *mit*

$$f(\overline{p}) = \max\{f(x) \mid x \in [a,b]\}, \quad f(\underline{p}) = \min\{f(x) \mid x \in [a,b]\}$$

*und es gilt* $f([a,b]) = [f(\underline{p}), f(\overline{p})]$.

**Abb. 6.8** Darstellung der Aussage des Extremwertsatzes

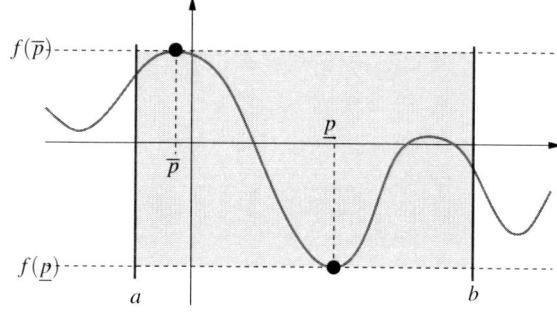

Entscheidend für diesen Satz ist einerseits, dass das zugrundeliegende Intervall abgeschlossen ist (beispielsweise besitzt $\frac{1}{x}$ auf dem Intervall $(0,1)$ weder ein Maximum noch ein Minimum) und dass die Funktion stetig ist (sonst kann an der Stelle, an der das Maximum wäre, eine Unstetigkeitsstelle sein). Ein Beweis findet sich ebenfalls in Forster (2008a).

## 6.3 Anwendung: Fixpunkte im Solow-Modell

Für die zeitliche Entwicklung im Solow-Modells in Abschnitt 3.4 ist monotone Konvergenz gegen einen Fixpunkt gezeigt worden; **vorausgesetzt** es gibt einen Fixpunkt. Mit Hilfe des Zwischenwertsatzes werden wir klären, welche Bedingungen uns die Existenz zusichern.

Erweitert man das Solow-Modell aus Abschnitt 3.4 um eine Abschreibungsrate $\delta \in [0,1]$ und eine Wachstumsrate der Arbeitseinheiten $n > -1$, so wird die Entwicklung der Kapitalintensität (Kapital pro Arbeitseinheit) beschrieben durch

$$k_{t+1} = \underbrace{\frac{1}{1+n}}_{\text{Arbeitseinheiten}} \Big( \underbrace{(1-\delta)k_t}_{\text{altes Kapital}} + \underbrace{sf(k_t)}_{\text{Investitionen}} \Big).$$

In einem Fixpunkt $k^*$ gilt $k_{t+1} = k_t = k^*$, also

$$(1+n)k^* = (1-\delta)k^* + sf(k^*) \iff (n+\delta)k^* = sf(k^*) \iff \frac{n+\delta}{s} = \frac{f(k^*)}{k^*}.$$

Damit es einen Fixpunkt geben kann, muss $n+\delta > 0$ und $s > 0$ sein (das sind Standardannahmen). Der Zwischenwertsatz sagt nun: Wenn $\lim_{k\to 0} \frac{f(k)}{k} > \frac{n+\delta}{s}$ und $\lim_{k\to\infty} \frac{f(k)}{k} < \frac{n+\delta}{s}$ ist, dann gibt es auch ein $k^*$ mit $\frac{n+\delta}{s} = \frac{f(k^*)}{k^*}$; den Fixpunkt. Wie viele andere Produktionsfunktionen erfüllt $f(k) = ak^\alpha$, $\alpha \in (0,1)$ die **schwachen Inada-Bedingungen** $\lim_{k\to 0} \frac{f(k)}{k} = \infty$ und $\lim_{k\to\infty} \frac{f(k)}{k} = 0$, so dass es immer einen Fixpunkt gibt, wenn $n+\delta > 0$ und $s > 0$ ist.

## Aufgaben zu Kapitel 6

**6.1.** Berechnen Sie jeweils die rechtsseitigen und linksseitigen Limites in $x = 1$:

a) $f(x) = |x-1|$

b) $f(x) = \dfrac{|x-1|}{x-1}$

c) $f(x) = \dfrac{x^2-x}{x^2-1}$

d) $f(x) = \dfrac{x^2+x}{x^2-1}$

e) $f(x) = \dfrac{x^2+x}{x-1}$

f) $f(x) = \log(1-x)$

g) $f(x) = (x-1)x^2$

h) $f(x) = \dfrac{|x-1|}{(x-1)^2}$

**6.2.** Geben Sie an, welche der Funktionen in 6.1 in $x = 1$ stetig sind oder durch geeignete Definition von $f(1)$ zu stetigen Funktionen gemacht werden können.

**6.3.** Betrachten Sie $f(x) := \frac{x}{\sqrt{|x|}}$ für $x \neq 0$ und $f(0) := 0$ aus Aufgabe 5.4.

a) Prüfen Sie, ob die Funktion in $x = 0$ stetig ist, indem Sie den rechtsseitigen und den linksseitigen Limes bestimmen.

b) Führen Sie ein Intervallhalbierungsverfahren auf $[0,4]$ durch, bis Sie $f(x) = 1.225$ mit einer Genauigkeit von $0.01$ lösen.

**6.4.** Betrachten Sie die Funktion $f(x) := \frac{x^2-x}{x^2-1}$, $f(-1) := 1$ und $f(1) := \frac{1}{2}$ aus Aufgabe 5.5.

a) Geben Sie eine Definition von Stetigkeit in einem Punkt $a \in \mathbb{R}$ an.

b) Prüfen Sie, ob die Funktion in $-1$ und/oder $1$ stetig ist.

c) Geben Sie an, was erfüllt sein muss, damit der Zwischenwertsatz gilt.

d) Prüfen Sie, ob Sie den Zwischenwertsatz jeweils anwenden können, um eine Nullstelle von $f$ in den Intervallen $[-2, -\frac{1}{2}]$ und $[-\frac{1}{2}, 2]$ zu garantieren.

# Kapitel 7
# Differentiation

Die Differentialrechnung ist ausgesprochen wichtig für ökonomische Fragestellungen, da sie die systematische Bestimmung von Funktionseigenschaften und insbesondere die Berechnung von Minima und Maxima ermöglicht.

Die Grundidee ist, eine Funktion in der Nähe des zu untersuchenden Punktes durch eine Gerade (oder eine ganzrationale Funktion) zu **approximieren** und die Eigenschaften der Funktion aus den Eigenschaften der Approximation zu schließen.

Die Methode ist so universell, dass kaum eine wirtschaftswissenschaftliche Vorlesung ohne die Inhalte dieses Kapitels auskommt[1].

In Abschnitt 7.1 wird die Ableitung definiert. In Abschnitt 7.2 werden Ableitungsregeln aufgestellt sowie Ableitungen von Funktionen angegeben. Höhere Ableitungen werden in Abschnitt 7.3 behandelt. Diese Zusammenhänge zwischen Funktionseigenschaften und Ableitungen, insbesondere die Untersuchung auf Extrema und die Kurvendiskussion, werden in Abschnitt 7.4 bis Abschnitt 7.6 erörtert.

## 7.1 Die Ableitung

Eine Näherung (Approximation) einer Funktion, die ähnliche Eigenschaften in der Nähe eines vorgegebenen Punktes $a$ hat wie die Funktion selbst, ist die **Tangente** an den Graphen der Funktion in diesem Punkt. Die Tangente ist diejenige Gerade, die die Funktion in $a$ berührt. Zur eindeutigen Bestimmung einer Geraden werden zwei Informationen benötigt, beispielsweise ein Punkt auf der Geraden, hier $(a, f(a))$, und die Steigung. Die Steigung der Tangente ist die Ableitung, die in diesem Abschnitt hergeleitet wird.

Hierzu wird zunächst eine Folge von Sekantensteigungen betrachtet. Eine **Sekante** ist eine Gerade, die durch zwei Punkte auf der Funktion verläuft (siehe Abb. 7.1). Die Steigung der Sekante durch die Punkte $(a, f(a))$ und $(\bar{x}, f(\bar{x}))$ ist die reelle

---

[1] Hierzu sei ein Absatz aus Dörsam (2003) zitiert: „Bei diesem Gebiet dürfte es sich wirklich für jeden lohnen, sich um grundlegendes Verständnis und nicht nur um Punkte bei den Klausuren zu bemühen. (Wobei diese beiden Aspekte häufig sowieso nicht unabhängig voneinander sind)."

T. Pampel, *Mathematik für Wirtschaftswissenschaftler*, Springer-Lehrbuch,
DOI 10.1007/978-3-642-04490-8_7, © Springer-Verlag Berlin Heidelberg 2010

**Abb. 7.1** Sekante einer
Funktion durch $(a, f(a))$ und
$(\bar{x}, f(\bar{x}))$

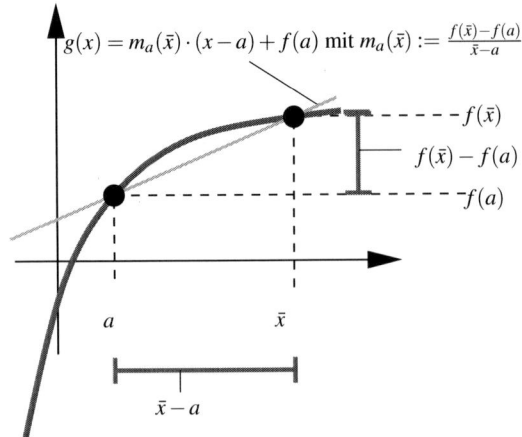

$$g(x) = m_a(\bar{x}) \cdot (x - a) + f(a) \text{ mit } m_a(\bar{x}) := \frac{f(\bar{x}) - f(a)}{\bar{x} - a}$$

Zahl $m_a(\bar{x}) := \frac{f(\bar{x}) - f(a)}{\bar{x} - a}$. Die Funktion $m_a : D \to \mathbb{R}$, $x \mapsto m_a(x)$ ist stetig für $x \neq a$
in einer Umgebung von $a$, wenn $f$ stetig in $a$ ist. Wenn der Grenzwert für $x \to a$
existiert, so ist dies die gesuchte Steigung der Tangente (siehe Abb. 7.2).

Es ist hier festzustellen, dass es nur einen Grenzwert geben kann, wenn $f$ stetig
bei $a$ ist, da der Nenner von $\frac{f(\bar{x}) - f(a)}{\bar{x} - a}$ gegen null konvergiert und damit der Quotient
nur konvergieren kann, wenn auch der Zähler gegen null konvergiert, d. h., wenn
$f(x)$ gegen $f(a)$ konvergiert. Das wird in Abb. 7.2 illustriert, wobei $x$ durch $a + h$
ersetzt wird und $h \to 0$ betrachtet wird. Eine Funktion, bei der dieser Grenzwert

**Abb. 7.2** Sekanten und als
Grenzwert $h \to 0$ die Tangente
einer Funktion

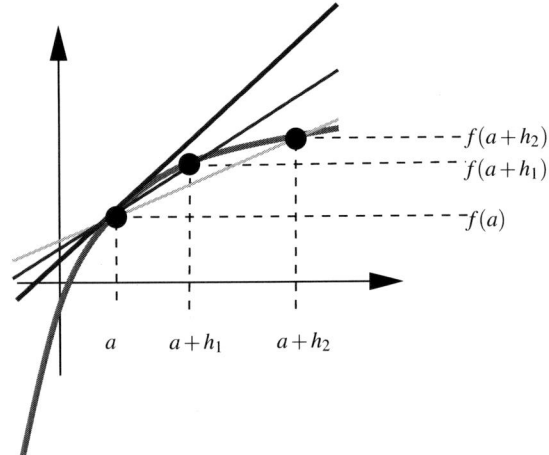

existiert, heißt **differenzierbar in** $a$ und der Grenzwert $f'(a)$ ist die **Ableitung** der
Funktion in $a$.

**Definition 7.1.**   Eine Funktion $f : D \to \mathbb{R}$ heißt **differenzierbar** in $a \in D$, wenn der Grenzwert

$$\lim_{\substack{x \to a \\ x \neq a}} \frac{f(x) - f(a)}{x - a}$$

existiert und eindeutig ist. Der Grenzwert heißt **Ableitung** und wird als $f'(a)$ bezeichnet. Eine Funktion heißt **differenzierbar**, wenn sie in jedem Punkt $a \in D$ differenzierbar ist.

Ist $f$ stetig und $a$ ein innerer Punkt (d. h. $(a - \varepsilon, a + \varepsilon) \subset D$ für ein $\varepsilon > 0$), so ist $f$ differenzierbar in $a$, wenn der rechtsseitige und der linksseitige Limes übereinstimmen. Der (übereinstimmende) Grenzwert definiert die Ableitung $f'(a)$ und es gilt

$$\lim_{\substack{h \to 0 \\ h > 0}} \frac{f(a+h) - f(a)}{h} = \lim_{\substack{h \to 0 \\ h > 0}} \frac{f(a-h) - f(a)}{-h} = f'(a).$$

Ist $a$ ein „Randpunkt" von $D$, dann reicht es, dass der entsprechende einseitige Grenzwert konvergiert.

Wie schon zuvor bemerkt, ist die Stetigkeit einer Funktion eine notwendige Bedingung für die Differenzierbarkeit.

**Satz 7.1.** *Ist $f : D \to \mathbb{R}$ differenzierbar in $a \in D$, dann ist $f$ auch stetig in $a$.*

Ein formaler Beweis findet sich in Forster (2008a). Stetigkeit ist aber nicht hinreichend, da der Grenzwert $\infty$ sein könnte, wie bei $f(x) = \sqrt{x}$ betrachtet bei $a = 0$ oder kein eindeutiger Grenzwert existiert, wie bei $g(x) = |x|$ betrachtet bei $a = 0$.

Eine äquivalente Beschreibung von Differenzierbarkeit, die sich auf mehrdimensionale Funktionen (siehe Abschnitt 14) und allgemeinere Fälle übertragen lässt, ist:

**Definition 7.2.** (alternativ) Eine Funktion $f : D \to \mathbb{R}$ ist **differenzierbar** in $a \in D$, wenn es eine lineare Abbildung $f'(a)x$ (eindeutig beschrieben durch $f'(a) \in \mathbb{R}$) und eine stetige Funktion $\phi$ mit $\lim_{h \to 0} \frac{\phi(h)}{h} = 0$ gibt, so dass

$$f(a+h) = f(a) + f'(a)h + \phi(h)$$

gilt.

Der Wert $\phi(x - a)$ beschreibt dabei den **Fehler**, der gemacht wird, wenn $f(x)$ durch die **lineare Approximation**

$$f(x) \approx f(a) + f'(a)(x - a)$$

ersetzt wird. Dieser Zusammenhang wird in Abb. 7.3 illustriert.

**Abb. 7.3** Illustration der Linearisierung einer Funktion und des Fehlers $|\phi(h)|$, der durch die Linearisierung entsteht

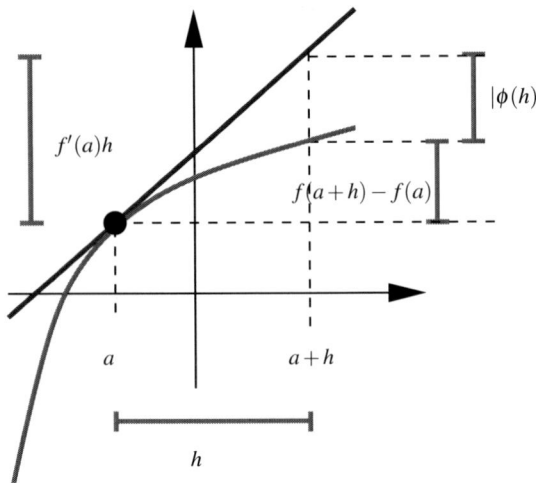

Die lineare Approximation (eine Gerade) übernimmt für $f'(a) \neq 0$ in der Nähe von $a$ das Monotonieverhalten von $f$. Da eine Gerade streng monoton steigend (fallend) ist, wenn der Wert vor dem $x$, hier $f'(a)$, positiv (negativ) ist, lassen sich die Monotonieeigenschaften von $f$ aus dem Vorzeichen der Ableitung ablesen. Dieser Zusammenhang wird ausführlicher in Abschnitt 7.3 behandelt.

**Abb. 7.4** Illustration des Mittelwertsatzes

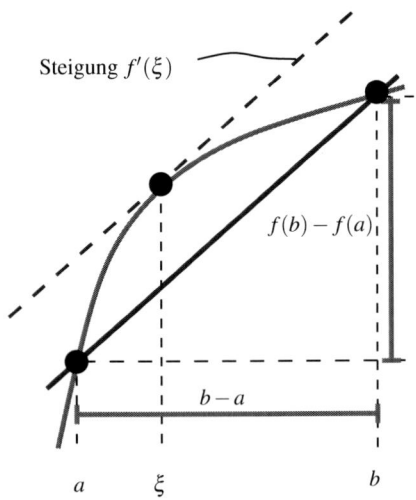

Der **Mittelwertsatz** beschreibt einen Zusammenhang zwischen den Steigungen von Sekanten und von Tangenten. Er besagt, dass es zwischen zwei Punkten $a$, $b$ mit

$[a,b] \subset D$ bei Differenzierbarkeit zwischen $a$ und $b$ (mindestens) einen Punkt $\xi$ gibt, in dem die Ableitung mit der Steigung der Sekante durch $(a, f(a))$ und $(b, f(b))$ übereinstimmt. Dieser Zusammenhang wird in Abb. 7.4 illustriert.

**Satz 7.2.** *(Mittelwertsatz) Sei $f : D \to \mathbb{R}$ stetig auf einem abgeschlossenen Intervall $[a,b] \subset D$ und differenzierbar auf $(a,b)$. Dann existiert ein $\xi \in (a,b)$ mit*

$$f'(\xi) = \frac{f(b) - f(a)}{b - a}.$$

## 7.2 Ableitungsregeln

In diesem Abschnitt werden die Differentiationsregeln behandelt und die Ableitungen der wichtigsten Funktionen angegeben.

Die Ableitungen einiger wichtiger Funktionen sind:

| **Spezielle Ableitungen** | | |
|---|---|---|
| 1. | $f(x) = c$ (konstant) | $f'(x) = 0,$ |
| 2. | $f(x) = x$ | $f'(x) = 1,$ |
| 3. | $f(x) = ax + b$ | $f'(x) = a,$ |
| 4. | $f(x) = x^2$ | $f'(x) = 2x,$ |
| 5. | $f(x) = x^n$ | $f'(x) = nx^{n-1}, n \in \mathbb{N},$ |
| 6. | $f(x) = \frac{1}{x}$ | $f'(x) = -\frac{1}{x^2},$ |
| 7. | $f(x) = \sqrt{x}$ | $f'(x) = \frac{1}{2} \frac{1}{\sqrt{x}},$ |
| 8. | $f(x) = \sqrt[n]{x}$ | $f'(x) = \frac{1}{n} \frac{1}{\sqrt[n]{x^{n-1}}},$ |
| 9. | $f(x) = x^p$ | $f'(x) = px^{p-1}, p \neq 0,$ |
| 10. | $f(x) = e^x$ | $f'(x) = e^x,$ |
| 11. | $f(x) = \log(x)$ | $f'(x) = \frac{1}{x},$ |
| 12. | $f(x) = a^x$ | $f'(x) = a^x \log(a), a > 0,$ |
| 13. | $f(x) = \sin(x)$ | $f'(x) = \cos(x),$ |
| 14. | $f(x) = \cos(x)$ | $f'(x) = -\sin(x),$ |
| 15. | $f(x) = |x|$ | $f'(x) = \begin{cases} 1 & \text{wenn } x > 0, \\ ? & \text{\textbf{nicht differenzierbar} für } x = 0 \\ -1 & \text{wenn } x < 0. \end{cases}$ |

Relativ direkt sind die Ableitungen von konstanten und identischen Funktionen zu bestimmen. Bei $f(x) = c$ gilt $\frac{c-c}{x-a} = 0$ für alle $x \neq a$ und damit $f'(a) = 0$ für alle $a \in D$. Bei $f(x) = x$ gilt $\frac{x-a}{x-a} = 1$ für alle $x \neq a$ und damit $f'(a) = 1$ für alle $a \in D$. Insbesondere sind beide Funktionen auf dem ganzen Definitionsbereich differenzierbar. Für $f(x) = x^2$ gilt nach binomischer Formel $\frac{x^2-a^2}{x-a} = \frac{(x-a)(x+a)}{x-a} = x+a$ und somit $f'(a) = \lim_{\substack{x \to a \\ x \neq a}} \frac{x^2-a^2}{x-a} = 2a$. Die Funktion $f(x) = e^x$ ist besonders dadurch ausgezeichnet, dass sie die einzige Funktion ist, deren Ableitung die Funktion selbst ist (abgesehen von der Funktion, die konstant 0 ist), d. h., es gilt $(e^x)' = e^x$, denn es gilt

$$\lim_{\substack{h \to 0 \\ h \neq 0}} \frac{e^{x+h} - e^x}{h} = \lim_{\substack{h \to 0 \\ h \neq 0}} \frac{e^x(e^h - 1)}{h} = e^x \lim_{\substack{h \to 0 \\ h \neq 0}} \frac{e^h - 1}{h} = e^x,$$

wobei $\lim_{\substack{h \to 0 \\ h \neq 0}} \frac{a^h - 1}{h} = \log(a)$ mit $a = e$ ($\log(e) = 1$) benutzt wurde (ein Grenzwert aus Abschnitt 6.1, Seite 88). Die Funktionen sin und cos sind hier der Vollständigkeit halber angegeben. Die Betragsfunktion zeigt, dass nicht alle Funktionen auf ihrem Definitionsbereich differenzierbar sind, selbst wenn sie stetig sind.

Die anderen Ableitungen – ebenso wie die Ableitungen vieler Funktionen in Anwendungen – lassen sich mit den folgende **Differentiationsregeln** bestimmen:

**Satz 7.3.** *Seien $f, g : D \to \mathbb{R}$ und $\lambda \in \mathbb{R}$, dann gilt*

| **Differentiationsregeln** |
|---|
| 1. *additive Konstanten entfallen* <br> $F(x) = f(x) + \lambda \quad \Longrightarrow F'(x) = f'(x)$ |
| 2. *multiplikative Konstanten bleiben erhalten* <br> $F(x) = \lambda f(x) \quad \Longrightarrow F'(x) = \lambda f'(x)$ |
| 3. *Summenregel/Differenzenregel* <br> $F(x) = f(x) \pm g(x) \Longrightarrow F'(x) = f'(x) \pm g'(x)$ |
| 4. *Produktregel* <br> $F(x) = f(x) \cdot g(x) \quad \Longrightarrow F'(x) = f(x)g'(x) + g(x)f'(x)$ |
| 5. *Quotientenregel* <br> $F(x) = \frac{f(x)}{g(x)} \quad \Longrightarrow F'(x) = \frac{f'(x)g(x) - g'(x)f(x)}{g(x)^2}$ |
| 6. *Kettenregel ($g : D_g \to T_g$, $f : D_f \to T_f$ mit $T_g \subset D_f$)* <br> $F(x) = f \circ g(x) \quad \Longrightarrow F'(x) = f'(g(x))g'(x)$ |
| 7. *Umkehrfunktion ($f : D \to T$ invertierbar)* <br> $F(x) = f^{-1}(x) \quad \Longrightarrow F'(x) = \frac{1}{f'\left(f^{-1}(x)\right)}$ |

Beweise finden sich in Forster (2008a), exemplarisch wird hier die Produktregel behandelt. Bei der Produktregel ergibt sich durch Hinzufügen der Null in Form von

$\big(-f(x)g(a)+f(x)g(a)\big)=0$ und geeigneter Klammerung

$$\big(f(a)g(a)\big)' = \lim_{x\to a}\frac{\big(f(x)g(x)-f(x)g(a)\big)+\big(f(x)g(a)-f(a)g(a)\big)}{x-a}$$

$$= \lim_{x\to a}f(x)\cdot\lim_{x\to a}\frac{g(x)-g(a)}{x-a}+g(a)\lim_{x\to a}\frac{f(x)-f(a)}{x-a}$$

$$= f(a)g'(a)+g(a)f'(a).$$

Bei der Grenzwertbildung geht die Stetigkeit und die Differenzierbarkeit von $f$ und $g$ ein. Die Regel für die Umkehrabbildung lässt sich aus der Kettenregel ableiten indem $f\big(f^{-1}(x)\big)=x$ auf beiden Seiten differenziert wird. Es ergibt sich nach Kettenregel $f'\big(f^{-1}(x)\big)\big(f^{-1}\big)'(x)=1$ und somit $\big(f^{-1}\big)'(x)=\frac{1}{f'\big(f^{-1}(x)\big)}$.

## 7.3 Ableitungen höherer Ordnung

Wenn eine Funktion differenzierbar ist, so kann jedem Punkt $x$ des Definitionsbereichs die Ableitung $f'(x)\in\mathbb{R}$ zugeordnet werden. In diesem Sinne ist $f':D\to\mathbb{R}$, $x\mapsto f'(x)$ eine reellwertige Funktion, die selbst wieder abgeleitet werden kann. Das führt zu der Definition von höheren Ableitungen.

**Definition 7.3.** Sei $f:D\to\mathbb{R}$ eine differenzierbare Funktion und sei die Ableitungsfunktion $f':D\to\mathbb{R}$ in $a\in D$ differenzierbar. Dann heißt die Funktion $f$ **zweimal differenzierbar** in $a$ und

$$f''(a):=(f')'(a)=\lim_{x\to a}\frac{f'(x)-f'(a)}{x-a}$$

heißt die **zweite Ableitung** von $f$ in $a$. Die Funktion $f$ heißt **zweimal differenzierbar**, wenn sie in jedem Punkt zweimal differenzierbar ist (auch als $f^{(2)}(a)$ geschrieben).

**Rekursive Definition:** Sei $f$ **$n$-mal differenzierbar** und die $n$-te Ableitung $f^{(n)}:D\to\mathbb{R}$ ebenfalls differenzierbar, dann ist $f$ auch **($n$+1)-mal differenzierbar** und die **Ableitung** von $f^{(n)}$ wird mit $f^{(n+1)}$ bezeichnet.

Die erste Ableitung wird auch mit $f^{(1)}$ bezeichnet und $f^{(0)}$ bezeichnet auch die Funktion selbst, d. h. $f^{(0)}(x):=f(x)$ und $f^{(1)}(x):=f'(x)$.

Die höheren Ableitungen einer Geraden $f(x)=ax+b$ sind $f^{(n)}(x)=0$ für $n\geq 2$, da $f'(x)=a$ ist und die Ableitung einer konstanten Funktion 0 ist. Besonders einfach ist auch $f(x)=e^x$, denn da ebenfalls $f'(x)=e^x$ ist, gilt $f^{(n)}(x)=e^x$ für alle $n\in\mathbb{N}$ (vollständige Induktion).

Die zweite Ableitung kann benutzt werden, um eine **quadratische Approximation**

$$f(x) \approx f(a) + f'(a)(x-a) + \frac{f''(a)}{2}(x-a)^2$$

zu erhalten, die in der Nähe von $a$ nicht nur das Monotonieverhalten, sondern auch des Krümmungsverhalten von $f$ übernimmt.

Die quadratische Approximation (für $f''(a) \neq 0$ ein Polynom der Ordnung 2) übernimmt für $f''(a) \neq 0$ in der Nähe von $a$ das Krümmungsverhalten (Konvexität und Konkavität) von $f$. Da die quadratische Approximation streng konvex (konkav) ist, wenn der Wert vor dem quadratischen Term, hier $\frac{f''(a)}{2}$, positiv (negativ) ist, lassen sich die Krümmungseigenschaften von $f$ aus dem Vorzeichen der zweiten Ableitung ablesen.

## 7.4 Ableitungen und Funktionseigenschaften

Die Ableitung ist ein wichtiges Hilfsmittel zur Analyse von Funktionseigenschaften. Wie bereits zuvor bemerkt, gibt die erste Ableitung in einem Punkt $a$ das Monotonieverhalten einer Funktion in der Nähe von $a$ wieder; die zweite Ableitung beschreibt das Krümmungsverhalten. Das wird nun etwas ausführlicher behandelt.

> **Satz 7.4.** *(Monotonie) Sei $f : D \to \mathbb{R}$ differenzierbar auf einem Intervall $I \subset D$. Dann gilt für das Intervall $I$:*
>
> 1. *Ist $f'(x) \geq 0$ für alle $x \in I$, so ist $f$ monoton steigend.*
> 2. *Ist $f'(x) \leq 0$ für alle $x \in I$, so ist $f$ monoton fallend.*
> 3. *Gilt $f'(x) = 0$ für höchstens endlich viele $x \in I$ und ansonsten $f'(x) > 0$, dann ist $f$ streng monoton steigend.*
> 4. *Gilt $f'(x) = 0$ für höchstens endlich viele $x \in I$ und ansonsten $f'(x) < 0$, dann ist $f$ streng monoton fallend.*

Exemplarisch sei hier der Beweis für 1. angegeben: Angenommen $f'(x) \geq 0$ für alle $x \in I$ und es gibt $a, b \in I$ mit $a < b$ und $f(a) > f(b)$ (d. h., $f$ ist **nicht** monoton steigend auf $I$), dann gibt es nach dem Mittelwertsatz 7.2 ein $\xi \in I$ mit $f'(\xi) = \frac{f(b)-f(a)}{b-a} < 0$. Das ist ein Widerspruch zu $f'(x) \geq 0$ für alle $x \in I$. Die gleichen Argumente gelten für 2. bis 4.

*Anmerkung 7.1.* Bei 1. und 2. gelten auch die Umkehrungen. Bei 3. und 4. stellt „endlich viele" in dem Beweis sicher, dass es kein Intervall gibt, auf dem $f'(x) = 0$ ist.

Ebenso ergibt sich aus der zweiten Ableitung das Krümmungsverhalten.

**Satz 7.5.** *(Konvexität, Konkavität) Sei $f : D \to \mathbb{R}$ zweimal differenzierbar auf einem Intervall $I \subset D$. Dann gilt:*

1. *Ist $f''(x) \geq 0$ für alle $x \in I$, so ist $f$ konvex in $I$.*
2. *Ist $f''(x) \leq 0$ für alle $x \in I$, so ist $f$ konkav in $I$.*
3. *Gilt $f''(x) = 0$ für höchstens endlich viele $x \in I$ und ansonsten $f''(x) > 0$, dann ist $f$ streng konvex in $I$.*
4. *Gilt $f''(x) = 0$ für höchstens endlich viele $x \in I$ und ansonsten $f''(x) < 0$, dann ist $f$ streng konkav in $I$.*

Beweise hierzu finden sich in Forster (2008a).

**Untersuchung von Monotonie- und Krümmungseigenschaften**:

- Bestimme alle „kritischen" Punkte in $\mathbb{R}$, in denen
  - $f$ nicht definiert ist,
  - $f$ nicht stetig ist,
  - $f$ nicht differenzierbar ist,
  - $f'$ ein Nullstelle hat,
  - $f$ nicht zweimal differenzierbar ist,
  - $f''$ ein Nullstelle hat.
- Teile $\mathbb{R}$ in Intervalle ein, die durch obige Punkte getrennt sind, und überprüfe die Vorzeichen von $f'$ und $f''$ auf jedem Intervall.
- Die Vorzeichen ergeben die Monotonie- und Krümmungseigenschaften.

# 7.5 Extrema und Wendepunkte

In ökonomischen Anwendungen werden häufig Entscheidungen modelliert, bei denen Funktionen **minimiert** oder **maximiert** werden, z. B. die Gewinnmaximierung bei gegebener Kostenfunktion. In diesem Abschnitt wird die Frage nach Minima und Maxima für eindimensionale reellwertige Funktionen untersucht.

**Definition 7.4.** Sei $f : D \to \mathbb{R}$ eine Funktion. Wenn $f(p) \geq f(x)$ für alle $x \in D$ gilt, dann heißt $f(p)$ **(globales) Maximum** und $p$ heißt **Maximierer**.
Wenn $f(p) \leq f(x)$ für alle $x \in D$ gilt, dann heißt $f(p)$ **(globales) Minimum** und $p$ heißt **Minimierer**.
Die Funktion $f$ hat bei $p \in D$ ein **Extremum**, wenn $p$ ein Minimierer oder ein Maximierer ist.

Soll eine stetige Funktionen $f$ auf einem abgeschlossene Intervall $[a,b]$ optimiert werden, so garantiert der Extremwertsatz 6.6, dass $f$ ein Minumum und ein Maximum auf $[a,b]$ annimmt. In diesem Abschnitt wird gezeigt, wie solche Extrema bestimmt werden können.

Typischerweise wird – aufgrund des Zusammenhangs zwischen Ableitungen und Funktionseigenschaften – die Ableitung bei der Suche nach Minima und Maxima benutzt. Eine besondere Rolle spielen die Punkte, bei denen eine Ableitung 0 ist, da im Fall von bei $f'(a) = 0$ ein **lokales Minimum** oder ein **lokales Maximum** vorliegen **kann** und im Fall von $f''(a) = 0$ ein **Wendepunkt** vorliegen **kann**.

**Definition 7.5.** Eine Funktion $f : D \to \mathbb{R}$ hat bei $p \in D$ ein **lokales Maximum**, wenn es ein offenes Intervall $I$ um $p$ gibt, so dass $f(p) \geq f(x)$ für alle $x \in I \cap D$ ist.
Die Funktion hat bei $p \in D$ ein **lokales Minimum**, wenn es ein offenes Intervall $I$ um $p$ gibt, so dass $f(p) \leq f(x)$ für alle $x \in I \cap D$ ist.
Ist $I \subset D$, so wird der Begriff **inneres** hinzugefügt.
Gilt $f(x) < f(p)$ bzw. $f(x) > f(p)$ auf dem Intervall $I$, so ist an dem Punkt $p$ ein **isoliertes lokales Maximum** bzw. ein **isoliertes lokales Minimum**.

Das Auffinden lokaler Extrema ist am einfachsten über die Ableitung.

**Satz 7.6.** *(Notwendige Bedingung für ein lokales inneres Extremum)*
*Sei $f : D \to \mathbb{R}$ eine auf einem offenen Intervall $I \subset D$ differenzierbare Funktion. Für ein **lokales inneres Extremum** bei $p \in I$ gilt $f'(p) = 0$.*

Die Bedingung $f'(p) = 0$ ist demnach notwendig für ein inneres lokales Extremum, aber nicht hinreichend. Beispielsweise gilt $f'(0) = 0$ für $f(x) = x^3$, obwohl bei $x = 0$ kein Extremum ist.

**Satz 7.7.** *(Hinreichende Bedingung für ein lokales inneres Extremum)*
*Sei $f : D \to \mathbb{R}$ stetig. Bei einem inneren Punkt $p$ ist ein **isoliertes lokales Maximum**, wenn es ein $\varepsilon > 0$ gibt, so dass $f$ auf $(p - \varepsilon, p)$ und $(p, p + \varepsilon)$ differenzierbar ist und $f'(x) > 0$ für $x \in (p - \varepsilon, p)$ gilt (links von $p$) und $f'(x) < 0$ für $x \in (p, p + \varepsilon)$ gilt (rechts von $p$).*
*Der Satz gilt analog für ein **isoliertes lokales Minimum**, wenn $f'(x) < 0$ für $x \in (p - \varepsilon, p)$ und $f'(x) > 0$ für $x \in (p, p + \varepsilon)$ gilt.*

Der Satz besagt: Wenn $f$ „links von $p$" streng monoton steigend und „rechts von $p$" streng monoton fallend ist, dann ist bei $p$ (wegen der Stetigkeit) ein isoliertes lokales Maximum. Dieser Satz zeigt beispielsweise, dass $f(x) = |x|$ ein isoliertes lokales Minimum bei 0 besitzt.

Entscheidend ist, dass die Ableitung ihr Vorzeichen wechselt und sich somit das Monotonieverhalten ändert. Eine positive zweite Ableitung bedeutet, dass die erste Ableitung streng monoton steigend ist. Damit folgt für $f''(x) > 0$ und $f'(p) = 0$, dass $f'$ bei $p$ von negativ nach positiv übergeht und somit ein isoliertes lokales Minimum bei $p$ vorliegt.

> **Satz 7.8.** *(Hinreichende Bedingung) Sei $f : D \to \mathbb{R}$ zweimal differenzierbar. An einem Punkt $p$ ist ein isoliertes lokales Maximum, wenn $f'(p) = 0$ und $f''(p) < 0$ gilt.*
> *An einem Punkt $p$ ist ein isoliertes lokales Minimum, wenn $f'(p) = 0$ und $f''(p) > 0$ ist.*

*Anmerkung 7.2.* Die Bedingung $f'(p) = 0$, $f''(p) \neq 0$ ist hinreichend, aber nicht notwendig. Beispielsweise gilt $f'(0) = 0$, $f''(0) = 0$ für $f(x) = -x^4$, obwohl $x = 0$ ein Maximum ist.

Ist eine Funktion streng konkav oder streng konvex auf ihrem Definitionsbereich, so ist bei entsprechender Differenzierbarkeit nur noch $f'(p) = 0$ zu überprüfen.

> **Satz 7.9.** *(Bedingung bei konkaven/konvexen Funktionen) Sei $f : D \to \mathbb{R}$ differenzierbar und streng konkav (streng konvex) auf einem offenen Intervall I. Bei einem Punkt $p \in I$ ist genau dann ein isoliertes lokales Maximum (Minimum), wenn $f'(p) = 0$ ist.*

Die Bestimmung globaler Extrema setzt voraus, dass alle lokalen Extrema bestimmt und deren Funktionswerte verglichen werden. Zusätzlich muss das Randverhalten sowie das Verhalten an Unstetigkeitsstellen oder Stellen, an denen die Funktion nicht differenzierbar ist, untersucht werden.

> **Ermittlung der globalen Extrema, falls $f$ differenzierbar ist:**
>
> 1. Bestimme alle $p \in [a, b]$ mit $f'(p) = 0$ (sogenannte **stationäre Punkte**).
> 2. Bestimme die Funktionswerte $f(p)$ an den stationären Punkten $p$ und an den Randpunkten $a$ und $b$, d. h. $f(a)$ und $f(b)$.
> 3. Wähle den größten und kleinsten Funktionswert als globales Maximum und Minimum.

Ist $f$ in einem Punkt $q$ nicht differenzierbar, so ist es notwendig, auch den Funktionswert $f(q)$ zu betrachten. Beispielsweise ist $x = 0$ das globale Minimum der Funktion $f(x) = |x|$ auf dem Intervall $[-1, 1]$.

Gibt es Unstetigkeitsstellen oder ist das Intervall nicht abgeschlossen, so sind diese Punkte gesondert zu betrachten und es kann sein, dass es kein globales Extremum gibt. Beispielsweise hat die Funktion $f(x) = \frac{x^3}{x}$ für $x \neq 0$ und $f(0) = 1$ kein globales Minimum auf dem Intervall $[-1, 1]$. Ebenso besitzt $f(x) = x^2$ kein globales Maximum auf $(-1, 1)$ und $f(x) = -\frac{1}{x}$ besitzt kein globales Minimum auf $(0, 1]$.

Bei Extremwerten ändert sich das Monotonieverhalten. Punkte, an denen sich das Krümmungsverhalten ändert, heißen **Wendepunkte**.

---

**Definition 7.6.** Sei $f : D \to \mathbb{R}$ eine differenzierbare Funktion. Ein Punkt $p \in D$ heißt **Wendepunkt**, wenn es ein offenes Intervall $(a, b) \subset D$ um $p$ gibt, so dass $f$ auf einem der Intervalle $(a, p)$ und $(p, b)$ streng konvex und auf dem anderen Intervall streng konkav ist.

---

Beim Wendepunkt lässt sich auch über die zweite Ableitung argumentieren:

---

**Satz 7.10.** *(Hinreichende Bedingung für einen Wendepunkt) Sei $f : D \to \mathbb{R}$ differenzierbar. Ein innerer Punkt $p$ ist ein Wendepunkt, wenn es ein $\varepsilon > 0$ gibt, so dass $f''$ auf $(p - \varepsilon, p)$ und $(p, p + \varepsilon)$ differenzierbar ist und ein Vorzeichenwechsel vorliegt.*

---

Diese Bedingung lässt sich auch anhand der dritten Ableitungen überprüfen:

---

**Satz 7.11.** *(Hinreichende Bedingung für einen Wendepunkt) Sei $f : D \to \mathbb{R}$ zweimal differenzierbar. Ein Punkt $p$ ist ein Wendepunkt, wenn $f$ bei $p$ dreimal differenzierbar ist und $f''(p) = 0$ und $f'''(p) \neq 0$ gilt.*

---

## 7.6 Kurvendiskussion

Die Zusammenhänge zwischen den Eigenschaften einer Funktion und deren Ableitungen werden nun genutzt, um eine Funktion systematisch zu analysieren und wichtige Eigenschaften herauszuarbeiten. Die Monotonieeigenschaften und Krümmungseigenschaften ergeben sich aus den Vorzeichen der ersten beiden Ableitungen, die lokalen Extrema und Wendepunkte aus deren Nullstellen.

Die Analysemethoden werden hier – wie in der Schule – unter dem Begriff der **Kurvendiskussion** zusammengefasst.

Die Zusammenhänge zwischen Funktionseigenschaften und den Ableitungen einer Funktion $f$ werden zunächst zusammengefasst:

| Gilt | für | dann ist |
|------|-----|----------|
| $f'(x) \geq 0$ | $x \in I$ | $f$ monoton steigend in $I$. |
| $f'(x) \leq 0$ | $x \in I$ | $f$ monoton fallend in $I$. |
| $f'(x) > 0$ | $x \in I$ | $f$ streng monoton steigend in $I$. |
| $f'(x) < 0$ | $x \in I$ | $f$ streng monoton fallend in $I$. |
| $f''(x) \geq 0$ | $x \in I$ | $f$ konvex in $I$. |
| $f''(x) \leq 0$ | $x \in I$ | $f$ konkav in $I$. |
| $f''(x) > 0$ | $x \in I$ | $f$ streng konvex in $I$. |
| $f''(x) < 0$ | $x \in I$ | $f$ streng konkav in $I$. |
| $f(p) = 0$ | ein $p$ | $p$ eine Nullstelle. |
| $f'(p) = 0$ und $f''(p) < 0$ | ein $p$ | ein isoliertes Maximum bei $p$. |
| $f'(p) = 0$ und $f''(p) > 0$ | ein $p$ | ein isoliertes Minimum bei $p$. |
| $f''(p) = 0$ und $f'''(p) \neq 0$ | ein $p$ | ein Wendepunkt bei $p$. |

Damit können die Bereiche analysiert werden, auf denen die Funktion zweimal differenzierbar ist. Andere kritische Punkte, ebenso wie das Verhalten der Funktion für $x$ gegen $+\infty$ und gegen $-\infty$, müssen noch gesondert untersucht werden.

**Vorgehen bei einer Kurvendiskussion:**

1. Bestimme $D_f := \mathbb{R} \setminus \{x \in \mathbb{R} \mid f(x)$ ist nicht definiert$\}$, den maximalen Definitionsbereich von $f : D_f \to \mathbb{R}$.
2. Prüfe $f$ auf Stetigkeit und bestimme die Nullstellen.
3. Bestimme das Konvergenzverhalten für $x \to \pm\infty$, an Definitionslücken und an Unstetigkeitsstellen (eventuell mit Polynomdivision).
4. Bilde die erste und die zweite Ableitung $f'(x)$ und $f''(x)$ und berechne deren Nullstellen.
5. Nutze die erste Ableitung, um Minima, Maxima zu bestimmen und Intervalle anzugeben, auf denen die Funktion steigend bzw. fallend ist.
6. Nutze die zweite Ableitung, um Wendepunkte und Intervalle anzugeben, auf denen die Funktion konvex bzw. konkav ist.
7. Skizziere die Funktion, indem Nullstellen, Extrema, Wendepunkte, Unstetigkeitsstellen mit Grenzverhalten sowie asymptotisches Verhalten für $x \to \pm\infty$ gezeichnet werden und die Punkte geeignet verbunden werden.

Bei der Bestimmung von Nullstellen, Extrema und Wendepunkten wird die jeweilige Funktion oder Ableitung „gleich Null" gesetzt und nach $x$ aufgelöst.

Ergänzend zu dieser Analyse ist eine graphische Darstellung der Funktion und der Ableitungen oft hilfreich. Insbesondere sollten die Nullstellen, Extrema und Wendepunkt gekennzeichnet sein und das Monotonie- und Krümmungsverhalten zwischen diesen Punkten richtig wiedergegeben werden.

**Abb. 7.5** Illustration der Zusammenhänge zwischen den verschiedenen Ableitungen

die Funktion $f(x)$:

die 1. Ableitung $f'(x)$:

die 2. Ableitung $f''(x)$:

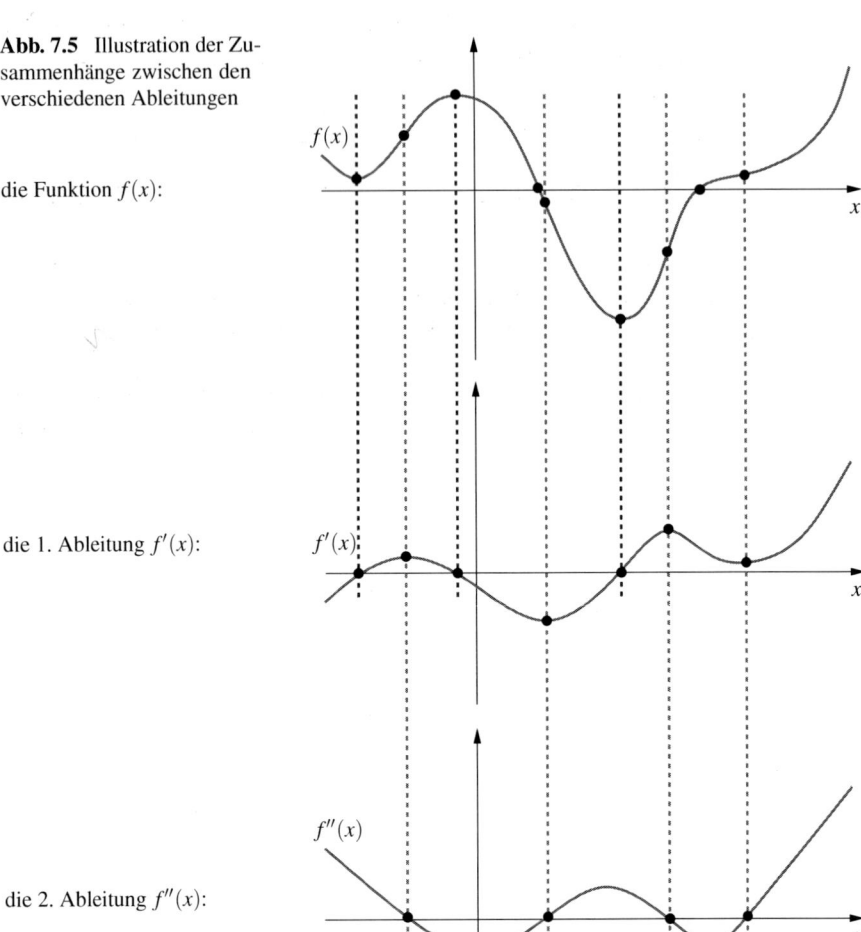

Umgekehrt lassen sich in Abb. 7.5 aus den Graphen der Ableitungen viele Informationen für die Funktion entnehmen. Die Nullstellen der 2. Ableitung finden sich als Extrema der 1. Ableitung und als Wendepunkte der Funktion wieder. Ist die 2. Ableitung auf einem Intervall positiv, so ist die 1. Ableitung streng monoton steigend und die Funktion konvex.

Einerseits lassen sich die Diagramme anhand der Ergebnisse der Kurvendiskussion skizzieren, andererseits können die Ergebnisse anhand eines solches Diagramms überprüft werden.

*Beispiel 7.1.* Betrachte die Funktion $f(x) = \frac{x^3}{x-2}$ aus Abschnitt 6.1.

1. Der maximale Definitionsbereich ist $D_f = \mathbb{R} \setminus \{2\}$.
2. Auf den Intervallen $(-\infty, 2)$ und $(2, \infty)$ ist $f$ jeweils stetig. Die einzig Nullstelle ist $f(0) = 0$.
3. Die Polynomdivision aus Abschnitt 6.1 ergab $f(x) = \frac{x^3}{x-2} = x^2 + 2x + 4 + \frac{8}{x-2}$, also asymptotisch $\lim_{x \to \pm\infty} f(x) = \infty$ wie $x^2 + 2x + 4$ und für $x \to 2$ wie $\frac{8}{x-2} + 12$ mit einer Polstelle bei 2.
4. Die Nullstellen der ersten Ableitung $f'(x) = \frac{2(x-3)x^2}{(x-2)^2} = 2x + 2 - \frac{8}{(x-2)^2}$ sind 0 und 3, d. h., $f'(0) = 0$ und $f'(3) = 0$.
5. Die einzige Nullstelle der zweiten Ableitung $f''(x) = 2 + \frac{16}{(x-2)^3}$ ist 0, d. h. $f''(0) = 0$.
6. Die Funktion ist streng monoton fallend auf $(-\infty, 0]$ und auf $[0, 2)$; insbesondere liegt **kein** Extremum bei 0 vor (links und rechts fallend). Die Funktion ist auf $(2, 3]$ streng monoton fallend und auf $[3, \infty)$ streng monoton steigend, also ist bei 3 ein Minimum.
7. Die Funktion ist auf $(-\infty, 0]$ streng konvex und auf $[0, 2)$ streng konkav; insbesondere liegt bei 0 ein Wendepunkt (mit waagerechter Tangente) vor. Ferner ist $f$ streng konvex auf $(2, \infty)$.
8. Die Funktion ist in Abb. 7.6 gezeichnet.

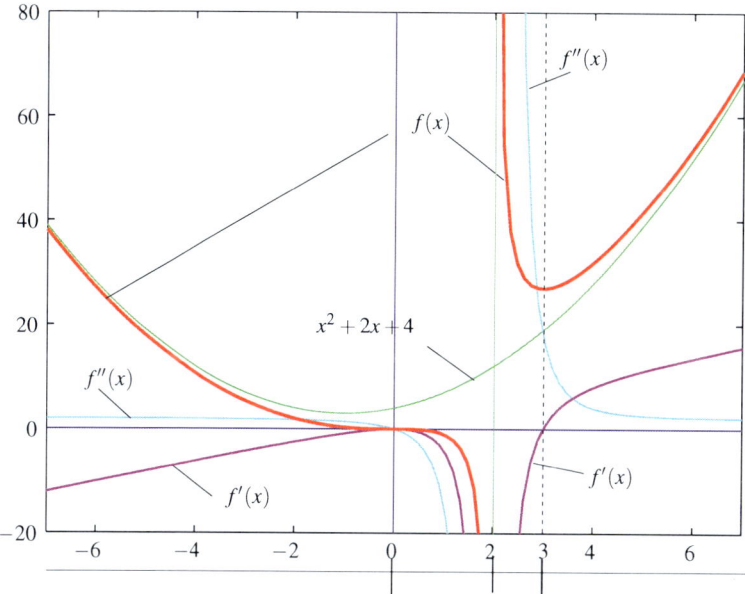

**Abb. 7.6** $f(x) = \frac{x^3}{x-2}$ und die Ableitungen, es erfolgt eine Aufteilung in die Intervalle $(-\infty, 0]$, $[0, 2)$, $(2, 3]$ und $[3, \infty)$, wie unten gekennzeichnet

## 7.7 Anwendung: Gewinnmaximierung

Als Anwendung dieses Kapitels wird die Gewinnmaximierung eines Unternehmens analysiert. Es wird angenommen, dass dem Unternehmen bei der Produktion von $x$ Gütereinheiten Kosten entstehen, die durch die **Kostenfunktion**

$$C(x) = \frac{2}{3}x^{\frac{3}{2}} + \frac{1}{2}x^{\frac{1}{2}} + 1$$

beschrieben werden. Das Unternehmen kann seine Güter zum Preis $p > 0$ absetzen, so dass der Erlös $E(x) = px$ ist. Das Unternehmen möchte $\Pi(x) = px - C(x)$ maximieren, wobei dies im Fall von $\Pi(x) > 0$ Gewinn ist und im Fall $\Pi(x) < 0$ Verlust ist. Zu beachten ist, dass das Unternehmen bei Nicht-Produktion einen Verlust $\Pi(0) = -C(0) = -1$ in Höhe der **Fixkosten** macht. Die **Gewinnmaximierungsaufgabe** des Unternehmens ist somit:

$$\max_{x \geq 0} \left( px - C(x) \right).$$

Zur Ermittlung eines globalen Maximums werden zuerst alle Punkte $x$ mit $\Pi'(x) = 0$ oder äquivalent mit

$$p = C'(x) = x^{\frac{1}{2}} + \frac{1}{4}x^{-\frac{1}{2}}$$

bestimmt. Diese Bedingung wird unter dem Motto „Preis gleich Grenzkosten" in vielen ökonomischen Anwendungen auftreten.

Wird $z = x^{\frac{1}{2}}$ gesetzt, ergibt sich

$$p = z + \frac{1}{4}z^{-1} \iff z^2 - pz + \frac{1}{4} = 0$$

und damit zwei mögliche Lösungen $z_{\pm} = \frac{p}{2} \pm \sqrt{\frac{p^2}{4} - \frac{1}{4}}$. Daran erkennt man, dass es nur innere Lösungen geben kann, wenn $p \geq 1$ ist. Ist $p < 1$, dann ist in der Tat die Gewinnfunktion streng monoton fallend und damit das globale Maximum bei $x = 0$ und es wird nichts produziert.

Für $p > 1$ gibt es somit zwei mögliche innere Lösungen $x_{+} = z_{+}^2$ und $x_{-} = z_{-}^2$, wobei mit einigem Zusatzaufwand gezeigt werden kann, dass immer $0 < x_{-} < \frac{1}{4} < x_{+}$ gilt. Um zu prüfen, ob ein lokales Minimum oder Maximum vorliegt, wird die zweite Ableitung der Gewinnfunktion bestimmt:

$$\Pi''(x) = -C''(x) = -\left( \frac{1}{2}x^{-\frac{1}{2}} - \frac{1}{8}x^{-\frac{3}{2}} \right) = -\frac{1}{2}x^{-\frac{3}{2}}\left( x - \frac{1}{4} \right).$$

Wegen $0 < x_{-} < \frac{1}{4}$ ist $\Pi''(x_{-}) > 0$. Damit liegt bei $x_{-}$ ein lokales Minimum vor. Umgekehrt folgt aus $x_{+} > \frac{1}{4}$, dass $\Pi''(x_{-}) < 0$ gilt und damit bei $x_{+}$ ein lokales Minimum ist.

Wegen $\lim_{x\to\infty} \Pi(x) = -\infty$ kann es nicht optimal sein, beliebig viel zu produzieren. Damit ist nur noch das Verhalten bei $x = 0$ zu untersuchen.

Für $p > 1$ muss noch untersucht werden, ob $\Pi(x_+) \geq \Pi(0)$ ist. Wegen

$$\Pi(x_+) > \Pi(0) \iff px_+ - C(x_+) > -C(0) \iff p > \frac{C(x_+) - C(0)}{x_+}$$

erweist sich das lokale Maximum $x_+$ als optimal, wenn der Preis $p$ über den variablen Stückkosten $\frac{C(x_+) - C(0)}{x_+}$ liegt. Das Kriterium dafür, dass bei Gewinnmaximierung etwas produziert wird, ist, dass der Preis $p$ die minimalen variablen Stückkosten übersteigt.

Für die Berechnung der minimalen variablen Stückkosten $\frac{C(x) - C(0)}{x}$ ist es oft hilfreich, dass im Minimum $\frac{C(x) - C(0)}{x} = C'(x)$ gilt.

In Abb. 7.7 sind diese Ergebnisse illustriert. Dabei ist $p_1 = 1$ der Preis, ab dem ein lokales Maximum möglich wird, und $p_2$ ist der Preis, ab dem das lokalen Maximum auch das globale Maximum ist und gemäß „Preis gleich Grenzkosten" produziert wird. Interessant ist noch der Preis $p_3$, bei dem sich die Stückkostenkurve und die Grenzkostenkurve schneiden (die Stückkostenkurve hat hier ihr Minimum), denn erst für Preis einen $p > p_3$ macht das Unternehmen einen Gewinn, während das Unternehmen einen Verlust macht, wenn $p \in (p_2, p_3)$ ist; dieser ist allerdings geringer als die Fixkosten.

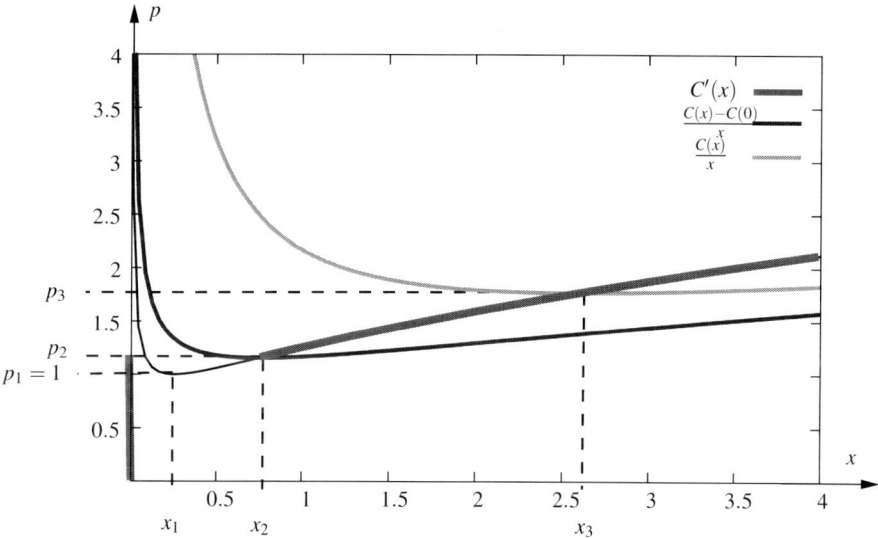

**Abb. 7.7** Illustration der Grenzkostenfunktion $C'(x) = x^{\frac{1}{2}} + \frac{1}{4}x^{-\frac{1}{2}}$, der Stückkostenfunktion $\frac{C(x)}{x} = \frac{2}{3}x^{\frac{1}{2}} + \frac{1}{2}x^{-\frac{1}{2}} + \frac{1}{x}$ und der Funktion der variablen Stückkosten $\frac{C(x) - C(0)}{x} = \frac{2}{3}x^{\frac{1}{2}} + \frac{1}{2}x^{-\frac{1}{2}}$

## Aufgaben zu Kapitel 7

**7.1.** Bestimmen Sie aufgrund der Definition der Ableitung zu der Funktion $f(x) = \sqrt{x}$ die Ableitung $f'(a)$ für $a > 0$. *Hinweis: Benutzen Sie im Nenner die 3. binomische Formel.*

**7.2.** Prüfen Sie, ob die Funktion $f(x) = \sqrt{x}$ differenzierbar bei 0 ist, indem Sie den Grenzwert von $f'(a)$ für $a \to 0$ betrachten.

**7.3.** Berechnen Sie die Ableitungen folgender Funktionen:

a)   $f(x) = x^2 - 3x^{\frac{1}{2}}$                    b)   $f(x) = (1 + x^{-3})^3$

c)   $f(x) = \dfrac{x^2 - x}{x^2 - 1}$                d)   $f(x) = e^{2x+1}$

e)   $f(x) = x^x = e^{x\log(x)}$             f)   $f(x) = \log(3 + x^2)$

g)   $f(x) = x^4 - 3x^2 + 1$            h)   $f(x) = (1 + x^3)(1 + x^2)$

i)   $f(x) = a^{-1}x$                         j)   $f(x) = a^{-1}$

k)   $f(x) = \log(x)x^{-1}$               l)   $f(x) = \log(3 - x)$

**7.4.** Beweisen Sie die Summenregel $\big(f(x) + g(x)\big)' = f'(x) + g'(x)$.

**7.5.** Sei $f : \mathbb{R} \to \mathbb{R}$ die Funktion, die durch $f(x) := \frac{x}{x^2+1}$ definiert ist.

a) Geben Sie eine Definition von Differenzierbarkeit an einem Punkt $a \in \mathbb{R}$ an. Bestimmen Sie die ersten drei Ableitungen mit den Ableitungsregeln und geben Sie an, welche Regeln Sie jeweils benutzt haben.

b) Benutzen Sie die Ableitungen, um Intervalle anzugeben, auf denen $f$ (streng) monoton steigend/fallend ist und auf denen $f$ (streng) konvex/konkav ist.

**7.6.** Sei $f : D \to \mathbb{R}$ die Funktion, die durch $f(x) := \frac{8-x^3}{x^2}$ definiert ist, wobei $D \subset \mathbb{R}$ der maximale Definitionsbereich ist.

a) Bestimmen Sie den maximalen Definitionsbereich. Berechnen Sie die ersten drei Ableitungen und geben Sie an, welche Ableitungsregeln Sie jeweils benutzt haben.

b) Benutzen Sie die Ableitungen, um Intervalle anzugeben, auf denen $f$ (streng) monoton steigend/fallend ist und auf denen $f$ (streng) konvex/konkav ist.

**7.7.** Sei $f : \mathbb{R} \to \mathbb{R}$ die Funktion, die durch $f(x) := \frac{x}{x^2+1}$ definiert ist. Untersuchen Sie die Funktion auf Nullstellen, Extrema und Wendepunkte. Geben Sie dabei hinreichende Bedingungen für einen Wendepunkt an.

**7.8.** Sei $f : D \to \mathbb{R}$ die Funktion, die durch $f(x) := \frac{8-x^3}{x^2}$ definiert ist. Untersuchen Sie die Funktion auf Nullstellen, Extrema und Wendepunkte. Geben Sie notwendige und hinreichende Bedingungen für lokale Maxima/Minima an.

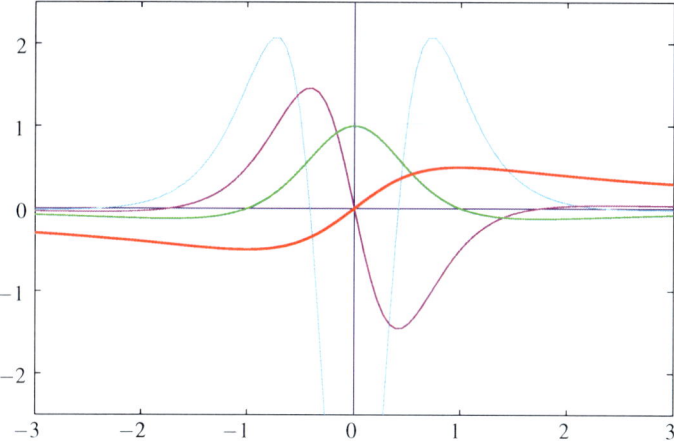

**Abb. 7.8** Darstellung der Funktion $f(x) = \frac{x}{x^2+1}$ und der ersten drei Ableitungen

**7.9.** Sei $f : \mathbb{R} \to \mathbb{R}$ die Funktion, die durch $f(x) := \frac{x}{x^2+1}$ definiert ist. Bestimmen Sie das asymptotische Verhalten von $f$ für $x \to \pm\infty$. Führen Sie eine Kurvendiskussion durch und skizzieren Sie den Graphen der Funktion (vgl. Abb. 7.8) unter Verwendung aller ermittelten Informationen.

**7.10.** Führen Sie eine Kurvendiskussion von $f(x) = \frac{x^3}{(x-2)^2}$ durch (vgl. Abb. 7.9).

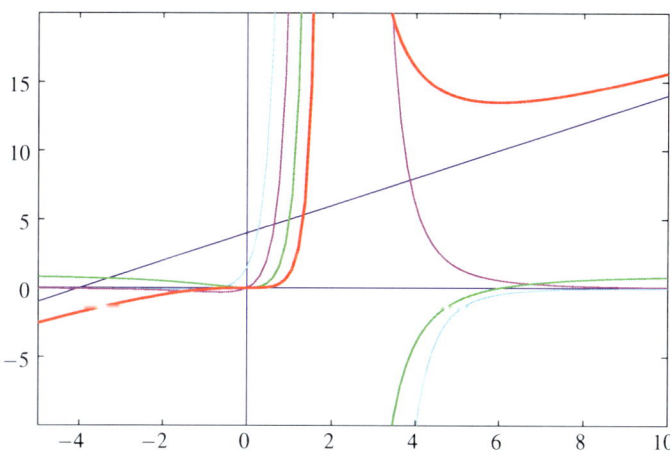

**Abb. 7.9** Darstellung der Funktion $f(x) = \frac{x^3}{(x-2)^2}$, der ersten drei Ableitungen und der Asymptote für $x \to \pm\infty$

**7.11.** Sei $f : D \to \mathbb{R}$ die Funktion, die durch $f(x) := \frac{8-x^3}{x^2}$ definiert ist. Bestimmen Sie das asymptotische Verhalten von $f$ für $x \to \pm\infty$. Führen Sie eine Kurvendiskussion durch und skizzieren Sie den Graphen der Funktion (vgl. Abb. 7.10) unter Verwendung aller ermittelten Informationen.

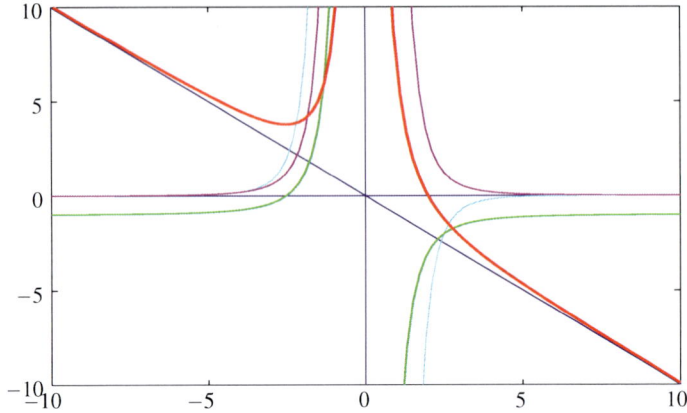

**Abb. 7.10** Darstellung der Funktion $f(x) = \frac{8-x^3}{x^2}$, der ersten drei Ableitungen und der Asymptote für $x \to \pm\infty$

**7.12.** Führen Sie eine Kurvendiskussion von $f(x) = 4xe^{-\frac{1}{2}x^2}$ durch (vgl. Abb. 7.11).

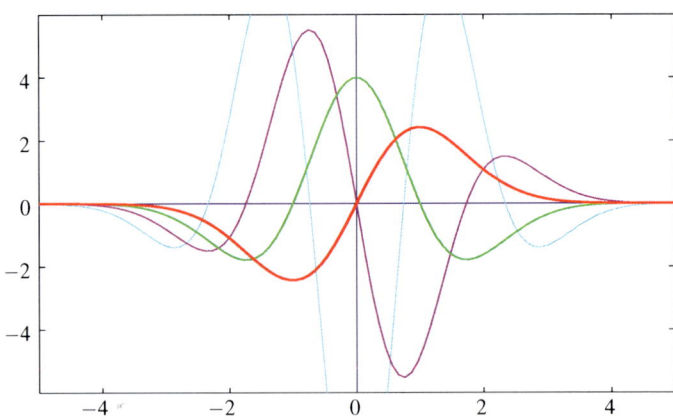

**Abb. 7.11** Darstellung der Funktion $f(x) = 4xe^{-\frac{1}{2}x^2}$ und der ersten drei Ableitungen

# Kapitel 8
# Anwendungen der Differentialrechnung

In diesem Abschnitt werden wichtige Anwendungen der Differentialrechnung eingeführt. Das Newton-Verfahren zur Nullstellenbestimmung ist Thema von Abschnitt 8.1. Die Grenzwertbestimmung über die Regel von L'Hospital wird in Abschnitt 8.2 behandelt. Die Taylor-Entwicklung in Abschnitt 8.3 wird benutzt, um Funktionen in der Umgebung eines Punktes möglichst genau durch Polynome zu beschreiben. Abschließend wird in Abschnitt 8.4 noch der ökonomische Begriff der Elastizität behandelt, der dazu benutzt wird, kleine, relative Veränderungen zu beschreiben.

## 8.1 Das Newton-Verfahren

Die Ableitung kann benutzt werden, um Nullstellen einer Funktion zu bestimmen. Dies geschieht iterativ mit dem **Newton-Verfahren**, bei dem an einem Punkt die Tangente bestimmt wird und die Nullstelle der Tangente als neue Näherung berechnet wird. Das Verfahren wird solange iteriert, bis eine Nullstelle mit hinreichender Genauigkeit bestimmt wurde. Vorteil des Newton-Verfahrens gegenüber dem Intervallhalbierungsverfahren ist, dass es „schneller" konvergiert. Nachteil ist, dass es Fälle gibt, in denen das Verfahren nicht konvergiert oder ein Ergebnis liefert, das keine Nullstellen ist.

Anders als bei Intervallhalbierungsverfahren kann es sein, dass das Newton-Verfahren nicht konvergiert, weil es das Intervall verlässt, periodisch wird oder eine Nullstelle „sucht", wo es keine gibt. Es ist auch möglich, dass das Ergebnis überhaupt nicht in der „Nähe" einer Nullstelle liegt, sondern ein Minimum oder Maximum ist, das einen Funktionswert nahe null hat. Dieses Problem wird in Abb. 8.2 illustriert. Dennoch wird das Newton-Verfahren häufig benutzt, weil es – wenn es konvergiert – die vorgegebene Genauigkeit in weniger Schritten erreicht als das Intervallhalbierungsverfahren. Die Konvergenz des Newton-Verfahrens ist sichergestellt, wenn $f$ auf $[a,b]$ konvex ist und $f(x_0) > 0$ gilt oder wenn $f$ auf $[a,b]$ konkav ist und $f(x_0) < 0$ gilt.

T. Pampel, *Mathematik für Wirtschaftswissenschaftler*, Springer-Lehrbuch,
DOI 10.1007/978-3-642-04490-8_8, © Springer-Verlag Berlin Heidelberg 2010

**Nullstellensuche durch das Newton-Verfahren**

Sei $f : D \to \mathbb{R}$ stetig differenzierbar auf einem abgeschlossenen Intervall $[a,b] \subset D$, wobei $f(a)$ und $f(b)$ unterschiedliche Vorzeichen haben. Ferner sei $c > 0$ eine vorgegebenen Genauigkeit.

0. Starte mit $x \in [a,b]$.
1. Berechne die Nullstelle $y$ der Tangente als Lösung von

$$f'(x)(y - x) + f(x) = 0, \text{ also } y = x - \frac{f(x)}{f'(x)}.$$

2. Falls $|f(y)| < c$ ist, wurde die vorgegebene Genauigkeit erreicht. ENDE!
3. Falls $y \notin [a,b]$ ist, wurde das Intervall verlassen und das Verfahren liefert keine Approximation. ENDE oder NEUSTART bei 0. mit anderem $x \in [a,b]$.
4. Setze mit $x := y$ bei 1. fort.

Das Newton-Verfahren wird in Abb. 8.1 dargestellt.

**Abb. 8.1** Darstellung des Newton-Verfahrens

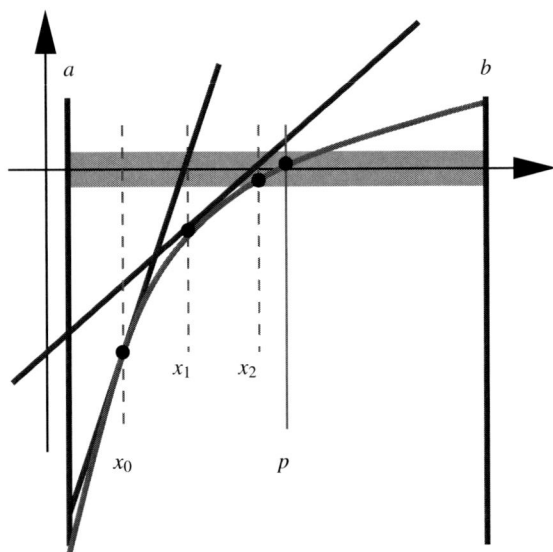

Wenn sich das Krümmungsverhalten einer Funktion nicht ändert und von der passenden Seite der Nullstelle mit $x_0$ gestartet wird, dann konvergiert das Newton-Verfahren. Das wird in folgendem Satz ausgeführt:

> **Satz 8.1.** *Sei $f : D \to \mathbb{R}$ stetig differenzierbar auf einem abgeschlossenen Intervall $[a,b] \subset D$, wobei $f(a)$ und $f(b)$ unterschiedliche Vorzeichen haben. Wenn $f$ auf $[a,b]$ konvex ist und $f(x_0) > 0$ ist, dann konvergiert das Newton-Verfahren.*
> *Wenn $f$ auf $[a,b]$ konkav ist und $f(x_0) < 0$ ist, dann konvergiert das Newton-Verfahren.*

In Abb. 8.1 ist $f$ konkav und $f(x_0) < 0$. Damit konvergiert das Newton-Verfahren. Wenn sich das Krümmungsverhalten ändert, dann ist die Konvergenz nicht sichergestellt. Ein graphisches Beispiel soll dies in Abb. 8.2 verdeutlichen.

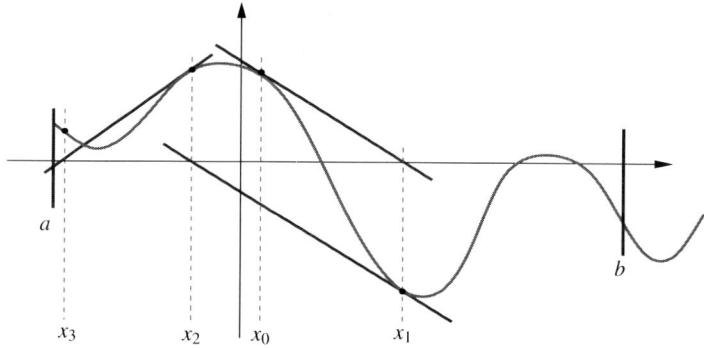

**Abb. 8.2** Ein Fall, in dem das Newton-Verfahren nicht konvergiert

## 8.2 Regel von L'Hospital

Eine weitere Anwendung von Ableitungen ist die **Regel von L'Hospital**, die es ermöglicht, Grenzwerte von Quotientenfunktionen zu bestimmen, bei denen die Zähler- und die Nennerfunktion gegen 0 konvergieren oder beide gegen $\pm\infty$ konvergieren.

> **Satz 8.2.** *Seien $g$, $h : D \to \mathbb{R}$ zwei differenzierbare Funktionen und $x_0 \in \mathbb{R}$ oder „$x_0 = \pm\infty$", so dass $\lim_{x \to x_0} g(x) = 0$ und $\lim_{x \to x_0} h(x) = 0$. Wenn der Grenzwert $\lim_{x \to x_0} \frac{g'(x)}{h'(x)}$ existiert, dann gilt*
>
> $$\lim_{x \to x_0} \frac{g(x)}{h(x)} = \lim_{x \to x_0} \frac{g'(x)}{h'(x)}.$$

*Beweis.* Wegen $\lim_{x \to x_0} g(x) = 0$ und $\lim_{x \to x_0} h(x) = 0$ gilt $g'(x_0) = \lim_{x \to x_0} \frac{g(x)-0}{x-x_0}$ und $h'(x_0) = \lim_{x \to x_0} \frac{h(x)-0}{x-x_0}$, sofern diese Grenzwerte existieren. Dann ist aber $\lim_{x \to x_0} \frac{g(x)}{h(x)} = \frac{g'(x_0)}{h'(x_0)}$.                                                                      $\square$

Der Satz gilt auch, wenn Zähler und Nenner bestimmt divergieren, d. h., wenn $\lim_{x \to x_0} g(x) = \pm\infty$ und $\lim_{x \to x_0} h(x) = \pm\infty$ gilt.

**Satz 8.3.** *Seien $g, h : D \to \mathbb{R}$ zwei differenzierbare Funktionen, die bei $x_0 \in \mathbb{R}$ oder „$x_0 = \pm\infty$" bestimmt divergieren. Wenn der Grenzwert $\lim_{x \to x_0} \frac{g'(x)}{h'(x)}$ existiert, dann gilt*

$$\lim_{x \to x_0} \frac{g(x)}{h(x)} = \lim_{x \to x_0} \frac{g'(x)}{h'(x)}.$$

Existiert $\lim_{x \to x_0} \frac{g'(x)}{h'(x)}$ nicht, weil auch $\lim_{x \to x_0} g'(x) = \lim_{x \to x_0} h'(x) = 0$ ist oder $\lim_{x \to x_0} g'(x) = \pm\infty$ und $\lim_{x \to x_0} h'(x) = \pm\infty$ gilt, so können noch Ableitungen höherer Ordnung genutzt werden.

**Satz 8.4.** *Seien $g, h : D \to \mathbb{R}$ $n$-mal differenzierbare Funktionen mit die bei $x_0 \in \mathbb{R}$ oder „$x_0 = \pm\infty$" bestimmt divergieren. Wenn der Grenzwert $\lim_{x \to x_0} \frac{g^{(n)}(x)}{h^{(n)}(x)}$ existiert und*

$$\lim_{x \to x_0} g^{(i)}(x) = \lim_{x \to x_0} h^{(i)}(x) = 0 \quad \text{für } i = 0, 1, \ldots, n-1$$

*ist, dann gilt*

$$\lim_{x \to x_0} \frac{g(x)}{h(x)} = \lim_{x \to x_0} \frac{g^{(n)}(x)}{h^{(n)}(x)}.$$

*Der Satz gilt auch, wenn $g^{(i)}$ und $h^{(i)}$ für $i = 0, 1, \ldots, n-1$ jeweils bestimmt divergieren, d. h., wenn $\lim_{x \to x_0} g^{(i)}(x) = \pm\infty$ und $\lim_{x \to x_0} h^{(i)}(x) = \pm\infty$ ist.*

Das folgende Schema dient der Bestimmung von Grenzwerten von Quotienten $\lim_{x \to x_0} \frac{g(x)}{h(x)}$ bei einer reellen Zahl $x_0$ oder $\infty$ oder $-\infty$. Dabei seien $g$ und $h$ für $x \neq x_0$ nahe $x_0$ (hinreichend oft) differenzierbar und damit insbesondere stetig.

**Vorgehen zur Bestimmung von Grenzwerten bei Brüchen:**

1. Prüfe, ob die Grenzwerte $\lim_{x \to a} g(x) = c$ und $\lim_{x \to a} h(x) = d$ existieren oder $\infty$ oder $-\infty$ sind (sonst hat der Quotient im Allgemeinen auch keinen Grenzwert).

2. Existieren $c, d \in \mathbb{R}$ mit $d \neq 0$, so gilt direkt

$$\lim_{x \to a} \frac{g(x)}{h(x)} = \frac{c}{d}.$$

3. Ist $c \in \mathbb{R}$ und $\lim_{x \to a} h(x) = \pm\infty$ („$\frac{c}{\pm\infty}$"), so gilt

$$\lim_{x \to a} \frac{g(x)}{h(x)} = 0.$$

4. Ist $\lim_{x \to a} g(x) = \pm\infty$ und $d \in \mathbb{R}$ oder $c \neq 0$ und $d = 0$ („$\frac{\pm\infty}{d}$, $\frac{\pm\infty}{0}$, $\frac{c}{0}$"), so ist $\frac{g(x)}{h(x)}$ bei $a$ unbeschränkt (der Quotient divergiert gegen $\infty$ oder $-\infty$, wenn $h$ bei $a$ keine Vorzeichenwechsel mehr hat).

5. Ist $c = d = 0$ oder $\lim_{x \to a} g(x) = \pm\infty$ **und** $\lim_{x \to a} h(x) = \pm\infty$ („$\frac{0}{0}$, $\frac{\pm\infty}{\pm\infty}$"), so gilt im Falle der Konvergenz von $\lim_{x \to x_0} \frac{g'(x)}{h'(x)}$ nach der Regel von L'Hospital

$$\lim_{x \to x_0} \frac{g(x)}{h(x)} = \lim_{x \to x_0} \frac{g'(x)}{h'(x)}.$$

Ist der Grenzwert von $\lim_{x \to x_0} \frac{g'(x)}{h'(x)}$ nicht zu bestimmen, so kann dieses Verfahren erneut bei 1. gestartet werden, nun angewandt auf $\frac{g'(x)}{h'(x)}$.

## 8.3 Taylor-Entwicklung

Mit der Taylor-Entwicklung lässt sich eine Funktion in der Umgebung eines Punktes durch Polynome beschreiben. Manche Funktionen lassen sich durch die Taylor-Entwicklung sogar vollständig darstellen, wie die Exponentialfunktion in Abschnitt 4.2. Die Definition der Exponentialfunktion als Reihe entspricht der Taylor-Entwicklung.

Die erste Ableitung einer Funktion ermöglicht die **lineare Approximation**

$$f(x) \approx f(a) + f'(a)(x - a),$$

die das Monotonieverhalten von $f$ bei $a$ übernimmt. Die zweite Ableitung wird benutzt, um die **quadratische Approximation**

$$f(x) \approx f(a) + f'(a)(x-a) + \frac{f''(a)}{2}(x-a)^2$$

zu erhalten, die in der Nähe von $a$ nicht nur das Monotonieverhalten, sondern auch des Krümmungsverhalten von $f$ übernimmt.

Wird dieses Verfahren fortgesetzt, ergibt sich bei entsprechend häufiger Differenzierbarkeit die **Taylor-Reihe** $\left\{ \sum_{i=0}^n \frac{f^{(i)}(a)}{i!}(x-a)^i \right\}_{n=0}^\infty$, wobei die $n$-te Partialsumme $\sum_{i=0}^n \frac{f^{(i)}(a)}{i!}(x-a)^i$ das Polynom der Ordnung $n$ ist, bei dem in $a$ die Ableitungen bis zur Ordnung $n$ mit denen der Funktion übereinstimmen.

Auch wenn in den meisten Fällen nur die ersten beiden Taylor-Terme – die lineare oder die quadratische Approximation – betrachtet werden, werden hier noch einige Eigenschaften der Taylor-Reihe angegeben. Insbesondere ist die Frage zu behandeln, wann die Taylor-Reihe konvergiert.

**Definition 8.1.** Ist $f : D \to \mathbb{R}$ eine beliebig oft differenzierbare Funktion, dann heißt

$$\sum_{i=0}^\infty \frac{f^{(i)}(a)}{i!}(x-a)^i = \left\{ \sum_{i=0}^n \frac{f^{(i)}(a)}{i!}(x-a)^i \right\}_{n=0}^\infty$$

die **Taylor-Reihe** am Entwicklungspunkt $a$. Die größe Zahl $r \geq 0$, für die die Taylor-Reihe für alle $x$ mit $|x-a| < r$ konvergiert, heißt **Konvergenzradius**.

Wie beim Mittelwertsatz (Satz 7.2) gibt es in einem Intervall $[a,x]$ ein $\xi_2 \in [a,x]$ mit

$$f(x) = f(a) + f'(a)(x-a) + \frac{f''(\xi_2)}{2}(x-a)^2,$$

so dass der Term $\frac{f''(\xi_2)}{2}(x-a)^2$ den Fehler der linearen Approximation beschreibt. Dieses lässt sich fortsetzen und es gibt ein $\xi_3 \in [a,x]$ mit

$$f(x) = f(a) + f'(a)(x-a) + \frac{f''(a)}{2}(x-a)^2 + \frac{f^{(3)}(\xi_3)}{6}(x-a)^3,$$

so dass der Term $\frac{f^{(3)}(\xi_3)}{6}(x-a)^2$ den Fehler der quadratischen Approximation beschreibt. Wird dieses Prinzip fortgeführt, so ergibt sich die Taylor-Entwicklung.

**Satz 8.5.** *(Taylor-Entwicklung) Sei $f : D \to \mathbb{R}$ $(n+1)$-mal stetig differenzierbar auf einem Intervall $I \subset D$ und sei $a \in I$. Dann lässt sich $f$ für alle $x \in I$ nach Potenzen von $(x-a)$ entwickeln, d. h., für geeignetes $\xi \in I$ gilt*

$$f(x) = \sum_{i=0}^n \frac{f^{(i)}(a)}{i!}(x-a)^i + \frac{f^{(n+1)}(\xi)}{(n+1)!}(x-a)^{n+1}$$

Soll eine Funktion durch Polynome approximiert werden, ist es also wichtig, dass der „Restterm" $\frac{f^{(n+1)}(\xi)}{(n+1)!}(x-a)^{n+1}$ für wachsendes $n$ gegen null konvergiert.

*Anmerkung 8.1.* Zur Bestimmung des Konvergenzradius kann man Konvergenzkriterien für Reihen verwenden (z. B. Quotientenkriterium, Wurzelkriterium). Es kann sein, dass der Konvergenzradius nicht $r > 0$ erfüllt und es ist möglich, dass die Taylor-Reihe konvergiert, aber nicht gegen $f$.

Ein Beispiel, bei dem die Taylor-Reihe für jedes $x \in \mathbb{R}$ gegen den Funktionswert $f(x)$ konvergiert, ist die Exponentialfunktion aus Abschnitt 4.2. Es gilt $f(x) = e^x$ und $f^{(n)}(x) = e^x$ und damit gilt $f^{(n)}(0) = 1$ für alle Ableitungen bei $a = 0$. Die unendliche Taylor-Summe ist damit

$$\sum_{i=0}^{\infty} \frac{x^i}{i!} = 1 + x + \frac{1}{2}x^2 + \frac{1}{6}x^3 + \frac{1}{24}x^4 + \frac{1}{120}x^5 + \frac{1}{720}x^6 + \frac{1}{5040}x^7 + \cdots,$$

wobei die Approximationen bereits in Abb. 4.1 illustriert wurde.

Ein weiteres Beispiel ist die Taylor-Entwicklung der Logarithmusfunktion. Die $i$-te Ableitung von $f(x) = \log(x)$ ist $f^{(i)}(x) = (-1)^{i-1}\frac{(i-1)!}{x^i}$. Das kann (als Übung) durch vollständige Induktion gezeigt werden. Die Ableitungen sind bei $a = 1$ besonders einfach, denn es gilt $f^{(i)}(1) = (-1)^{i-1}(i-1)!$ für $i \geq 1$ und $f(1) = \log(1) = 0$. Damit sind auch die Taylor-Summen der Logarithmusfunktion entwickelt bei $a = 1$ besonders einfach. Es gilt für die $n$-te Partialsumme

$$\sum_{i=0}^{n} \frac{f^{(i)}(1)}{i!}(x-1)^i = \sum_{i=1}^{n} \frac{(-1)^{i-1}(i-1)!}{i!}(x-1)^i = \sum_{i=1}^{n} \frac{(-1)^{i-1}}{i}(x-1)^i$$

$$= (x-1)^1 - \frac{1}{2}(x-1)^2 + \ldots + \frac{(-1)^{n-1}}{n}(x-1)^n$$

Die Konvergenz dieser Taylor-Entwicklung ist aber nicht immer erfüllt. Wegen

$$\frac{\left|\frac{(x-1)^{i+1}}{(i+1)}\right|}{\left|\frac{(x-1)^{i+1}}{i}\right|} = \frac{i}{i+1} \cdot |x-1| < |x-1|$$

konvergiert die Reihe nach Quotientenkriterium, wenn $|x-1| < 1$ ist, also für $0 < x < 2$. Die Konvergenz für $x = 2$ lässt sich noch mit etwas Zusatzaufwand zeigen. Für $x \in (0,2]$ gilt

$$\log(x) = (x-1)^1 - \frac{1}{2}(x-1)^2 + \frac{1}{3}(x-1)^3 - \frac{1}{4}(x-1)^4 + \ldots$$

Für $x > 2$ divergiert die Reihe; das wird in Abb. 8.3 graphisch illustriert.

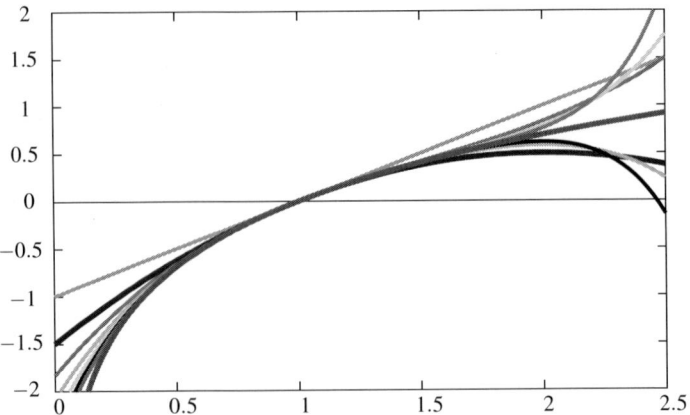

**Abb. 8.3** Darstellung der Taylor-Entwicklung für die Logarithmusfunktion

## 8.4 Elastizitäten

Abschließend wird noch der ökonomische Begriff der **Elastizität** erläutert.

Die Elastizität beschreibt **relative** Veränderungen, beispielsweise beim Vergleich von Nachfrageänderung auf Preisänderung. Bei Schokolade und Automobilen macht es wenig Sinn, in beiden Fällen eine Preisänderung um 1€ zu betrachten und die Nachfrageänderung zu untersuchen. Dagegen lässt sich die Nachfrageänderung bei einer Preisänderung von jeweils 1% vergleichen. Hierbei spielt die Elastizität eine Rolle.

Ist $y = f(x)$, dann führt eine Änderung von $x$ um $\Delta x$ zu einer Änderung von $y$ um $\Delta y = f(x + \Delta x) - f(x)$. Eine relative Änderung von $x$ um $\frac{\Delta x}{x}$ ergibt somit eine relative Änderung von $y$ um

$$\frac{\Delta y}{y} = \frac{f(x + \Delta x) - f(x)}{f(x)}.$$

Die relativen Änderungen werden in Beziehung gesetzt und für $\Delta x \to 0$ betrachtet. Das ergibt

$$\lim_{\Delta x \to 0} \frac{\frac{f(x+\Delta x)-f(x)}{f(x)}}{\frac{\Delta x}{x}} = \lim_{\Delta x \to 0} \frac{f(x + \Delta x) - f(x)}{\Delta x} \cdot \frac{x}{f(x)} = \frac{f'(x)x}{f(x)}.$$

Dieser Wert heißt Elastizität und beschreibt die prozentuale Veränderung von $y$ auf eine prozentual sehr kleine Veränderung von $x$.

**Definition 8.2.** Sei $f : D \to \mathbb{R}$ eine differenzierbare Funktion mit $f(x) \neq 0$, dann heißt

$$E_f(x) := \frac{f'(x)x}{f(x)}$$

die **Elastizität** von $f$. Besteht ein funktionaler Zusammenhang $y = f(x)$ zwischen zwei Variablen $x$ und $y$, so heißt

$$\varepsilon_{yx} := \frac{\mathrm{d}y}{\mathrm{d}x}\frac{x}{y} = \frac{f'(x)x}{f(x)}$$

die **Elastizität** von $y$ bezüglich $x$.

*Anmerkung 8.2.* In ökonomischen Anwendungen wird häufig nur der Absolutbetrag betrachtet, d. h., die Elastizität ist immer positiv.

Zum Rechnen mit Elastizitäten sind manchmal folgende Regeln nützlich:

**Rechenregeln für Elastizitäten**

Seien $f, g : D \to \mathbb{R}$ zwei differenzierbare Funktionen, dann gilt:

multiplikative Konstanten entfallen

$F(x) = \lambda f(x) \quad \Rightarrow E_F(x) = E_f(x),$

Multiplikation mit $x$

$F(x) = x f(x) \quad \Rightarrow E_F(x) = 1 + E_f(x),$

Produktregel

$F(x) = f(x) \cdot g(x) \Rightarrow E_F(x) = E_f(x) + E_g(x),$

Quotientenregel

$F(x) = \frac{f(x)}{g(x)} \quad \Rightarrow E_F(x) = E_f(x) - E_g(x),$

Kompositionen

$F(x) = f \circ g(x) \quad \Rightarrow E_F(x) = E_f(g(x)) \cdot E_g(x),$

Umkehrfunktion

$F(x) = f^{-1}(x) \quad \Rightarrow E_F(x) = \frac{1}{E_f(f^{-1}(x))},$

Isoelastisch

$F(x) = x^r \quad \Rightarrow E_F(x) = r.$

# Aufgaben zu Kapitel 8

### Aufgabe zu Abschnitt 8.1

**8.1.** Betrachten Sie die Funktionen $f(x) = \sqrt{x}$ und $g(x) = \sqrt{x} - 1.225$, so dass die Nullstellen von $g(x)$ gerade $f(x) = 1.225$ erfüllen.

a) Geben Sie die Ableitung von $g(x)$ an.

b) Führen Sie ein Newton-Verfahren mit Anfangswert $x_0 = 1$ durch, bis Sie $g(x) = 0$ (bzw. $f(x) = 1.225$) mit einer Genauigkeit von 0.01 gelöst haben.

### Aufgabe zu Abschnitt 8.2

**8.2.** Benutzen Sie die Regel von L'Hospital, um folgende Grenzwerte zu bestimmen, wobei $r > 0$ angenommen wird:

a) $\lim\limits_{x \to 0} \dfrac{e^x - 1}{x}$
b) $\lim\limits_{x \to \infty} \dfrac{\log(x)}{x^r}$
c) $\lim\limits_{x \to \infty} \dfrac{x^r}{e^x}$

### Aufgaben zu Abschnitt 8.3

**8.3.** Geben Sie jeweils die Taylor-Entwicklung zweiter Ordnung bei $a = 1$ an für

a) $x^2$
b) $x^2 + x - 2$
c) $x^3 + 1$

**8.4.** Sei $f : (-1, \infty) \to \mathbb{R}$ definiert durch $f(x) := \log(1 + x)$.

a) Zeigen Sie durch vollständige Induktion, dass $f$ folgende (höhere) Ableitungen besitzt:
$$f^{(n)}(x) = (n-1)! \, (-1)^{n-1} \, (1+x)^{-n}, \; n \geq 1.$$

b) Bestimmen Sie die Taylor-Entwicklung bei $a = 0$. Geben Sie den Konvergenzradius der Taylorentwicklung an. *Nutzen Sie das Quotientenkriterium.*

### Aufgabe zu Abschnitt 8.4

**8.5.** Bestimmen Sie die Elastizitätsfunktionen von

a) $f(x) = x^r$
b) $g(x) = ax + b$

# Kapitel 9
# Integralrechnung

Integrale werden in der Wahrscheinlichkeitsrechnung zur Beschreibung „stetiger"
Wahrscheinlichkeitsverteilungen benutzt. Dabei werden positive Funktionen ($f(x) \geq$
0) mit der Eigenschaft $\int_{-\infty}^{\infty} f(x)\mathrm{d}x = 1$ – sogenannte Dichtfunktionen – benutzt, um
die Wahrscheinlichkeit dafür zu bestimmen, dass $x$ in dem Intervall $[a,b]$ ist. Die-
se Wahrscheinlichkeit ist $\int_a^b f(x)\mathrm{d}x$. Typische Wahrscheinlichkeitsverteilungen und
zugehörige Dichtefunktionen sind:

- die Dichte der Standardnormalverteilung $\frac{1}{\sqrt{2\pi}}\mathrm{e}^{-\frac{x^2}{2}}$,

- die Dichte der Exponentialverteilung $\begin{cases} \lambda\mathrm{e}^{-\lambda x} & \text{für } x \geq 0, \\ 0 & \text{für } x < 0. \end{cases}$

In Abschnitt 9.1 wird der Integralbegriff über das **Riemann-Integral** eingeführt,
das sich im Wesentlichen geometrisch als Flächenbestimmung motivieren lässt. Es
stellt sich heraus, dass die Integralrechnung das Gegenstück zur Differentialrechnung ist, in dem Sinne, dass zur Bestimmung eines Integrals einer Funktion $f$ die
**Stammfunktion** $F$ bestimmt werden muss, deren Ableitung gerade $f$ ist. Es wird
demnach zu $f$ eine Funktion $F$ mit $F' = f$ gesucht. Das ist Thema von Abschnitt
9.2 und wird in Abschnitt 9.3 benutzt, um Integrale zu berechnen.


## 9.1 Das Riemann-Integral

In diesem Abschnitt wird das Riemann-Integral bestimmt. Dabei wird die Definition
über die Bestimmung der Fläche unter dem Graphen einer Funktion motiviert.
    Die Idee zur Bestimmung der Fläche $A$ unter einer (positiven) stetigen Funktion
$f : [a,b] \to [0,\infty)$ auf einem Intervall $[a,b]$ ist folgende:

T. Pampel, *Mathematik für Wirtschaftswissenschaftler*, Springer-Lehrbuch,
DOI 10.1007/978-3-642-04490-8_9, © Springer-Verlag Berlin Heidelberg 2010

**Flächenbestimmung unter einer Funktion:**

- Teile das Intervall $[a, b]$ auf in $n$ Intervalle $[x_{i-1}, x_i]$, d. h., es werden Stütz-punkt $x_i \in [a, b]$ so festgelegt, dass $a = x_0 < x_1 < \ldots < x_{n-1} < x_n = b$ ist.
- Bestimme die Unter- und Obersumme

$$\underline{S}_n = \sum_{i=1}^{n} \min_{\xi_i \in [x_{i-1}, x_i]} (f(\xi_i)) \Delta x_i, \quad \Delta x_i := (x_i - x_{i-1}),$$

$$\bar{S}_n = \sum_{i=1}^{n} \max_{\xi_i \in [x_{i-1}, x_i]} (f(\xi_i)) \Delta x_i, \quad \Delta x_i := (x_i - x_{i-1}),$$

die den gesuchten Flächeninhalt $A$ einschließen, d. h., es gilt $\underline{S}_n \leq A \leq \bar{S}_n$. Für $x^2$ auf $[0, 1]$ ist dieses Vorgehen in Abb. 9.1 mit $n = 5$ und in Abb. 9.2 mit $n = 10$ Intervallen dargestellt.
- Verfeinere die Intervallunterteilung, indem mit wachsendem $n$ die einzel-nen Intervalle immer kleinere gewählt werden, so dass

$$\lim_{n \to \infty} \left( \max_{i=1,\ldots,n} (\Delta x_i) \right) = 0.$$

- Wenn $\lim_{n \to \infty} \underline{S}_n = \lim_{n \to \infty} \bar{S}_n$ ist, so beschreibt dieser Grenzwert die Flä-che $A$.

Dieses Vorgehen wird anhand von $f(x) = x^2$ erläutert, da dieses Beispiel noch einigermaßen einfach zu behandeln ist. Zur Bestimmung der Fläche unterhalb von $f(x) = x^2$ von auf $[0, 1]$ wird als Unterteilung $x_i = \frac{i}{n}$ für $n \in \mathbb{N}$ und $i = 0, \ldots, n$ gewählt.

Da die Funktion auf $[0, 1]$ monoton steigend ist, sind die Minima jeweils am unteren Rand der Intervallunterteilung und die Maxima am oberen Rand, d. h. $\min_{\xi_i \in [x_{i-1}, x_i]} (f(\xi_i)) = x_{i-1}^2 = \frac{(i-1)^2}{n^2}$ und $\max_{\xi_i \in [x_{i-1}, x_i]} (f(\xi_i)) = x_i^2 = \frac{i^2}{n^2}$.

Durch vollständige Induktion lässt sich $\sum_{i=1}^{n} i^2 = \frac{n(n+1)(2n+1)}{6}$ zeigen. Damit er-gibt sich als Untersumme

$$\underline{S}_n := \left( \frac{0^2}{n^2} + \frac{1^2}{n^2} + \ldots + \frac{(n-2)^2}{n^2} + \frac{(n-1)^2}{n^2} \right) \frac{1}{n}$$

$$= \frac{\sum_{i=1}^{n-1} i^2}{n^3} = \frac{(n-1)n(2n-1)}{6n^3}$$

$$= \frac{2n^3 - 3n^2 + n}{6n^3} \xrightarrow{n \to \infty} \frac{1}{3}$$

und als Obersumme

$$\bar{S}_n := \left( \frac{1^2}{n^2} + \frac{2^2}{n^2} + \ldots + \frac{(n-1)^2}{n^2} + \frac{n^2}{n^2} \right) \frac{1}{n}$$
$$= \frac{\sum_{i=1}^{n} i^2}{n^3} = \frac{n(n+1)(2n+1)}{6n^3}$$
$$= \frac{2n^3 + 3n^2 + n}{6n^3} \xrightarrow{n \to \infty} \frac{1}{3}.$$

Somit ist der Grenzwert $\lim_{n \to \infty} \underline{S}_n = \lim_{n \to \infty} \bar{S}_n = \frac{1}{3}$ die gesuchte Fläche.

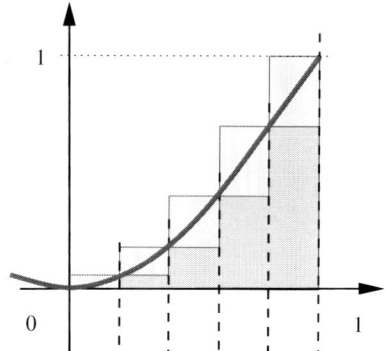
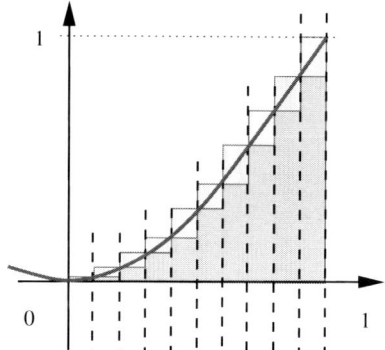

**Abb. 9.1** Ober- und Untersumme des Riemann-Integrals von $x^2$ mit $x_i = \frac{i}{5}$

**Abb. 9.2** Ober- und Untersumme des Riemann-Integrals von $x^2$ mit $x_i = \frac{i}{10}$

Dieses Vorgehen definiert das **Riemann-Integral**[1].

**Definition 9.1.** (Riemann-Integral) Sei $f : [a,b] \to \mathbb{R}$ beschränkt und

$$a = x_0 < x_1 < \ldots < x_{n-1} < x_n = b$$

eine Unterteilung von $[a,b]$, $\Delta x_i := x_i - x_{i-1}$ für $i = 1, \ldots, n$. Dann heißt $\sum_{i=1}^{n} f(\xi_i) \Delta x_i$ **Riemann-Summe** der Feinheit $\Delta_{max} := \max\{\Delta x_i\}$ an Stützpunkten $\xi_i \in [x_i, x_{i-1}]$. Die Funktion heißt **Riemann-integrierbar** (kurz integrierbar), wenn die Riemann-Summe mit der Feinheit $\lim_{\Delta_{max} \to 0}$ konvergiert, unabhängig von der Wahl der Unterteilung und der Stützstellen. Der Grenzwert

$$\int_a^b f(x)\,\mathrm{d}x := \lim_{\Delta_{max} \to 0} \sum_{i=1}^{n} f(\xi_i) \Delta x_i$$

heißt das **Riemann-Integral**.

---

[1] Formal wird in Forster (2008a) das Infimum der Obersummen als Oberintegral und das Supremum der Untersummen als Unterintegral definiert und die Funktion als **Riemann-integrierbar** bezeichnet, wenn Ober- und Unterintegral übereinstimmen.

Die Aussage des folgenden Satzes ist, dass jede stetige Funktion auf einem abgeschlossenen Intervall $[a,b]$ Riemann-integrierbar ist[2]. Ebenso ist jede monotone Funktion integrierbar.

**Satz 9.1.** *Sei $f : [a,b] \to \mathbb{R}$ stetig, dann ist $f$ Riemann-integrierbar.*
*Sei $f : [a,b] \to \mathbb{R}$ beschränkt und monoton, dann ist $f$ Riemann-integrierbar.*

Ein Beweis zu diesem Satz findet sich in Forster (2008a).

*Anmerkung 9.1.* Es gibt auch andere Integralbegriffe wie das Lebesgue-Integral, bei denen auch (nicht stetige) Funktionen integrierbar sind, die nicht Riemann-integrierbar sind. Zum Beispiel ist die Funktion $\begin{cases} 1 \text{ für } x \in \mathbb{R} \setminus \mathbb{Q} \\ 0 \text{ für } x \in \mathbb{Q} \end{cases}$ nicht Riemann-integrierbar auf $[0,1]$, da $\bar{S} = 1 \neq 0 = \underline{S}$ für jede Unterteilung gilt. Dennoch ist diese Funktion Lebesgue-integrierbar. Für die Definition des Lebesgue-Integrals sei auf Bauer (1992) verwiesen.

## 9.2 Das unbestimmte Integral

Die Bestimmung des Integrals einer Funktion $f$ über die Grenzwertbetrachtung ist im Allgemeinen recht aufwändig. In diesem Abschnitt soll hergeleitet werden, dass die Bestimmung des Integrals darauf zurückgeführt werden kann, eine **Stammfunktion** $F$ zu finden, für die $F' = f$ gilt.

Angenommen die Fläche unter dem Graphen einer (positiven) stetigen Funktion $f : [a,b] \to [0,\infty)$ zwischen dem Punkt $a$ und einem $x \in [a,b]$ sei als Funktion $A(x)$ bestimmbar. Dann gilt für jedes $\Delta x \in (0, b-x]$

$$\min_{\xi \in [x,x+\Delta x]} (f(\xi)) \Delta x \leq A(x + \Delta x) - A(x) \leq \max_{\xi \in [x,x+\Delta x]} (f(\xi)) \Delta x,$$

siehe Flächen in Abb. 9.3. Dann ist

$$\min_{\xi \in [x,x+\Delta x]} (f(\xi)) \leq \frac{A(x + \Delta x) - A(x)}{\Delta x} \leq \max_{\xi \in [x,x+\Delta x]} (f(\xi)).$$

Wegen der Stetigkeit von $f$ gilt für $\Delta x \to 0$

$$f(x) = \lim_{\Delta x \to 0} \min_{\xi \in [x,x+\Delta x]} (f(\xi)) \leq \lim_{\Delta x \to 0} \frac{A(x + \Delta x) - A(x)}{\Delta x}$$
$$= A'(x) \leq \lim_{\Delta x \to 0} \max_{\xi \in [x,x+\Delta x]} (f(\xi)) = f(x).$$

---

[2] Die Interpretation als Fläche muss allerdings modifiziert werden, wenn Funktionen betrachtet werden, bei denen auch $f(x) < 0$ ist. Das wird am Ende dieses Kapitels noch erörtert.

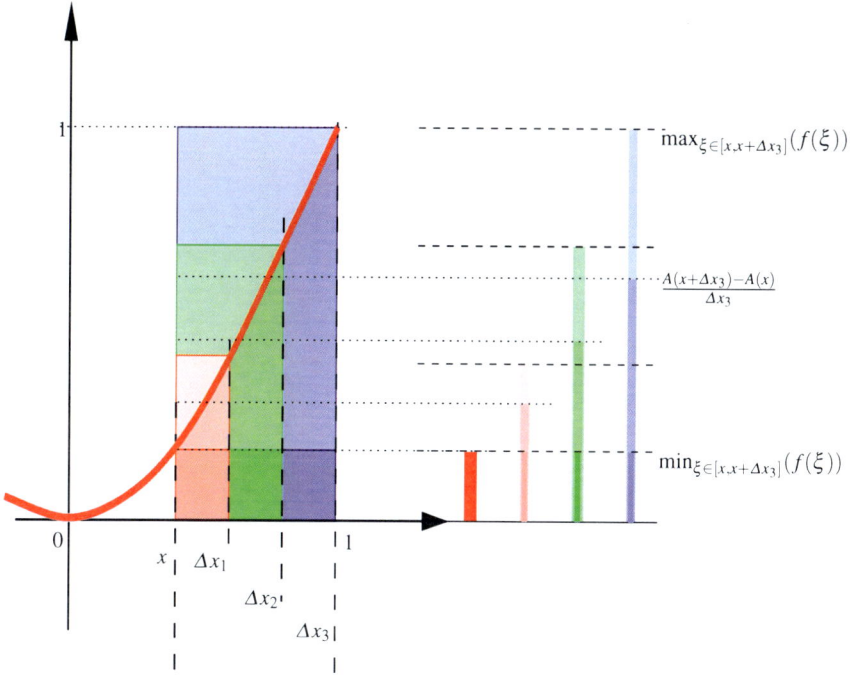

**Abb. 9.3** Illustration der Herleitung von $A'(x) = f(x)$

Die Ableitung der gesuchten Funktion $A$ muss demnach $f$ sein, und es gilt $A'(x) = f(x)$ für $x \in [a, b]$.

Daraus ergibt sich, dass es für die Bestimmung von Integralen wichtig ist, zu einer Funktion $f$ eine Funktion $F$ mit $F'(x) = f(x)$ zu finden. Solche Funktionen heißen **Stammfunktion**.

---

**Definition 9.2.** Eine differenzierbar Funktion $F : D \to \mathbb{R}$ heißt **Stammfunktion** von $f$, wenn $F'(x) = f(x)$ für alle $x \in D$ gilt. Die Familie aller Stammfunktionen – die sich nur durch eine **Integrationskonstante** unterscheiden – heißt das **unbestimmte Integral** und wird mit

$$\int f(x)\mathrm{d}x = F(x) + const$$

bezeichnet.

---

*Anmerkung 9.2.* Oft werden die Begriffe „Stammfunktion" und „unbestimmtes Integral" synonym verwendet. Die Unterscheidung, die beispielsweise auch in Hildebrandt (2006) gemacht wird, hilft zu trennen zwischen einer **speziellen Stammfunktion** und einer **Funktion, deren Ableitung bekannt ist**.

Aus den Ableitungen von Funktionen lassen sich im Umkehrschluss einige **Integrale spezieller Funktionen** angeben:

**Spezielle Integrale:**

1. $\int 1 dx = x + const$
2. $\int x dx = \frac{1}{2}x^2 + const$
3. $\int \sqrt{x} dx = \frac{2}{3}x^{\frac{3}{2}} + const$
4. $\int \frac{1}{\sqrt{x}} dx = 2\sqrt{x} + const$
5. $\int x^r dx = \frac{1}{r+1}x^{r+1} + const$, für $r \neq -1$
6. $\int \frac{1}{x} dx = \log(|x|) + const$
7. $\int e^x dx = e^x + const$
8. $\int a^x dx = \frac{a^x}{\log(a)} + const$, für $a > 0$
9. $\int \log(x) dx = x(\log(x) - 1) + const$
10. $\int \sin(x) dx = -\cos(x) + const$
11. $\int \cos(x) dx = \sin(x) + const$

Ebenso ergeben sich aus den Differentiationsregeln die folgenden Integrationsregeln:

**Integrationsregeln:**

1. Multiplikation mit einer Konstanten
   $\int \lambda f(x) dx = \lambda \int f(x) dx, \lambda \in \mathbb{R}$
2. Addition und Subtraktion von zwei Funktionen
   $\int f(x) \pm g(x) dx = \int f(x) dx \pm \int g(x) dx$
3. Partielle Integration
   $\int f(x)g'(x) dx = f(x)g(x) - \int f'(x)g(x) dx$
4. Integration durch Substitution
   $\int f\big(g(x)\big)g'(x) dx = \int f(u) du$,    mit $u = g(x)$

*Anmerkung 9.3.* Gleichheit bedeutet hier „gleich bis auf eine Konstante", d. h., die Menge aller Stammfunktionen ist gleich. Wird aber auf einer Seite eine spezielle Stammfunktion gewählt, so muss auf der anderen Seite eine geeignete Integrationskonstante bestimmt werden.

## 9.3 Das bestimmte Integral

Das bestimmte Integral gibt bei positiven Funktionen die Fläche unter einer Funktion an. In diesem Abschnitt wird gezeigt, wie dieser Wert sich über Stammfunktionen bestimmen lässt.

Beschreibt eine Funktion $A(x)$ die Fläche von $a$ bis $x \in [a,b]$ unter einer (positiven) stetigen Funktion $f : [a,b] \rightarrow \mathbb{R}_+$, dann gilt

$$A'(x) = f(x) \text{ und } A(a) = 0.$$

Nach den Ergebnissen aus Abschnitt 9.2 ist $A(x) = F(x) + C$, wobei $F$ eine Stammfunktion von $f$ ist und die Integrationskonstante $C$ noch geeignet gewählt werden muss. Wegen $A(a) = 0$ muss $C = -F(a)$ gelten. Damit ergibt sich für die Fläche

$$A(x) = F(x) - F(a).$$

> **Satz 9.2.** *(Fundamentalsatz der Differential- und Integralrechnung) Sei $f$ : $D \rightarrow \mathbb{R}$ stetig auf $[a,b]$ und $F$ eine Stammfunktion von $f$, dann ist*
>
> $$\int_a^b f(y) \mathrm{d}y = F(b) - F(a).$$
>
> *Dieser Wert heißt das **bestimmte Integral** von $f$ über $[a,b]$.*

Es gibt folgende abkürzende Schreibweisen hierfür:

$$F(b) - F(a) = \left[ F(y) \right]_a^b = \Big|_a^b F(y) = F(y) \Big|_a^b.$$

Umgekehrt ist die Funktion

$$G(x) := \int_a^x f(y) \mathrm{d}y$$

immer eine Stammfunktion einer Funktion $f$ und es gilt deshalb

$$\frac{\mathrm{d}}{\mathrm{d}x} \left( \int_a^x f(y) \mathrm{d}y \right) = G'(x) = f(x).$$

*Anmerkung 9.4.* Integrale sind auch definiert für Funktionen, die negativ werden können; dann muss allerdings die Interpretation als Fläche modifiziert werden. In diesem Fall werden Integrale über Teilintervalle summiert, auf denen die Funktion positiv ist. Integrale über Teilintervallen, auf denen die Funktion negativ ist, werden subtrahiert. In Abb. 9.4 ergibt das als Fläche
$\int_a^{c_1} f(x)\mathrm{d}x - \int_{c_1}^{c_2} f(x)\mathrm{d}x + \int_{c_2}^{c_3} f(x)\mathrm{d}x - \int_{c_3}^{c_4} f(x)\mathrm{d}x + \int_{c_4}^b f(x)\mathrm{d}x.$

**Abb. 9.4**  Flächenberechnung bei negativen Funktionswerten

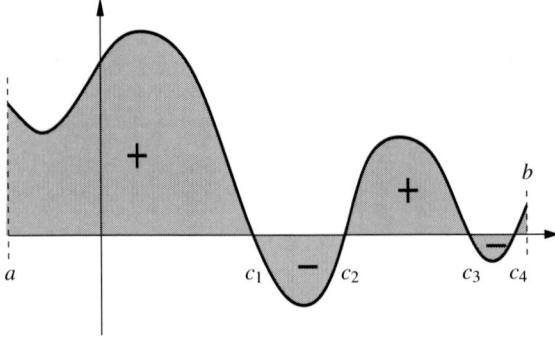

Für bestimmte Integrale auf $[a,b]$ gibt es folgende Integrationsregeln:

**Integrationsregeln**:

1. $\int_a^a f(x)\mathrm{d}x = 0$
2. $\int_a^b f(x)\mathrm{d}x = -\int_b^a f(x)\mathrm{d}x$
3. $\int_a^b f(x)\mathrm{d}x = \int_a^c f(x)\mathrm{d}x + \int_c^b f(x)\mathrm{d}x$ für $c \in [a,b]$
4. $\int_a^b \lambda f(x)\mathrm{d}x = \lambda \int_a^b f(x)\mathrm{d}x,\ \lambda \in \mathbb{R}$
5. $\int_a^b f(x) \pm g(x)\mathrm{d}x = \int_a^b f(x)\mathrm{d}x \pm \int_a^b g(x)\mathrm{d}x$
6. $f(x) \le g(x)$ für alle $x \in [a,b] \implies \int_a^b f(x)\mathrm{d}x \le \int_a^b g(x)\mathrm{d}x$
7. Partielle Integration

$$\int_a^b f(x)g'(x)\mathrm{d}x = \left[f(x)g(x)\right]_a^b - \int_a^b f'(x)g(x)\mathrm{d}x$$

8. Integration durch Substitution

$$\int_a^b f\left(g(x)\right)g'(x)\mathrm{d}x = \int_{g(a)}^{g(b)} f(u)\mathrm{d}u = \left[F\left(g(u)\right)\right]_a^b,$$

mit $u = g(x)$ und $F$ eine Stammfunktion von $f$.

Bisher wurden nur Integrale über abgeschlossenen Intervallen $[a,b]$ betrachtet. Werden Intervalle der Form $(a,b)$ oder $[a,\infty)$ betrachtet, so heißen diese das **uneigentliche Integral** und werden als Grenzwerte von bestimmten Integralen bestimmt (sofern die Grenzwerte existieren).

**Definition 9.3.** Ist $f : [a,\infty) \to \mathbb{R}$ stetig und existiert der Grenzwert

$$\int_a^\infty f(y)\mathrm{d}y := \lim_{x \to \infty} \int_a^x f(y)\mathrm{d}y,$$

dann heißt der Grenzwert **uneigentliches Integral**.

Für $f : (-\infty,a] \to \mathbb{R}$ wird $\int_{-\infty}^a f(y)\mathrm{d}y$ analog definiert. Für $f : \mathbb{R} \to \mathbb{R}$ ist $\int_{-\infty}^\infty f(y)\mathrm{d}y = \lim_{x \to -\infty} \int_x^a f(y)\mathrm{d}y + \lim_{x \to \infty} \int_a^x f(y)\mathrm{d}y$ für ein $a \in \mathbb{R}$.

Ist eine Funktion nur auf dem halboffenen Intervall $[a,b)$ definiert, so wird das Integral ebenfalls über den Grenzwert definiert.

**Definition 9.4.** Ist $f : [a,b) \to \mathbb{R}$ stetig (wobei $f$ bei $b$ nicht definiert sein muss) und existiert der Grenzwert

$$\int_a^b f(y)\mathrm{d}y := \lim_{x \to b} \int_a^x f(y)\mathrm{d}y,$$

dann heißt der Grenzwert **uneigentliches Integral**. Analog wird $\int_a^b f(y)\mathrm{d}y$ auf $(a,b]$ definiert.

Es ist erforderlich, die Existenz der Grenzwerte sicherzustellen. Z. B. sind die uneigentlichen Integrale $\int_0^1 \frac{1}{y}\mathrm{d}y$ und $\int_1^\infty \frac{1}{y}\mathrm{d}y$ nicht definiert, weil $\lim_{x \to \infty} \log(x) = \infty$ und $\lim_{x \to 0} \log(x) = -\infty$ für die Stammfunktion $\log(x)$ gilt. Auch $\int_0^\infty \cos(y)\mathrm{d}y$ ist nicht definiert, da die Stammfunktion $\sin(x)$ zwischen $-1$ und $1$ schwankt.

Ein Kriterium für Konvergenz – das dem Majorantenkriterium bei Reihen entspricht – ist folgendes:

**Satz 9.3.** *Sei* $g : D_g \to \mathbb{R}_+$ *eine Funktion von der bekannt ist, dass das Integral* $\int_a^b g(y)\mathrm{d}y \in \mathbb{R}_{++}$ *existiert, wobei* $(a,b) \subset D_g$ *ist und* $a$, $b$ *auch* $\pm\infty$ *sein können.*

*Sei ferner* $f : D_f \to \mathbb{R}$ *eine stetige Funktion mit* $(a,b) \subset D_f$ *und*

$$|f(x)| \leq g(x) \quad \text{für } x \in (a,b).$$

*Dann existiert das Integral* $\int_a^b f(y)\mathrm{d}y$ *und es gilt*

$$\left| \int_a^b f(y)\mathrm{d}y \right| \leq \int_a^b |f(y)|\mathrm{d}y \leq \int_a^b g(y)\mathrm{d}y.$$

Integrale werden in der Wahrscheinlichkeitsrechnung zur Beschreibung „stetiger" Wahrscheinlichkeitsverteilungen verwendet. Dabei werden positive Funktionen ($f(x) \geq 0$) mit der Eigenschaft $\int_{-\infty}^\infty f(x)\mathrm{d}x = 1$ – sogenannte Dichtefunktionen – benutzt, um die Wahrscheinlichkeit, dass $x \in [a,b]$ ist, durch $\int_a^b f(x)\mathrm{d}x$ auszudrücken.

## Aufgaben zu Kapitel 9

**9.1.** Bestimmen Sie das Riemann-Integral von $f(x) = 2x + 1$ auf $[0, 1]$.

**9.2.** Bestimmen Sie die Stammfunktionen:

a) $3x^2 + \dfrac{1}{x}$

b) $x^3 + 2 - e^x$

c) $x^2 e^{-x}$

d) $x \log(x)$

e) $x^3 \sqrt{16 - x^4}$

f) $\dfrac{e^{-2x}}{e^{-2x} + 2}$

**9.3.** Berechnen Sie folgende Integrale:

a) $\displaystyle\int_1^2 3x^2 + \dfrac{1}{x}\,dx$

b) $\displaystyle\int_0^1 x^3 + 2 - e^x\,dx$

c) $\displaystyle\int_{-1}^3 x^2 e^{-x}\,dx$

d) $\displaystyle\int_1^e x \log(x)\,dx$

e) $\displaystyle\int_0^2 x^3 \sqrt{16 - x^4}\,dx$

f) $\displaystyle\int_0^\infty \dfrac{e^{-2x}}{e^{-2x} + 2}\,dx$

**9.4.** Berechnen Sie, falls möglich, folgende uneigentliche Integrale:

a) $\displaystyle\int_1^\infty \dfrac{1}{x}\,dx$

b) $\displaystyle\int_0^1 \dfrac{1}{x}\,dx$

c) $\displaystyle\int_1^\infty \dfrac{1}{\sqrt{x}}\,dx$

d) $\displaystyle\int_0^1 \dfrac{1}{\sqrt{x}}\,dx$

e) $\displaystyle\int_1^\infty \dfrac{1}{x^3}\,dx$

f) $\displaystyle\int_0^1 \dfrac{1}{x^3}\,dx$

**9.5.** Die Dichtefunktion der Exponentialverteilung (Wahrscheinlichkeitrechnung) ist für $\lambda > 0$ definiert durch $\begin{cases} \lambda e^{-\lambda x} & \text{für } x \geq 0 \\ 0 & \text{für } x < 0 \end{cases}$

a) Zeigen Sie, dass $F(x) := \begin{cases} 1 - e^{-\lambda x} & \text{für } x \geq 0 \\ 0 & \text{für } x < 0 \end{cases}$ eine Stammfunktion von $f(x)$ ist.

b) Zeigen Sie, dass $F$ positiv, stetig und monoton steigend ist, und bestimmen Sie die Grenzwerte $\lim_{t \to \pm\infty} F(x)$ (*damit zeigen Sie, dass $F$ eine Wahrscheinlichkeitsverteilung ist*). Geben Sie an, welche Integrationsregel benutzt werden kann.

c) Berechnen Sie $\int_{-\infty}^\infty f(y)\,dy$ und $\int_{-\infty}^\infty y f(y)\,dy$ (*den Erwartungswert*).

d) Zeigen Sie (durch vollständige Induktion), dass $\int_{-\infty}^\infty y^r f(y)\,dy = \frac{r!}{\lambda^r}$ gilt (*damit bestimmen Sie die sogenannten $r$-ten Momente*).

# Teil IV
# Lineare Gleichungssysteme

Typischerweise treten bei ökonomischen Fragestellungen mehrere Variablen auf, die zu einer „Liste" von reellen Zahlen zusammengefasst werden, beispielsweise Güterbündel, Preisvektoren oder eine Zusammenstellung volkswirtschaftlicher Daten. Die Menge aller Listen aus $n$ reellen Zahlen heißt $\mathbb{R}^n$. In diesem Teil wird das Rechnen mit **Elementen des** $\mathbb{R}^n$ – den **Vektoren** – beschrieben. Als wichtiges Hilfsmittel werden die **Matrizen** eingeführt und ein Zusammenhang zu **linearen Abbildungen** hergestellt. Zur Lösung von linearen Gleichungssystemen wird das **Gaußsche Eliminationsverfahren** erläutert. Die **Determinante** wird eingeführt als Hilfsmittel zum Invertieren von Matrizen und zur Beschreibung von **Definitheit**. Eine ökonometrische Anwendung der linearen Algebra, bei der auch die Definitheit eine Rolle spielt, ist die **Methode der kleinsten Quadrate**, bei der ein lineares Gleichungssystem gelöst wird.

# Kapitel 10
# Vektoren im $\mathbb{R}^n$

Ökonomische Probleme befassen sich in den meisten Fällen mit **mehreren Variablen**, z. B. mit Güterbündeln, Preisvektoren, aggregierten volkswirtschaftlichen Daten usw. Sind dies $n$ Variablen, so lassen sich die Daten als Liste von reellen Zahlen

$$\begin{pmatrix} x_1 \\ \vdots \\ x_n \end{pmatrix}, \qquad x_1,\ldots,x_n \in \mathbb{R}$$

auffassen, die als **$n$-Tupel** oder **Vektor im** $\mathbb{R}^n$ bezeichnet werden. Dabei ist $\mathbb{R}^n$ die Menge aller **$n$-Tupel**.

In diesem Kapitel werden die Rechenregeln für $n$-Tupel aufgestellt und Begriffe eingeführt, die es ermöglichen, Vektoren im $\mathbb{R}^n$ geeignet zu beschreiben und mit ihnen zu rechnen.

## 10.1 Addition und Skalarmultiplikation

Zunächst wird eine Liste von $n$ Elementen aus $\mathbb{R}$ als $n$-Tupel definiert.

**Definition 10.1.** Sei $n \geq 1$ eine natürliche Zahl, dann ist

$$\mathbb{R}^n := \left\{ \begin{pmatrix} x_1 \\ \vdots \\ x_n \end{pmatrix} \;\middle|\; x_1,\ldots,x_n \in \mathbb{R} \right\}$$

die Menge der **$n$-Tupel** (oder der **Vektoren** des $\mathbb{R}^n$).

Auf der Menge $\mathbb{R}^n$ wird nun komponentenweise eine Addition von $n$-Tupeln und eine Multiplikation eines $n$-Tupels mit einer reellen Zahl („Skalar") definiert:

T. Pampel, *Mathematik für Wirtschaftswissenschaftler*, Springer-Lehrbuch,
DOI 10.1007/978-3-642-04490-8_10, © Springer-Verlag Berlin Heidelberg 2010

**Definition 10.2.** Zwei $n$-Tupel (oder Vektoren des $\mathbb{R}^n$) $a = \begin{pmatrix} a_1 \\ \vdots \\ a_n \end{pmatrix} \in \mathbb{R}^n$ und

$b = \begin{pmatrix} b_1 \\ \vdots \\ b_n \end{pmatrix} \in \mathbb{R}^n$ heißen **gleich**, wenn $a_i = b_i$ für $i = 1, \ldots, n$ gilt.

Die **Addition** von zwei $n$-Tupeln $a, b \in \mathbb{R}^n$ ist definiert durch

$$\begin{pmatrix} a_1 \\ \vdots \\ a_n \end{pmatrix} + \begin{pmatrix} b_1 \\ \vdots \\ b_n \end{pmatrix} := \begin{pmatrix} a_1 + b_1 \\ \vdots \\ a_n + b_n \end{pmatrix}.$$

Die **Multiplikation** eines Elementes $a \in \mathbb{R}^n$ mit einem **Skalar** $\lambda \in \mathbb{R}$ ist definiert durch

$$\lambda \begin{pmatrix} a_1 \\ \vdots \\ a_n \end{pmatrix} := \begin{pmatrix} \lambda a_1 \\ \vdots \\ \lambda a_n \end{pmatrix}.$$

Die Vektoren im $\mathbb{R}^2$ und $\mathbb{R}^3$ lassen sich geometrisch als „Pfeile" in der Ebene beziehungsweise im Raum interpretieren. Das Multiplizieren mit einem Skalar (einer reellen Zahl) entspricht einer Streckung oder Stauchung. Bei der Addition von zwei Vektoren wird der Anfang eines Vektors an die Spitze des anderen angefügt. Das wird illustriert in Abb. 10.1.

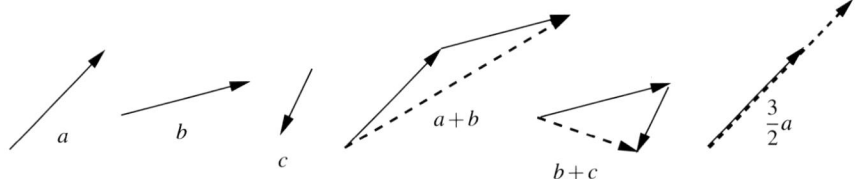

**Abb. 10.1** Geometrische Interpretation von Vektoren im $\mathbb{R}^2$ als „Pfeile" in der Ebene

Die Rechenregeln in $\mathbb{R}$ werden nun benutzt, um die Rechenregeln in $\mathbb{R}^n$ abzuleiten.

**Satz 10.1.** *Für $a, b, c \in \mathbb{R}^n$ und $\alpha, \beta \in \mathbb{R}$ gilt:*

1. $(a+b)+c = a+(b+c)$
2. $a+b = b+a$
3. $\alpha(a+b) = \alpha a + \alpha b$
4. $(\alpha+\beta)a = \alpha a + \beta a$
5. $(\alpha\beta)a = \alpha(\beta a)$
6. *Sei* $0 := \begin{pmatrix} 0 \\ \vdots \\ 0 \end{pmatrix} \in \mathbb{R}^n$ *der Nullvektor, dann gilt* $a+0 = a$
7. *Sei* $-a := (-1)a$ *das inverse Element zu* $a$, *dann gilt* $a+(-a) = 0$

*Beweis.* Exemplarisch wird $a+b = b+a$ gezeigt,

$$\begin{pmatrix} a_1 \\ \vdots \\ a_n \end{pmatrix} + \begin{pmatrix} b_1 \\ \vdots \\ b_n \end{pmatrix} = \begin{pmatrix} a_1+b_1 \\ \vdots \\ a_n+b_n \end{pmatrix} = \begin{pmatrix} b_1+a_1 \\ \vdots \\ b_n+a_n \end{pmatrix} = \begin{pmatrix} b_1 \\ \vdots \\ b_n \end{pmatrix} + \begin{pmatrix} a_1 \\ \vdots \\ a_n \end{pmatrix}$$

Die übrigen Regeln werden ebenfalls direkt aus den Rechenregeln in $\mathbb{R}$ und der komponentenweisen Addition und Multiplikation hergeleitet. □

Einige dieser Regeln werden in Abb. 10.2 geometrisch illustriert.

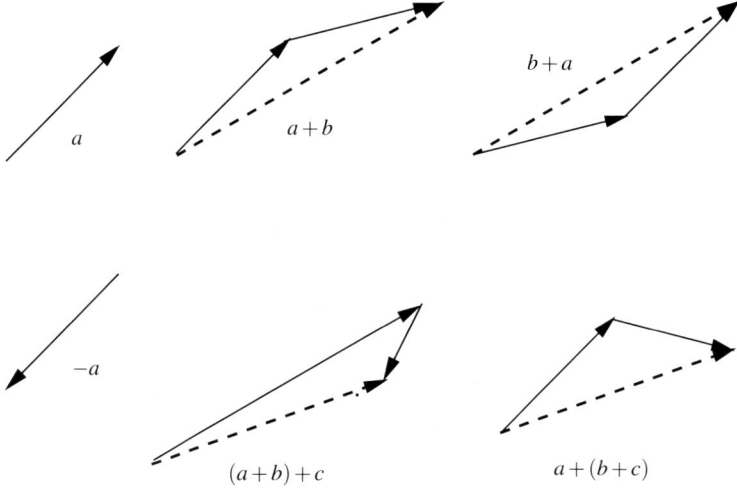

**Abb. 10.2** Geometrische Interpretation der Regeln 1. und 2. sowie von $-a$

Im Abschnitt 17.2 wird allgemein ein **reeller Vektorraum** definiert durch eine Menge, eine Addition zweier Elemente und eine Multiplikation eines Elementes mit einer reellen Zahl, die die Eigenschaften aus Satz 10.1 erfüllen. In diesem Sinne zeigt der Satz, dass der $\mathbb{R}^n$ mit dieser Addition und Skalarmultiplikation ein reeller Vektorraum ist.

Im Folgenden ist es manchmal sinnvoll zu unterscheiden, wie ein Vektor dargestellt wird. Aus diesem Grund bezeichnet man auch einen Vektoren des $\mathbb{R}^n$ als **Spaltenvektor** oder **Zeilenvektor**, je nach Darstellung:

$$\underbrace{\begin{pmatrix} x_1 \\ \vdots \\ x_n \end{pmatrix}}_{\textbf{Spaltenvektor}} \quad \text{oder als} \quad \underbrace{(x_1 \cdots x_n)}_{\textbf{Zeilenvektor}}.$$

Alle Teilmengen des $\mathbb{R}^n$, die den Nullvektor enthalten und invariant unter der Addition und Multiplikation sind, besitzen die Eigenschaften 1. bis 7. aus Satz 10.1. Sie heißen **Untervektorraum** (oder kurz des **Unterraum**) des $\mathbb{R}^n$.

**Definition 10.3.** Eine Teilmenge $U \subset \mathbb{R}^n$ heißt **Untervektorraum** (oder kurz **Unterraum**) des $\mathbb{R}^n$, wenn $U \neq \emptyset$ und $U$ invariant unter der Addition und Skalarmultiplikation ist, d. h. es gilt

$$U \neq \emptyset, \qquad a+b \in U, \qquad \lambda a \in U \quad \text{für alle } a, b \in U, \lambda \in \mathbb{R}.$$

Dabei sei festgestellt, dass jeder Unterraum den Nullvektor enthält und aus diesem Grund die Bedingung $U \neq \emptyset$ durch $0 \in U$ ersetzt werden kann. Ferner enthält ein Unterraum zu jedem Vektor $a$ den inversen Vektor $-a$.

Es folgen einige **Beispiele für Untervektorräume** des $\mathbb{R}^n$:

*Beispiel 10.1.*  1. Der Vektorraum $\mathbb{R}^n$ ist ein Unterraum von sich selbst.

2. Die Menge $\{\mathbf{0}\}$ ist ein Unterraum des $\mathbb{R}^n$, der sogenannte **Nullvektorraum**.

3. Ist $v \in \mathbb{R}^n$ ein Vektor, dann bildet die Menge $\{\lambda v \mid \lambda \in \mathbb{R}\}$ einen Unterraum des $\mathbb{R}^n$.

4. Die Menge $U := \left\{(x,y) \in \mathbb{R}^2 \mid |x| \leq 1\right\}$ ist **kein(!)** Untervektorraum des $\mathbb{R}^2$, da beispielsweise $(\frac{1}{2}, 2) \in U$, aber für das Vierfache $4 \cdot (\frac{1}{2}, 2) = (2, 8) \notin U$ gilt.

5. Die Menge $U := \{(x,y) \in \mathbb{R}^2 \mid x = 0 \text{ oder } y = 0\}$ ist **kein(!)** Untervektorraum des $\mathbb{R}^2$, da beispielsweise $(1,0), (0,1) \in U$ ist, aber deren Summe $(1,0) + (0,1) = (1,1) \notin U$ ist.

6. Die Menge $\{(x, ax) \in \mathbb{R}^2 \mid x \in \mathbb{R}\}$, die eine Gerade durch den Ursprung im $\mathbb{R}^2$ beschreibt, ist ein Untervektorraum des $\mathbb{R}^2$. Die Menge $\{(x, ax+b) \in \mathbb{R}^2 \mid x \in \mathbb{R}\}$ mit $b \neq \mathbf{0}$ ist **kein(!)** Untervektorraum des $\mathbb{R}^2$.

## 10.2 Linearkombinationen und lineare Unabhängigkeit

Mit diesen Definitionen lassen sich aus Vektoren $v_1, \ldots, v_m \in \mathbb{R}^n$ und reellen Zahlen (Skalaren) $\lambda_1, \ldots, \lambda_m$ neue Vektoren $\lambda_1 v_1 + \ldots + \lambda_m v_m \in \mathbb{R}^n$ bestimmen.

---

**Definition 10.4.** Seien $v_1, \ldots, v_m \in \mathbb{R}^n$ Vektoren im $\mathbb{R}^n$, dann heißt

$$\lambda_1 v_1 + \ldots + \lambda_m v_m \in \mathbb{R}^n,$$

mit $\lambda_1, \ldots, \lambda_m \in \mathbb{R}$ **Linearkombination** von $v_1, \ldots, v_m$. Die Menge aller Linearkombinationen von $v_1, \ldots, v_m \in \mathbb{R}^n$ ist

$$\mathrm{Lin}(v_1, \ldots, v_m) := \{\lambda_1 v_1 + \ldots + \lambda_m v_m \mid \lambda_1, \ldots, \lambda_m \in \mathbb{R}\} \subset \mathbb{R}^n$$

und heißt **lineare Hülle** oder **Span**.

---

Für die lineare Hülle ergibt sich nun folgendes:

---

**Satz 10.2.** *Seien $v_1, \ldots, v_m \in \mathbb{R}^n$, dann ist die lineare Hülle $\mathrm{Lin}(v_1, \ldots, v_m)$ ein Untervektorraum des $\mathbb{R}^n$.*

---

*Beweis.* Die Summe zweier Linearkombinationen erhält man, indem die Koeffizienten addiert werden. Das Produkt mit einer reellen Zahl erhält man, indem alle Koeffizienten mit dieser Zahl multipliziert werden. In beiden Fällen erhält man wieder eine Linearkombination. Es gilt $\mathrm{Lin}(v_1, \ldots, v_m) \neq \emptyset$, da alle Vektoren $v_1, \ldots, v_m$ in der Menge der Linearkombinationen enthalten sind.                                □

Der Nullvektor ergibt sich immer als Linearkombination, indem alle Koeffizienten $\lambda_i = 0$ gesetzt werden. Von besonderem Interesse ist, ob die einzige Linearkombination, die den Nullvektor ergibt, diejenige mit Skalaren $\lambda_1 = \lambda_2 = \ldots = \lambda_m = 0$ ist oder ob es weitere Möglichkeiten gibt. Dies führt zu folgender Definition:

---

**Definition 10.5.** Vektoren $v_1, \ldots, v_m \in \mathbb{R}^n$ heißen **linear unabhängig**, falls der Nullvektor sich nur durch die triviale Linearkombination – ausschließlich mit 0 als Faktoren – darstellen lässt, d. h.,

$$\lambda_1 v_1 + \ldots + \lambda_m v_m = \mathbf{0} \text{ impliziert } \lambda_1 = \lambda_2 = \ldots = \lambda_m = 0.$$

Andernfalls heißen die Vektoren **linear abhängig**.

---

Ein wichtiges Ergebnis ist, dass es unter linear abhängigen Vektoren mindestens einen Vektor gibt, der sich als Linearkombination der anderen darstellen lässt.

**Satz 10.3.** *Seien $v_1, \ldots, v_m \in \mathbb{R}^n$ **linear abhängig**, dann gibt es ein $v_i$, so dass*

$$v_i = \alpha_1 v_1 + \ldots + \alpha_{i-1} v_{i-1} + \alpha_{i+1} v_{i+1} + \ldots + \alpha_m v_m$$

*für geeignete $\alpha_j \in \mathbb{R}$, $j \neq i$, gilt.*

*Beweis.* Da $v_1, \ldots, v_m \in \mathbb{R}^n$ linear abhängig sind gibt es $\lambda_1, \ldots, \lambda_m \in \mathbb{R}$ mit $\lambda_1 v_1 + \ldots + \lambda_m v_m = \mathbf{0}$ und mindestens einem $\lambda_i \neq 0$. Dann gilt aber

$$v_i = \alpha_1 v_1 + \ldots + \alpha_{i-1} v_{i-1} + \alpha_{i+1} v_{i+1} + \ldots + \alpha_m v_m,$$

wobei $\alpha_j := -\frac{\lambda_j}{\lambda_i}$ für $j \neq i$ ist.                                            $\square$

**Beispiele** für linear abhängige und unabhängige Vektoren:

1. Die Einheitsvektoren $e^1, \ldots, e^n$ sind linear unabhängig.

2. Die Vektoren $\begin{pmatrix} 0 \\ 1 \\ 1 \end{pmatrix}$ oder $\left\{ \begin{pmatrix} 0 \\ 1 \\ 1 \end{pmatrix}, \begin{pmatrix} 0 \\ 1 \\ -1 \end{pmatrix} \right\}$ oder $\left\{ \begin{pmatrix} 0 \\ 1 \\ 1 \end{pmatrix}, \begin{pmatrix} 0 \\ 1 \\ -1 \end{pmatrix}, \begin{pmatrix} 1 \\ 1 \\ 1 \end{pmatrix} \right\}$

   sind jeweils linear **unabhängig**.

3. Die Vektoren $\left\{ \begin{pmatrix} 1 \\ 0 \\ 0 \end{pmatrix}, \begin{pmatrix} 0 \\ 1 \\ 0 \end{pmatrix}, \begin{pmatrix} 0 \\ 0 \\ 1 \end{pmatrix}, \begin{pmatrix} 0 \\ 1 \\ 1 \end{pmatrix}, \begin{pmatrix} 0 \\ 1 \\ -1 \end{pmatrix}, \begin{pmatrix} 1 \\ 1 \\ 1 \end{pmatrix}, \begin{pmatrix} 0 \\ 0 \\ 0 \end{pmatrix} \right\}$

   sind linear **abhängig**.

4. Ist $v_i = \mathbf{0}$ für ein $i$, so sind $v_1, \ldots, v_m \in \mathbb{R}^n$ linear abhängig.

5. Ist $v_i = v_j$ für $i \neq j$, so sind $v_1, \ldots, v_m \in \mathbb{R}^n$ linear abhängig.

6. Ist $v_i = \lambda v_j$ für $i \neq j$, so sind $v_1, \ldots, v_m \in \mathbb{R}^n$ linear abhängig.

7. Ist $v_i = v_j + v_k$ für $i \neq j$, $i \neq k$, so sind $v_1, \ldots, v_m \in \mathbb{R}^n$ linear abhängig.

Mit den bisherigen Bezeichnungen lassen sich Geraden und Ebenen im $\mathbb{R}^n$ folgendermaßen beschreiben:

1. Sind $x, a \in \mathbb{R}^n$ mit $a \neq \mathbf{0}$, so beschreibt $\{x + \lambda a \,|\, \lambda \in \mathbb{R}\}$ eine **Gerade** durch $x$ mit Richtung $a$.

2. Sind $x, a, b \in \mathbb{R}^n$, wobei $a$ und $b$ zwei linear unabhängige Vektoren sind, dann beschreibt die Menge $\{x + \lambda_1 a + \lambda_2 b \,|\, \lambda_1, \lambda_2 \in \mathbb{R}\}$ eine **Ebene** durch $x$.

*Anmerkung 10.1.* Die Bedingung $a \neq \mathbf{0}$ in 1. bedeutet, dass der eine Vektor $a \in \mathbb{R}^n$ linear unabhängig ist. Ist $a = \mathbf{0}$, so besteht die Menge nur aus $x$. Falls in 2. die Vektoren $a, b$ linear abhängig sind, würde die oben beschriebene Menge bestenfalls eine Gerade und keine Ebene beschreiben.

Eine geometrische Illustration ist in Abb. 10.3 aufgezeigt. Besonders ausgezeichnete Vektoren sind die **Einheitsvektoren** $e^i \in \mathbb{R}^n$, die dadurch definiert sind, dass $e^i_i = 1$ ist und $e^i_j = 0$ ist für $j \neq i$. Die Vektoren $e^1, \ldots, e^n$ nennt man auch **kanonische Basis** des $\mathbb{R}^n$. Die kanonische Basis ist besonders wichtig, weil

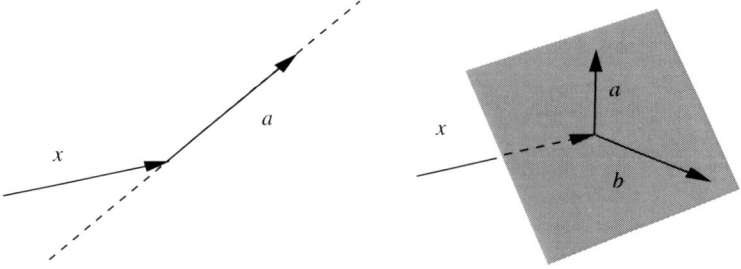

**Abb. 10.3** Darstellung einer Geraden im $\mathbb{R}^2$ und einer Ebene im $\mathbb{R}^3$

- ihre lineare Hülle den $\mathbb{R}^n$ aufspannt, d. h. $\text{Lin}(e^1, \ldots, e^n) = \mathbb{R}^n$
- und die Vektoren $e^1, \ldots, e^n$ linear unabhängig sind.

Damit ist es möglich, jeden Vektor $x \in \mathbb{R}^n$ in eindeutiger Weise als Linearkombination der Vektoren $e^1, \ldots, e^n$ zu schreiben durch

$$x = \begin{pmatrix} x_1 \\ x_2 \\ \vdots \\ x_n \end{pmatrix} = x_1 \begin{pmatrix} 1 \\ 0 \\ \vdots \\ \vdots \\ 0 \end{pmatrix} + \ldots + x_n \begin{pmatrix} 0 \\ \vdots \\ 0 \\ 1 \end{pmatrix} = x_1 e^1 + \ldots + x_n e^n.$$

Allgemeiner wird definiert:

> **Definition 10.6.** Vektoren $v_1, \ldots, v_m \in \mathbb{R}^n$ **spannen** einen Unterraum $U$ des $\mathbb{R}^n$ auf, wenn
> $$\text{Lin}(a_1, \ldots, a_m) = U,$$
> gilt. Die Vektoren $v_1, \ldots, v_m \in \mathbb{R}^n$ heißen **Erzeugendensystem** des Unterraumes $U$.

**Beispiele** für Erzeugendensysteme:

1. Die Einheitsvektoren $e^1, \ldots, e^n$ bilden ein Erzeugendensystem des $\mathbb{R}^n$.
2. Die Vektoren $a_1, \ldots, a_m$ bilden immer ein Erzeugendensystem ihrer eigenen linearen Hülle $\text{Lin}(a_1, \ldots, a_m)$.
3. Die Vektoren

$$\begin{pmatrix} 1 \\ 0 \\ 0 \end{pmatrix}, \begin{pmatrix} 0 \\ 1 \\ 0 \end{pmatrix}, \begin{pmatrix} 0 \\ 0 \\ 1 \end{pmatrix}, \begin{pmatrix} 0 \\ 1 \\ 1 \end{pmatrix}, \begin{pmatrix} 0 \\ 1 \\ -1 \end{pmatrix}, \begin{pmatrix} 1 \\ 1 \\ 1 \end{pmatrix}, \begin{pmatrix} 0 \\ 0 \\ 0 \end{pmatrix}$$

bilden ein Erzeugendensystem des $\mathbb{R}^3$.

Zusammenhänge für lineare Unabhängigkeit und Erzeugendensysteme:

- Linear **unabhängige** Vektoren bleiben linear unabhängig, wenn **Vektoren entfernt** werden.
- Linear **unabhängige** Vektoren bleiben linear unabhängig, wenn ein **Vektor, der keine Linearkombination ist, hinzugefügt** wird.
- Linear **abhängige** Vektoren bleiben linear abhängig, wenn **irgendwelche Vektoren hinzugefügt** werden.
- Ein **Erzeugendensystem** bleibt ein Erzeugendensystem, wenn **linear abhängige Vektoren entfernt** werden.
- Ein **Erzeugendensystem** bleibt ein Erzeugendensystem, wenn irgendwelche **Vektoren hinzugefügt** werden.

Sind die Vektoren eines Erzeugendensystems linear unabhängig, so spricht man von einer Basis.

**Definition 10.7.** Vektoren $v_1, \ldots, v_m \in \mathbb{R}^n$ heißen **Basis** eines Unterraumes $U$ des $\mathbb{R}^n$, wenn folgendes gilt:

1. $v_1, \ldots, v_m$ spannen den Unterraum $U$ auf, d. h. $\mathrm{Lin}(v_1, \ldots, v_m) = U$,
2. $v_1, \ldots, v_m$ sind linear unabhängig.

Die Vektoren $v_1, \ldots, v_m$ heißen **Basisvektoren**. Die Anzahl $m$ der Basisvektoren heißt **Dimension** von $U$, kurz $\dim(U) = m$.

Ist $v_1, \ldots, v_m$ eine Basis eines Unterraumes $U$, dann besitzt jedes Element von $U$ eine eindeutige Darstellung als Linearkombination der Basisvektoren.

**Beispiele** für Basen des $\mathbb{R}^3$:

1. Die Vektoren
$$\begin{pmatrix} 0 \\ 1 \\ 1 \end{pmatrix}, \begin{pmatrix} 0 \\ 1 \\ -1 \end{pmatrix}, \begin{pmatrix} 1 \\ 1 \\ 1 \end{pmatrix}$$
   bilden eine Basis des $\mathbb{R}^3$. Die Dimension des $\mathbb{R}^3$ ist 3.
2. Die Vektoren
$$\begin{pmatrix} 1 \\ 0 \\ 0 \end{pmatrix}, \begin{pmatrix} 0 \\ 1 \\ 0 \end{pmatrix}, \begin{pmatrix} 0 \\ 0 \\ 1 \end{pmatrix}$$
   bilden eine Basis des $\mathbb{R}^3$. Die Dimension des $\mathbb{R}^3$ ist 3.

An diesem Beispiel zeigt sich, dass ein Vektorraum verschiedene Basen haben kann, die Anzahl der Basisvektoren – und damit die Dimension – aber immer gleich ist.

## 10.3 Das Skalarprodukt und Orthogonalität

Lineare Zusammenhänge lassen sich oft auch über das **Skalarprodukt** von Vektoren beschreiben; Beispiele hierfür sind Geraden und Ebenen. Als ökonomische Anwendung wird das Skalarprodukt genutzt, um den Gesamtwert von Güterbündeln und damit die Budgetmenge darzustellen, siehe die Anwendung in Abschnitt 10.4.

Das Skalarprodukt[1] kann man formal auch als eine Abbildung $\mathbb{R}^n \times \mathbb{R}^n \to \mathbb{R}$ auffassen.

**Definition 10.8.** Seien $x, y \in \mathbb{R}^n$, dann heißt

$$\langle x, y \rangle := x_1 y_1 + x_2 y_2 + \ldots + x_n y_n = \sum_{i=1}^{n} x_i y_i$$

das **Skalarprodukt** von $x$ und $y$.

Andere Schreibweisen für das Skalarprodukt sind $x \cdot y$ oder $x^T y$. Nun sollen die wichtigsten Eigenschaften des Skalarproduktes zusammengefasst werden.

**Satz 10.4.** *Für $u, v, w \in \mathbb{R}^n$ und $\alpha \in \mathbb{R}$ gilt:*

*1. Bilinearität:*

$$\langle v, w + u \rangle = \langle v, w \rangle + \langle v, u \rangle \quad und \quad \langle v, \alpha w \rangle = \alpha \langle v, w \rangle$$
$$\langle v + u, w \rangle = \langle v, w \rangle + \langle u, w \rangle \quad und \quad \langle \alpha v, w \rangle = \alpha \langle v, w \rangle$$

*2. Symmetrie:*

$$\langle v, w \rangle = \langle w, v \rangle$$

*3. Positive Definitheit:*

$$\langle v, v \rangle \geq 0$$

*und $\langle v, v \rangle = 0$ genau dann, wenn $v = \mathbf{0}$.*

*Anmerkung 10.2.* Diese Eigenschaften des Skalarprodukts erwecken den Eindruck, dass damit eine Multiplikation zwischen Vektoren möglich ist. Die Eigenschaften der Multiplikation von Zahlen lassen sich aber nicht alle übertragen. Insbesondere gilt:

---

[1] Hier wird das übliche Skalarprodukt im $\mathbb{R}^n$ definiert. Eine Definition eines Skalarproduktes für andere Vektorräume nutzt die Eigenschaften aus Satz 10.4. Ein Vektorraum zusammen mit dem Skalarprodukt wird als **Euklidischer Vektorraum** bezeichnet.

> **Merke:** Durch Vektoren kann man **nicht** teilen!

Mit dem Skalarprodukt definieren wir eine **Norm** auf dem $\mathbb{R}^n$, die die Länge eines Vektors angibt. Ferner kann dadurch der **Abstand** zwischen zwei Vektoren definiert werden.

**Definition 10.9.** Die **Euklidische Norm** eines Vektors $x \in \mathbb{R}^n$ ist definiert durch

$$\|x\| := \sqrt{\langle x,x \rangle} = \sqrt{x_1^2 + x_2^2 + \ldots + x_n^2} = \sqrt{\sum_{i=1}^{n} x_i^2}.$$

Der **Abstand** von zwei Vektoren $v, w \in \mathbb{R}^n$ ist definiert durch

$$\|v - w\| = \sqrt{\langle v - w, v - w \rangle}.$$

Das bedeutet beispielsweise, dass die Einheitsvektoren auf eins normiert sind, also $\|e^i\| = 1$ für $i = 1, \ldots, n$ gilt. Im folgenden Satz werden die wichtigsten Eigenschaften der Euklidischen Norm zusammengefasst.

**Satz 10.5.** *Für $v, w \in \mathbb{R}^n$ und $\alpha \in \mathbb{R}$ gilt:*

1. $\|v\| = 0$ *genau dann, wenn $v = \mathbf{0}$.*
2. $\|v + w\| \leq \|v\| + \|w\|$ *(Dreiecksungleichung)*
3. $\|\alpha v\| = |\alpha| \, \|v\|$

Mit dem Skalarprodukt lassen sich folgendermaßen **Hyperebenen** beschreiben: Sind $x, p \in \mathbb{R}^n$ mit $p \neq 0$, so beschreibt $\{y \in \mathbb{R}^n \mid \langle p, y \rangle = \langle p, x \rangle\}$ eine **Hyperebene** durch $x$ mit **Normale** $p$. Ist $n = 3$, so beschreibt dies eine Ebene im $\mathbb{R}^3$. Eine geometrische Illustration dieser Darstellung einer Ebene im dreidimensionalen Raum ist in Abb. 10.4 aufgezeigt.

Das zeigt auch, dass von besonderem Interesse Vektorenpaare sind mit $\langle v, w \rangle = 0$, denn für alle $y \in \mathbb{R}^n$ auf dieser Hyperebene gilt $\langle p, x - y \rangle = 0$.

**Definition 10.10.** Zwei Vektoren $v, w \in \mathbb{R}^n$ heißen **orthogonal** zueinander, kurz $v \perp w$, wenn ihr Skalarprodukt null ist, d. h.,

$$\langle v, w \rangle = 0.$$

Vektoren $v_1, \ldots, v_m$ heißen **paarweise orthogonal**, wenn $\langle v_i, v_j \rangle = 0$ für alle $i \neq j$ gilt.

**Abb. 10.4** Eine Ebene definiert durch einen Punkt $x$ und
eine Normale $p$

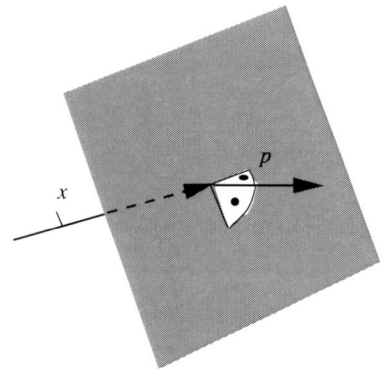

Ein Beispiel für paarweise orthogonale Vektoren sind die **Einheitsvektoren** $e^i \in \mathbb{R}^n$ (die durch $e^i_i = 1$ und $e^i_j = 0$ für $j \neq i$ definiert sind), denn offensichtlich gilt $\langle e^i, e^j \rangle = 0$, falls $j \neq i$. Zusätzlich gilt $\langle e^i, e^i \rangle = 1$, die Einheitsvektoren sind somit auf 1 normiert.

Zwei Vektoren des $v, w \in \mathbb{R}^n$ mit $\langle v, w \rangle = 0$ zeichnen sich dadurch aus, dass sie (geometrisch) senkrecht aufeinander stehen. Die Orthogonalität soll nun auch für Mengen definiert werden.

---

**Definition 10.11.** Zwei Teilmengen $U, W \subset \mathbb{R}^n$ heißen **orthogonal**, kurz $U \perp W$, wenn $u \perp w$ für alle $u \in U$ und $w \in W$ gilt.
Ist $M \subset \mathbb{R}^n$, dann heißt die Menge

$$M^\perp := \{ w \in \mathbb{R}^n \mid w \perp u \text{ für alle } u \in M \}$$

das **orthogonale Komplement** von $M$. Ist $v \in \mathbb{R}^n$, so heißt die Menge

$$v^\perp := \{ w \in \mathbb{R}^n \mid w \perp v \}$$

das **orthogonale Komplement** von $v$.

---

Da $\langle \mathbf{0}, v \rangle = 0$ für jedes $v \in \mathbb{R}^n$ gilt, ist $\mathbf{0} \in M^\perp$ und $M^\perp \neq \emptyset$. Die Linearität des Skalarproduktes impliziert für $x, y \in M^\perp$, $\alpha \in \mathbb{R}$, dass $x + y, \alpha v \in M^\perp$. Also ist $M^\perp$ ein Untervektorraum des $\mathbb{R}^n$. Mit den gleichen Argumenten ist für jedes $v \in \mathbb{R}^n$ auch das orthogonale Komplement $v^\perp$ ein Untervektorraum.

Im Folgenden sei $V$ ein Untervektorraum des $\mathbb{R}^n$. Von besonderem Interesse ist eine Basis $v_1, \ldots, v_r$ von $V$, die aus paarweise orthogonalen Vektoren besteht, d. h. für die gilt $v_i \perp v_j$ für $i \neq j$. Da das Skalarprodukt eine Norm definiert, ist es sinnvoll, diese Vektoren auf 1 zu **normieren**, so dass jeweils $\|v_i\| = 1$ gilt. In diesem Fall gilt

$$\langle v_i, v_j \rangle = \delta_{ij} := \begin{cases} 1 & \text{für } i = j, \\ 0 & \text{für } i \neq j. \end{cases}$$

Das wird in der folgenden Definition zusammengefasst.

---

**Definition 10.12.** Sei $V$ ein Untervektorraum des $\mathbb{R}^n$, dann sind Vektoren $v_1, \ldots, v_r$ aus $V$ ein **Orthonormalsystem**, wenn $\|v_i\| = 1$ und $v_i \perp v_j$ für $i \neq j$, d. h., wenn $\langle v_i, v_j \rangle = \delta_{ij}$ für alle $i, j \in \{1, \ldots, r\}$ gilt. Ist das Orthonormalsystem ein Erzeugendensystem von $V$, so heißt es **Orthonormalbasis**.

---

*Beispiel 10.2.* Die Basis aus Einheitsvektoren $e^1, \ldots, e^n$ ist eine Orthonormalbasis des $\mathbb{R}^n$.

Vektoren eines Orthonormalsystems sind immer linear unabhängig, so dass sich folgender Satz ergibt:

---

**Satz 10.6.** *Bilden $v_1, \ldots, v_r \in V$ ein **Orthonormalsystem**, dann sind die Vektoren $v_1, \ldots, v_r$ linear unabhängig.*
*Sind $v_1, \ldots, v_r \in V$ ein **Orthonormalsystem** und ein **Erzeugendensystem** von $V$, dann bilden $v_1, \ldots, v_r$ eine **Orthonormalbasis** von $V$.*

---

*Beweis.* Ist $v_1, \ldots, v_r$ ein Orthonormalsystem, dann gilt

$$x_1 v_1 + \ldots + x_n v_n = \mathbf{0} \Longrightarrow 0 = \langle x_1 v_1 + \ldots + x_n v_n, v_i \rangle = x_i \langle v_i, v_i \rangle = x_i$$

für alle $i = 1, \ldots, r$. Damit sind die Vektoren linear unabhängig. Für eine Orthonormalbasis reicht es daher aus, dass ein Erzeugendensystem vorliegt. $\qquad \square$

Ist $v_1, \ldots, v_n \in V$ eine Orthonormalbasis, so gilt für jedes $v = x_1 v_1 + \ldots + x_n v_n \in V$ wie oben

$$\langle v, v_i \rangle = \langle x_1 v_1 + \ldots + x_n v_n, v_i \rangle = x_i \langle v_i, v_i \rangle = x_i,$$

so dass die Koeffizienten, die die Linearkombination ergeben, direkt bestimmt werden können.

---

**Lemma 10.1.** *Sei $v_1, \ldots, v_r \in V$ eine Orthonormalbasis von $V$, dann gilt für jedes $v \in V$:*

$$v = \langle v, v_1 \rangle v_1 + \ldots + \langle v, v_r \rangle v_r = \sum_{i=1}^{r} \langle v, v_i \rangle v_i.$$

---

Liegt nur ein Orthonormalsystem vor (keine Basis), so kann man einen Vektor als Summe eines Vektors aus der linearen Hülle und eines Vektors aus deren orthogonalem Komplement darstellen.

**Lemma 10.2.** *Sei $v_1, \ldots, v_r \in V$ ein Orthonormalsystem und $U$ dessen lineare Hülle, dann lässt sich jedes $v \in V$ auf genau eine Weise als Summe $v = u + w$ mit $u \in U$ und $w \in U^\perp$ schreiben und zwar werden $u$ und $w$ bestimmt durch*

$$u = \sum_{i=1}^{r} \langle v, v_i \rangle v_i \in U, \quad w = v - \sum_{i=1}^{r} \langle v, v_i \rangle v_i \in U^\perp.$$

Für einen Beweis siehe beispielsweise Jänich (2008). Eine geometrische Darstellung dieser Aufteilung in einen Anteil aus $U$ und einen Anteil aus $U^\perp$ ist in Abb. 10.5 dargestellt.

**Abb. 10.5** Geometrische Darstellung der Projektion von $v \in V$ auf $U$ und $U^\perp$

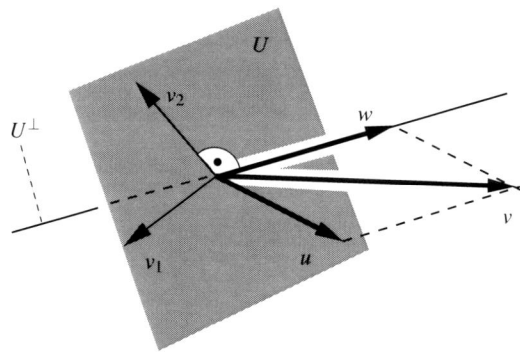

Um eine Orthonormalbasis zu bestimmen, wird nun das Schmidtsche Orthonormalisierungsverfahren genutzt.

**Satz 10.7.** *(Schmidtsches Orthonormalisierungsverfahren) Sei $v_1, \ldots, v_r \in V$ eine Basis eines Untervektorraumes $V$ des $\mathbb{R}^n$, dann ergibt*

$$u_1 := \frac{v_1}{\|v_1\|}$$

*und rekursiv für $k = 1, \ldots, r - 1$*

$$u_{k+1} := \frac{v_{k+1} - \sum_{i=1}^{k} \langle v_{k+1}, u_i \rangle u_i}{\|v_{k+1} - \sum_{i=1}^{k} \langle v_{k+1}, u_i \rangle u_i\|}$$

*eine Orthonormalbasis $u_1, \ldots, u_r$ von $V$. Insbesondere bilden $u_1, \ldots, u_l$ für $l = 1, \ldots, r$ jeweils ein Orthonormalsystem, das den gleichen Unterraum aufspannt wie die Vektoren $v_1, \ldots, v_l$.*

**Achtung**, die Orthonormalbasis $u_1, \ldots, u_n$ hängt davon ab, in welcher Reihenfolge die Basisvektoren $v_1, \ldots, v_n \in V$ behandelt werden. Dies zeigt das folgende Beispiel zur Bestimmung einer Orthonormalbasis des $\mathbb{R}^2$, das auch in Abb. 10.6 und Abb. 10.7 illustriert wird.

**Beispiel:** Starte mit der Basis $v_1 = \binom{0}{2}$ und $v_2 = \binom{1.5}{1.5}$, dann wird die Orthonormalisierung, illustriert in Abb. 10.6, folgendermaßen vorgenommen:

1. $u_1 := \frac{v_1}{\|v_1\|} = \frac{1}{2}\binom{0}{2} = \binom{0}{1}$
2. $\langle v_2, u_1 \rangle u_1 = \langle \binom{1.5}{1.5}, \binom{0}{1} \rangle \binom{0}{1} = \binom{0}{1.5}$
3. $v_2 - \langle v_2, u_1 \rangle u_1 = \binom{1.5}{1.5} - \binom{0}{1.5} = \binom{1.5}{0}$
4. $u_2 := \frac{1}{1.5}\binom{1.5}{0} = \binom{1}{0}$
5. Die Orthonormalbasis ist $\binom{0}{1}, \binom{1}{0}$

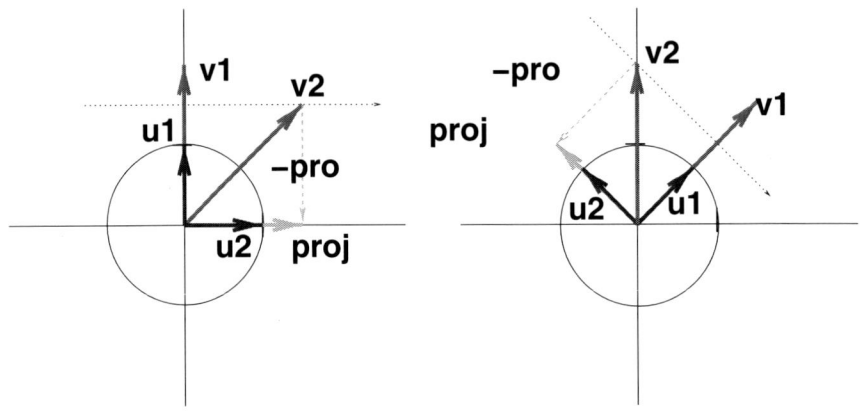

**Abb. 10.6** $v_1 = \binom{0}{2}$ und $v_2 = \binom{1.5}{1.5}$      **Abb. 10.7** $v_1 = \binom{1.5}{1.5}$ und $v_2 = \binom{0}{2}$
Illustration der Orthonormalisierungen bei jeweils vertauschter Reihenfolge der Basisvektoren

Starte nun mit den getauschten Basisvektoren $v_1 = \binom{1.5}{1.5}$ und $v_2 = \binom{0}{2}$, dann wird die Orthonormalisierung, illustriert rechts in Abb. 10.7, folgendermaßen vorgenommen:

1. $u_1 := \frac{v_1}{\|v_1\|} = \sqrt{\frac{1}{2}}\binom{1}{1} = \binom{\sqrt{0.5}}{\sqrt{0.5}}$
2. $\langle v_2, u_1 \rangle u_1 = \langle \binom{0}{2}, \sqrt{\frac{1}{2}}\binom{1}{1} \rangle \sqrt{\frac{1}{2}}\binom{1}{1} = \sqrt{2}\sqrt{\frac{1}{2}}\binom{1}{1} = \binom{1}{1}$
3. $v_2 - \langle v_2, u_1 \rangle u_1 = \binom{0}{2} - \binom{1}{1} = \binom{-1}{1}$
4. $u_2 := \sqrt{\frac{1}{2}}\binom{-1}{1}\binom{-\sqrt{0.5}}{\sqrt{0.5}}$
5. Die Orthonormalbasis ist $\binom{\sqrt{0.5}}{\sqrt{0.5}}, \binom{-\sqrt{0.5}}{\sqrt{0.5}}$

## 10.4 Anwendung: Das Haushaltsbudget

Betrachte eine Ökonomie mit drei Gütern, in der ein Haushalt eine Erstausstattung $z = \begin{pmatrix} z_1 \\ z_2 \\ z_3 \end{pmatrix}$ an Gütern besitzt und ein Preisvektor $p = \begin{pmatrix} p_1 \\ p_2 \\ p_3 \end{pmatrix}$ gegeben ist. Dann lässt sich das Haushaltbudget $m$ über das Skalarprodukt bestimmen, d. h.

$$m = \langle p, z \rangle = p_1 z_1 + p_2 z_2 + p_3 z_3.$$

Die Menge aller Güterbündel, die für den Haushalt bei ausgeglichenem Budget finanzierbar sind, ist

$$\{y \in \mathbb{R}^3 \mid \langle p, y \rangle = m\} = \{y \in \mathbb{R}^3 \mid \langle p, y \rangle = \langle p, z \rangle\} = \{y \in \mathbb{R}^3 \mid \langle p, y - z \rangle = 0\}.$$

D. h., der Haushalt kann sein Güterbündel $z$ bei den gegebenen Preisen $p$ gegen ein Güterbündel $y$ eintauschen, wenn der Differenzenvektor $y - z$ orthogonal zum Preisvektor ist. Ein typischer Fall mit positiven Preisen und Güterbündeln ist illustriert in Abb. 10.8.

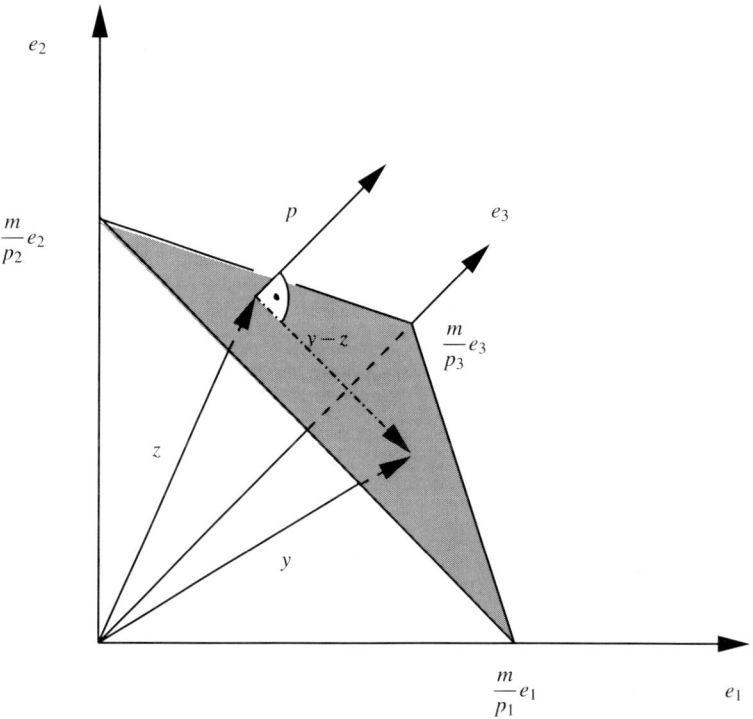

**Abb. 10.8** Illustration der Budgetmenge eines Haushalts bei gegebener Erstausstattung $z$ und Preisen $p$

## Aufgaben zu Kapitel 10

**10.1.** Gegeben seien die Vektoren

$$v_1 = \begin{pmatrix} 1 \\ -1 \\ 0 \end{pmatrix}, \qquad v_2 = \begin{pmatrix} 1 \\ 1 \\ 1 \end{pmatrix}, \qquad v_3 = \begin{pmatrix} 1 \\ 0 \\ 2 \end{pmatrix}, \qquad v_4 = \begin{pmatrix} 2 \\ 0 \\ 1 \end{pmatrix}.$$

a) Prüfen Sie jeweils, ob die drei Vektoren $v_1$, $v_2$, $v_3$ und die drei Vektoren $v_1$, $v_2$, $v_4$ linear unabhängig sind.

b) Geben Sie $v_4$ als **Linearkombination** von $v_1$, $v_2$ und $v_3$ an.

**10.2.** Gegeben sei der Vektor $v = \begin{pmatrix} -2 \\ 0 \\ 1 \end{pmatrix}$.

a) Überlegen Sie, was alle Vektoren der Menge $U := \{x \in \mathbb{R}^3 \mid \langle x, v \rangle = 0\}$ erfüllen müssen und geben Sie zwei linear unabhängige Vektoren aus $U$ an.

b) Prüfen Sie, ob $U = \{x \in \mathbb{R}^3 \mid \langle x, v \rangle = 0\}$ ein **Untervektorraum** des $\mathbb{R}^3$ ist.

c) Begründen Sie, dass $U = \{x \in \mathbb{R}^2 \mid x_1 \cdot x_2 = 0\}$ **kein Untervektorraum** des $\mathbb{R}^2$ ist.

**10.3.** Gegeben seien die Vektoren $v_1 = \begin{pmatrix} 1 \\ 0 \\ -2 \\ 2 \end{pmatrix}, v_2 = \begin{pmatrix} 0 \\ 1 \\ 2 \\ 2 \end{pmatrix}, v_3 = \begin{pmatrix} 3 \\ -2 \\ 0 \\ 1 \end{pmatrix}.$

a) Bestimmen Sie die Euklidische Länge des Vektors $v_1$.

b) Bestimmen Sie paarweise die Skalarprodukte der Vektoren $v_1$, $v_2$ und $v_2$, $v_3$ sowie $v_1$, $v_3$.

c) Geben Sie an, welche Vektoren paarweise orthogonal zueinander sind.

**10.4.** Gegeben seien die Vektoren $v_1 = \begin{pmatrix} 1 \\ -1 \\ 0 \end{pmatrix}, v_2 = \begin{pmatrix} 2 \\ 2 \\ 1 \end{pmatrix}$

a) Ermitteln Sie zu den Vektoren einen dritten Vektor $v_3 \neq \mathbf{0}$ der orthogonal zu $v_1$ **und** $v_2$ ist.

b) Bestimmen sie zu $v_1$, $v_2$ und $v_3$ die auf 1 normierten Vektoren $u_1$, $u_2$ und $u_3$. Begründen Sie, dass $u_1$, $u_2$ und $u_3$ eine Orthonormalbasis bilden.

**10.5.** Gegeben seien die Vektoren $v_1 = \begin{pmatrix} 1 \\ 0 \\ -2 \\ 2 \end{pmatrix}, v_2 = \begin{pmatrix} 0 \\ 1 \\ 2 \\ 2 \end{pmatrix}, v_3 = \begin{pmatrix} 3 \\ -2 \\ 0 \\ 1 \end{pmatrix}.$

a) Bestimmen sie die Euklidischen Längen der Vektoren und paarweise die Skalarprodukte der Vektoren $v_1$ und $v_2$, $v_2$ und $v_3$ sowie $v_1$ und $v_3$.

b) Bestimmen Sie eine Orthonormalbasis von $\text{Lin}\{v_1, v_2, v_3\}$ mit der Schmidtschen Orthonormalisierung.

# Kapitel 11
# Matrizen

In diesem Abschnitt werden **Matrizen** definiert und Rechenregeln für Matrizen angegeben. Die Matrix ist ein wichtiges Hilfsmittel für das Lösen von linearen Gleichungssystemen, insbesondere ermöglicht es eine sehr kompakte Schreibweise.

**Definition 11.1.** Seien $n, m \geq 1$ natürliche Zahlen, dann heißt ein Rechteckschema

$$A = \begin{pmatrix} a_{11} & \cdots & a_{1j} & \cdots & a_{1n} \\ \vdots & & \vdots & & \vdots \\ a_{i1} & \cdots & a_{ij} & \cdots & a_{in} \\ \vdots & & \vdots & & \vdots \\ a_{m1} & \cdots & a_{mj} & \cdots & a_{mn} \end{pmatrix}$$

mit Elementen $a_{ij} \in \mathbb{R}$ eine (reelle) $m \times n$-**Matrix**. Die Menge aller reellen $m \times n$-Matrizen wird bezeichnet mit $\mathcal{M}(m \times n, \mathbb{R})$.

**Bemerkung:** Da zunächst nur **reelle** $m \times n$-Matrizen betrachten werden, schreiben wir kurz $\mathcal{M}(m \times n)$. Die Unterscheidung kann später notwendig werden, da dann auch komplexe $m \times n$-Matrizen $\mathcal{M}(m \times n, \mathbb{C})$ betracht werden.

## 11.1 Matrizenaddition und Skalarmultiplikation

Wie bei den Vektoren werden nun auch auf $\mathcal{M}(m \times n)$, dem Raum der $m \times n$-Matrizen, eine Addition und eine Multiplikation mit reellen Zahlen eingeführt.

T. Pampel, *Mathematik für Wirtschaftswissenschaftler*, Springer-Lehrbuch,
DOI 10.1007/978-3-642-04490-8_11, © Springer-Verlag Berlin Heidelberg 2010

**Definition 11.2.** Zwei $m \times n$-Matrizen $A, B \in \mathcal{M}(m \times n)$ heißen **gleich**, wenn $a_{ij} = b_{ij}$ für alle $i = 1, \ldots, m$ und $j = 1, \ldots, n$ gilt.

Die **Matrixaddition** ist komponentenweise definiert durch

$$\begin{pmatrix} a_{11} & \cdots & a_{1n} \\ \vdots & & \vdots \\ a_{m1} & \cdots & a_{mn} \end{pmatrix} + \begin{pmatrix} b_{11} & \cdots & b_{1n} \\ \vdots & & \vdots \\ b_{m1} & \cdots & b_{mn} \end{pmatrix} := \begin{pmatrix} a_{11} + b_{11} & \cdots & a_{1n} + b_{1n} \\ \vdots & & \vdots \\ a_{m1} + b_{m1} & \cdots & a_{mn} + b_{mn} \end{pmatrix}.$$

Die **Skalarmultiplikation** mit einem $\lambda \in \mathbb{R}$ ist definiert durch

$$\lambda \begin{pmatrix} a_{11} & \cdots & a_{1n} \\ \vdots & & \vdots \\ a_{m1} & \cdots & a_{mn} \end{pmatrix} := \begin{pmatrix} \lambda a_{11} & \cdots & \lambda a_{1n} \\ \vdots & & \vdots \\ \lambda a_{m1} & \cdots & \lambda a_{mn} \end{pmatrix}.$$

Wie bei Vektoren gelten bei Matrizen folgende Regeln:

**Satz 11.1.** *Für $A, B, C \in \mathcal{M}(m \times n)$ und $\alpha, \beta \in \mathbb{R}$ gilt:*

1. $(A + B) + C = A + (B + C)$
2. $A + B = B + A$
3. $\alpha(A + B) = \alpha A + \alpha B$
4. $(\alpha + \beta)A = \alpha A + \beta A$
5. $(\alpha \beta)A = \alpha(\beta A)$
6. *Sei* $\mathcal{O} = \begin{pmatrix} 0 & \cdots & 0 \\ \vdots & & \vdots \\ 0 & \cdots & 0 \end{pmatrix} \in \mathcal{M}(m \times n)$ *die Nullmatrix, dann gilt*

$$A + \mathcal{O} = A.$$

7. *Sei* $-A$ *definiert durch* $-A = (-1)A$, *dann gilt*

$$A + (-A) = \mathcal{O}.$$

Wie bei den Vektoren[1] in Satz 10.1, lassen sich diese Eigenschaften komponentenweise zeigen.

*Anmerkung 11.1.* Damit ist $\mathcal{M}(m \times n)$ zusammen mit der Matrixaddition und der Skalarmultiplikation ebenfalls ein Vektorraum.

---

[1] Da man eine $m \times n$-Matrix auch als ein Vektor im $\mathbb{R}^{mn}$ auffassen kann (indem man die Spalten der Matrix übereinander schreibt), folgen die Eigenschaften auch direkt aus denen für Vektoren.

## 11.2 Die Matrixmultiplikation

Als Analogie zum Skalarprodukt bei den Vektoren lässt sich für Matrizen die **Matrixmultiplikation** definieren.

---

**Definition 11.3.** Sei $A \in \mathscr{M}(m \times k)$ und $B \in \mathscr{M}(k \times n)$. Die **Matrixmultiplikation** definiert eine Matrix $AB \in \mathscr{M}(m \times n)$ durch

$$AB = \begin{pmatrix} a_{11} & \cdots & a_{1k} \\ \vdots & & \vdots \\ a_{i1} & \cdots & a_{ik} \\ \vdots & & \vdots \\ a_{m1} & \cdots & a_{mk} \end{pmatrix} \begin{pmatrix} b_{11} & \cdots & b_{1j} & \cdots & b_{1n} \\ \vdots & & \vdots & & \vdots \\ b_{k1} & \cdots & b_{kj} & \cdots & b_{kn} \end{pmatrix}$$

$$:= \begin{pmatrix} \sum_{v=1}^{k} a_{1v}b_{v1} & \cdots & \sum_{v=1}^{k} a_{1v}b_{vj} & \cdots & \sum_{v=1}^{k} a_{1v}b_{vn} \\ \vdots & & \vdots & & \vdots \\ \sum_{v=1}^{k} a_{iv}b_{v1} & \cdots & \sum_{v=1}^{k} a_{iv}b_{vj} & \cdots & \sum_{v=1}^{k} a_{iv}b_{vn} \\ \vdots & & \vdots & & \vdots \\ \sum_{v=1}^{k} a_{mv}b_{v1} & \cdots & \sum_{v=1}^{k} a_{mv}b_{vj} & \cdots & \sum_{v=1}^{k} a_{mv}b_{vn} \end{pmatrix}$$

---

**Merke:** Die Spaltenzahl von $A$ ist gleich der Zeilenzahl von $B$!

---

Anders als beim Skalarprodukt und bei der Multiplikation von reellen Zahlen ist die Matrixmultiplikation **nicht** kommutativ (Reihenfolge vertauschbar). Außerdem gibt es, wie beim Skalarprodukt, Matrizen, deren Produkt die Nullmatrix ist, obwohl beide Matrizen selbst nicht Nullmatrizen sind.

---

**Lemma 11.1.**

1. *Es gibt Matrizen* $A, B \in \mathscr{M}(n \times n)$, *so dass* $AB \neq BA$ *gilt.*
2. *Es gibt Matrizen* $A \neq \mathscr{O}, B \neq \mathscr{O}$, *so dass* $AB = \mathscr{O}$ *gilt.*

---

*Beweis.* Ein kleines Beispiel, das beide Fälle gleichzeitig behandelt, ist:

$$A = \begin{pmatrix} 0 & 1 \\ 0 & 1 \end{pmatrix} \neq \mathscr{O}, \qquad B = \begin{pmatrix} 1 & 1 \\ 0 & 0 \end{pmatrix} \neq \mathscr{O}.$$

Beide Matrizen sind keine Nullmatrizen, dennoch gilt:

$$AB = \begin{pmatrix} 0 & 1 \\ 0 & 1 \end{pmatrix} \begin{pmatrix} 1 & 1 \\ 0 & 0 \end{pmatrix} = \begin{pmatrix} 0 & 0 \\ 0 & 0 \end{pmatrix} \neq \begin{pmatrix} 0 & 2 \\ 0 & 0 \end{pmatrix} = \begin{pmatrix} 1 & 1 \\ 0 & 0 \end{pmatrix} \begin{pmatrix} 0 & 1 \\ 0 & 1 \end{pmatrix} = BA.$$

Mit diesem Gegenbeispiel sind beide Aussagen des Satzes gezeigt.                □

---

**Merke:** im Allgemeinen gilt $AB \neq BA$.

---

Es werden noch einige Rechenregeln für Matrizen angegeben:

---

**Satz 11.2.** *Für $A \in \mathcal{M}(m \times k)$, $B, C \in \mathcal{M}(k \times n)$, $D \in \mathcal{M}(n \times l)$ und $\alpha \in \mathbb{R}$ gilt:*

1. $A(B+C) = AB + AC$
2. $(AB)D = A(BD)$
3. $A(\alpha B) = \alpha(AB)$

---

## 11.3 Spezielle Matrizen

Nun betrachten wir einige spezielle Matrizen und ihre Eigenschaften:

---

**Definition 11.4.** Sei $A = \begin{pmatrix} a_{11} & \cdots & a_{1n} \\ \vdots & & \vdots \\ a_{m1} & \cdots & a_{mn} \end{pmatrix} \in \mathcal{M}(m \times n)$, dann heißt die Matrix

$$A^T = \begin{pmatrix} a_{11} & \cdots & a_{m1} \\ \vdots & & \vdots \\ a_{1n} & \cdots & a_{mn} \end{pmatrix} \in \mathcal{M}(n \times m),$$

die durch Vertauschen von Zeilen und Spalten entsteht, die **transponierte Matrix**.

---

**Satz 11.3.** *Für Matrizen $A, B \in \mathcal{M}(m \times k)$, $C \in \mathcal{M}(k \times n)$ und $\lambda \in \mathbb{R}$ gilt:*

1. $(A+B)^T = A^T + B^T$,
2. $(A^T)^T = A$,
3. $(AC)^T = C^T A^T$ *(Achtung, Reihenfolge vertauscht!)*,
4. $(\lambda A)^T = \lambda A^T$.

*Beweis.* Die Punkte 1., 2. und 4. lassen sich direkt zeigen. Um 3. zu zeigen, betrachten wir den Eintrag in Zeile $i$ und Spalte $j$ von $(AC)^T$

$$[(AC)^T]_{ij} = (AC)_{ji} = \sum_{v=1}^{k} a_{jv}c_{vi} = \sum_{v=1}^{k} c_{vi}a_{jv} = \sum_{v=1}^{k} C_{iv}^T A_{vj}^T = [C^T A^T]_{ij}.$$

$\square$

Die im Folgenden definierte Identitätsmatrix und die inverse Matrix haben als Eigenschaft, dass $n = m$ ist, es sind also Matrizen aus $\mathcal{M}(n \times n)$. Solche Matrizen werden als **quadratische Matrizen** bezeichnet. Bei der Bildung der zweiten Ableitungen von mehrdimensionalen Funktionen in Abschnitt 15.2 beschreibt die **Hesse-Matrix** Konvexität und Konkavität. Die Hesse-Matrix ist quadratisch und hat die Eigenschaft, dass $a_{ij} = a_{ji}$ für alle Einträge gilt.

> **Definition 11.5.** Eine Matrix $A \in \mathcal{M}(n \times n)$ (d. h. $n = m$) heißt **quadratische Matrix**. Eine quadratische Matrix $A \in \mathcal{M}(n \times n)$ heißt **symmetrische Matrix**, wenn $A = A^T$ gilt. Dann ist $a_{ij} = a_{ji}$ für alle $i, j \in \{1, \dots, n\}$.

Von besonderer Bedeutung sind Matrizen, die bei der Matrixmultiplikation nichts verändern.

> **Definition 11.6.** Die quadratische Matrix $\mathrm{Id}_n \in \mathcal{M}(n \times n)$, definiert durch
>
> $$\mathrm{Id}_n = \begin{pmatrix} 1 & & 0 \\ & \ddots & \\ 0 & & 1 \end{pmatrix},$$
>
> heißt **Identitätsmatrix**.

Um klarzustellen, welche Größe die Identitätsmatrix hat, wird sie meist mit einem Index $n$ versehen, d. h., man schreibt $\mathrm{Id}_n$.

> **Lemma 11.2.** *Für jede Matrix $A \in \mathcal{M}(m \times n)$ gilt*
>
> $$\mathrm{Id}_m A = A \text{ und } A \,\mathrm{Id}_n = A.$$

Die Identitätsmatrix ist somit ein **neutrales Element** der Matrixmultiplikation und es stellt sich die Frage, ob es – wie bei den reellen Zahlen – zu einer gegebenen quadratischen Matrix $A$ ein **inverses Element** der Matrixmultiplikation gibt. Wenn das der Fall ist, dann heißt $A$ als **invertierbar**.

**Definition 11.7.** Sei $A \in \mathcal{M}(n \times n)$ eine quadratische Matrix, dann heißt $A$ **invertierbar** (oder **nichtsingulär**), falls es eine Matrix $B \in \mathcal{M}(n \times n)$ gibt, so dass

$$AB = BA = \text{Id}_n$$

gilt. Eine solche Matrix ist eindeutig, falls sie existiert. Sie heißt die **inverse Matrix** oder einfach der **Inverse** zu $A$ und wird mit $A^{-1}$ bezeichnet.

Als Beispiel betrachten wir den Fall einer $2 \times 2$-Matrix. Es ergibt sich folgendes Resultat:

**Lemma 11.3.** *Sei* $A = \begin{pmatrix} a & b \\ c & d \end{pmatrix} \in \mathcal{M}(2 \times 2)$. *Ist* $ad - bc \neq 0$, *dann ist* $A$ *invertierbar und die Inverse ist*

$$A^{-1} = \frac{1}{ad - bc} \begin{pmatrix} d & -b \\ -c & a \end{pmatrix}.$$

*Ist* $ad - bc = 0$, *dann ist* $A$ *nicht invertierbar (singulär).*

*Beweis.* Es gilt

$$\frac{1}{ad - bc} \begin{pmatrix} d & -b \\ -c & a \end{pmatrix} \begin{pmatrix} a & b \\ c & d \end{pmatrix} = \begin{pmatrix} 1 & 0 \\ 0 & 1 \end{pmatrix}.$$

$\square$

Wichtig ist festzuhalten, dass es eine inverse Matrix $A^{-1}$ zu nur zu einer **quadratischen** Matrix $A$ geben kann. Die Bestimmung einer inversen Matrix wird in Abschnitt 12.5 noch ausführlich behandelt.

Für invertierbare Matrizen gelten folgende Rechenregeln:

**Satz 11.4.** *Für invertierbare Matrizen* $A, B \in \mathcal{M}(n \times n)$ *und* $\lambda \in \mathbb{R}$ *gilt:*

1. $(A^{-1})^{-1} = A$,
2. $(AB)^{-1} = B^{-1}A^{-1}$,
3. $(\lambda A)^{-1} = \frac{1}{\lambda}A^{-1}$,
4. $(A^T)^{-1} = (A^{-1})^T$.

*Beweis.* 1. $A^{-1}A = \text{Id}_n \Rightarrow A$ ist die Inverse von $A^{-1}$.
2. $(AB)(B^{-1}A^{-1}) = A(BB^{-1})A^{-1} = AA^{-1} = \text{Id}_n \Rightarrow B^{-1}A^{-1}$ ist die Inverse von $AB$.
3. $(\lambda A)(\frac{1}{\lambda}A^{-1}) = AA^{-1} = \text{Id}_n \Rightarrow \frac{1}{\lambda}A^{-1}$ ist die Inverse von $\lambda A$.
4. $(A^T)(A^{-1})^T = (A^{-1}A)^T = (\text{Id}_n)^T = \text{Id}_n \Rightarrow (A^{-1})^T$ ist die Inverse von $A^T$. $\square$

*Anmerkung 11.2.* Ist $X = (v_1, \ldots, v_n) \in \mathcal{M}(n \times n)$ die Matrix, deren Spalten eine Orthonormalbasis bilden, so ist $\langle v_i, v_j \rangle = \delta_{ij}$ der $ij$-te Einträge von $X^T X$. Damit ist $X^T X = \mathrm{Id}$ und $X^{-1} = X^T$ ist die Inverse zu $X$.

## 11.4 Lineare Abbildungen und Matrizen

In diesem Abschnitt werden **lineare Abbildungen** zwischen $\mathbb{R}^n$ und $\mathbb{R}^m$ definiert, eine allgemeinere Definition erfolgt in Abschnitt 17.4.

---

**Definition 11.8.** Eine Abbildung $L : \mathbb{R}^n \to \mathbb{R}^m$ heißt **linear**, wenn für alle $x, y \in \mathbb{R}^n$ und $\lambda \in \mathbb{R}$ gilt

$$L(x+y) = L(x) + L(y),$$
$$L(\lambda x) = \lambda L(x).$$

Eine **lineare Abbildung** heißt auch **Homomorphismus** und die Menge aller linearen Abbildungen von $\mathbb{R}^n$ nach $\mathbb{R}^m$ wird mit $\mathrm{Hom}(\mathbb{R}^n, \mathbb{R}^m)$ bezeichnet.

---

Dabei ist zu beachten, dass auf der linken Seiten der Formeln in Definition 11.8 jeweils „$+$," bezüglich $\mathbb{R}^n$ und auf der rechten Seite bezüglich $\mathbb{R}^m$ verwendet wird.

Bevor wir weiter auf Eigenschaften von linearen Abbildungen eingehen, sehen wir einige Beispiele:

**Beispiele für lineare Abbildungen**

1. Die Abbildung $\mathbb{R}^2 \to \mathbb{R}$, $\begin{pmatrix} x \\ y \end{pmatrix} \mapsto x$ ist eine lineare Abbildung.
2. Die Abbildung $\mathbb{R} \to \mathbb{R}$, $x \mapsto ax$ ist eine lineare Abbildung.
3. Die Abbildung $\mathbb{R} \to \mathbb{R}$, $x \mapsto ax + b$ ist **keine** lineare Abbildung, falls $b \neq 0$. Sie wird **affinlinear** genannt.
4. Die Nullabbildung $\mathcal{O} : \mathbb{R}^n \to \mathbb{R}^m$, $x \mapsto \mathbf{0}$ ist eine lineare Abbildung.
5. Die **Projektion** $\pi_i : \mathbb{R}^n \to \mathbb{R}$, $x \mapsto x_i$ ist eine lineare Abbildung.
6. Die Abbildung $\mathbb{R}^{n+k} \to \mathbb{R}^n$, $\begin{pmatrix} x_1 \\ \vdots \\ x_n \\ x_{n+1} \\ \vdots \\ x_{n+k} \end{pmatrix} \mapsto \begin{pmatrix} x_1 \\ \vdots \\ x_n \end{pmatrix}$ ist eine lineare Abbildung.
7. Die Abbildung $\mathbb{R}^2 \to \mathbb{R}^2$, $\begin{pmatrix} x \\ y \end{pmatrix} \mapsto \begin{pmatrix} x+y \\ 0 \end{pmatrix}$ ist eine lineare Abbildung.
8. Die Abbildung $\mathbb{R}^2 \to \mathbb{R}^2$, $\begin{pmatrix} x \\ y \end{pmatrix} \mapsto \begin{pmatrix} x \cdot y \\ 0 \end{pmatrix}$ ist **nicht** linear.

9. Die Abbildung $\mathbb{R}^2 \to \mathbb{R}^2, \begin{pmatrix} x \\ y \end{pmatrix} \mapsto \begin{pmatrix} x+y \\ 5 \end{pmatrix}$ ist **nicht** linear.

10. Die Abbildung $\mathbb{R}^n \to \mathbb{R}^{n+k}, \begin{pmatrix} x_1 \\ \vdots \\ x_n \end{pmatrix} \mapsto \begin{pmatrix} x_1 \\ \vdots \\ x_n \\ 0 \\ \vdots \\ 0 \end{pmatrix}$ ist eine lineare Abbildung.

11. Die Abbildung $\mathbb{R} \to \mathbb{R}^2, x \mapsto \begin{pmatrix} x \\ ax \end{pmatrix}$ ist eine lineare Abbildung.

12. Die Abbildung $\mathbb{R} \to \mathbb{R}^2, x \mapsto \begin{pmatrix} x \\ ax+b \end{pmatrix}$ ist **keine** lineare Abbildung.

Wichtige Mengen im Zusammenhang mit linearen Abbildungen sind: die Menge aller Vektoren, auf die abgebildet wird – das **Bild** – und die Menge aller Vektoren, die auf den Nullvektor abbilden – der **Kern**.

**Definition 11.9.** Sei $f : \mathbb{R}^n \to \mathbb{R}^m$ eine lineare Abbildung, dann heißt

$$\text{Im} f := \{ w \in \mathbb{R}^m \mid \text{es gibt ein } v \in \mathbb{R}^n \text{ mit } f(v) = w \}$$

das **Bild** von $f$ und

$$\text{Kern} f := \{ v \in \mathbb{R}^n \mid f(v) = 0 \}$$

der **Kern** von $f$.

*Anmerkung 11.3.* Ist $f : \mathbb{R}^n \to \mathbb{R}^m$ mit $f(v) = Av$, $A \in \mathcal{M}(m \times n)$, so gilt:

- Das Bild von $f$ ist die lineare Hülle der Spaltenvektoren $A^1, \ldots, A^n$ von $A$, d. h.,

$$\text{Im} f = \text{Lin}(A^1, \ldots, A^n).$$

- Der Kern von $f$ ist gerade die Lösungsmenge des **homogenen Gleichungssystems** $Ax = 0$ (siehe folgender Abschnitt 12.1), d. h.,

$$\text{Kern} f = \mathscr{L}(A, \mathbf{0}).$$

*Beispiel 11.1.* Als Beispiel betrachte $f(x, y) = \begin{pmatrix} x-y \\ -(x-y) \end{pmatrix} = (x-y) \begin{pmatrix} 1 \\ -1 \end{pmatrix}$, dargestellt in Abb. 11.1. Der Kern von $f$ ist $\text{Kern} f = \left\{ \lambda \begin{pmatrix} 1 \\ 1 \end{pmatrix} \mid \lambda \in \mathbb{R} \right\} = \text{Lin} \left( \begin{pmatrix} 1 \\ 1 \end{pmatrix} \right)$ und das Bild gegeben durch $\text{Im} f = \left\{ \lambda \begin{pmatrix} 1 \\ -1 \end{pmatrix} \mid \lambda \in \mathbb{R} \right\} = \text{Lin} \left( \begin{pmatrix} 1 \\ -1 \end{pmatrix} \right)$.

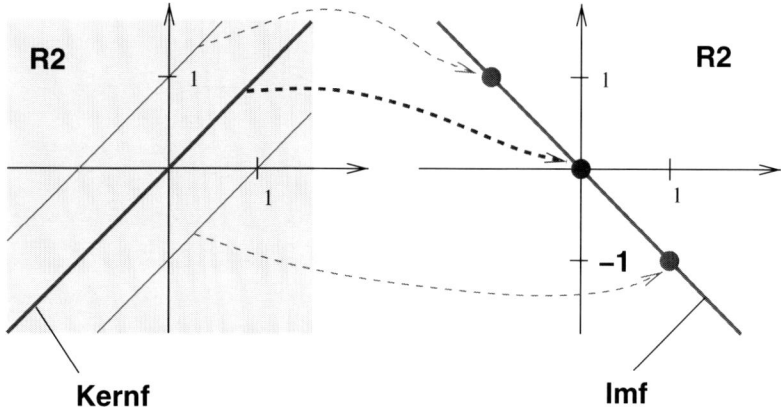

**Abb. 11.1** Illustration von Kern und Bild der linearen Abbildung $f(x,y) = \left( \begin{smallmatrix} x-y \\ -(x-y) \end{smallmatrix} \right)$

Zunächst stellt sich heraus, dass Kern und Bild einer linearen Abbildung Vektorräume sind.

**Lemma 11.4.** *Sei $f : \mathbb{R}^n \to \mathbb{R}^m$ eine lineare Abbildung, dann ist $\mathrm{Im}f$ ein Unterraum von $\mathbb{R}^m$ und $\mathrm{Kern}f$ ein Unterraum von $\mathbb{R}^n$.*

*Beweis.* Es gilt $\mathbf{0} \in \mathrm{Im}f$ und $\mathbf{0} \in \mathrm{Kern}f$, also sind die Mengen nichtleer. Seien $\lambda \in \mathbb{R}$, $w_1, w_2 \in \mathrm{Im}f$ und $v_1, v_2 \in \mathbb{R}^n$ so, dass $f(v_1) = w_1$ und $f(v_2) = w_2$ gilt. Dann ist

$$w_1 + w_2 = f(v_1) + f(v_2) = f(v_1 + v_2) \in \mathrm{Im}f \text{ und } \lambda w_1 = \lambda f(v_1) = f(\lambda v_1) \in \mathrm{Im}f.$$

Für $v_1, v_2 \in \mathrm{Kern}f$ gilt:

$$f(v_1 + v_2) = f(v_1) + f(v_2) = 0 \text{ und } f(\lambda v_1) = \lambda f(v_1) = 0,$$

also $v_1 + v_2, \lambda v_1 \in \mathrm{Kern}f$ und $w_1 + w_2, \lambda w_1 \in \mathrm{Im}f$. $\qquad\qquad\square$

Die Dimension des Untervektorraumes $\mathrm{Im}f$ erhält nun eine besondere Bezeichnung.

**Definition 11.10.** Sei $f : \mathbb{R}^n \to \mathbb{R}^m$ eine lineare Abbildung, dann heißt $\mathrm{rg}(f) := \dim(\mathrm{Im}f)$ der **Rang** von $f$.

Nun soll für lineare Abbildungen zwischen dem $\mathbb{R}^n$ und dem $\mathbb{R}^m$ eine einfache Darstellung entwickelt werden und diese zu den Matrizen in Beziehung gesetzt werden.

Sei $L \in \mathrm{Hom}(\mathbb{R}^n, \mathbb{R}^m)$, d. h. $L : \mathbb{R}^n \to \mathbb{R}^m$ ist eine lineare Abbildung. Dann gilt:

$$L(x) = L \begin{pmatrix} x_1 \\ \vdots \\ x_n \end{pmatrix} = L \left[ x_1 \begin{pmatrix} 1 \\ 0 \\ \vdots \\ 0 \end{pmatrix} + \ldots + x_n \begin{pmatrix} 0 \\ \vdots \\ 0 \\ 1 \end{pmatrix} \right]$$

$$= x_1 L(e^1) + \ldots + x_n L(e^n) = A^1 x_1 + \ldots + A^n x_n = A_L x,$$

wobei $A^i := L(e^i) \in \mathbb{R}^m$ und $A_L := (A^1 \cdots A^n) \in \mathscr{M}(m \times n)$ gilt.

Als Fazit ergibt sich, dass man eine linearen Abbildungen $L$ von $\mathbb{R}^n$ nach $\mathbb{R}^m$ in Matrixschreibweise darstellen kann als $L(x) = A_L x$. Dabei ist die **darstellende Matrix** $A_L \in \mathscr{M}(m \times n)$ eine Matrix mit Einträgen $a_{ij} = \left( L(e^j) \right)_i$, d. h., in der $j$-ten Spalte der Matrix steht der Vektor $L(e^j) \in \mathbb{R}^m$.

Umgekehrt definiert jede Matrix $A \in \mathscr{M}(m \times n)$ eine lineare Abbildung

$$L_A : \mathbb{R}^n \to \mathbb{R}^m$$
$$x \mapsto Ax$$

und es gilt $L_A \in \mathrm{Hom}(\mathbb{R}^n, \mathbb{R}^m)$.

Insgesamt lässt sich ein Zusammenhang zwischen linearen Abbildungen und Matrizen durch die beiden Abbildungen

$$\mathrm{Hom}(\mathbb{R}^n, \mathbb{R}^m) \to \mathscr{M}(m \times n)$$
$$L \mapsto A_L$$

und

$$\mathscr{M}(m \times n) \to \mathrm{Hom}(\mathbb{R}^n, \mathbb{R}^m)$$
$$A \mapsto L_A$$

beschreiben. Beide Abbildungen sind lineare Abbildungen und sie sind die inversen Abbildungen zueinander, d. h.

$$A_{L_A} = A, \text{ für alle } A \in \mathscr{M}(m \times n),$$
$$L_{A_L} = L, \text{ für alle } L \in \mathrm{Hom}(\mathbb{R}^n, \mathbb{R}^m).$$

So hat bei einer gegebenen linearen Abbildung $L \in \mathrm{Hom}(\mathbb{R}^n, \mathbb{R}^m)$ die Matrix $A_L$ die Einträge $\left( A_L \right)_{ij} = \left( L(e^j) \right)_i$ und es gilt:

$$L_{A_L}(x) = A_L x = \sum_{j=1}^{n} L(e^j) x_j = L \left( \sum_{j=1}^{n} e^j x_j \right) = L(x)$$

und

$$A_{L_A} x = A_{L_A}^1 x_1 + \ldots + A_{L_A}^n x_n = L_A(e^1) x_1 + \ldots + L_A(e^n) x_n$$
$$= A^1 x_1 + \ldots + A^n x_n = Ax.$$

Im Abschnitt 17.4 wird es unter anderem darum gehen, auch lineare Abbildungen zwischen anderen Vektorräumen durch Matrizen darzustellen. Dieses Ergebnis ist besonders hilfreich, weil sich Kompositionen linearer Abbildungen als Matrixmultiplikationen schreiben lassen.

**Lemma 11.5.** *Ist $A \in \mathcal{M}(k \times n)$ die darstellende Matrix einer lineare Abbildung $L : \mathbb{R}^n \to \mathbb{R}^k$ und $B \in \mathcal{M}(m \times k)$ die darstellende Matrix einer linearen Abbildung $M : \mathbb{R}^k \to \mathbb{R}^m$, dann ist $BA \in \mathcal{M}(m \times n)$ die darstellende Matrix der linearen Abbildung $M \circ L : \mathbb{R}^n \to \mathbb{R}^m$.*

Von besonderer Bedeutung werden später invertierbare lineare Abbildungen sein.

**Definition 11.11.** Eine lineare Abbildung $L : \mathbb{R}^n \to \mathbb{R}^n$ ist **invertierbar**, wenn eine Abbildung $L^{-1} : \mathbb{R}^n \to \mathbb{R}^n$ existiert mit $L^{-1}(L(v)) = v$ für alle $v \in \mathbb{R}^n$ und $L(L^{-1}(w)) = w$ für alle $w \in \mathbb{R}^n$. Eine invertierbare Abbildung heißt **Isomorphismus** und $L^{-1}$ heißt **Inverse**.

Insbesondere ist die Inverse einer linearen Abbildung selber linear, wie später für den allgemeineren Fall in Satz 17.15 gezeigt wird.

Auch hier gibt es einen wichtigen Zusammenhang mit den Matrizen.

**Lemma 11.6.** *Ist $A \in \mathcal{M}(n \times n)$ die darstellende Matrix einer invertierbaren linearen Abbildung $L : \mathbb{R}^n \to \mathbb{R}^n$, dann ist $A^{-1} \in \mathcal{M}(n \times n)$ die darstellende Matrix der Inversen $L^{-1} : \mathbb{R}^n \to \mathbb{R}^n$.*

## 11.5 Anwendung: Interne Leistungsverrechnung

Exemplarisch wird nun eine ökonomische Anwendung der Matrizenrechnung aus dem Bereich der Kostenrechnung behandelt, die **interne Leistungsverrechnung**.

Ein Betrieb ist unterteilt in mehreren Kostenstellen, wobei der Output einer Kostenstelle als Input in den anderen Kostenstellen benötigt wird. Um auftretende Kosten „gerecht" zu verteilen, sollen die internen Leistungen jeweils zum „Selbstkostenpreis" verrechnet werden. Hier wird die Frage behandelt, wie solche „Verrechnungspreise" bestimmt werden können. Bevor der allgemeine Fall mit $n$ Kostenstellen beschrieben wird, soll zunächst ein Beispiel mit zwei Kostenstellen durchgerechnet werden.

Ein Konzern besitzt einen Braunkohletagebau (Kostenstelle 1) und ein Braunkohlekraftwerk (Kostenstelle 2) die folgende Kosten verursachen:

Kostenstelle   Primärkosten

> 1      $K_1 = 6\,000\,000$€
>
> 2      $K_2 = 1\,000\,000$€

Die Interaktion wird folgendermaßen beschrieben:

- Der Tagebau produziert $M_1 = 3\,500\,000$ t (Tonnen) Braunkohle und verwendet $m_{21} = 100\,000$ MWh (Megawattstunden) Strom.
- Das Kraftwerk produziert $M_2 = 150\,000$ MWh Strom und verwendet $m_{12} = 200\,000$ t Braunkohle und $m_{22} = 10\,000$ MWh Strom.

Diese Interaktion wird in folgender Tabelle zusammengefasst:

| $i \backslash j$ | 1 | 2 | Produktion |   | $i \backslash j$ | 1 | 2 | Produktion |
|---|---|---|---|---|---|---|---|---|
| 1 | 0 | 200 000 | 3 500 000 |   | 1 | $m_{11}$ | $m_{12}$ | $M_1$ |
| 2 | 100 000 | 10 000 | 150 000 |   | 2 | $m_{21}$ | $m_{22}$ | $M_2$ |

Dabei gibt $m_{ij}$ an, welche Gütermenge die Kostenstelle $i$ an die Kostenstelle $j$ liefert. Damit stehen in einer Zeile die gelieferten Mengen und in einer Spalte die genutzten Mengen.

Nun stellt sich die Frage, zu welchen Preisen die Leistungseinheiten jeweils intern geliefert werden, wenn dies zum Selbstkostenpreis erfolgen soll, d. h., **welche Kosten jeweils eine Outputeinheit verursacht**. Um diese Frage zu beantworten, seien die Verrechnungspreise $k_1$ pro Tonne Braunkohle und $k_2$ pro MWh Strom angenommen, so dass bei diesen Verrechnungspreisen jeweils die Gesamtkosten

$$K_1 + m_{21}k_2 = 6\,000\,000 + 100\,000k_2,$$
$$K_2 + m_{12}k_1 + m_{22}k_2 = 1\,000\,000 + 200\,000k_1 + 10\,000k_2$$

dem Wert der Produktion – mit Verrechnungspreisen bewertet – entspricht. Diese Werte sind $3\,500\,000k_1$ und $150\,000k_2$.

Zur Bestimmung der Verrechnungspreise $k_1$, $k_2$ bleibt folgendes lineare Gleichungssystem mit zwei Gleichungen und zwei Unbekannten zu lösen:

$$6\,000\,000 + 100\,000k_2 = 3\,500\,000k_1,$$
$$1\,000\,000 + 200\,000k_1 + 10\,000k_2 = 150\,000k_2.$$

In der Matrix-Vektor-Schreibweise ist das System von folgender Form:

$$\begin{pmatrix} 3\,500\,000 & -100\,000 \\ -200\,000 & 140\,000 \end{pmatrix} \begin{pmatrix} k_1 \\ k_2 \end{pmatrix} = \begin{pmatrix} 6\,000\,000 \\ 1\,000\,000 \end{pmatrix}.$$

Als Lösung ergeben sich Verrechnungspreise von $k_1 = 2$€ pro Tonne Braunkohle und $k_2 = 10$€ pro MWh Strom.

Im allgemeinen Fall gibt es $n$ Kostenstellen, Primärkosten $K_1, \ldots, K_n$ und eine Tabelle

$$
\begin{array}{c|ccc|c}
i\backslash j & 1 & \cdots & n & \text{Produktion} \\
\hline
1 & m_{11} & \cdots & m_{1n} & M_1 \\
\vdots & \vdots & m_{ij} & \vdots & \vdots \\
n & m_{n1} & \cdots & m_{nn} & M_n
\end{array}
$$

wobei $m_{ij}$ angibt, wie viele Leistungseinheiten Kostenstelle $i$ an Kostenstelle $j$ liefert. Damit wird eine Lösung $(k_1, \ldots, k_n)$ von folgendem linearen Gleichungssystem gesucht:

$$
\begin{aligned}
K_1 + m_{11}\,k_1 + m_{21}\,k_2 + \ldots + m_{n1}\,k_n &= M_1\,k_1, \\
K_2 + m_{12}\,k_1 + m_{22}\,k_2 + \ldots + m_{n2}\,k_n &= M_2\,k_2, \\
&\ \ \vdots \\
K_n + m_{1n}\,k_1 + m_{2n}\,k_2 + \ldots + m_{nn}\,k_n &= M_n\,k_n.
\end{aligned}
$$

Die linke Seite beschreibt dabei die Kosten bei Verrechnungspreisen und die rechte Seite den Wert der Produktion, bewertet mit den Verrechnungspreisen.

Die in diesem Kapitel entwickelte Matrixnotation ist folgende:

$$
A\,k = K,
$$

mit der Matrix $A$ und den Vektoren $k$ und $K$ definiert durch

$$
A = \begin{pmatrix} M_1 & & 0 \\ & \ddots & \\ 0 & & M_n \end{pmatrix} - \begin{pmatrix} m_{11} & \cdots & m_{n1} \\ \vdots & m_{ji} & \vdots \\ m_{1n} & \cdots & m_{nn} \end{pmatrix}, \ k = \begin{pmatrix} k_1 \\ \vdots \\ k_n \end{pmatrix} \text{ und } K = \begin{pmatrix} K_1 \\ \vdots \\ K_n \end{pmatrix}.
$$

Achtung, die Indizes $i$ und $j$ bei $m_{ji}$ sind vertauscht. Wenn $A$ invertierbar ist (siehe Abschnitt 12.5) erhält man Verrechnungspreise

$$
k = A^{-1}\,K.
$$

In diesem Abschnitt wurde – exemplarisch für ökonomische Modelle – die interne Leistungsverrechnung modelliert und anhand von Vektoren und Matrizen dargestellt.

Für eine vollständige Analyse muss natürlich noch das Gleichungssystem gelöst werden oder die inverse Matrix $A^{-1}$ bestimmt werden. Die Methoden hierfür werden in den folgenden Kapiteln 12 und 13 erläutert. In Aufgabe 11.4 sollte die Lösung des Gleichungssystems aber auch direkt ermittelt werden können.

## Aufgaben zu Kapitel 11

**11.1.** Sei $A = \begin{pmatrix} 1 & 3 & 5 \\ 2 & -4 & 6 \end{pmatrix}$ und $B = \begin{pmatrix} 2 & -2 \\ 3 & 4 \end{pmatrix}$.

Bestimmen Sie (falls möglich) folgende Matrizen (falls nicht möglich, geben Sie dies an):

a) $A^T$                    b) $A^T A$                    c) $AA^T$

d) $A + B$                  e) $AB$                       f) $BA$

**11.2.** Betrachten Sie die Matrix $C = \begin{pmatrix} 1 & 4 & 5 & 7 & 9 \\ 2 & -4 & \frac{1}{2} & -1 & 0 \\ 0 & 2 & 0 & 1 & 0 \\ -2 & 2 & -3 & 0 & 3 \end{pmatrix} \begin{pmatrix} 1 & 3 & 5 \\ 2 & -4 & \frac{1}{2} \\ 0 & 2 & 0 \\ -2 & 1 & -3 \\ -\frac{2}{3} & 0 & \frac{1}{3} \end{pmatrix}$.

Berechnen Sie die Matrix $C$ (Sie können auch ein Programm schreiben) und berechnen Sie ausführlich (mit Zwischenschritten) den Eintrag $C_{23}$.

**11.3.** Die Abbildung $L : \mathbb{R}^5 \to \mathbb{R}^4$ sei gegeben durch

$$L \begin{pmatrix} x_1 \\ x_2 \\ x_3 \\ x_4 \\ x_5 \end{pmatrix} = \begin{pmatrix} x_1 + 2x_2 + 4x_4 - x_5 \\ x_2 + x_3 + 4x_4 - x_5 \\ 2x_1 + x_2 - 3x_3 + 5x_4 + x_5 \\ 3x_1 + 2x_2 - 4x_3 + 8x_4 + x_5 \end{pmatrix}.$$

a) Prüfen Sie, ob die Abbildung linear ist.
b) Bestimmen sie die darstellende Matrix.
c) Begründen Sie, dass die folgende Behauptung richtig ist:
   „Eine lineare Abbildung bildet stets den Nullvektor auf den Nullvektor ab."

**11.4.** Ein Betrieb ist in fünf Kostenstellen gegliedert, bei denen folgende primäre Gemeinkosten anfallen: $K_1 = 9000$, $K_2 = 4400$, $K_3 = 29800$, $K_4 = 11400$ und $K_5 = 7400$.

Folgende Leistungen der Kostenstelle $i$ wurden durch die Kostenstelle $j$ in Anspruch genommen:

| $i \backslash j$ | 1 | 2 | 3 | 4 | 5 | Gesamtleistung |
|---|---|---|---|---|---|---|
| 1 | - | - | - | - | - | 6925 |
| 2 | 20000 | - | - | - | 5000 | 25000 |
| 3 | 1000 | - | - | - | 200 | 2000 |
| 4 | 500 | - | - | - | - | 4000 |
| 5 | 250 | 30 | 10 | 80 | - | 570 |

a) Nutzen Sie diese Informationen, um in Matrix-Vektor-Schreibweise ein Gleichungssystem aufzustellen, dessen Lösungen diejenigen Verrechnungspreise sind, die den Selbstkosten entsprechen.
b) Bestimmen Sie die Verrechnungspreise (*Zwei Preise sind 0.20 und 3.25, $k_5 = 20$*).

# Kapitel 12
# Gaußsches Eliminationsverfahren

Viele ökonomische Fragestellungen lassen sich als lineares Gleichungssystem beschreiben. Die Lösung des ökonomischen Problems wird dann darauf zurückgeführt, ein Gleichungssysteme zu lösen. Für den Fall, dass man es mit endlich vielen reellen Variablen zu tun hat und ein solches Gleichungssystem aus endlich vielen **linearen Gleichungen** besteht, gibt es hierfür geeignete Verfahren, die in diesem Kapitel behandelt werden. In Abschnitt 11.5 haben wir bereits eine Anwendung behandelt, bei der die Lösung eines ökonomischen Problems dadurch bestimmt wird, dass ein **lineares Gleichungssystem** der Form

$$a_{11}x_1 + a_{12}x_2 + \ldots + a_{1n}x_n = c_1,$$
$$a_{21}x_1 + a_{22}x_2 + \ldots + a_{2n}x_n = c_2,$$
$$\vdots$$
$$a_{m1}x_1 + a_{m2}x_2 + \ldots + a_{mn}x_n = c_m.$$

gelöst wird. Dabei sind die Koeffizienten $a_{ij}$ und $c_i$, $i = 1,\ldots,m$ und $j = 1,\ldots,n$, als vorgegebene Parameter zu betrachten, während $x_1,\ldots,x_n$ die unbekannten, zu bestimmenden Größen sind. Ein solches System ist ein **lineares Gleichungssystem mit $m$ Gleichungen und $n$ Unbekannten**.

In der Matrixnotation aus Abschnitt 11.2 ergibt dies $Ax = c$, d. h.

$$\begin{pmatrix} a_{11} & \cdots & a_{1n} \\ \vdots & & \vdots \\ a_{m1} & \cdots & a_{mn} \end{pmatrix} \begin{pmatrix} x_1 \\ \vdots \\ x_n \end{pmatrix} = \begin{pmatrix} c_1 \\ \vdots \\ c_m \end{pmatrix}.$$

Wir wollen uns nun damit beschäftigen, wie man die Menge der Lösungen bestimmt und insbesondere, ob es überhaupt Lösungen gibt und ob diese eindeutig sind.

Die Grundidee des **Gaußschen Eliminationsverfahren** ist es, durch **elementare Zeilenumformungen** ein lineares Gleichungssystem in ein anderes lineares Gleichungssystem zu überführen, das die **gleichen Lösungen** besitzt, aber **leichter lösbar** ist. Die Struktur der entstehenden Matrix ist die **Zeilenstufenform** bezie-

T. Pampel, *Mathematik für Wirtschaftswissenschaftler*, Springer-Lehrbuch,
DOI 10.1007/978-3-642-04490-8_12, © Springer-Verlag Berlin Heidelberg 2010

hungsweise **obere Dreiecksform**. Aus solchen linearen Gleichungssystemen lassen sich die Lösungen durch **Rückwärtsrechnen** systematisch bestimmen.

## 12.1 Homogene Gleichungssysteme

Um die Menge aller Lösungen eines linearen Gleichungssystems zu bestimmen, ist es sinnvoll, zunächst lineare Gleichungssysteme mit $c = \mathbf{0}$, die sogenannten **homogenen linearen Gleichungssysteme**

$$a_{11}x_1 + a_{12}x_2 + \ldots + a_{1n}x_n = 0,$$
$$a_{21}x_1 + a_{22}x_2 + \ldots + a_{2n}x_n = 0,$$
$$\vdots$$
$$a_{m1}x_1 + a_{m2}x_2 + \ldots + a_{mn}x_n = 0$$

zu betrachten, denn es stellt sich heraus, dass die Menge aller Lösungen von $Ax = c$ bestimmt werden kann, indem man **eine spezielle** Lösung $x^*$ von $Ax = c$ und **alle** Lösungen $y$ von $Ax = \mathbf{0}$ ermittelt. Dann ist $x^* + y$ jeweils eine Lösung von $Ax = c$. Nehmen wir an, $x^*$ sei eine spezielle Lösung von $Ax = c$ und $y$ sei eine beliebige Lösung von $Ay = \mathbf{0}$, dann gilt

$$A(x^* + y) = Ax^* + Ay = c + \mathbf{0} = c$$

und somit ist neben $x^*$ auch $x^* + y$ eine Lösung von $Ax = c$. Das bedeutet, falls es ein $y \neq \mathbf{0}$ gibt mit $Ay = \mathbf{0}$, dann ist $Ax = c$ nicht eindeutig lösbar und besitzt unendlich viele Lösungen $x^* + \lambda y$. Die Menge aller Lösungen $Ax = c$ ist damit

$$\mathscr{L}(A, c) = \{x^* + y \,|\, y \in \mathscr{L}(A, \mathbf{0})\},$$

wobei $x^*$ **eine spezielle** Lösung von $Ax = c$ ist und $\mathscr{L}(A, \mathbf{0})$ die Menge **aller** Lösungen von $Ax = \mathbf{0}$ ist.

---

**Definition 12.1.** Jedes homogene lineare Gleichungssystem $Ax = \mathbf{0}$ hat $x = \mathbf{0}$ als Lösung; diese Lösung heißt **triviale Lösung**. Eine Lösung $x \neq \mathbf{0}$ eines homogenen linearen Gleichungssystems heißt **nichttriviale Lösung**. Die Menge aller Lösungen wird mit $\mathscr{L}(A, \mathbf{0})$ bezeichnet.

---

Als Hilfsmittel, um die Lösungsmenge $\mathscr{L}(A, \mathbf{0})$ zu bestimmen, nutzen wir **elementare Zeilenumformungen**. Die folgenden Zeilenumformungen ändern die Lösungsmenge der jeweiligen linearen Gleichungssysteme nicht:

**Elementare Zeilenumformungen:** Aus $A$ entsteht eine andere Matrix

$A_I^i(\lambda)$      durch Multiplikation der $i$-ten Zeile von $A$ mit $\lambda \neq 0$,

$A_{II}^{i,j}$      durch Addition der $j$-ten Zeile von $A$ zur $i$-ten Zeile von $A$,

$A_{III}^{i,j}(\lambda)$      durch Addition des $\lambda$-fachen der $j$-ten Zeile von $A$ zur $i$-ten Zeile von $A$, wobei $\lambda \neq 0$ ist,

$A_{IV}^{i,j}$      durch Vertauschen der $i$-ten und $j$-ten Zeile von $A$.

Diese elementaren Zeilenumformungen lassen sich durch Matrixmultiplikation von links mit den folgenden invertierbaren Matrizen darstellen, wobei die Invertierbarkeit entscheidend dafür ist, dass sich die Lösungsmenge nicht ändert:

- $A_I^i(\lambda) = S_i(\lambda)A$: Multiplikation der $i$-ten Zeile mit $\lambda \neq 0$, wobei

$$S_i(\lambda) := \begin{pmatrix} 1 & & & & & \\ & \ddots & & & 0 & \\ & & 1 & & & \\ & & & \lambda & - - - & \\ & & & & 1 & \\ & 0 & & & & \ddots \\ & & & & & & 1 \end{pmatrix} \begin{matrix} \\ \\ \\ \text{Zeile } i \\ \\ \\ \end{matrix}$$

       Spalte $i$

- $A_{II}^{i,j} = Q_i^j A$: Addition der $j$-ten Zeile zur $i$-ten Zeile, wobei

$$Q_i^j := Q_i^j(1), \text{ und } Q_i^j(\lambda) \text{ in } A_{III} \text{ bestimmt wird}$$

- $A_{III}^{i,j}(\lambda) = Q_i^j(\lambda)A$: Addition des $\lambda$-fachen der $j$-ten Zeile zur $i$-ten Zeile, wobei

       Spalte $j$

$$Q_i^j(\lambda) := \begin{pmatrix} 1 & & & & & \\ & \ddots & & & 0 & \\ & & 1 & - & \lambda & - - \\ & & & \ddots & | & \\ & & & & 1 & \\ & 0 & & & & \ddots \\ & & & & & & 1 \end{pmatrix} \begin{matrix} \\ \\ \text{Zeile } i \\ \\ \\ \\ \end{matrix}$$

- $A_{IV}^{i,j} = P_i^j A$: Vertauschen der $i$-ten und $j$-ten Zeile, wobei

$$P_i^j := \begin{array}{c} \overset{\text{Spalte } i \qquad \text{Spalte } j}{\begin{pmatrix} 1 & & & & & & & & & \\ & \ddots & & & & & & & 0 & \\ & & 1 & & & & & & & \\ & & & 0 & - & - & - & 1 & - & - & - \\ & & & & 1 & & & & & \\ & & & & & \ddots & & & & \\ & & & & & & 1 & & & \\ & & & 1 & - & - & - & 0 & - & - & - \\ & & & & & & & & 1 & \\ & 0 & & & & & & & & \ddots \\ & & & & & & & & & & 1 \end{pmatrix}} \end{array}$$

Zeile $i$

Zeile $j$

Jede dieser Matrizen ist invertierbar, wie das folgende Lemma zeigt.

**Lemma 12.1.** *Die Matrizen $S_i(\lambda)$, $Q_i^j$, $Q_i^j(\lambda)$ und $P_i^j$ sind invertierbar und es gilt*

$$\left(S_i(\lambda)\right)^{-1} = S_i\left(\frac{1}{\lambda}\right),$$
$$\left(Q_i^j\right)^{-1} = Q_i^j(-1),$$
$$\left(Q_i^j(\lambda)\right)^{-1} = Q_i^j(-\lambda),$$
$$\left(P_i^j\right)^{-1} = P_i^j.$$

Als Konsequenz bedeutet dies, dass für eine Matrix $B$, die durch elementare Zeilenumformungen aus $A$ entstanden ist, dass $B = SA$ gilt, wobei $S = S_l \cdot \ldots \cdot S_1$ ist und die Matrizen $S_k$ von der Form $S_i(\lambda)$, $Q_i^j$, $Q_i^j(\lambda)$ oder $P_i^j$ sind. Insbesondere ist $S$ invertierbar und es gilt $S^{-1} = S_1^{-1} \cdot \ldots \cdot S_l^{-1}$ und $S^{-1}B = A$. Da außerdem $S\mathcal{O} = \mathcal{O}$ und $S^{-1}\mathcal{O} = \mathcal{O}$ ist, ergibt sich folgender Satz:

**Satz 12.1.** *Sei $A \in \mathcal{M}(m \times n)$ und $B \in \mathcal{M}(m \times n)$ durch elementare Zeilenumformungen entstanden, dann haben die homogenen Gleichungssysteme*

$$Ax = 0 \ und \ Bx = 0$$

*die gleichen Lösungsmengen, d. h. es gilt $\mathscr{L}(A, \mathbf{0}) = \mathscr{L}(B, \mathbf{0})$.*

Der erste Teil des Gaußschen Eliminationsverfahrens ist ein Algorithmus, der nur elementare Zeilenumformungen benutzt, um eine Matrix $A$ in eine Matrix $B$ mit **Zeilenstufenform** $B$ umzuformen:

$$B = \begin{pmatrix} 0\cdots0 & \underline{|b_{1j_1}\cdots} & & & & \\ & & \underline{|b_{2j_2}\cdots} & & * & \\ & & & \ddots & & \\ & & & & \underline{|b_{k-1\,j_{k-1}}\cdots} & \\ & 0 & & & & \underline{|b_{kj_k}\cdots b_{kn}} \\ & & & & & \overline{0} \\ & & & & & \vdots \\ & & & & & 0 \end{pmatrix}$$

Dabei sind die Elemente $b_{1j_1},\ldots,b_{kj_k}$ jeweils $b_{ij_i} \neq 0$. Alle Einträge „unter der Treppe" sind 0. Die Nullen $0\cdots0$ oben links entfallen, wenn $j_1 = 1$ ist und die Nullen unten rechts entfallen, wenn $k = m$ ist.

Hat man eine Matrix mit Zeilenstufenform $B$ erzeugt, dann ist $k$ die Anzahl der Zeilen, die nicht Nullzeilen sind. Ferner sei $\mathscr{I}_S = \{j_1,\ldots,j_k\}$ die Menge der „Stufenindizes" und $\mathscr{I}_N = \{1,\ldots,n\} \setminus \mathscr{I}_S$ die Menge der „Nichtstufenindizes[1]".

Das Verfahren, um $A$ auf Zeilenstufenform $B$ zu bringen, ist folgendes:

---

**Algorithmus 12.1.** *Sei $A \in \mathscr{M}(m \times n)$.*

*0. Starte mit der vollen Matrix $A$ und $k = 1$.*

*1. Suche die erste Spalte $j_k$, bei der die „Restspalte" (Zeilenindizes $\geq k$) keine Nullspalte ist.*

*2. Suche **geeignetes** $i^*$ mit $a_{i^*j_k} \neq 0$, $k \leq i^* \leq m$.*

*3. Erzeuge $a_{kj_k} \neq 0$, indem für $i^* \neq k$ die Zeilen $i^*$ und $k$ vertauscht werden.*

*4. Erzeuge in der $j_k$-ten Spalte unterhalb von $a_{kj_k}$ Nullen, indem zu jeder Zeile $i$ mit $a_{ij_k} \neq 0$, $k+1 \leq i \leq m$ das $\left(-\frac{a_{ij_k}}{a_{kj_k}}\right)$-fache der $k$-ten Zeile addiert wird.*

*5. Beende den Algorithmus, wenn $j_k = n$ ist oder die „Restmatrix" eine Nullmatrix ist. Sonst fahre mit der „Restmatrix" fort bei 1. mit $k \mapsto k+1$.*

---

Das Vorgehen bei diesem Algorithmus wird deutlicher, wenn der Algorithmus in Beispiel 12.1 angewandt wird. Das Verfahren lässt sich auf jede Matrix anwenden und erzeugt eine Matrix $B$ mit Zeilenstufenform.

---

**Satz 12.2.** *Jede Matrix $A \in \mathscr{M}(m \times n)$ lässt sich durch elementare Zeilenumformungen auf **Zeilenstufenform** bringen.*

---

[1] „Stufen" und „Nichtstufen" ist kein offizieller mathematischer Sprachgebrauch, passt aber zur Zeilenstufenform und sollte sich gut merken lassen.

*Beispiel 12.1.* Bringe die folgende Matrix auf Zeilenstufenform:

$$A = \begin{pmatrix} 0 & 0 & 0 & 4 & -2 \\ 0 & 1 & -2 & 1 & 0 \\ 0 & -1 & 2 & 1 & -1 \end{pmatrix}.$$

- $k = 1$, die erste Spalte enthält nur Nullen
- $k = 1$, zweite Spalte: $j_1 = 2$, $i^* = 2$, tausche die Zeilen 1 und 2

$$\begin{pmatrix} 0 & 1 & -2 & 1 & 0 \\ 0 & 0 & 0 & 4 & -2 \\ 0 & -1 & 2 & 1 & -1 \end{pmatrix}$$

- „Restspalte" mit Nullen: Zeile 3 $\mapsto$ Zeile 3 $+ \left[ \left( -\frac{-1}{1} \right) = 1 \right]$-fache von Zeile 1

$$\begin{pmatrix} 0 & 1 & -2 & 1 & 0 \\ 0 & 0 & 0 & 4 & -2 \\ 0 & 0 & 0 & 2 & -1 \end{pmatrix}$$

- $k = 2$, die dritte „Restspalte" enthält nur Nullen
- $k = 2$, vierte Spalte: $j_2 = 4$, $i^* = 2$, kein Zeilentausch notwendig
- „Restspalte" mit Nullen: Zeile 3 $\mapsto$ Zeile 3 $+ \left( -\frac{1}{2} \right)$-fache von Zeile 2

$$\begin{pmatrix} 0 & 1 & -2 & 1 & 0 \\ 0 & 0 & 0 & 4 & -2 \\ 0 & 0 & 0 & 0 & 0 \end{pmatrix}$$

- Die „Restmatrix" enthält nur Nullen; beende den Algorithmus mit $k = 2$, $\mathscr{I}_S = \{2,4\}$ und $\mathscr{I}_N = \{1,3,5\}$

In dieser Darstellung stellt sich heraus, dass die „Stufen"-Vektoren linear unabhängig sind und jeder „Nichtstufen"-Vektor sich in eindeutiger Weise als Linearkombinationen der „Stufen"-Vektoren darstellen lässt.

Zur Bestimmung der Lösungen des homogenen Gleichungssystems werden die „Nichtstufen" als freie Variablen festgelegt und die „Stufen" durch Rückwärtsauflösung bestimmt. Bei der Rückwärtsauflösung werden Zeilen der Matrix $B$ jeweils in lineare Gleichungen umgewandelt, wobei „von unten" mit der ersten Zeile begonnen wird, die nicht Nullzeile ist. Es wird der Koeffizient der letzten „Stufe" bestimmt, in die Gleichung davor eingesetzt, der Koeffizient der vorletzten „Stufe" ermittelt und so weiter. In diesem Beispiel bedeutet das:

- $x_5$ ist frei wählbar
- $4x_4 - 2x_5 = 0$ impliziert $x_4 = \frac{1}{4}(2x_5) = \frac{1}{2}x_5$
- $x_3$ ist frei wählbar
- $x_2 - 2x_3 + x_4 = x_2 - 2x_3 + \frac{1}{2}x_5 = 0$ impliziert $x_2 = 2x_3 - x_4 = 2x_3 - \frac{1}{2}x_5$
- $x_1$ ist frei wählbar

Damit ergibt sich als Lösung mit $x_1, x_3, x_5 \in \mathbb{R}$

$$
\begin{pmatrix} x_1 \\ 2x_3 - \frac{1}{2}x_5 \\ x_3 \\ \frac{1}{2}x_5 \\ x_5 \end{pmatrix} = x_1 \begin{pmatrix} 1 \\ 0 \\ 0 \\ 0 \\ 0 \end{pmatrix} + x_3 \begin{pmatrix} 0 \\ 2 \\ 1 \\ 0 \\ 0 \end{pmatrix} + x_5 \begin{pmatrix} 0 \\ -\frac{1}{2} \\ 0 \\ \frac{1}{2} \\ 1 \end{pmatrix}
$$

und die Lösungsmenge ist

$$
\mathscr{L}(A,\mathbf{0}) = \left\{ \begin{pmatrix} x_1 \\ 2x_3 - \frac{1}{2}x_5 \\ x_3 \\ \frac{1}{2}x_5 \\ x_5 \end{pmatrix} \Bigg| \, x_1, x_3, x_5 \in \mathbb{R} \right\}.
$$

**Verfahren zur Bestimmung von $\mathscr{L}(A,\mathbf{0})$:**
Das Vorgehen beim Gaußschen Eliminationsverfahren für homogene lineare Gleichungssystem ist:

> **Gaußsches Eliminationsverfahren für homogene Gleichungssystem:**
>
> 1. Bringe $A$ auf Zeilenstufenform $B$.
> 2. Lege „Nichtstufen" als freie Variablen fest.
> 3. Bestimme die „Stufen" durch Rückwärtsauflösung.

Als Nebenergebnis dieses Verfahrens zeigt sich, dass es immer nichttriviale Lösungen von $Bx = \mathbf{0}$ gibt, wenn es „Nichtstufen" gibt, d. h., wenn $\mathscr{I}_N \neq \emptyset$ ist.

> **Korollar 12.1.** *Ist $B \in \mathscr{M}(m \times n)$ in Zeilenstufenform, so besitzt $Bx = \mathbf{0}$ genau dann eine nichttriviale Lösung, wenn $\mathscr{I}_N \neq \emptyset$.*

Weiterhin ergibt sich daraus, dass die Zeilenstufenform einer Matrix $A \in \mathscr{M}(m \times n)$ mit $n > m$ mindestens $n - m > 0$ „Nichtstufen" besitzt, so dass folgendes Korollar gilt:

> **Korollar 12.2.** *Ist $A \in \mathscr{M}(m \times n)$ mit $n > m$, so besitzt $Ax = \mathbf{0}$ nichttriviale Lösungen.*

Im Bezug auf lineare Gleichungssysteme bedeutet dies:

**Korollar 12.3.** *Ein homogenes lineares Gleichungssystem mit weniger Gleichungen als Unbekannten ist nicht eindeutig lösbar.*

Durch das Lösen von homogenen linearen Gleichungssystemen lässt sich die lineare Abhängigkeit von Vektoren überprüfen und gegebenenfalls die Linearkombination bestimmen.

- Vektoren $v_1, \ldots, v_m \in \mathbb{R}^n$ sind **linear unabhängig**, wenn

$$\lambda_1 v_1 + \ldots + \lambda_m v_m = \begin{pmatrix} v_1 \cdots v_m \end{pmatrix} \begin{pmatrix} \lambda_1 \\ \vdots \\ \lambda_m \end{pmatrix} = \mathbf{0}$$

  nur die Nulllösung besitzt und damit das lineare Gleichungssystem nur die triviale Lösung hat.
- Andernfalls ist jeder Vektor $v_i$, für den ein $\lambda_i \neq 0$ ist, durch die anderen Vektoren als **Linearkombination** darstellbar und es gilt:

$$v_i = -\frac{\lambda_1}{\lambda_i} v_1 - \ldots - \frac{\lambda_{i-1}}{\lambda_i} v_{i-1} - \frac{\lambda_{i+1}}{\lambda_i} v_{i+1} - \ldots - \frac{\lambda_m}{\lambda_i} v_m.$$

- Ein Vektor $c \in \mathbb{R}^n$ ist genau dann in der **linearen Hülle** $\mathrm{Lin}(v_1, \ldots, v_m)$, wenn $(v_1 \cdots v_m)x = c$ eine Lösung besitzt.

## 12.2 Bestimmung von Bild und Kern

Ist $f : \mathbb{R}^n \to \mathbb{R}^m$ eine **lineare Abbildung** mit einer darstellenden Matrix $A$, so ist der **Kern** von $f$ die **Lösungsmenge des homogenen Gleichungssystems** $Ax = \mathbf{0}$, d. h.

$$\mathrm{Kern} f = \mathscr{L}(A, \mathbf{0}).$$

Das **Bild** von $f$ ist die **linearen Hülle** $\mathrm{Lin}(A^1, \ldots, A^n)$ der Spaltenvektoren der darstellenden Matrix, d. h.
$$\mathrm{Im} f = \mathrm{Lin}(A^1, \ldots, A^n).$$

Zur Bestimmung einer **Basis** von $\mathrm{Kern} f$ wird die Zeilenstufenform erzeugt und die Lösungsvektor in Abhängigkeit von den freien Variablen, d. h., den Koeffizienten der „Nichtstufen" bestimmt. Die Anzahl der Basisvektoren (und damit die Dimension des Kerns) entspricht der Anzahl der „Nichtstufen" und wird bestimmt, indem jeweils eine der freien Variablen 1 und alle anderen 0 gesetzt werden. Im Beispiel 12.1 mit darstellender Matrix

$$A = \begin{pmatrix} 0 & 0 & 0 & 4 & -2 \\ 0 & 1 & -2 & 1 & 0 \\ 0 & -1 & 2 & 1 & -1 \end{pmatrix}.$$

war der Lösungsvektor mit $x_1, x_3, x_5 \in \mathbb{R}$

$$\begin{pmatrix} x_1 \\ 2x_3 - \frac{1}{2}x_5 \\ x_3 \\ \frac{1}{2}x_5 \\ x_5 \end{pmatrix} \text{ und damit } \left\{ \begin{pmatrix} 1 \\ 0 \\ 0 \\ 0 \\ 0 \end{pmatrix}, \begin{pmatrix} 0 \\ 2 \\ 1 \\ 0 \\ 0 \end{pmatrix}, \begin{pmatrix} 0 \\ -\frac{1}{2} \\ 0 \\ \frac{1}{2} \\ 1 \end{pmatrix} \right\}$$

eine Basis des Kerns. Zur Bestimmung einer Basis des Bildes werden jeweils linear abhängige Vektoren gestrichen. Das bedeutet, dass genau die „Nichtstufen" gestrichen werden und die „Stufen" eine Basis bilden. Im Beispiel ist deshalb

$$\left\{ \begin{pmatrix} 0 \\ 1 \\ -1 \end{pmatrix}, \begin{pmatrix} 4 \\ 1 \\ 1 \end{pmatrix} \right\}$$

eine Basis von $\mathrm{Im} f$. Insbesondere ist die Anzahl der „Stufen" die Dimension des Bildes, so dass folgende **Dimensionsformel** gilt:

$$\dim \mathrm{Im} f + \dim \mathrm{Kern} f = n, \text{ wobei } n = \dim \mathbb{R}^n \text{ ist.}$$

*Anmerkung 12.1.* Eine weitere Methode zur Bestimmung einer Basis des Bildes ist es, die **transponierte Matrix** $A^T$ auf Zeilenstufenform zu bringen. Die **Zeilenvektoren** der Zeilenstufenform, die nicht Nullzeilen sind, bilden dann eine Basis von $\mathrm{Im} f$.

## 12.3 Der Matrixrang

Das System $Ax = \mathbf{0}$ lässt sich auch interpretieren als

$$A^1 x_1 + \ldots + A^n x_n = \mathbf{0}.$$

Damit besitzt $Ax = \mathbf{0}$ genau dann nichttriviale Lösungen, wenn die Spalten von $A$ linear abhängig sind (siehe Definition 10.5).

**Korollar 12.4.** *Sind die Spaltenvektoren einer Matrix $A$ linear unabhängig, dann ist $\mathscr{L}(A, \mathbf{0}) = \{\mathbf{0}\}$.*

Daran sieht man, dass Lösbarkeit und Eindeutigkeit von Lösungen etwas mit der linearen Unabhängigkeit von Spaltenvektoren zu tun hat. Daher definieren wir nun den **Rang** einer Matrix:

**Definition 12.2.** Sei $A \in \mathcal{M}(m \times n)$, dann ist der **Rang** von $A$ die maximale Anzahl von linear unabhängigen Spaltenvektoren der Matrix $A$; er wird mit $\mathrm{rg}(A)$ bezeichnet.

Ein Satz, der hier nicht bewiesen werden soll, ermöglicht es, den Rang einer Matrix systematisch zu bestimmen.

**Satz 12.3.** *Sei* $B \in \mathcal{M}(m \times n)$ *durch elementare Zeilenumformungen aus* $A \in \mathcal{M}(m \times n)$ *entstanden, dann gilt*

$$\mathrm{rg}(A) = \mathrm{rg}(B).$$

Mit diesem Ergebnis lässt sich der Rang einer Matrix über die Zeilenstufenform bestimmen.

**Verfahren zur Bestimmung des Ranges einer Matrix**

1. Bringe $A$ auf Zeilenstufenform $B$
2. $\mathrm{rg}(A) = \mathrm{rg}(B) = k$, wobei $k$ die Anzahl der Zeilen von $B$ ist, die nicht Null-zeilen sind.

Damit hat $A$ aus Beispiel 12.1 Rang 2. Der Matrixrang wird auch benutzt, um zu prüfen, ob es eine Lösung des inhomogenen Systems $Ax = c$ gibt.

**Satz 12.4.** *Sei* $Ax = c$ *ein inhomogenes lineares Gleichungssystem. Es existiert genau dann eine Lösung, wenn*

$$\mathrm{rg}(A) = \mathrm{rg}\big((A|c)\big)$$

*gilt und* $(A|c) := (A^1 \cdots A^n c)$ *die um den Vektor* $c$ *erweiterte Matrix* $A$ *ist.*

Um dies zu prüfen, bringt man $(A|c)$ auf Zeilenstufenform

$$(B|d) = \begin{pmatrix} 0\cdots 0 & \underline{|b_{1j_1}\cdots} & & & & & d_1 \\ & & \underline{|b_{2j_2}\cdots} & * & & & d_2 \\ & & & \ddots & & & \vdots \\ & & & & \underline{|b_{k-1j_{k-1}}\cdots} & & d_{k-1} \\ & 0 & & & & \underline{|b_{kj_k}\cdots b_{kn}} & d_k \\ & & & & & 0 & d_{k+1} \\ & & & & & 0 & 0 \\ & & & & & \vdots & \vdots \\ & & & & & 0 & 0 \end{pmatrix}.$$

Das ergibt $\mathrm{rg}(B) = \mathrm{rg}\big((B|d)\big)$ genau dann, wenn $d_{k+1} = 0$ ist. Insbesondere muss für die $(k+1)$-te Zeile gelten $0 = B_{k+1}x = d_{k+1}$. Hieran sieht man auch direkt, dass $Bx = d$ keine Lösung haben kann, wenn $d_{k+1} \neq 0$ ist.

## 12.4 Inhomogene Gleichungssysteme

Das Gaußsche Eliminationsverfahren beruht darauf, durch elementare Zeilenum-formungen eine Matrix auf **Zeilenstufenform** oder im Falle invertierbarer Matrizen auf **obere Dreiecksform** zu bringen und anschließend durch „Rückwärtsrechnen" das System zu lösen. In den meisten Fällen wird der Algorithmus auf quadratische Matrizen $A \in \mathcal{M}(n \times n)$ mit vollem Rang $r(A) = n$ angewandt. In diesem Fall wird er etwas einfacher und sieht folgendermaßen aus:

**Algorithmus 12.2.** *Sei $A \in \mathcal{M}(n \times n)$ und $c \in \mathbb{R}^n$.*

1. *Bringe $(A|c)$ mit Algorithmus 12.1 auf Zeilenstufenform $(B|d)$.*
2. *Falls $k < n$ ist, hat $A$ nicht vollen Rang und der Algorithmus endet oder wird in Algorithmus 12.3 überführt. Andernfalls ist $B$ eine obere Dreiecks-matrix.*
3. *Löse rückwärts $Bx = d$*
   *a. Starte mit $i = n$.*
   *b. Bestimme $x_i = \frac{1}{b_{ii}}\big(d_i - \sum_{v=i+1}^n b_{iv}x_v\big)$*
   *c. Falls $i > 1$ ist, fahre mit $i \mapsto i - 1$ bei 3.b. fort.*
4. *Die eindeutige Lösung von $Ax = c$ ist die bestimmte Lösung $x$.*

Das Verfahren wenden wir auf ein inhomogenes lineares Gleichungssystem an.

*Beispiel 12.2.* Löse das inhomogene lineare Gleichungssystem

$$\begin{pmatrix} 1 & -2 & 1 & 0 \\ 0 & 0 & 2 & -2 \\ -1 & 4 & 1 & 2 \\ 0 & 0 & 1 & 2 \end{pmatrix} \begin{pmatrix} x_1 \\ x_2 \\ x_3 \\ x_4 \end{pmatrix} = \begin{pmatrix} 1 \\ 2 \\ 0 \\ 2 \end{pmatrix}.$$

- Bestimme $(A|c)$, die um $c$ erweiterte Matrix $A$

$$\left( \begin{array}{cccc|c} 1 & -2 & 1 & 0 & 1 \\ 0 & 0 & 2 & -2 & 2 \\ -1 & 4 & 1 & 2 & 0 \\ 0 & 0 & 1 & 2 & 2 \end{array} \right).$$

- Keine Vertauschung, Zeile $3 \mapsto$ Zeile 3 + Zeile 1

$$\left( \begin{array}{cccc|c} 1 & -2 & 1 & 0 & 1 \\ 0 & 0 & 2 & -2 & 2 \\ 0 & 2 & 2 & 2 & 1 \\ 0 & 0 & 1 & 2 & 2 \end{array} \right).$$

- Vertausche 2. und 3. Zeile

$$\left( \begin{array}{cccc|c} 1 & -2 & 1 & 0 & 1 \\ 0 & 2 & 2 & 2 & 1 \\ 0 & 0 & 2 & -2 & 2 \\ 0 & 0 & 1 & 2 & 2 \end{array} \right).$$

- Keine Vertauschung, 4. Zeile $\mapsto$ 4. Zeile $-\frac{1}{2}$-fache 3. Zeile

$$\left( \begin{array}{cccc|c} 1 & -2 & 1 & 0 & 1 \\ 0 & 2 & 2 & 2 & 1 \\ 0 & 0 & 2 & -2 & 2 \\ 0 & 0 & 0 & 3 & 1 \end{array} \right).$$

- Rückwärtsrechnen ergibt

$$x_4 = \frac{1}{3}$$
$$x_3 = \frac{1}{2}(2 + 2x_4) = \frac{4}{3}$$
$$x_2 = \frac{1}{2}(1 - 2x_3 - 2x_4) = \frac{3 - 8 - 2}{6} = -\frac{7}{6}$$
$$x_1 = 1 + 2x_2 - x_3 = \frac{6 - 14 - 8}{6} = -\frac{8}{3}$$

Somit ist die Lösung ist $x = \frac{1}{6} \begin{pmatrix} -16 \\ -7 \\ 8 \\ 2 \end{pmatrix}$.

Nun wollen wir noch den Fall betrachten, dass die Matrix nicht quadratisch ist und/oder keinen vollen Rang besitzt. Dieses Verfahren entspricht dem Algorithmus in Jänich (2008, Abschnitt 7.5) in der Version ohne Spaltentausch.

**Algorithmus 12.3.** *Sei $A \in \mathcal{M}(m \times n)$ und $c \in \mathbb{R}^n$.*

*1. Bringe $(A|c)$ mit Algorithmus 12.1 auf Zeilenstufenform $(B|d)$.*

*2. Falls $k < m$ und $d_{k+1} \neq 0$ ist, gibt es **keine Lösung**; beende das Verfahren.*

*3. Bestimme $k$, $\mathscr{I}_N$, $\mathscr{I}_S$.*

*4. Zur Bestimmung der Lösungen des homogenen Gleichungssystems $Bx = d$ werden die „Nichtstufen" als freie Variablen festgelegt und die „Stufen" durch Rückwärtsauflösung bestimmt. Dabei werden Zeilen der Matrix $Bx = d$ „von unten" gelöst, indem jeweils der Koeffizient der letzten „Stufe" bestimmt wird und in die Gleichung davor eingesetzt wird.*

*Beispiel 12.3.* Wir benutzen die Matrix aus Beispiel 12.1 und lösen

$$\begin{pmatrix} 0 & 1 & -2 & 1 & 0 \\ 0 & 0 & 0 & 4 & -2 \\ 0 & -1 & 2 & 1 & -1 \end{pmatrix} x = \begin{pmatrix} 1 \\ 1 \\ q \end{pmatrix}.$$

und dabei ergibt sich

$$\left( \begin{array}{ccccc|c} 0 & 1 & -2 & 1 & 0 & 1 \\ 0 & 0 & 0 & 4 & -2 & 1 \\ 0 & -1 & 2 & 1 & -1 & q \end{array} \right)$$

$$\left( \begin{array}{ccccc|c} 0 & 1 & -2 & 1 & 0 & 1 \\ 0 & 0 & 0 & 4 & -2 & 1 \\ 0 & 0 & 0 & 2 & -1 & q+1 \end{array} \right)$$

$$\left( \begin{array}{ccccc|c} 0 & 1 & -2 & 1 & 0 & 1 \\ 0 & 0 & 0 & 4 & -2 & 1 \\ 0 & 0 & 0 & 0 & 0 & q+\frac{1}{2} \end{array} \right)$$

Somit ist $k = 2$, $\mathscr{I}_S = \{2,4\}$ und $\mathscr{I}_N = \{1,3,5\}$ und $Ax = c$ ist genau dann lösbar, wenn $q = -\frac{1}{2}$ ist. Für $q = -\frac{1}{2}$ wird nun das Rückwärtsrechnen durchgeführt:

- $x_5$ ist frei wählbar
- $4x_4 - 2x_5 = 1$ impliziert
  $x_4 = \frac{1}{4}(1 + 2x_5) = \frac{1}{4} + \frac{1}{2}x_5$
- $x_3$ ist frei wählbar
- $x_2 - 2x_3 + x_4 = x_2 - 2x_3 + (\frac{1}{4} + \frac{1}{2}x_5) = 1$ impliziert
  $x_2 = 1 + 2x_3 - x_4 = \frac{3}{4} + 2x_3 - \frac{1}{2}x_5$
- $x_1$ ist frei wählbar

Damit ergibt sich als Lösung mit $x_1, x_3, x_5 \in \mathbb{R}$

$$
\begin{pmatrix} x_1 \\ 2x_3 - \frac{1}{2}x_5 + \frac{3}{4} \\ x_3 \\ \frac{1}{2}x_5 + \frac{1}{4} \\ x_5 \end{pmatrix} = \begin{pmatrix} 0 \\ \frac{3}{4} \\ 0 \\ \frac{1}{4} \\ 0 \end{pmatrix} + x_1 \begin{pmatrix} 1 \\ 0 \\ 0 \\ 0 \\ 0 \end{pmatrix} + x_3 \begin{pmatrix} 0 \\ 2 \\ 1 \\ 0 \\ 0 \end{pmatrix} + x_5 \begin{pmatrix} 0 \\ -\frac{1}{2} \\ 0 \\ \frac{1}{2} \\ 1 \end{pmatrix}
$$

und die Lösungsmenge ist

$$
\mathscr{L}(A, c) = \left\{ \begin{pmatrix} x_1 \\ 2x_3 - \frac{1}{2}x_5 + \frac{3}{4} \\ x_3 \\ \frac{1}{2}x_5 + \frac{1}{4} \\ x_5 \end{pmatrix} \middle| \, x_1, x_3, x_5 \in \mathbb{R} \right\}.
$$

## 12.5 Die inverse Matrix

In diesem Abschnitt wollen wir das Gaußsche Eliminationsverfahren nutzen, um die inverse Matrix zu bestimmen. Dazu sei zunächst folgender Satz angegeben.

**Satz 12.5.** *Eine quadratische Matrix $A \in \mathscr{M}(n \times n)$ ist genau dann invertierbar, wenn sie vollen Rang hat.*

Sei nun $A \in \mathscr{M}(n \times n)$ eine invertierbare Matrix und $(X^1 \cdots X^n) = A^{-1}$ die Inverse zu $A$. Dann gilt $AX = \mathrm{Id}_n$ und somit für alle $i = 1, \ldots, n$

$$
AX^i = e^i,
$$

wobei $e^i$ die Einheitsvektoren sind. Nun kann man für alle $i = 1, \ldots, n$ das Gaußsche Eliminationsverfahren auf dieses Gleichungssystem anwenden und $X = (X^1 \cdots X^n)$ als Inverse bestimmen.

Wir wollen dies nun systematisch durchführen, indem wir die Matrix $A$ um die Identitätsmatrix $\mathrm{Id}_n$ erweitern und folgenden Algorithmus durchführen:

**Algorithmus 12.4.** *Sei $A \in \mathcal{M}(n \times n)$.*

1. *Bringe $(A|\mathrm{Id}_n)$ mit Algorithmus 12.1 auf Zeilenstufenform $(B|D)$.*
2. *Falls $k < n$ hat $A$ nicht vollen Rang und ist nicht invertierbar. Der Algorithmus endet. Andernfalls ist $B$ eine obere Dreiecksmatrix.*
3. *Dividiere jeweils die $i$-te Zeile durch $b_{ii}$ für $i = 1, \dots, n$, so dass auf der Diagonalen jeweils eine 1 steht.*
4. *Für jede Spalte $j = 2, \dots, n$ addiere zu jeder Zeile $i = 1, \dots, j-1$ das $(-b_{ij})$-fache der $j$-ten Zeile, so dass über der Diagonalen jeweils eine 0 steht.*
5. *Als Ergebnis erhalten wir die Inverse $X = A^{-1}$*

$$\left(\begin{array}{ccc|ccc} 1 & & 0 & x_{11} & \cdots & x_{1n} \\ & \ddots & & \vdots & & \vdots \\ 0 & & 1 & x_{n1} & \cdots & x_{nn} \end{array}\right).$$

*Beispiel 12.4.* • Bestimmen der erweiterten Matrix

$$\left(\begin{array}{cccc|cccc} 1 & 0 & 1 & 1 & 1 & 0 & 0 & 0 \\ 1 & 1 & 2 & 1 & 0 & 1 & 0 & 0 \\ 0 & -1 & 0 & 1 & 0 & 0 & 1 & 0 \\ 1 & 0 & 0 & 2 & 0 & 0 & 0 & 1 \end{array}\right).$$

• Keine Vertauschung, Zeile 2 $\mapsto$ Zeile 2 − Zeile 1, Zeile 4 $\mapsto$ Zeile 4 − Zeile 1,

$$\left(\begin{array}{cccc|cccc} 1 & 0 & 1 & 1 & 1 & 0 & 0 & 0 \\ 0 & 1 & 1 & 0 & -1 & 1 & 0 & 0 \\ 0 & -1 & 0 & 1 & 0 & 0 & 1 & 0 \\ 0 & 0 & -1 & 1 & -1 & 0 & 0 & 1 \end{array}\right).$$

• Keine Vertauschung, Zeile 3 $\mapsto$ Zeile 3 + Zeile 2

$$\left(\begin{array}{cccc|cccc} 1 & 0 & 1 & 1 & 1 & 0 & 0 & 0 \\ 0 & 1 & 1 & 0 & -1 & 1 & 0 & 0 \\ 0 & 0 & 1 & 1 & -1 & 1 & 1 & 0 \\ 0 & 0 & -1 & 1 & -1 & 0 & 0 & 1 \end{array}\right).$$

• Keine Vertauschung, Zeile 4 $\mapsto$ Zeile 4 + Zeile 3

$$\left(\begin{array}{cccc|cccc} 1 & 0 & 1 & 1 & 1 & 0 & 0 & 0 \\ 0 & 1 & 1 & 0 & -1 & 1 & 0 & 0 \\ 0 & 0 & 1 & 1 & -1 & 1 & 1 & 0 \\ 0 & 0 & 0 & 2 & -2 & 1 & 1 & 1 \end{array}\right).$$

- Multipliziere Zeile 4 mit $\frac{1}{2}$

$$\left(\begin{array}{cccc|cccc} 1 & 0 & 1 & 1 & 1 & 0 & 0 & 0 \\ 0 & 1 & 1 & 0 & -1 & 1 & 0 & 0 \\ 0 & 0 & 1 & 1 & -1 & 1 & 1 & 0 \\ 0 & 0 & 0 & 1 & -1 & \frac{1}{2} & \frac{1}{2} & \frac{1}{2} \end{array}\right).$$

- Spalte 4 wird in den 4. Einheitsvektor $e^4$ umgewandelt, d. h.
  Zeile 3 $\mapsto$ Zeile 3 $-$ Zeile 4
  Zeile 1 $\mapsto$ Zeile 1 $-$ Zeile 4

$$\left(\begin{array}{cccc|cccc} 1 & 0 & 1 & 0 & 2 & -\frac{1}{2} & -\frac{1}{2} & -\frac{1}{2} \\ 0 & 1 & 1 & 0 & -1 & 1 & 0 & 0 \\ 0 & 0 & 1 & 0 & 0 & \frac{1}{2} & \frac{1}{2} & -\frac{1}{2} \\ 0 & 0 & 0 & 1 & -1 & \frac{1}{2} & \frac{1}{2} & \frac{1}{2} \end{array}\right).$$

- Spalte 3 wird in den 3. Einheitsvektor $e^3$ umgewandelt, d. h.
  Zeile 2 $\mapsto$ Zeile 2 $-$ Zeile 3
  Zeile 3 $\mapsto$ Zeile 1 $-$ Zeile 3

$$\left(\begin{array}{cccc|cccc} 1 & 0 & 0 & 0 & 2 & -1 & -1 & 0 \\ 0 & 1 & 0 & 0 & -1 & \frac{1}{2} & -\frac{1}{2} & \frac{1}{2} \\ 0 & 0 & 1 & 0 & 0 & \frac{1}{2} & \frac{1}{2} & -\frac{1}{2} \\ 0 & 0 & 0 & 1 & -1 & \frac{1}{2} & \frac{1}{2} & \frac{1}{2} \end{array}\right).$$

Damit ist

$$\left(\begin{array}{cccc} 2 & -1 & -1 & 0 \\ -1 & \frac{1}{2} & -\frac{1}{2} & \frac{1}{2} \\ 0 & \frac{1}{2} & \frac{1}{2} & -\frac{1}{2} \\ -1 & \frac{1}{2} & \frac{1}{2} & \frac{1}{2} \end{array}\right)$$

die inverse Matrix von

$$\left(\begin{array}{cccc} 1 & 0 & 1 & 1 \\ 1 & 1 & 2 & 1 \\ 0 & -1 & 0 & 1 \\ 1 & 0 & 0 & 2 \end{array}\right).$$

## 12.6 Anwendung: Input-Output-Analyse

In diesem Abschnitt wird exemplarisch ein **Input-Output-Modell** behandelt[2].

In einer Ökonomie gibt es fünf wichtig Produktionssektoren: Stahl, Automobile, Bau, Metallprodukte und Eisenerze. Jeder Sektor liefert den Input der anderen Sektoren. Diese Verflechtungen sind in der folgenden Input-Output-Tabelle zusammengefasst:

| Input | Output | | | | |
|---|---|---|---|---|---|
| | Stahl | Autos | Bau | Metallprodukte | Eisenerz |
| Stahl | 0.20 | 0.25 | 0.15 | 0.30 | 0.10 |
| Autos | 0.05 | 0.10 | 0.05 | 0 | 0.20 |
| Bau | 0 | 0.05 | 0.02 | 0.05 | 0.05 |
| Metallprodukte | 0.10 | 0.05 | 0.05 | 0.05 | 0.10 |
| Eisenerz | 0.25 | 0 | 0 | 0 | 0 |

Beispielsweise bedeutet die Spalte für Stahl, dass zur Produktion von Stahl im Wert von einem Euro als Input Stahl im Wert von 0.20€, Autos im Wert von 0.05€, Gebäude (Bau-Sektor) im Wert von 0€, Metallprodukte im Wert von 0.10€ und Eisenerz im Wert von 0.25€ verwendet wird.

Darüber hinaus gibt es eine externe Nachfrage nach Stahl im Wert von $d_1 = 0$€, nach Autos im Wert von $d_2 = 100$ Mio €, nach Bauprodukten im Wert von $d_3 = 91.1$ Mio €, nach Metallprodukten im Wert von $d_4 = 285$ Mio € und nach Eisenerz im Wert von $d_5 = 0$€. Ist nun $x_1, \ldots, x_5$ der Wert des Outputs in Euro in jedem Sektor, dann muss folgendes gelten, damit ein Gütermarktgleichgewicht vorliegt:

$$
\begin{aligned}
x_1 &= 0.20x_1 + 0.25x_2 + 0.15x_3 + 0.30x_4 + 0.10x_5 + d_1, \\
x_2 &= 0.05x_1 + 0.10x_2 + 0.05x_3 + \phantom{0}0x_4 + 0.20x_5 + d_2, \\
x_3 &= \phantom{0}0x_1 + 0.05x_2 + 0.02x_3 + 0.05x_4 + 0.05x_5 + d_3, \\
x_4 &= 0.10x_1 + 0.05x_2 + 0.05x_3 + 0.05x_4 + 0.10x_5 + d_4, \\
x_5 &= 0.25x_1 + \phantom{0}0x_2 + \phantom{0}0x_3 + \phantom{0}0x_4 + \phantom{0}0x_5 + d_5.
\end{aligned}
$$

Das ergibt ein lineares Gleichungssystem der Form $Ax = c$, das als Ergebnis folgende Produktionsmengen (bewertet in Euro) ergibt:

- Stahl im Wert von $x_1 = 200$ Mio €,
- Bauinvestitionen im Wert von $x_3 = 120$ Mio €,
- Eisenerz im Wert von $x_5 = 50$ Mio €,
- Autos im Wert von $x_2 = 140$ Mio €,
- Metallprodukte im Wert von $x_4 = 340$ Mio €.

---

[2] Das Beispiel stammt aus Childress (1974, S. 98).

Nun gibt es neue Daten, die besagen, dass die erwartete zukünftige externe Nachfrage nach Produkten folgendermaßen aussieht: $d_1 = 0€$ für Stahl, $d_2 = 121.6$ Mio € für Autos, $d_3 = 90.9$ Mio € für Bau, $d_4 = 264.8$ Mio € für Metallprodukte und $d_5 = 0€$ für Eisenerz.

### Wie entwickelt sich voraussichtlich die Nachfrage nach Stahl? Steigt sie, fällt sie oder bleibt sie gleich?

Als Lösung des Gleichungssystems ergibt sich:

- Stahl im Wert von $x_1 = 200$ Mio €,
- Bauinvestitionen im Wert von $x_3 = 120$ Mio €,
- Eisenerz im Wert von $x_5 = 50$ Mio €.
- Autos im Wert von $x_2 = 164$ Mio €,
- Metallprodukte im Wert von $x_4 = 320$ Mio €,

Damit ist eine gleichbleibende Stahlnachfrage zu erwarten, während die Nachfrage nach Autos steigt und die nach Metallprodukten zurückgeht.

In der Matrixnotation aus Abschnitt 11.2 ist im allgemeinen Fall mit $n$ Produktionssektoren folgendes System zu lösen:

$$(\mathrm{Id} - B)\, x = d,$$

wobei

$$\mathrm{Id} = \begin{pmatrix} 1 & & 0 \\ & \ddots & \\ 0 & & 1 \end{pmatrix}, B = \begin{pmatrix} b_{11} & \cdots & b_{1n} \\ \vdots & & \vdots \\ b_{n1} & \cdots & b_{nn} \end{pmatrix} \text{ die Input-Output-Tabelle,}$$

$$x = \begin{pmatrix} x_1 \\ \vdots \\ x_n \end{pmatrix} \text{ und } d = \begin{pmatrix} d_1 \\ \vdots \\ d_n \end{pmatrix} \text{ der Nachfragevektor ist.}$$

Wenn $\mathrm{Id} - B$ invertierbar ist, ist die Lösung

$$x = (\mathrm{Id} - B)^{-1} d.$$

Wenn $(\mathrm{Id} - B)^{-1}$ einmal berechnet wurde, ist es einfach, die „Gleichgewichtsproduktion" $x = (\mathrm{Id} - B)^{-1} d$ für verschiedene Nachfragevektoren $d$ zu berechnen.

Wie bei der Anwendung in Kapitel 11 muss hier entweder ein Gleichungssystem gelöst werden, oder eine Matrix invertiert werden. Dazu kann das Gaußsche Eliminationsverfahren – wie es in diesem Kapitel entwickelt wurde – verwendet werden.

# Aufgaben zu Kapitel 12

**12.1.** Betrachten Sie folgende Matrizen

$$A = \begin{pmatrix} 0 & 2 & 1 & 3 \\ 0 & 1 & 1 & 2 \\ 0 & 3 & 1 & 4 \end{pmatrix} \text{ und } B = \begin{pmatrix} 1 & 3 & 1 & 0 \\ 2 & 2 & 0 & 3 \\ 3 & 1 & 1 & 0 \end{pmatrix}$$

a) Bestimmen Sie für beide Matrizen die Zeilenstufenform.
b) Geben Sie für beide Matrizen den Rang an.

**12.2.** Gegeben sei die Matrix

$$A = \begin{pmatrix} 1 & 1 & 1 & 0 & 3 \\ -1 & 1 & 0 & 1 & -2 \\ 0 & 2 & 2 & 2 & 0 \\ 1 & 3 & 2 & 2 & 1 \end{pmatrix}.$$

a) Bestimmen Sie mit dem Gaußschen Eliminationsverfahren die Zeilenstufenform.
b) Ermitteln Sie die Lösungsmenge $\mathscr{L}(A, \mathbf{0})$ des **homogenen Gleichungssystems** $Ax = \mathbf{0}$.
c) Prüfen Sie, ob es sich wirklich um Lösungen handelt (Probe).

**12.3.** Lösen Sie mit dem Gaußschen Eliminationsverfahren folgendes Gleichungssystem

$$Ax = c, \qquad \begin{pmatrix} 1 & 1 & -4 \\ 1 & -3 & 4 \\ 1 & 5 & 8 \end{pmatrix} \begin{pmatrix} x_1 \\ x_2 \\ x_3 \end{pmatrix} = \begin{pmatrix} -1 \\ -5 \\ 31 \end{pmatrix}.$$

a) Ermitteln Sie die Zeilenstufenform.
b) Bestimmen Sie die Lösung (mit Probe).

**12.4.** Betrachten Sie ein inhomogenes Gleichungssystem mit 3 Gleichungen und 5 Unbekannten. Die Zeilenstufenform des Gaußschen Eliminationsverfahrens enthält 3 Stufen.

a) Machen Sie eine Aussage über die Existenz von Lösungen
b) Machen Sie eine Aussage über die Eindeutigkeit von Lösungen.

**12.5.** Gegeben Sie die Matrix $A$ und der Vektor $c$ durch

$$A = \begin{pmatrix} 1 & 1 & 1 & 0 & 3 \\ -1 & 1 & 0 & 1 & -2 \\ 0 & 2 & 2 & 2 & 0 \\ 1 & 3 & 2 & 2 & 1 \end{pmatrix}, \quad c = \begin{pmatrix} 1 \\ 0 \\ 2 \\ 3 \end{pmatrix}.$$

a) Bestimmen Sie mit dem Gaußschen Eliminationsverfahren die Zeilenstufenform zu der erweiterten Matrix $(A|c)$ und geben Sie den Rang von $A$ und $(A|c)$ an.
b) Ermitteln Sie eine Lösung des **inhomogenen Gleichungssystems** $Ax = c$.
   Prüfen Sie, ob es sich wirklich um eine Lösung handelt (Probe).
c) Ermitteln Sie alle Lösungen und geben Sie die Lösungsmenge $\mathscr{L}(A,c)$ des **inhomogenen Gleichungssystems** $Ax = c$ an.

**12.6.** Betrachten Sie die Matrix

$$A = \begin{pmatrix} \frac{1}{3} & \frac{1}{6} & \frac{1}{3} \\ \frac{1}{6} & \frac{1}{3} & \frac{1}{6} \\ \frac{1}{2} & -\frac{1}{6} & \frac{1}{6} \end{pmatrix}.$$

a) Bestimmen Sie mit dem Gaußschen Eliminationsverfahren die inverse Matrix.
b) Führen Sie eine Probe durch.
c) Lösen Sie geschickt (ohne ein Gleichungssystem zu lösen!):

$$\begin{pmatrix} \frac{1}{3} & \frac{1}{6} & \frac{1}{3} \\ \frac{1}{6} & \frac{1}{3} & \frac{1}{6} \\ \frac{1}{2} & -\frac{1}{6} & \frac{1}{6} \end{pmatrix} \begin{pmatrix} x_1 \\ x_2 \\ x_3 \end{pmatrix} = \begin{pmatrix} 4 \\ -2 \\ 3 \end{pmatrix}$$

**12.7.** Das Gleichungssystem, das in Aufgabe 11.4 bestimmt werden sollte, lautet:

$$\begin{pmatrix} 6925 & -20000 & -1000 & -500 & -250 \\ 0 & 25000 & 0 & 0 & -30 \\ 0 & 0 & 2000 & 0 & -10 \\ 0 & 0 & 0 & 4000 & -80 \\ 0 & -5000 & -200 & 0 & 570 \end{pmatrix} \begin{pmatrix} k_1 \\ k_2 \\ k_3 \\ k_4 \\ k_5 \end{pmatrix} = \begin{pmatrix} 9000 \\ 4400 \\ 29800 \\ 11400 \\ 7400 \end{pmatrix}.$$

Lösen Sie dieses Gleichungssystem mit dem Gaußschen Eliminationsverfahren.

# Kapitel 13
# Die Determinante

Ein wichtiges Hilfsmittel in der Linearen Algebra ist die **Determinante**, die in den Abschnitten 13.1 und 13.2 behandelt wird. Die Determinante liefert zum Beispiel ein Kriterium für die Invertierbarkeit von Matrizen und ist ein zentrales Hilfsmittel für die Bestimmung von Eigenwerten, wie wir noch in Kapitel 18 sehen werden. In Abschnitt 13.1 wird die Determinante definiert und es werden einige Eigenschaften der Determinante zusammengestellt. Methoden zur Berechnung der Determinante werden in Abschnitt 13.2 angegeben. In Abschnitt 13.3 wird mit der **Cramerschen Regel** ein weiteres Verfahren zur Lösung linearer Gleichungssysteme eingeführt, welches auf der Berechnung von Determinanten beruht. In Abschnitt 13.4 wird die Determinante auch genutzt, um ein weiteres Verfahren anzugeben, mit dem die Inverse bestimmt werden kann. In Abschnitt 13.5 wird die **Definitheit** von Matrizen eingeführt. Diese spielt eine Rolle bei Fragen nach Konvexität und Konkavität von Funktionen – und damit auch bei der Ermittlung von hinreichenden Bedingungen für lokale Optima.

## 13.1 Definition und Eigenschaften

Die Determinante wird definiert als eine **Abbildung**, die jeder **quadratischen Matrix** eine **reelle Zahl** zuordnet und die gewisse vorgegebene Eigenschaften besitzt. Aus den vorgegebenen Eigenschaften werden einige weitere Eigenschaften der Determinante hergleitet.

Die vorgegebenen Eigenschaften, die eine Determinante erfüllen soll, sind:

- **Linearität in jeder Zeile:** Wird **eine** Zeile einer Matrix mit einer Zahl multipliziert, so wird die Determinante mit der Zahl multipliziert. Werden zwei Matrizen addiert, die bis auf **eine** Zeile identisch sind, dann werden auch die Determinanten addiert.
- **Alternierend:** Werden zwei Zeilen einer Matrix vertauscht, so wechselt das Vorzeichen der Determinante der Matrix.
- **Normiertheit:** Die Determinante der Identitätsmatrix ist 1.

T. Pampel, *Mathematik für Wirtschaftswissenschaftler*, Springer-Lehrbuch,
DOI 10.1007/978-3-642-04490-8_13, © Springer-Verlag Berlin Heidelberg 2010

Bei der Notation der (etwas formalen) Definition der Determinante ist zu beachten, dass $A_i = (a_{i1} \cdots a_{in})$ den $i$-ten Zeilenvektor der Matrix $A$ darstellt.

**Definition 13.1.** Sei $n \geq 1$, dann heißt eine Abbildung

$$\det : \mathcal{M}(n \times n) \to \mathbb{R}$$

**Determinante**, falls sie folgende Eigenschaften besitzt:

**D1** Die Abbildung det ist **linear in jeder Zeile**, d. h.

**D1a**
$$\det \begin{pmatrix} A_1 \\ \vdots \\ A_{i-1} \\ A_i + A_i' \\ A_{i+1} \\ \vdots \\ A_n \end{pmatrix} = \det \begin{pmatrix} A_1 \\ \vdots \\ A_{i-1} \\ A_i \\ A_{i+1} \\ \vdots \\ A_n \end{pmatrix} + \det \begin{pmatrix} A_1 \\ \vdots \\ A_{i-1} \\ A_i' \\ A_{i+1} \\ \vdots \\ A_n \end{pmatrix}$$

und für $\lambda \in \mathbb{R}$ gilt

**D1b**
$$\det \begin{pmatrix} A_1 \\ \vdots \\ A_{i-1} \\ \lambda A_i \\ A_{i+1} \\ \vdots \\ A_n \end{pmatrix} = \lambda \det \begin{pmatrix} A_1 \\ \vdots \\ A_{i-1} \\ A_i \\ A_{i+1} \\ \vdots \\ A_n \end{pmatrix}.$$

**D2** Die Abbildung det ist **alternierend**, d. h., ist $A \in \mathcal{M}(n \times n)$ mit zwei gleichen Zeilen $A_i = A_j$, $i \neq j$, so gilt $\det(A) = 0$.

**D3** Die Abbildung det ist **normiert**, d. h., $\det(\mathrm{Id}_n) = 1$.

Für jede Matrix $A \in \mathcal{M}(n \times n)$ bezeichnen wir $\det(A)$ als die **Determinante von $A$** und schreiben auch

$$\det \begin{pmatrix} a_{11} & \cdots & a_{1n} \\ \vdots & & \vdots \\ a_{n1} & \cdots & a_{nn} \end{pmatrix} = \begin{vmatrix} a_{11} & \cdots & a_{1n} \\ \vdots & & \vdots \\ a_{n1} & \cdots & a_{nn} \end{vmatrix}.$$

Um sicherzustellen, dass diese Definition sinnvoll ist, nutzen wir folgenden Satz:

**Satz 13.1.** *Sei $n \geq 1$, dann gibt es genau eine Abbildung* $\det : \mathcal{M}(n \times n) \to \mathbb{R}$ *mit den Eigenschaften **D1**, **D2** und **D3**.*

*Beweis.* Für einen Beweis sei hier auf Fischer (2008) oder Jänich (2008) verwiesen. Hier soll nur die Idee angegeben werden:

Die Eindeutigkeit erhält man dadurch, dass für zwei Abbildungen det und $\det'$ mit den Eigenschaften **D1**, **D2** und **D3** eine invertierbare Matrix $A \in \mathcal{M}(n \times n)$ durch elementare Zeilenumformungen in $\mathrm{Id}_n$ überführt werden kann. Daher gilt:

$$\det(A) = \det'(A) \Longleftrightarrow \det(\mathrm{Id}_n) = \det'(\mathrm{Id}_n),$$

was immer erfüllt ist, da $\det(\mathrm{Id}_n) = 1 = \det'(\mathrm{Id}_n)$ ist. Bei einer Matrix $A \in \mathcal{M}(n \times n)$, die nicht invertierbar ist, stellt sich heraus, dass die Eigenschaften **D1**, **D2** und **D3** implizieren, dass $\det(A) = \det'(A) = 0$ ist.

Die Existenz erhält man durch vollständige Induktion nach dem Entwicklungssatz von Laplace (siehe in Abschnitt 13.2), allerdings mit etwas Aufwand, siehe beispielsweise Jänich (2008). □

Bevor wir uns im nächsten Abschnitt mit der Berechnung der Determinante einer Matrix beschäftigen, wollen wir zunächst noch weitere Eigenschaften der Determinante zusammenstellen. Die meisten ergeben sich direkt aus **D1**, **D2** und **D3**, einige benötigen einen etwas aufwändigeren Beweis, so dass hierfür beispielsweise auf Fischer (2008) verwiesen sei.

**Satz 13.2.** *Seien $A \in \mathcal{M}(n \times n)$ und $\lambda \in \mathbb{R}$, dann gilt:*

**D4** $\det(\lambda A) = \lambda^n \det(A)$.

**D5** *Ist $A_i = \mathbf{0}$ für ein $i$, so ist $\det(A) = 0$.*

**D6** *Entsteht $A_{IV}^{i,j} = P_i^j A$ durch Zeilenvertauschung aus $A$, so gilt $\det(A_{IV}^{i,j}) = -\det(A)$.*

**D7** *Entsteht $A_{III}^{i,j}(\lambda) = Q_i^j(\lambda)A$ durch Addition des $\lambda$-fachen der $j$-ten Zeile von $A$ zur $i$-ten Zeile von $A$ mit $i \neq j$, so gilt $\det(A_{III}^{i,j}(\lambda)) = \det(A)$.*

**D8** *Ist $A = \begin{pmatrix} a_{11} & \cdots & a_{1n} \\ & \ddots & \vdots \\ 0 & & a_{nn} \end{pmatrix}$ eine obere Dreiecksmatrix,*

*so gilt $\det(A) = a_{11}a_{22} \cdot \ldots \cdot a_{(n-1)(n-1)}a_{nn}$.*

**D9** *$\det(A) = 0$ ist äquivalent dazu, dass die Zeilenvektoren linear abhängig sind.*

**D10** *$\det(A) \neq 0$ ist äquivalent zur Invertierbarkeit von $A$.*

**D11** *$\det(AB) = \det(A)\det(B)$ für $B \in \mathcal{M}(n \times n)$.*

**D12** *Ist $A$ invertierbar, so gilt $\det(A^{-1}) = \frac{1}{\det(A)}$.*

**D13** *$\det(A^T) = \det(A)$.*

**D14** *Ist eine Blockdiagonalmatrix $A = \begin{pmatrix} B & C \\ 0 & D \end{pmatrix}$, so gilt $\det(A) = \det(B)\det(D)$ für quadratische Matrizen $B \in \mathcal{M}(k \times k)$ und $D \in \mathcal{M}(n-k \times n-k)$ mit $1 \leq k \leq n-1$.*

*Beweis.* Die Eigenschaften **D4** bis **D7** ergeben sich – mit etwas Rechenaufwand – aus den Grundannahmen **D1** bis **D3**. Beispielsweise ergibt sich **D4** aus der $n$-fachen Anwendung von **D1b** auf jede einzelne der $n$ Zeilen von $A$. **D8** erhält man, indem zunächst jeweils mit **D1b** eine Matrix mit Einsen auf der Diagonale erzeugt – dabei entsteht der Faktor $a_{11} \cdot \ldots \cdot a_{nn}$ – und dann mit **D7** – ändert die Determinante nicht – die Identitätsmatrix mit $\det(\mathrm{Id}_n) = 1$ erhält.

Dass die Eigenschaften **D9** und **D10** gelten, erkennt man, wenn die Matrix $A$ durch elementare Zeilenumformungen auf Zeilenstufenform $B$ gebracht wird. Da die Matrix quadratisch ist, ergibt sich entweder eine obere Dreiecksmatrix wie in **D8** mit $\det(B) \neq 0$ – die ist dann invertierbar – oder zumindest die letzte Zeile der Zeilenstufenform ist eine Nullzeile, so dass nach **D5** $\det(B) = 0$ ist – die Matrix ist dann nicht invertierbar und es liegen lineare Abhängigkeiten vor. Der Beweis von **D11** ist etwas aufwändiger und benutzt die elementaren Zeilenumformungen, hierzu sei auf Fischer (2008) verwiesen. Aus **D11** lässt sich wegen $1 = \det(\mathrm{Id}) = \det(AA^{-1}) = \det(A)\det(A^{-1})$ dann **D12** folgern. Der Beweis von **D13** ist etwas aufwändiger und benutzt eine Bestimmung der Determinante nach einer Formel von G. W. Leibniz, die hier nicht eingeführt wird. Allerdings ist diese Eigenschaft wichtig, da sie bedeutet, dass **alle Aussagen, die für Zeilen gelten, genauso für Spalten gelten**. Die Eigenschaft **D14** ermöglicht es manchmal, Determinanten leichter zu berechnen; für einen Beweis sei auf Fischer (2008) verwiesen.          □

---

> **Merke:** Im Allgemeinen gilt $\det(A+B) \neq \det(A)+\det(B)$.

---

Für

$$A = \begin{pmatrix} 1 & 0 \\ 0 & 0 \end{pmatrix}, \qquad B = \begin{pmatrix} 0 & 0 \\ 0 & 1 \end{pmatrix},$$

gilt beispielsweise $\det(A + B) = \det(\mathrm{Id}_2) = 1 \neq 0 + 0 = \det(A) + \det(B)$.

## 13.2 Berechnung der Determinante

Die Determinanten lassen sich für kleine $n$ noch einfach bestimmen. Für $n = 1, 2, 3$:

- $n = 1$: $\det(a) = a$,
- $n = 2$: $\det \begin{pmatrix} a_{11} & a_{12} \\ a_{21} & a_{22} \end{pmatrix} = \begin{vmatrix} a_{11} & a_{12} \\ a_{21} & a_{22} \end{vmatrix} = a_{11}a_{22} - a_{12}a_{21}$,
- $n = 3$:

$$\det \begin{pmatrix} a_{11} & a_{12} & a_{13} \\ a_{21} & a_{22} & a_{23} \\ a_{31} & a_{32} & a_{33} \end{pmatrix} = \begin{vmatrix} a_{11} & a_{12} & a_{13} \\ a_{21} & a_{22} & a_{23} \\ a_{31} & a_{32} & a_{33} \end{vmatrix}$$

$$= a_{11}a_{22}a_{33} + a_{12}a_{23}a_{31} + a_{13}a_{21}a_{32} - a_{11}a_{23}a_{32} - a_{12}a_{21}a_{33} - a_{13}a_{22}a_{31}.$$

Letzteres ($n = 3$) lässt sich einfacher merken nach der **Regel von Sarrus**: Schreibe die ersten beiden Spalten hinter die Matrix, multipliziere jeweils die Koeffizienten auf den Diagonalen und addiere die Produkte, wobei die fallenden Diagonalen ($\diagdown$) ein positives und die steigenden Diagonalen ($\diagup$) ein negatives Vorzeichen erhalten.

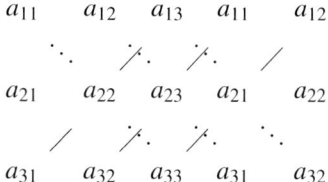

Wenn man Determinanten für größere $n$ bestimmen möchte, so stellt sich heraus, dass im Prinzip $n! = 1 \cdot 2 \cdot \ldots \cdot (n-1) \cdot n$ Summanden auftreten, also für $n = 4$ sind dies $4! = 24$, für $n = 5$ sind dies $5! = 120$ und für $n = 6$ sind dies bereits $6! = 720$ Summanden. Damit wird der Rechenaufwand, um die Determinante direkt zu bestimmen, schnell sehr groß. Wir werden jedoch in diesem Abschnitt noch Verfahren zur Berechnung von Determinanten kennenlernen.

**Berechnung über die Zeilenstufenform**

Aus **D6** folgt, dass jeder Zeilentausch das Vorzeichen der Determinante vertauscht, während **D7** zeigt, dass die Addition des $\lambda$-fachen einer Zeile zu einer anderen Zeile die Determinante nicht verändert.

Nehmen wir nun an, dass eine Matrix $A$ durch elementare Zeilenumformungen von den Typen[1] II, III oder IV – Addition des $\lambda$-fachen einer Zeile zu einer anderen Zeile entspricht Typ III, Typ II ist der Spezialfall $\lambda = 1$ und Zeilentausch ist Typ IV – auf Zeilenstufenform $B$ gebracht wurde, wobei $k$ Zeilenvertauschungen vorgenommen wurden. Dann gilt $\det(A) = (-1)^k \det(B)$. Nun kann man $\det(B)$ als Produkt der Diagonalelemente nach **D8** direkt bestimmen.

> **Satz 13.3.** *Sei $B \in \mathscr{M}(n \times n)$ eine Matrix, die durch elementare Zeilenumformungen der Typen II, III und IV aus einer Matrix $A \in \mathscr{M}(n \times n)$ in Zeilenstufenform gebracht wurde, wobei $k$ Zeilenvertauschungen vorgenommen wurden, dann gilt:*
>
> $$\det(A) = (-1)^k \det(B) = (-1)^k b_{11} b_{22} \cdot \ldots \cdot b_{nn}.$$

---

[1] Achtung, die Multiplikation mit einer Konstanten (Typ I) wird ausgeschlossen, da eine solche Skalierung den Wert der Determinante verändert; nicht nur das Vorzeichen.

*Beispiel 13.1.*

$$\begin{vmatrix} 0 & 1 & 2 \\ 3 & 2 & 1 \\ 1 & 1 & 0 \end{vmatrix} = - \begin{vmatrix} 1 & 1 & 0 \\ 3 & 2 & 1 \\ 0 & 1 & 2 \end{vmatrix} = - \begin{vmatrix} 1 & 1 & 0 \\ 0 & -1 & 1 \\ 0 & 1 & 2 \end{vmatrix} = - \begin{vmatrix} 1 & 1 & 0 \\ 0 & -1 & 1 \\ 0 & 0 & 3 \end{vmatrix} = 3.$$

### Der Entwicklungssatz von Laplace

Der Entwicklungssatz von Laplace beruht darauf, dass man die Determinante einer $n \times n$-Matrix nach Zeilen oder Spalten entwickeln kann, d. h., als Summe von Determinanten von $(n-1) \times (n-1)$-Matrix berechnen kann. Dies kann man rekursiv solange durchführen, bis man nur noch Determinanten von $2 \times 2$- oder $3 \times 3$-Matrizen bestimmen muss.

**Definition 13.2.** Sei $A \in \mathcal{M}(n \times n)$, dann heißt die $(n-1) \times (n-1)$-Matrix

$$\mathcal{M}_{ij} = \begin{pmatrix} a_{11} & \cdots & a_{1(j-1)} & a_{1(j+1)} & \cdots & a_{1n} \\ \vdots & & \vdots & \vdots & & \vdots \\ a_{(i-1)1} & \cdots & a_{(i-1)(j-1)} & a_{(i-1)(j+1)} & \cdots & a_{(i-1)n} \\ a_{(i+1)1} & \cdots & a_{(i+1)(j-1)} & a_{(i+1)(j+1)} & \cdots & a_{(i+1)n} \\ \vdots & & \vdots & \vdots & & \vdots \\ a_{n1} & \cdots & a_{n(j-1)} & a_{n(j+1)} & \cdots & a_{nn} \end{pmatrix},$$

die durch Weglassen der $i$-ten Zeile und der $j$-ten Spalte entsteht, die $(ij)$-te **Untermatrix**. Ferner heißt $\mathcal{K}_{ij} := (-1)^{i+j} \det(\mathcal{M}_{ij})$ der **Kofaktor** von $a_{ij}$.

Mit dieser Definition besagt der Entwicklungssatz von Laplace:

**Satz 13.4.** *Sei $A \in \mathcal{M}(n \times n)$. Für $i \in \{1, \dots, n\}$ ist*

$$\det(A) = \sum_{j=1}^{n} (-1)^{i+j} a_{ij} \det(\mathcal{M}_{ij}) = \sum_{j=1}^{n} a_{ij} \mathcal{K}_{ij},$$

*die **Entwicklung nach der $i$-ten Zeile** und und $j \in \{1, \dots, n\}$ ist*

$$\det(A) = \sum_{i=1}^{n} (-1)^{i+j} a_{ij} \det(\mathcal{M}_{ij}) = \sum_{i=1}^{n} a_{ij} \mathcal{K}_{ij},$$

*die **Entwicklung nach der $j$-ten Spalte.***

Für einen Beweis siehe beispielsweise Fischer (2008) oder Jänich (2008).

Für das obige Beispiel ist die Entwicklung nach der ersten Zeile:

$$\begin{vmatrix} 0 & 1 & 2 \\ 3 & 2 & 1 \\ 1 & 1 & 0 \end{vmatrix} = 0 \cdot \begin{vmatrix} 2 & 1 \\ 1 & 0 \end{vmatrix} - 1 \cdot \begin{vmatrix} 3 & 1 \\ 1 & 0 \end{vmatrix} + 2 \cdot \begin{vmatrix} 3 & 2 \\ 1 & 1 \end{vmatrix} = 0 \cdot (-1) - 1 \cdot (-1) + 2 \cdot 1 = 3.$$

Mit dieser Regel lassen sich auch leicht die Regeln für $n = 2, 3$ überprüfen.

Auch in diesem Fall zeigt sich, dass die Berechnung mit dem Entwicklungssatz von Laplace nur sinnvoll ist, wenn $n$ nicht zu groß ist. Andererseits zeigt sich auch, dass es sinnvoll ist, nach einer Zeile oder Spalte zu entwickeln, in der viele Nullen sind, da dann viele Summanden wegen $a_{ij} = 0$ entfallen.

## 13.3 Cramersche Regel

Die Determinanten können auch dazu genutzt werden, lineare Gleichungssysteme $Ax = c$ zu lösen, falls $A \in \mathcal{M}(n \times n)$ mit $\det(A) \neq 0$ quadratisch ist. In diesem Fall ist $A$ invertierbar und die Spaltenvektoren von $A$ sind linear unabhängig. Somit gilt:

$$A^1 x_1 + \ldots + A^n x_n = c,$$

was für jedes $i = 1, \ldots, n$ äquivalent ist zu

$$x_1 A^1 + \ldots + x_{i-1} A^{i-1} + (x_i A^i - c) + x_{i+1} A^{i+1} + \ldots + x_n A^n = \mathbf{0}.$$

Damit sind die Spalten der Matrix

$$\left( A^1 \cdots A^{i-1} \ (x_i A^i - c) \ A^{i+1} \cdots A^n \right)$$

linear abhängig (der Koeffizient vor dem Vektor $(x_i A^i - c)$ ist $1 \neq 0$) und die Determinante dieser Matrix ist $\det \left( A^1 \cdots A^{i-1} \ (x_i A^i - c) \ A^{i+1} \cdots A^n \right) = 0$. Wegen der Linearität der Determinante in jeder Spalte gilt:

$$x_i \det(A) - \det \left( A^1 \cdots A^{i-1} \ c \ A^{i+1} \cdots A^n \right) = 0.$$

Da dies für jedes $i = 1, \ldots, n$ gilt und $\det(A) \neq 0$ ist, ergibt sich folgender Satz:

**Satz 13.5.** *Sei $A \in \mathcal{M}(n \times n)$ mit $\det(A) \neq 0$ und $Ax = c$, dann gilt*

$$x_i = \frac{\det \left( A^1 \cdots A^{i-1} \ c \ A^{i+1} \cdots A^n \right)}{\det(A)}$$

*für jedes $i = 1, \ldots, n$.*

Diesen Zusammenhang nennt man **Cramersche Regel**. Diese Lösungsmethode ist allerdings eher für kleine Systeme geeignet, da sonst die Bestimmung der Determinanten recht aufwändig wird.

*Beispiel 13.2.* Löse mit der Cramerschen Regel

$$Ax = \begin{pmatrix} 1 & 1 & 0 \\ 0 & 1 & 1 \\ 3 & 2 & 1 \end{pmatrix} \begin{pmatrix} x_1 \\ x_2 \\ x_3 \end{pmatrix} = \begin{pmatrix} 1 \\ 1 \\ 0 \end{pmatrix} = c$$

Nach der Regel von Sarrus gilt $\det(A) = 2$ und es gilt:

$$x_1 = \frac{1}{2} \begin{vmatrix} 1 & 1 & 0 \\ 1 & 1 & 1 \\ 0 & 2 & 1 \end{vmatrix} = -1, \quad x_2 = \frac{1}{2} \begin{vmatrix} 1 & 1 & 0 \\ 0 & 1 & 1 \\ 3 & 0 & 1 \end{vmatrix} = 2, \quad x_3 = \frac{1}{2} \begin{vmatrix} 1 & 1 & 1 \\ 0 & 1 & 1 \\ 3 & 2 & 0 \end{vmatrix} = -1.$$

Die Lösung ist somit $x = \begin{pmatrix} -1 \\ 2 \\ -1 \end{pmatrix}$.

## 13.4 Bestimmung der inversen Matrix

Die Cramersche Regel nutzen wir nun, um ein Matrix zu invertieren. Sei $A \in \mathcal{M}(n \times n)$ eine invertierbare Matrix und $(X^1 \cdots X^n) = A^{-1}$ die Inverse zu $A$, dann gilt $AX = \mathrm{Id}_n$ und somit für alle $j = 1, \ldots, n$

$$AX^j = e^j,$$

wobei $e^j$ die Einheitsvektoren sind. Nun kann man für alle $i, j = 1, \ldots, n$ die Cramersche Regel anwenden und erhält:

$$x_{ij} = \frac{\det(A^1 \cdots A^{i-1} e^j A^{i+1} \cdots A^n)}{\det(A)}$$

$$= \frac{(-1)^{i+j} \det(\mathcal{M}_{ji})}{\det(A)} = \frac{\mathcal{K}_{ji}}{\det(A)} = \frac{\mathcal{K}_{ij}^T}{\det(A)}.$$

Man beachte hier, dass die Indizes vertauscht sind. Insgesamt gilt damit

$$(A^{-1}) = \frac{1}{\det(A)} \mathcal{K}^T,$$

wobei

$$\mathcal{K}^T = \begin{pmatrix} \mathcal{K}_{11} & \cdots & \mathcal{K}_{n1} \\ \vdots & & \vdots \\ \mathcal{K}_{1n} & \cdots & \mathcal{K}_{nn} \end{pmatrix}$$

als **komplementäre Matrix** bezeichnet wird und die transponierte Matrix von $\mathcal{K}$ (der Matrix mit den Kofaktoren) ist.

*Beispiel 13.3.* Betrachten wir das Beispiel 12.4

$$A = \begin{pmatrix} 1 & 0 & 1 & 1 \\ 1 & 1 & 2 & 1 \\ 0 & -1 & 0 & 1 \\ 1 & 0 & 0 & 2 \end{pmatrix},$$

so erhalten wir die Matrix mit den Kofaktoren

$$\mathcal{K} = \begin{pmatrix} 4 & -2 & 0 & -2 \\ -2 & 1 & 1 & 1 \\ -2 & -1 & 1 & 1 \\ 0 & 1 & -1 & 1 \end{pmatrix} \text{ sowie } \mathcal{K}^T = \begin{pmatrix} 4 & -2 & -2 & 0 \\ -2 & 1 & -1 & 1 \\ 0 & 1 & 1 & -1 \\ -2 & 1 & 1 & 1 \end{pmatrix};$$

die komplementäre Matrix. Die Determinante ist $\det(A) = 2$, egal nach welcher Zeile oder Spalte man entwickelt. Als Ergebnis erhalten wir, wie in Abschnitt 12.5, Beispiel 12.4:

$$A^{-1} = \frac{1}{\det(A)} \mathcal{K}^T = \begin{pmatrix} 2 & -1 & -1 & 0 \\ -1 & \frac{1}{2} & -\frac{1}{2} & \frac{1}{2} \\ 0 & \frac{1}{2} & \frac{1}{2} & -\frac{1}{2} \\ -1 & \frac{1}{2} & \frac{1}{2} & \frac{1}{2} \end{pmatrix}.$$

## 13.5 Definitheit

Die **Definitheit** spielt in der Analysis eine wichtige Rolle bei Fragen nach Konvexität und Konkavität und damit bei der Ermittlung von hinreichenden Bedingungen für lokale Optima. Dabei werden die Begriffe, die wir hier herleiten, angewandt auf die **Hesse-Matrix**, deren Einträge die zweiten partiellen Ableitungen sind. Insbesondere ist die Hesse-Matrix eine symmetrische Matrix. In diesem Abschnitt wird der Zusammenhang zu Eigenschaften sogenannter **Hauptminoren** oder **Hauptunterdeterminanten** hergestellt.

**Definition 13.3.** Eine symmetrische Matrix $A \in \mathcal{M}(n \times n)$ heißt **positiv definit**, falls

$$v^T A v > 0$$

für alle Vektoren $v \in \mathbb{R}^n$, $v \neq \mathbf{0}$ gilt, und **negativ definit**, falls

$$v^T A v < 0$$

für alle Vektoren $v \in \mathbb{R}^n$, $v \neq \mathbf{0}$ gilt.

Semi-definit schließt den Fall eines Vektor $v \neq 0$ mit $v^T A v = 0$ ein.

**Definition 13.4.** Eine symmetrische Matrix $A \in \mathcal{M}(n \times n)$ heißt **positiv semi-definit**, falls für alle Vektoren $v \in \mathbb{R}^n$

$$v^T A v \geq 0$$

gilt und **negativ semi-definit**, falls für alle Vektoren $v \in \mathbb{R}^n$

$$v^T A v \leq 0$$

gilt. Sie heißt **indefinit**, falls sie weder positiv noch negativ semi-definit ist, d. h. es gibt $v, w \in \mathbb{R}^n$ mit $v^T A v > 0$ und $w^T A w < 0$.

Über Determinanten lässt sich ein Kriterium dafür bestimmen, ob eine Matrix positiv bzw. negativ definit ist. Hierzu definieren wir zu jedem $k = 1, \ldots, n$ den $k$-ten **Hauptminor** $D_k$ als die Determinante der ersten $k$ Zeilen und $k$ Spalten, d. h.

$$D_k := \begin{vmatrix} a_{11} & \cdots & a_{1k} \\ \vdots & & \vdots \\ a_{k1} & \cdots & a_{kk} \end{vmatrix}.$$

**Satz 13.6.** *Eine symmetrische Matrix $A \in \mathcal{M}(n \times n)$ ist positiv definit, falls*

$$D_k > 0 \qquad \textit{für alle } k = 1, \ldots, n$$

*ist, und negativ definit, falls*

$$(-1)^k D_k > 0 \qquad \textit{für alle } k = 1, \ldots, n$$

*ist.*

*Anmerkung 13.1.* Ist $A \in \mathcal{M}(n \times n)$ eine Diagonalmatrix, so gilt $D_k = \lambda_1 \cdot \ldots \cdot \lambda_k$, so dass $A$ genau dann positiv (negativ) definit ist, wenn alle Diagonaleinträge positiv (negativ) sind, d. h., $\lambda_i > 0$ ($\lambda_i < 0$) für $i = 1, \ldots, n$.

Eine wichtige Anwendung ist die Folgende: Eine Funktion $F : \mathbb{R}^n \to \mathbb{R}$ ist in der Umgebung eines Punktes genau dann **konvex (konkav)**, wenn die Hesse-Matrix, die die zweite Ableitung repräsentiert, **positiv (negativ) definit** ist. Insbesondere ist ein Punkt mit **Gradient Null** und **positiv (negativ) definiter Hesse-Matrix** in dem Punkt ein **lokales Minimum (Maximum)**.

*Anmerkung 13.2.* Ist $A \in \mathcal{M}(n \times n)$ quadratisch, aber nicht symmetrisch, dann lässt sich die Definitheit wie oben definieren; das Determinantenkriterium muss aber auf die symmetrische Matrix $\frac{1}{2}(A+A^T)$ angewandt werden. Dieses Verfahren ist möglich, weil für alle Vektoren $v \in \mathbb{R}^n$ gilt:

$$v^T A v = (v^T A v)^T = v^T A^T v.$$

Die Definitheit von $\left(\frac{1}{2}(A+A^T)\right)$ ist die gleiche wie von $A$, denn es gilt

$$v^T A v = v^T \left(\frac{1}{2}(A+A^T)\right) v.$$

Der folgende Satz findet Anwendung bei der Methode der kleinsten Quadrate, um die Existenz einer eindeutigen Lösung zu garantieren und zu zeigen, dass die Lösung wirklich ein Minimum ist.

**Satz 13.7.** *Seien die Spalten von $X \in \mathcal{M}(m \times n)$, $m \geq n$ linear unabhängig, d. h., $\mathrm{rg}(X) = n$, dann ist $X^T X \in \mathcal{M}(n \times n)$ invertierbar und positiv definit.*

*Beweis.* Es gilt für alle $v \in \mathbb{R}^n$

$$v^T(X^T X)v = (v^T X^T)(Xv) = (Xv)^T(Xv) = \langle Xv, Xv \rangle \geq 0$$

und $v^T(X^T X)v = 0$ genau dann, wenn $Xv = \mathbf{0}$ ist (Regel für das Skalarprodukt). Da die Spalten von $X$ linear unabhängig sind, ist $Xv = \mathbf{0}$ äquivalent zu $v = \mathbf{0}$. Damit ist $X^T X$ positiv definit. Ferner ist $X^T X$ invertierbar, wenn die homogene Gleichung $(X^T X)v = \mathbf{0}$ nur die triviale Lösung besitzt. Sei nun $v \in \mathbb{R}^n$ eine Lösung, dann gilt auch $v^T(X^T X)v = v^T \mathbf{0} = 0$, was nach dem oben gezeigten bedeutet, dass $v = \mathbf{0}$ gelten muss. Somit ist $X^T X$ invertierbar. $\qquad\square$

## 13.6 Anwendung: Die Methode der kleinsten Quadrate

Die **Methode der kleinsten Quadrate** ist eine Methode der **Ökonometrie**. Details – insbesondere bzgl. einer geeigneten Einführung von Störgrößen – finden sich in jedem Lehrbuch zur Ökonometrie, beispielsweise in Frohn (1995), Hackl (2005) oder Auer (2007).

### *Lineare Anpassung*

Aus der Vergangenheit seien $m$ Realisationen $\{(x_i, z_i)\}_{i=1}^m$ von ökonomischen Größen $(x, z)$ bekannt und es wird angenommen, dass diese bis auf zufällige Störungen in einem affin-linearen Zusammenhang stehen. Es wird demnach unterstellt, dass

die Daten im Wesentlichen aus einem funktionalen Zusammenhang der folgenden
Form entstehen:

$$z \approx f(x) := a + bx$$

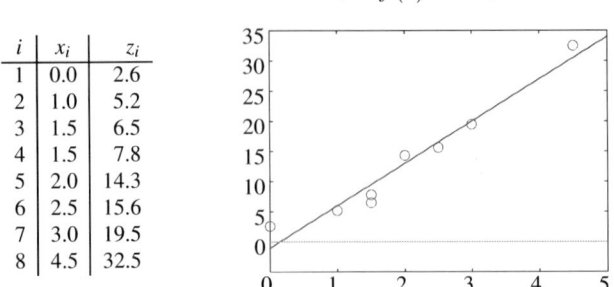

| $i$ | $x_i$ | $z_i$ |
|---|---|---|
| 1 | 0.0 | 2.6 |
| 2 | 1.0 | 5.2 |
| 3 | 1.5 | 6.5 |
| 4 | 1.5 | 7.8 |
| 5 | 2.0 | 14.3 |
| 6 | 2.5 | 15.6 |
| 7 | 3.0 | 19.5 |
| 8 | 4.5 | 32.5 |

**Abb. 13.1**  Illustration der Methode der kleinsten Quadrate mit linearer Anpassung

Ziel der **Methode der kleinsten Quadrate** ist es, die quadratische Abweichung
$(z_i - (a + bx_i))^2$ zu minimieren. Damit werden Parameter $a, b$ gesucht, die den **quadratischen Fehler**

$$\mathscr{E}(a, b) := \sum_{i=1}^{m} \left( z_i - (a + bx_i) \right)^2$$

minimieren.

In Abschnitt 15.2 wird als notwendige Bedingung für ein lokales Optimum
$(a^*, b^*)$ hergeleitet, dass die partiellen Ableitungen nach $a$ und $b$ null sein müssen.
Das bedeutet in diesem Fall, dass

$$\frac{\partial}{\partial a} \mathscr{E}(a^*, b^*) = 2 \sum_{i=1}^{m} \left( (z_i - (a^* + b^* x_i)) \cdot (-1) \right) = 0,$$

$$\frac{\partial}{\partial b} \mathscr{E}(a^*, b^*) = 2 \sum_{i=1}^{m} \left( (z_i - (a^* + b^* x_i)) \cdot (-x_i) \right) = 0.$$

Diese Gleichungen lassen sich in Matrixnotation mit

$$X = \begin{pmatrix} 1 & x_1 \\ \vdots & \vdots \\ 1 & x_m \end{pmatrix}, X^T = \begin{pmatrix} 1 & \cdots & 1 \\ x_1 & \cdots & x_m \end{pmatrix} \text{ und } z = \begin{pmatrix} z_1 \\ \vdots \\ z_m \end{pmatrix}$$

umformen in

$$(1 \cdots 1) \left( z - X \begin{pmatrix} a^* \\ b^* \end{pmatrix} \right) (-2) = 0$$

$$(x_1 \cdots x_m) \left( z - X \begin{pmatrix} a^* \\ b^* \end{pmatrix} \right) (-2) = 0.$$

Damit ist $\mathcal{E}'(a^*,b^*) = X^T \left( z - X \begin{pmatrix} a^* \\ b^* \end{pmatrix} \right)(-2) = \mathbf{0}$ gleichbedeutend damit, dass $\begin{pmatrix} a^* \\ b^* \end{pmatrix}$ das lineare Gleichungssystem $(X^T X)\begin{pmatrix} a \\ b \end{pmatrix} = X^T z$ löst. Sind die Spalten von $X$ linear unabhängig (also die $x_i$ nicht alle gleich), so ist $X^T X$ nach Satz 13.7 invertierbar und positiv definit. Es muss somit gelten

$$\begin{pmatrix} a^* \\ b^* \end{pmatrix} = (X^T X)^{-1} X^T z.$$

Eine hinreichende Bedingung dafür, dass bei $\begin{pmatrix} a^* \\ b^* \end{pmatrix}$ ein Minimum vorliegt, ist, dass die Hesse-Matrix

$$\begin{pmatrix} \frac{\partial^2}{\partial a \partial a}\mathcal{E}(a^*,b^*) & \frac{\partial^2}{\partial a \partial b}\mathcal{E}(a^*,b^*) \\ \frac{\partial^2}{\partial b \partial a}\mathcal{E}(a^*,b^*) & \frac{\partial^2}{\partial b \partial b}\mathcal{E}(a^*,b^*) \end{pmatrix} = 2X^T X$$

positiv definit ist. Das ist wegen Satz 13.7 der Fall, so dass in der Tat ein Minimum vorliegt.

Mit den Definitionen $\mu_x = \sum_{i=1}^m x_i$, $\mu_z = \sum_{i=1}^m z_i$, $\sigma_{xx} = \sum_{i=1}^m x_i^2$ und $\sigma_{xz} = \sum_{i=1}^m x_i z_i$ gilt

$$X^T X = \begin{pmatrix} m & \mu_x \\ \mu_x & \sigma_{xx} \end{pmatrix} \quad \text{und} \quad X^T z = \begin{pmatrix} \mu_z \\ \sigma_{xz} \end{pmatrix},$$

so dass wir bei $m\sigma_{xx} - \mu_x^2 \neq 0$ die folgenden optimalen Parameter erhalten:

$$a^* = \frac{1}{m\sigma_{xx} - \mu_x^2}(\sigma_{xx}\mu_z - \mu_x\sigma_{xz}),$$

$$b^* = \frac{1}{m\sigma_{xx} - \mu_x^2}(\sigma_{xz}m - \mu_x\mu_z).$$

## Aufgaben zu Kapitel 13

**13.1.** Betrachten Sie folgende Matrizen:

$$A = \begin{pmatrix} 1 & -1 \\ 2 & 1 \end{pmatrix}, \quad B = \begin{pmatrix} 1 & 0 \\ -1 & 3 \\ 2 & 2 \end{pmatrix}, \quad C = \begin{pmatrix} 1 & 3 & 1 \\ 2 & 2 & 0 \\ 3 & 1 & 1 \end{pmatrix}, \quad D = \begin{pmatrix} -1 & 2 & 1 & 3 \\ 2 & 2 & 0 & 3 \\ 0 & 0 & 0 & 0 \\ 0 & 3 & 1 & 4 \end{pmatrix}.$$

a) Geben Sie an, zu welcher Matrix es **keine** Determinante gibt.
b) Geben Sie mit einem kurzen Argument an, welche Determinanten 0 sind.
c) Berechnen Sie die übrigen Determinanten.

**13.2.** Bestimmen Sie folgende Determinanten:

a)  $\det \begin{pmatrix} -1 & 2 & 1 & 3 \\ 2 & 2 & 0 & 3 \\ 0 & 1 & 1 & 2 \\ 0 & 3 & 1 & 4 \end{pmatrix}$

b)  $\det \begin{pmatrix} 1 & 0 & 5 & 3 & 9 \\ 0 & 0 & 0 & 0 & 4 \\ -3 & 5 & 0 & 6 & 3 \\ 8 & 2 & 0 & 4 & 8 \\ 3 & 2 & 0 & 2 & 4 \end{pmatrix}$

**13.3.** Gegeben seien die Matrix $A = \begin{pmatrix} 2 & 1 & 2 \\ 1 & 2 & 1 \\ 3 & -1 & 1 \end{pmatrix}$ und der Vektor $b = \begin{pmatrix} 2 \\ 4 \\ 0 \end{pmatrix}$.

a) Bestimmen Sie die Determinante von $A$ und geben Sie an ob, es eine eindeutige Lösung des Gleichungssystems $Ax = b$ gibt.

b) Lösen Sie das Gleichungssystem $Ax = b$ mit der **Cramerschen Regel** (Probe).

**13.4.** Für eine Matrix $A$ gilt $\det(A) = 8$. Ermitteln Sie folgende Determinanten:

a)  $\det\left(A^T\right)$

b)  $\det\left(A^{-1}\right)$

c)  $\det\left(A^T A\right)$

d)  $\det\left(A^{-1} A\right)$

**13.5.** Geben Sie an, ob folgende Matrizen positiv definit, negativ definit oder indefinit sind.

a)  $A = \begin{pmatrix} -2 & 1 & 2 \\ 1 & -2 & 2 \\ 2 & 2 & -4 \end{pmatrix}$

b)  $B = \begin{pmatrix} -2 & 1 & 2 & 1 \\ 1 & -2 & 0 & 0 \\ 2 & 0 & -4 & 0 \\ 1 & 0 & 0 & -8 \end{pmatrix}$

**13.6.** Betrachten Sie die Matrix $A = \begin{pmatrix} 2 & 1 & 2 \\ 1 & 2 & 1 \\ 3 & -1 & 1 \end{pmatrix}$.

a) Bestimmen Sie die Kofaktormatrix.

b) Bestimmen Sie mit der Kofaktormatrix die inverse Matrix $A^{-1}$.

**13.7.** Führen Sie für die Daten zu Abb. 13.1 eine lineare Anpassung nach der Methode der kleinsten Quadrate durch, d. h. suchen Sie $a, b \in \mathbb{R}$, so dass die quadratische Abweichung $z_i$ von $a + b x_i$ minimal wird.

a) Stellen Sie das Gleichungssystem in Matrixschreibweise auf.

b) Bestimmen Sie die optimalen Parameter $a, b$.

# Teil V
# Mehrdimensionale Differentialrechnung

In ökonomische Modellen mit **mehreren Variablen** sind die Zusammenhänge zwischen Variablen, anders als in Teil IV behandelt, meistens nicht linear. Gegenstand dieses Teil ist daher die Untersuchung mehrdimensionaler Funktionen im Zusammenhang mit ihren Ableitungen.

Die Optimierung von mehrdimensionalen Funktionen, mit und ohne Nebenbedingungen, ist dabei die zentrale Fragestellung in diesem Teil. Es gibt vielfältige ökonomische Anwendungen, bei denen mehrdimensionale Optimierung eine Rolle spielt: Nutzenmaximierung bei gegebenem Budget, Kostenminimierung bei gegebener Produktionsmenge usw.

# Kapitel 14
# Mehrdimensionale Funktionen

Bei ökonomischen Fragestellungen treten oft Funktionen auf, die von **mehreren Variablen** abhängen: Produktionsfunktionen mit mehreren Produktionsfaktoren, Nutzenfunktionen bei mehreren Konsumgütern usw. Im Fall von $n$ Variablen werden diese durch **Vektoren des $\mathbb{R}^n$** beschrieben, wie sie in Kapitel 10 eingeführt wurden. In Abschnitt 14.1 werden die Eigenschaften mehrdimensionaler Funktionen untersucht, wobei sich einige Eigenschaften von den eindimensionalen Funktionen übernehmen lassen, während andere Eigenschaften modifiziert werden müssen und weitere Eigenschaften wie **Quasikonkavität** oder **Homogenität** hinzukommen. Die **Stetigkeit** mehrdimensionaler Funktionen wird gesondert in Abschnitt 14.2 behandelt.

## 14.1 Mengen und Funktionen im $\mathbb{R}^n$

In diesem Abschnitt werden mehrdimensionale Funktionen eingeführt und ihre Eigenschaften erläutert. Dazu werden zunächst noch einige Eigenschaften von Mengen im $\mathbb{R}^n$ eingeführt und angegeben, wie Vektoren verglichen werden.

---

**Vektorenvergleich im $\mathbb{R}^n$, $a, b \in \mathbb{R}^n$:**

| |
|---|
| $a \gg b \Longleftrightarrow a_i > b_i$ für alle $i = 1, \ldots, n$ |
| $a > b \Longleftrightarrow a_i \geq b_i$ für alle $i = 1, \ldots, n$ und $a_j > b_j$ für mindestens ein $j$ |
| $a \geq b \Longleftrightarrow a_i \geq b_i$ für alle $i = 1, \ldots, n$ |
| $a \ll b \Longleftrightarrow a_i < b_i$ für alle $i = 1, \ldots, n$ |
| $a < b \Longleftrightarrow a_i \leq b_i$ für alle $i = 1, \ldots, n$ und $a_j < b_j$ für mindestens ein $j$ |
| $a \leq b \Longleftrightarrow a_i \leq b_i$ für alle $i = 1, \ldots, n$ |

---

T. Pampel, *Mathematik für Wirtschaftswissenschaftler*, Springer-Lehrbuch,
DOI 10.1007/978-3-642-04490-8_14, © Springer-Verlag Berlin Heidelberg 2010

Anders als bei reellen Zahlen lassen sich Vektoren nicht immer vergleichen; beispielsweise gilt keine der Möglichkeiten, wenn man $\binom{1}{2}$ und $\binom{2}{1}$ betrachtet.

**Abb. 14.1** Es gilt $A \ll B$, $D > B$, $D \ll E$, $E \gg C$. Der Punkt $C$ ist nicht mit $A$, $B$ oder $D$ vergleichbar. Die Fläche mit Eckpunkt $A$ und gestricheltem Rand ist die Menge $\{x \in \mathbb{R}^2 \mid x \geq A\}$ und ohne Rand ist es die Menge $\{x \in \mathbb{R}^2 \mid x \gg A\}$

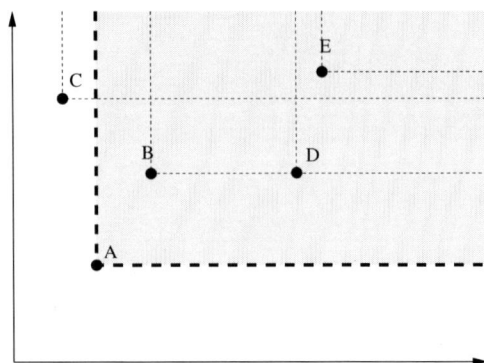

Da ökonomische Größen meistens keine negativen Werte annehmen können, werden nun einige spezielle Teilmengen des $\mathbb{R}^n$ definiert.

- $\mathbb{R}^n_+ := \{x \in \mathbb{R}^n \mid x \geq 0\}$, keine negative Komponente,
- $\mathbb{R}^n_+ \setminus \{0\} = \{x \in \mathbb{R}^n \mid x > 0\}$, keine negative und mindestens eine positive Komponente,
- $\mathbb{R}^n_{++} := \{x \in \mathbb{R}^n \mid x \gg 0\}$, nur positive Komponenten.

Für die Beschreibung von Funktionseigenschaften ist es manchmal wichtig, dass die Mengen, auf denen die Funktionen betrachtet werden, bestimmte Eigenschaften haben, die hier zusammengestellt werden:

**Definition 14.1.**

- Eine Teilmenge $A \subset \mathbb{R}^n$ heißt **beschränkt**, wenn es ein $K > 0$ gibt, so dass $\|x\| \leq K$ für alle $x \in A$ gilt.
- Eine Teilmenge $A \subset \mathbb{R}^n$ heißt **offen**, wenn es zu jedem $a \in A$ eine (offene) $\varepsilon$-Umgebung $U_\varepsilon(a) := \{x \in \mathbb{R}^n \mid \|a - x\| < \varepsilon\}$ gibt mit $U_\varepsilon(a) \subset A$.
- Eine Teilmenge $A \subset \mathbb{R}^n$ heißt **abgeschlossen**, wenn für jede (in $\mathbb{R}^n$) konvergente Folge $\{a_i\}_{i=0}^\infty$ auch der Grenzwert in $A$ ist, d. h. $\lim_{i \to \infty} a_i \in A$.
- Eine Teilmenge $A \subset \mathbb{R}^n$ heißt **kompakt**, wenn sie abgeschlossen und beschränkt ist.
- Eine Teilmenge $A \subset \mathbb{R}^n$ heißt **konvex**, wenn für $x, y \in A$ auch

$$\lambda x + (1 - \lambda)y \in A \text{ für alle } \lambda \in [0, 1]$$

gilt, d. h., mit zwei Punkten ist auch die Verbindungslinie in $A$.

**Abb. 14.2** Illustration einer $\varepsilon$-Umgebung von $a$. Der Rand gehört nicht zur Menge

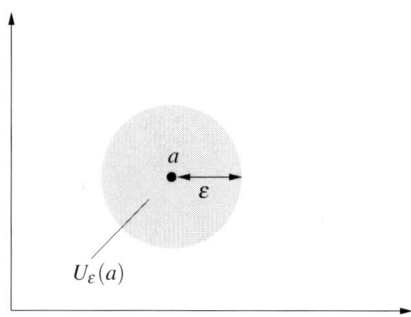

**Lemma 14.1.** *Seien $a \in \mathbb{R}^n$, $\varepsilon > 0$, dann ist die (offene) $\varepsilon$-Umgebung*

$$U_\varepsilon(a) := \{x \in \mathbb{R}^n \mid \|a - x\| < \varepsilon\}$$

*beschränkt, offen und konvex.*

*Beweis.* Eine $\varepsilon$-Umgebung von $a$ ist beschränkt durch $\|a\| + \varepsilon$ und offen, weil mit $b \in U_\varepsilon(a)$ auch $U_{\varepsilon_b}(b) \subset U_\varepsilon(a)$ ist, wenn $0 < \varepsilon_b < \frac{\varepsilon - \|b-a\|}{2}$ gilt. Die $\varepsilon$-Umgebung ist konvex, denn $x, y \in U_\varepsilon(a)$ bedeutet $\|a - x\| < \varepsilon$ und $\|a - y\| < \varepsilon$, so dass nach den Regeln für Normen gilt:

$$
\begin{aligned}
\|\lambda x + (1 - \lambda)y - a\| &= \|\lambda(x - a) + (1 - \lambda)(y - a)\| \\
&\leq \lambda\|x - a\| + (1 - \lambda)\|y - a\| < \lambda\varepsilon + (1 - \lambda)\varepsilon = \varepsilon.
\end{aligned}
$$

Damit gilt auch $\lambda x + (1 - \lambda)y \in U_\varepsilon(a)$ für alle $\lambda \in [0, 1]$.  $\square$

Nun werden mehrdimensionale Funktionen definiert.

**Definition 14.2.** Eine **mehrdimensionale (reelle** oder **reellwertige) Funktion** $f$ ist eine Abbildung von einer Teilmenge $D \subset \mathbb{R}^n$ in eine Teilmenge $T \subset \mathbb{R}$ der reellen Zahlen.

Wird keine spezielle Angabe gemacht, so wird $T = \mathbb{R}$ angenommen. In ökonomischen Anwendungen ist oft auch $T = \mathbb{R}_+$.

Ist auch der Zielbereich mehrdimensional, d. h., $T \subset \mathbb{R}^m$, $m > 1$, so spricht man von einer **vektorwertigen Funktion**. Solche Funktionen werden typischerweise komponentenweise definiert.

Wie bei den eindimensionalen Funktionen in Kapitel 5 werden im Folgenden Eigenschaften mehrdimensionaler Funktionen eingeführt. Für die Funktion $f(x, y) = 2 - (x - 1)^2 - (y - 1)^2$, die in Abb. 14.3 illustriert ist, werden die Eigenschaften jeweils angegeben.

**Abb. 14.3** Graph der Funktion $2 - (x-1)^2 - (y-1)^2$.

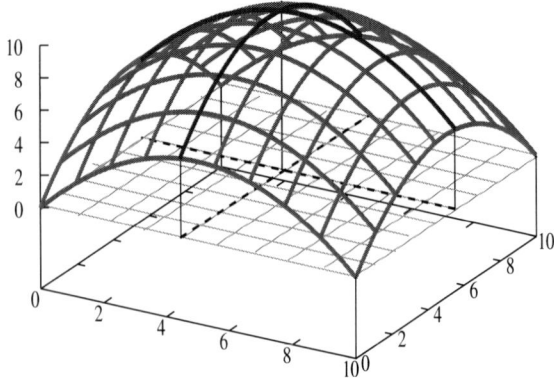

**Definition 14.3.** Eine Funktion $f : D \to \mathbb{R}$, $D \subset \mathbb{R}^n$ heißt **beschränkt**, wenn es ein $b > 0$ gibt, so dass

$$|f(x)| \leq b$$

für alle $x \in D$ gilt.

Eine Funktion $f : D \to \mathbb{R}$, $D \subset \mathbb{R}^n$ heißt **nach oben beschränkt**, wenn es ein $c \in \mathbb{R}$ gibt, so dass

$$f(x) \leq c$$

für alle $x \in D$ gilt. Die Zahl $c$ heißt **obere** Schranke. Die kleinste obere Schranke heißt **Supremum** der Funktion.

Eine Funktion $f : D \to \mathbb{R}$, $D \subset \mathbb{R}^n$ heißt **nach unten** beschränkt, wenn es ein $d \in \mathbb{R}$ gibt, so dass

$$f(x) \geq d$$

für alle $x \in D$ gilt. Die Zahl $d$ heißt **untere** Schranke. Die größte untere Schranke heißt **Infimum** der Funktion.

*Anmerkung 14.1.* Wie im Eindimensionalen ist eine Funktion beschränkt, wenn sie nach oben und nach unten beschränkt ist. Diese Definition erlaubt aber die Erweiterung für vektorwertige Funktionen:

Eine **vektorwertige Funktion** ist **beschränkt**, wenn es ein $c \in \mathbb{R}$ gibt, so dass mit der Euklidische Norm $\|f(x)\| \leq c$ gilt. In diesem Fall gibt es kein „oben" und „unten", da es keine natürliche Anordnung gibt.

Die Funktion $2 - (x-1)^2 - (y-1)^2$ aus Abb. 14.3 ist auf der Menge $[0,2]^2 = [0,2] \times [0,2] := \{x \in \mathbb{R}^2 \mid x_1, x_2 \in [0,2]\}$ nach oben durch 2 und nach unten durch 0 beschränkt.

Auch die Definition von **Monotonie** sieht auf den ersten Blick aus wie im eindimensionalen Fall.

**Definition 14.4.** Eine Funktion $f: D \to T, D \subset \mathbb{R}^n$ heißt auf $M \subset D$ **monoton steigend**, wenn

$$x_1 < x_2 \Longrightarrow f(x_1) \leq f(x_2)$$

für alle $x_1, x_2 \in M$ gilt, und **monoton fallend**, wenn

$$x_1 < x_2 \Longrightarrow f(x_1) \geq f(x_2).$$

für alle $x_1, x_2 \in M$ gilt.
Eine Funktion $f: D \to \mathbb{R}, D \subset \mathbb{R}^n$ heißt auf einer Teilmenge $M \subset D$ **streng monoton steigend**, bzw. **streng monoton fallend**, wenn

$$x_1 < x_2 \Longrightarrow f(x_1) < f(x_2), \text{ bzw. } x_1 < x_2 \Longrightarrow f(x_1) > f(x_2)$$

für alle $x_1, x_2 \in M$ gilt.

Hier ist allerdings zu beachten, dass nicht alle Vektoren miteinander vergleichbar sind. Insbesondere sollte die Menge $M$ vergleichbare Vektoren $x_1$, $x_2$ mit $x_1 < x_2$ enthalten, damit diese Definition sinnvoll ist. Bei Nutzenmaximierung und bei Produktionsfunktionen wird oft angenommen, dass die Funktionen monoton steigend auf $\mathbb{R}^n_+$ sind und somit „mehr Güter bedeutet mehr Nutzen" bzw. „mehr Input bedeutet mehr Output" gilt.

Die Funktion $2 - (x-1)^2 - (y-1)^2$ aus Abb. 14.3 ist streng monoton steigend auf $\{x \in \mathbb{R}^2 \mid x_1, x_2 \in [0,1]\}$ und streng monoton fallend auf $\{x \in \mathbb{R}^2 \mid x_1, x_2 \in [1,2]\}$. In den anderen Fällen ist die Funktion weder fallend noch steigend.

Weitere Eigenschaften, die sich fast wörtlich aus dem Eindimensionalen übertragen lassen, sind Konvexität und Konkavität. Der einzige Unterschied ist, dass die Eigenschaften nur auf **konvexen Mengen** definiert sind, da hierdurch sichergestellt wird, dass die Funktion auf jeder Verbindungslinie definiert ist.

**Definition 14.5.** Eine Funktion $f: D \to T, D \subset \mathbb{R}^n$ heißt **konkav** auf einer konvexen Teilmenge $M \subset D$, wenn für alle $x_1, x_2 \in M$ und $\lambda \in [0,1]$

$$f((1-\lambda)x_1 + \lambda x_2) \geq (1-\lambda)f(x_1) + \lambda f(x_2)$$

gilt. Eine Funktion $f: D \to T, D \subset \mathbb{R}^n$ heißt **konvex** auf einer konvexen Teilmenge $M \subset D$, wenn für alle $x_1, x_2 \in M$ und $\lambda \in [0,1]$

$$f((1-\lambda)x_1 + \lambda x_2) \leq (1-\lambda)f(x_1) + \lambda f(x_2)$$

gilt. Die Funktion heißt **streng konkav** bzw. **streng konvex**, wenn „>" bzw. „<" für alle $\lambda \in (0,1)$ und alle $x_1, x_2 \in M$ mit $x_1 \neq x_2$ gilt.

Die Funktion $2 - (x-1)^2 - (y-1)^2$ aus Abb. 14.3 ist auf der Menge $[0,2]^2$ streng konkav.

Ebenso wie im eindimensionalen Fall, lässt sich für stetige Funktionen ein Kriterium angeben, dass nur jeweils Mittelpunkte benutzt.

**Satz 14.1.** *Eine stetige Funktion* $f : D \to T$ *ist genau dann* **konkav** *auf einer konvexen Menge* $M \subset D$, *wenn für alle* $x_1, x_2 \in M$

$$f\left(\frac{1}{2}(x_1 + x_2)\right) \geq \frac{1}{2}\left(f(x_1) + f(x_2)\right)$$

*gilt, und genau dann* **konvex** *auf einer konvexen Menge* $M \subset D$, *wenn für alle* $x_1, x_2 \in M$

$$f\left(\frac{1}{2}(x_1 + x_2)\right) \leq \frac{1}{2}\left(f(x_1) + f(x_2)\right).$$

*gilt. Die Funktion ist* **streng konkav** *bzw.* **streng konvex**, *wenn* „$>$" *bzw.* „$<$" *für alle* $x_1, x_2 \in M$ *mit* $x_1 \neq x_2$ *gilt.*

Es gibt viele ökonomische Beispielfunktionen, die weder konkav noch konvex sind. Aus diesem Grund wird stattdessen häufig eine schwächere Annahme an die Funktionen vorausgesetzt, die **Quasikonkavität** (Quasikonvexität).

**Definition 14.6.** Eine Funktion $f : D \to T$, $D \subset \mathbb{R}^n$ heißt **quasikonkav** auf einer konvexen Teilmenge $M \subset D$, wenn für alle $x_1, x_2 \in M$ und $\lambda \in [0,1]$

$$f((1-\lambda)x_1 + \lambda x_2) \geq \min\left(f(x_1), f(x_2)\right)$$

gilt. Eine Funktion $f : D \to T$, $D \subset \mathbb{R}^n$ heißt **quasikonvex** auf einer konvexen Teilmenge $M \subset D$, wenn für alle $x_1, x_2 \in M$ und $\lambda \in [0,1]$

$$f((1-\lambda)x_1 + \lambda x_2) \leq \max\left(f(x_1), f(x_2)\right)$$

gilt. Die Funktion heißt **streng quasikonkav** bzw. **streng quasikonvex**, wenn „$>$" bzw. „$<$" für alle $\lambda \in (0,1)$ und alle $x_1, x_2 \in M$ mit $x_1 \neq x_2$ gilt.

Eine äquivalente Beschreibung von **Quasikonkavität** – die oft auch als Definition verwendet wird – besagt, dass für alle Werte $C \in \mathbb{R}$ die **obere Konturmenge** $\{x \in M \mid f(x) \geq C\}$ **konvex** ist. Das bedeutet, dass mit den Funktionswerten an zwei Punkten auch die Funktionswerte entlang der Verbindungslinie oberhalb eines vorgegebenen Niveaus liegen. Somit gilt folgender Satz:

**Satz 14.2.** *Eine Funktion $f : D \to T$, $D \subset \mathbb{R}^n$ ist **quasikonkav** auf einer konvexen Teilmenge $M \subset D$ genau dann, wenn für alle $C \in \mathbb{R}$ die Menge $\{x \in M \mid f(x) \geq C\}$ **konvex** ist.*
*Eine Funktion $f : D \to T$, $D \subset \mathbb{R}^n$ ist **quasikonvex** auf einer **konvexen** Teilmenge $M \subset D$ genau dann, wenn für alle $C \in \mathbb{R}$ die Menge $\{x \in M \mid f(x) \leq C\}$ **konvex** ist.*

Am einfachsten lässt sich der Unterschied zwischen konkav und quasikonkav an eindimensionalen Funktionen illustrieren. In Abb. 14.4 wird dies anhand der konkaven Funktion $f(x) = -x^2$ und der quasikonkaven Funktion $g(x) = \exp(-x^2)$ dargestellt, die eine streng monotone Transformation von $f(x) = -x^2$ ist.

**Abb. 14.4** Darstellung der konkaven Funktion $f(x) = -x^2$ und der quasikonkaven Funktion $g(x) = \exp(-x^2)$

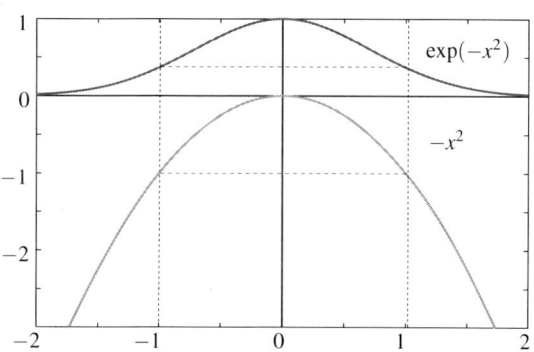

Bei der Betrachtung von Abb. 14.4 fällt auf, dass an Punkten $x_1$ und $x_2$ mit $f(x_1) = f(x_2)$ auch $g(x_1) = g(x_2)$ gilt und insbesondere der Maximierer in beiden Fällen $x^* = 0$ ist. Das liegt daran, dass $g$ eine **streng monotone Transformation** von $f$ ist, d. h. die Funktion exp, die auf $f$ angewandt wurde, ist streng monoton steigend. Die Anwendung einer streng monotonen Transformation ändert die **Isoquanten (Höhenlinien)** und die Optimierer nicht.

**Satz 14.3.** *Sei $f : \mathbb{R} \to \mathbb{R}$ eine streng monoton steigende Funktion und sei $U : D \to \mathbb{R}$ eine Funktion mit $D \subset \mathbb{R}^n$. Dann gelten folgende Aussagen:*

*1. Ist $I_C := \{x \in D \mid U(x) = C\}$ eine **Isoquante** von $U$ zum Niveau $C$, dann ist $I_C$ auch eine Isoquante von $f \circ U$ zum Niveau $f(C)$.*
*2. Ist $x^*$ ein Maximierer von $U$, dann ist $x^*$ auch ein Maximierer von $f \circ U$.*
*3. Ist $U$ quasikonkav, dann ist auch $f \circ U$ quasikonkav.*

Der Satz besagt auch, dass die Quasikonkavität – im Gegensatz zur Konkavität – nicht durch monotone Transformationen zerstört wird. Aus diesem Grund wird in

ökonomischen Modellen oft Quasikonkavität angenommen, insbesondere sind die
konkaven Funktionen dabei eingeschlossen, denn es gilt:

**Satz 14.4.** *Jede konkave Funktion ist quasikonkav und jede konvexe Funktion
ist quasikonvex.*

Die Umkehrung gilt im Allgemeinen nicht; beispielsweise ist die Funktion $(x \cdot y)^2$
aus Abb. 14.6 quasikonkav auf $\mathbb{R}_+^2$, aber nicht konkav.

Eine weitere Funktionseigenschaft, die insbesondere bei ökonomischen Funktionen häufig unterstellt wird, ist die **Homogenität**. Homogenität besagt, dass entlang
von Geraden durch den Ursprung eine Funktion das Verhalten einer Potenzfunktion
besitzt und insbesondere bei **linearer Homogenität** linear ist.

**Definition 14.7.** Eine Funktion $f : D \to \mathbb{R}$, $D \subset \mathbb{R}^n$ heißt **homogen vom Grad
r**, wenn für jedes $x \in D$ und jedes $\lambda > 0$

$$f(\lambda x) = \lambda^r f(x)$$

gilt. Der Wert $r$ heißt **Homogenitätsgrad**. Eine Funktion, die homogen vom
Grad 1 ist, heißt **linearhomogen** und es gilt

$$f(\lambda x) = \lambda f(x).$$

Eine Funktion heißt **homothetisch**, wenn sie eine streng monotone Transformation einer linearhomogenen Funktion ist.

Ist eine Funktion homogen vom Grad 0, so gilt $f(\lambda x) = \lambda^0 f(x) = f(x)$, d. h. die
Funktion ist „konstant auf Strahlen".

Zwei homogene Funktionen mit unterschiedlichem Homogenitätsgrad sind in
den Abbildungen 14.5 und 14.6 dargestellt.

Häufige Annahmen an Funktionen, die in den Wirtschaftswissenschaften verwendet werden, sind, dass sie **quasikonkav** und **linearhomogen** sind. In diesem
Fall sind die Funktionen auch **konkav**.

**Satz 14.5.** *Jede quasikonkave linearhomogene Funktion ist konkav. Jede
streng quasikonkave homogene Funktion mit Homogenitätsgrad $< 1$ ist streng
konkav.*

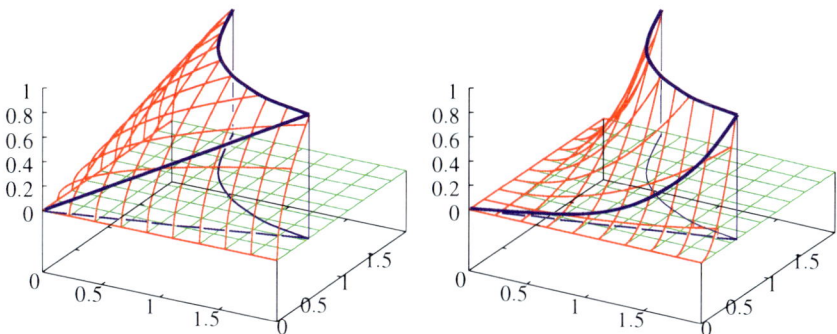

**Abb. 14.5** Die Funktion $\sqrt{x \cdot y}$ ist linearhomogen und konkav auf $\mathbb{R}_+^2$

**Abb. 14.6** Die Funktion $x^2 y^2$ ist homogen vom Grad 4 und quasikonkav auf $\mathbb{R}_+^2$, aber nicht konkav

Ein Beispiel für linearhomogene, quasikonkave Funktionen sind die **CES-Funktionen**[1], deren Isoquanten zum Niveau 1 in Abb. 14.7 für verschiedene Parameter illustriert werden.

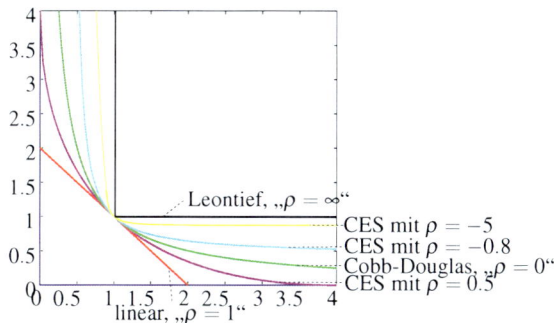

**Abb. 14.7** Isoquanten der verschiedenen Funktionen mit $A = 1$, $b = \frac{1}{2}$ jeweils zum Niveau $C = 1$

Die CES-Funktionen $F(x,y) = A(bx^\rho + (1-b)y^\rho)^{\frac{1}{\rho}}$ sind linearhomogene, quasikonkave Funktionen mit Parametern $\rho < 1$, $\rho \neq 0$, $A > 0$, $b \in (0,1)$. Die lineare Funktion, die Cobb-Douglas-Funktion und die Leontief-Funktion sind dabei Grenzfälle, sie entsprechen $\rho = 1$, $\rho \to 0$ und $\rho \to \infty$. Zusammengefasst sind das folgende Funktionen:

---

[1] CES steht für „constant elasticity of substitution", wobei die Substitutionselastizität $\frac{1}{\rho-1}$ ist (in der Literatur meistens der Betrag, also $\frac{1}{1-\rho}$). Die Eigenschaften der CES-Funktion inklusive der Grenzwertbetrachtungen sind in beispielsweise in Böhm (1995) ausgearbeitet.

- Die CES-Funktion $F(x,y) = A(bx^\rho + (1-b)y^\rho)^{\frac{1}{\rho}}$, $\rho < 1$, $\rho \neq 0$.
  Bei $\rho < 0$ ist die CES-Funktion nur für $x,y > 0$ definiert.
- Die Cobb-Douglas-Funktion $F(x,y) = Ax^b y^{1-b}$.
- Die Leontief-Funktion $F(x,y) = A\max(x,y)$.
- Die lineare Funktion $F(x,y) = A(bx + (1-b)y)$.

## 14.2 Stetigkeit mehrdimensionaler Funktionen

In diesem Abschnitt wird der Stetigkeitsbegriff auf mehrdimensionale Funktionen übertragen.

> **Definition 14.8.** Eine Funktion $f : D \to \mathbb{R}$, $D \subset \mathbb{R}^n$ heißt **stetig in einem Punkt** $a \in D$, wenn zu jedem $\varepsilon > 0$ ein $\delta > 0$ existiert, so dass
>
> $$|f(x) - f(a)| < \varepsilon \text{ für alle } x \in D \text{ mit } \|x - a\| < \delta$$
>
> gilt. Eine **Funktion** heißt **stetig**, wenn sie in jedem Punkt $a \in D$ stetig ist.

*Anmerkung 14.2.* Bei der Definition der Stetigkeit **vektorwertiger** Funktionen $f : D \to \mathbb{R}^n$ muss $\|f(x) - f(a)\| < \varepsilon$ gelten; mit der Euklidischen Norm auf dem $\mathbb{R}^n$. Alles andere bleibt identisch.

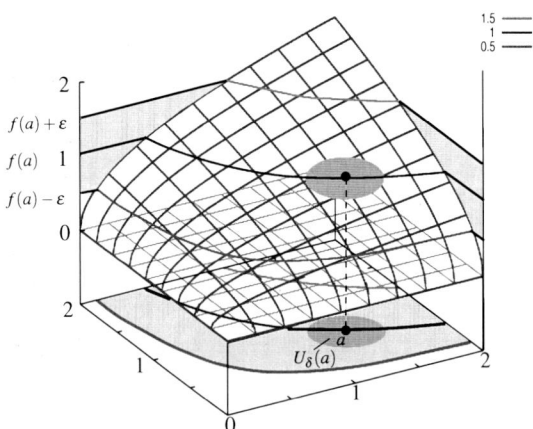

**Abb. 14.8** Illustration des Stetigkeitsbegriffs. Es wird ein $\varepsilon$ vorgegeben (hier 0.5), im Zielbereich das Intervall $(f(a) - \varepsilon, f(a) + \varepsilon)$ betrachtet und $\delta > 0$ so klein gewählt, dass $U_\delta(a)$ in das Intervall abgebildet wird. Das muss für beliebig kleines $\varepsilon > 0$ möglich sein

Wie im Eindimensionalen gilt auch im Mehrdimensionalen die Beschreibung über die Konvergenz von Folgen:

---

**Satz 14.6.** *Eine Funktion $f : D \to \mathbb{R}$ ist genau dann* **stetig** *an einem Punkt $a \in D$, wenn für* **jede** *Folge $\{x_i\}$ aus $D$ mit $\lim_{i \to \infty} x_i = a$ stets $\lim_{i \to \infty} f(x_i) = f(a)$ gilt.*

---

Wie bei eindimensionalen Funktionen gelten folgende Stetigkeitssätze auch für mehrdimensionale Funktionen:

---

**Satz 14.7.** *Seien $f, g : D \to \mathbb{R}$, $D \subset \mathbb{R}^n$, stetig in $a \in D$ und $\lambda \in \mathbb{R}$, dann gilt:*

| | |
|---|---|
| *Multiplikation* | $\lambda f : D \to \mathbb{R}$ *ist stetig in $a$,* |
| *Summe* | $f + g : D \to \mathbb{R}$ *ist stetig in $a$,* |
| *Differenz* | $f - g : D \to \mathbb{R}$ *ist stetig in $a$,* |
| *Produkt* | $fg : D \to \mathbb{R}$ *ist stetig in $a$,* |
| *Quotient* | $\frac{f}{g} : D' \to \mathbb{R}$ *ist stetig in $a \in D' := \{x \in D \mid g(x) \neq 0\}$.* |
| *Verknüpfung* | *Sei $h : E \to \mathbb{R}$ stetig in $b := f(a)$, wobei $f(D) \subset E \subset \mathbb{R}$ ist, dann ist $h \circ f : D \to \mathbb{R}$ stetig in $a$.* |

---

*Anmerkung 14.3.* Für vektorwertige Funktionen $f : D \to \mathbb{R}^n$ gilt dieser Satz in ähnlicher Weise, allerdings müssen die Dimensionen zueinander passen; insbesondere bei Produkten und Quotienten.

Damit lässt sich die Stetigkeit der meisten mehrdimensionalen Funktionen – bis auf an wenigen kritischen Stellen – zeigen. Das gilt insbesondere, da mit $g(x)$ auch die „mehrdimensionale" Funktion $f(x, y) = g(x)$ stetig ist.

Die verbleibenden kritischen Fälle, die nicht direkt über die obigen Stetigkeitssätze behandelt werden können, lassen sich auch anhand eines Kriteriums untersuchen, das dem rechtsseitigen und linksseitigen Limes entspricht.

---

**Satz 14.8.** *Sei $f : D \to \mathbb{R}$, $D \subset \mathbb{R}^n$ auf einer $\varepsilon$-Umgebung von $a \in D$ stetig für alle $x \neq a$. Dann ist $f$ bei $a$ genau dann* **stetig**, *wenn für jedes $p \in \mathbb{R}^n$ der Grenzwert $\lim_{\substack{h \to 0 \\ h > 0}} f(a + hp)$ existiert und mit dem Funktionswert $f(a)$ übereinstimmt. In diesem Fall gilt*

$$\lim_{\substack{h \to 0 \\ h > 0}} f(a + hp) = f(a)$$

*für jedes $p \in \mathbb{R}^n$.*
*Bei einem Randpunkt müssen nur die Limites, die zu „Richtungen aus dem Inneren" gehören, mit dem Funktionswert $f(a)$ übereinstimmen.*

---

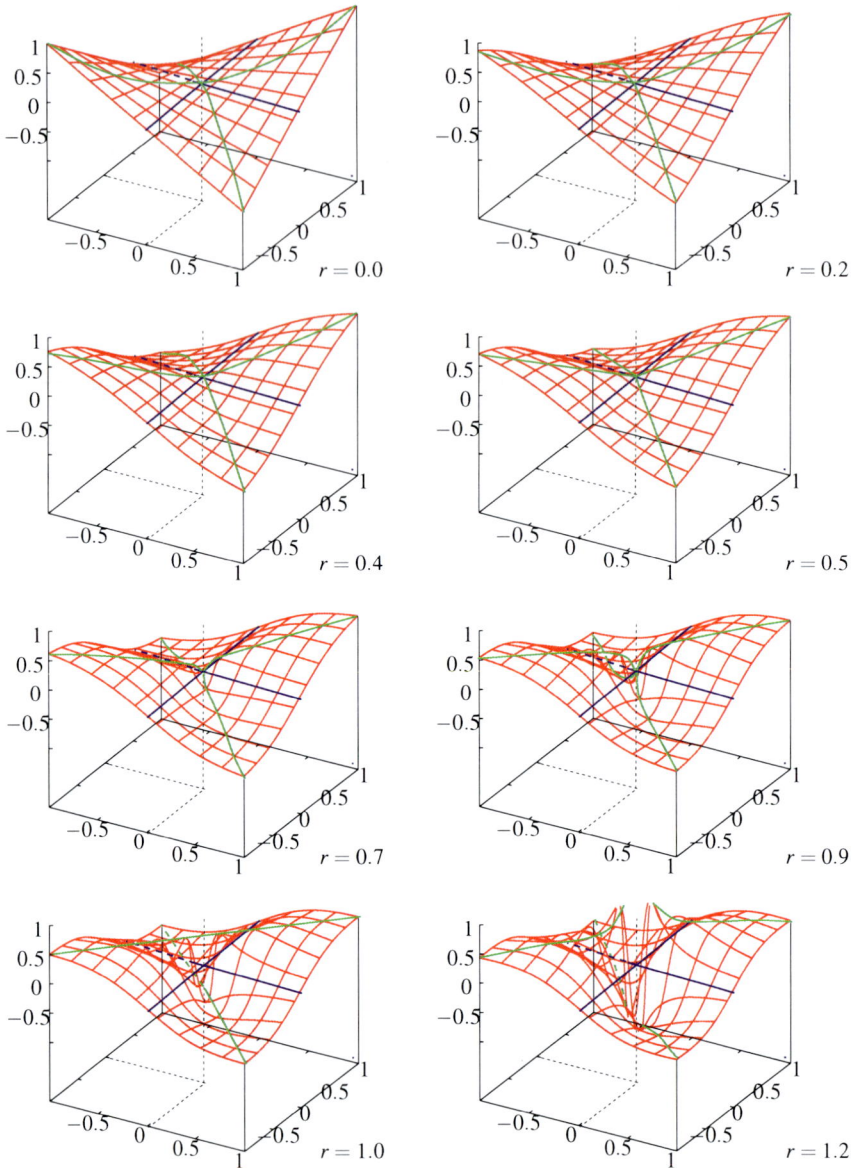

**Abb. 14.9** Graphen der Funktion $f(x,y) = \frac{xy}{(x^2+y^2)^r}$ mit $r = 0.0$, $0.2$, $0.4$, $0.5$, $0.7$, $0.9$, $1.0$, $1.2$. Die Funktion ist stetig in $a = (0,0)$ für $r < 1$ ist und für $r \geq 1$ ist sie unstetig

*Anmerkung 14.4.* Diese Beschreibung in Satz 14.8 bedeutet, dass Geraden durch $a$ aus jeder möglichen Richtung betrachtet werden und die Funktion $f$, entlang **jeder** dieser Geraden, stetig sein muss. Diese Idee wird in Abschnitt 15.1 genutzt, um Richtungsableitungen zu definieren.

Die Funktion $f(x,y) = \frac{xy}{(x^2+y^2)^r}$, $(x,y) \neq (0,0)$, $f(0,0) = 0$ ist ein Beispiel, bei dem $f$ bei $a = (0,0)$ stetig für $r < 1$ ist und für $r \geq 1$ unstetig ist. Das Beispiel ist in Abb. 14.9 dargestellt. Im Hinblick auf das folgende Kapitel 15 ist noch anzumerken, dass bei $r = \frac{1}{2}$ die Funktion in Richtung der Diagonalen $(x,x)$ die Betragsfunktion $|x|$ ist und die Funktion nur für $0 \leq r < \frac{1}{2}$ differenzierbar ist.

Der **Extremwertsatz** besagt, dass eine **stetige** Funktion, betrachtet auf einer **abgeschlossen** und **beschränkten** Menge, ihr Minimum und Maximum annimmt.

---

**Satz 14.9.** *(Extremwertsatz) Ist $f : D \to \mathbb{R}$ **stetig** auf einer **abgeschlossenen** und **beschränkten** Menge $\mathscr{B} \subset D \subset \mathbb{R}^n$, dann ist $f$ beschränkt auf $\mathscr{B}$ und nimmt sein Minimum und sein Maximum auf $\mathscr{B}$ an, d. h. es gibt $\underline{p}, \overline{p} \in \mathscr{B}$ mit*

$$f(\overline{p}) = \max\{f(x) \mid x \in \mathscr{B}\}, \quad f(\underline{p}) = \min\{f(x) \mid x \in \mathscr{B}\}$$

*und es gilt $f(\mathscr{B}) = [f(\underline{p}), f(\overline{p})]$.*

---

Ein entsprechender Beweis für einen allgemeineren Fall mit kompakten[2] Mengen findet sich in Forster (2008a).

## 14.3 Anwendung: Lösbarkeit des Nutzenmaximierungsproblems

Beim Nutzenmaximierungsproblem eines Haushaltes in Abschnitt 16.3 wird eine **stetige** Nutzenfunktion über der Budgetmenge

$$\mathscr{B}_{p,m} := \{x \in \mathbb{R}^n \mid x_1 \geq 0, \ldots, x_n \geq 0, \ p_1 x_1 + \ldots + p_n x_n \leq m\}$$

maximiert, wobei $p_1 > 0, \ldots, p_n > 0$ die Güterpreis sind und $m > 0$ das zur Verfügung stehende Budget ist. Die Budgetmenge $\mathscr{B}_{p,m}$, über der optimiert wird, ist beschränkt, da $0 \leq x_i \leq \frac{m}{p_i}$ für alle $x_i$ gelten muss. Sie ist auch abgeschlossen, weil alle Nebenbedingungen durch stetige Funktionen beschrieben werden und von der Form „=", „$\geq$" und „$\leq$" sind.

Dazu ein Widerspruchsbeweis: Gäbe es eine Folge aus $\mathscr{B}_{p,m}$, die gegen einen Punkt $a$ konvergiert mit $p_1 a_1 + \ldots + p_n a_n > m$, dann gäbe es eine hinreichend kleine Umgebung von $a$, in der ebenfalls $p_1 x_1 + \ldots + p_n x_n > m$ gelten würde. In dieser

---

[2] Abgeschlossene und beschränkte Teilmengen des $\mathbb{R}^n$ sind kompakt, so dass der Extremwertsatz in dieser Form gilt.

Umgebung müssten die Folgenglieder aber letztlich sein. Das widerspricht der Annahme, dass sie in der Budgetmenge sind.

Das folgende Korollar besagt daher, dass das Nutzenmaximierungsproblem immer eine Lösung besitzt.

**Korollar 14.1.** *Sei $D \subset \mathbb{R}^n$ abgeschlossen in $\mathbb{R}^n$ (z. B. auch $\mathbb{R}^n$ oder $\mathbb{R}^n_+$). Sind die Funktionen $f : D \to \mathbb{R}$ und $g_i : D \to \mathbb{R}$ für $i = 1, \ldots, m$ **stetig** und ist die Menge*

$$\mathscr{B} := \{x \in D \,|\, g_1(x) \geq c_1, \ldots, g_m(x) \geq c_m\}$$

***beschränkt**, dann besitzen die Optimierungsprobleme*

$$\max\{f(x) \,|\, x \in \mathscr{B}\} \quad und \quad \min\{f(x) \,|\, x \in \mathscr{B}\}$$

*eine Lösung.*

## Aufgaben zu Kapitel 14

**14.1.** Skizzieren Sie folgende Teilmengen des $\mathbb{R}^2$:

    a) $[0,1]^2$      b) $[1,\infty)^2$      c) $U_1(\mathbf{0})$      d) $U_1\left(\binom{0}{0}\right) \cap U_1\left(\binom{1}{0}\right)$

**14.2.** Geben Sie an, ob die Mengen aus Aufgabe 14.1 beschränkt, offen, abgeschlossen, kompakt und/oder konvex sind.

**14.3.** Die Cobb-Douglas-Funktion ist $F(x,y) = Ax^\alpha y^{1-\alpha}$ mit $A > 0$ und $\alpha \in (0,1)$.

a) Zeigen Sie, dass die Cobb-Douglas-Funktion streng monoton steigend in $(0,\infty)^2$ ist.

b) Zeigen Sie, dass die Cobb-Douglas-Funktion linearhomogen ist.

c) Bestimmen Sie eine Isoquante zu gegebenem $C > 0$ in der Form $y = g_C(x)$ und zeigen Sie, dass $g_C(x)$ streng konvex ist.

# Kapitel 15
# Mehrdimensionale Differentiation

Auch bei der mehrdimensionalen Differentiation geht es darum, Funktionen durch **lineare Abbildungen** zu approximieren. Eine solche lineare Abbildung lässt sich für reellwertige Funktionen als Vektor – dem **Gradienten** – und für vektorwertige Funktionen als Matrix – der **Jacobi-Matrix** – darstellen. Bei reellwertigen Funktionen wird die zweite Ableitung durch die **Hesse-Matrix** repräsentiert. Eigenschaften von Gradient und Hesse-Matrix stehen im Zusammenhang zu Monotonie sowie Konvexität und Konkavität. Sie dienen, wie im eindimensionalen Fall, dazu, Optimierungsprobleme zu untersuchen.

Ergebnisse der mehrdimensionalen Differentiation werden benutzt, um notwendige und hinreichende Bedingungen für Extrema anzugeben (Abschnitt 15.2), Parameterabhängigkeiten von Optimierungsproblemen zu untersuchen (Abschnitt 15.3) und die **partielle Elastizität** sowie den **Satz von Euler** einzuführen (Abschnitte 15.4 und 15.4). In Abschnitt 15.5 wird der Satz über implizite Funktionen anhand der Bestimmung von Isoquanten einer Funktion erörtert.

## 15.1 Partielle Ableitungen

Die Einträge des Gradienten sind die **partiellen Ableitungen**, die bestimmt werden, indem jeweils **eine** Komponente als **variabel** aufgefasst wird und **alle anderen Komponenten konstant** gehalten werden. Dadurch entsteht für jede Komponente eine eindimensionale Funktion, die abgeleitet wird.

Wenn die partiellen Ableitungen – aufgefasst als Funktionen – stetig sind, dann lassen sich Tangentialebenen damit darstellen und man erhält eine lineare Approximation. Wird der Vektor der partiellen Ableitungen – der Gradient – noch einmal abgeleitet, ergibt das die Hesse-Matrix, deren Definitheit eine Aussage über Konvexität und Konkavität ermöglicht.

## Die erste Ableitungen

Die partiellen Ableitungen werden benutzt, um Richtungsableitungen zu bestimmen und so die Analyse von Funktionen auf Eigenschaften eindimensionaler „Richtungsfunktionen" zurückzuführen.

---

**Definition 15.1.** Eine Funktion $f : D \to \mathbb{R}, D \subset \mathbb{R}^n$ heißt **partiell differenzierbar** in $a \in D$, wenn die Grenzwerte

$$\frac{\partial}{\partial x_i} f(a) := \lim_{h \to 0} \frac{f(a_1, \dots, a_i + h, \dots, a_n) - f(a)}{h}$$

für jedes $i = 1, \dots, n$ existieren. Der Grenzwert $\frac{\partial}{\partial x_i} f(a)$ heißt **partielle Ableitung** nach $x_i$ bei $a$. Eine Funktion $f : D \to \mathbb{R}, D \subset \mathbb{R}^n$ heißt **partiell differenzierbar**, wenn sie in jedem Punkt $x \in D$ partiell differenzierbar ist.

Eine Funktion heißt **stetig partiell differenzierbar** oder kurz **stetig differenzierbar**, wenn sie partiell differenzierbar ist und alle partiellen Ableitungen stetig in $(x_1, \dots, x_n)$ sind. Der Vektor der partiellen Ableitungen

$$\text{grad } f(a) := \left( \frac{\partial}{\partial x_1} f(a), \dots, \frac{\partial}{\partial x_n} f(a) \right)$$

heißt **Gradient** bei $a \in D$.

---

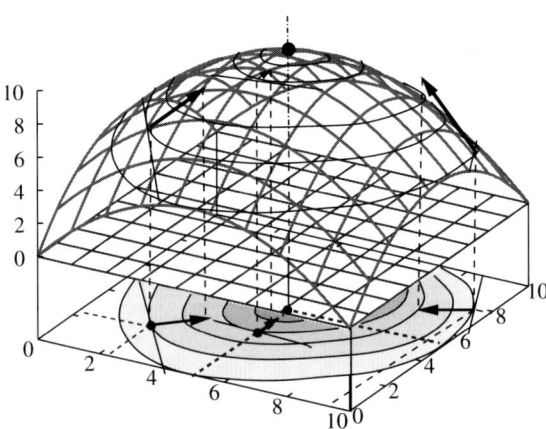

**Abb. 15.1** Darstellung der Funktion $f(x,y) = -\frac{1}{5}[(x-5)^2 + (y-5)^2] + 10$ mit den Gradienten an drei Punkten

Für die Funktion $f(x,y) = -\frac{1}{5}[(x-5)^2 + (y-5)^2] + 10$ gilt

$$\text{grad } f(x,y) = \left(\frac{\partial}{\partial x}f(x,y), \frac{\partial}{\partial y}f(x,y))\right) = \left(2 - \frac{2x}{5}, 2 - \frac{2y}{5}\right).$$

In Abb. 15.1 ist die Funktion $f(x,y) = -\frac{1}{5}[(x-5)^2 + (y-5)^2] + 10$ mit Gradienten und den Tangenten an den Niveaulinien an drei Punkten eingezeichnet. Die zugehörigen Niveaulinien (Isoquanten) sind in Abb. 15.2 dargestellt.

**Abb. 15.2** Niveaulinien der Funktion $f(x,y) = -\frac{1}{5}[(x-5)^2 + (y-5)^2] + 10$ und die Gradienten an drei Punkten

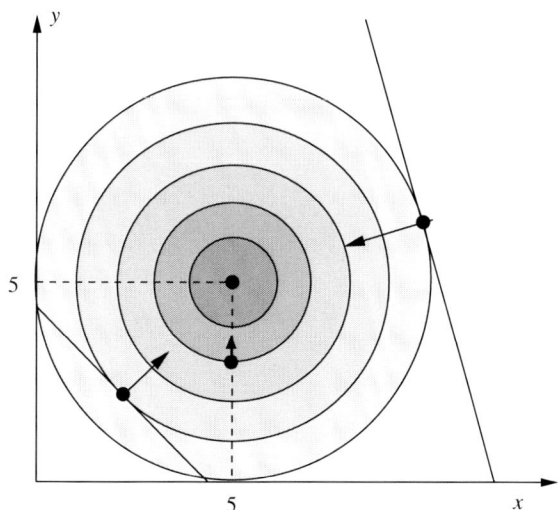

An der dreidimensionalen Darstellungen Abb. 15.1 und der Darstellung der Niveaulinien in Abb. 15.2 lassen sich folgende Eigenschaften des Gradienten ablesen:

1. Der Gradient steht senkrecht auf den Niveaulinien (Isoquanten) und gibt die Richtung des steilsten Anstiegs an.
2. In einem Minimum oder Maximum ist der Tangentialraum horizontal und es gilt grad $f(a) = 0$.

Um dies zu erkennen, werden **Richtungsableitungen** definiert. Die Idee ist es, eine Gerade in einer vorgegebenen Richtung $p$ durch einen Punkt $a$ zu legen und zu untersuchen, wie die Funktionseigenschaften „entlang der Geraden" aussehen.

**Definition 15.2.** Sei $f : D \to \mathbb{R}, D \subset \mathbb{R}^n, a \in D$ und $p \in \mathbb{R}^n, p \neq 0$. Dann heißt der Grenzwert

$$D_p f(a) := \lim_{h \to 0} \frac{f(a+hp) - f(a)}{h}$$

die **Richtungsableitung** bei $a \in D$ in Richtung $p$.

Ein Spezialfall ist $p = e^i$, wobei $e^i$ der $i$-te Einheitsvektor ist mit 1 als $i$-tem Eintrag und 0 in den anderen Komponenten. In diesem Fall ist die Richtungsableitung in Richtung $e^i$ die $i$-te partielle Ableitung

$$\frac{\partial}{\partial x_i} f(a) = D_{e^i} f(a).$$

Diese Konstruktion wird in Abb. 15.3 illustriert.

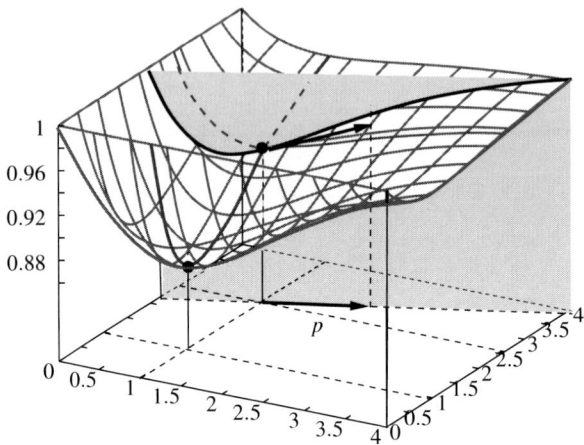

**Abb. 15.3** Funktion $f(x,y) = -xy\,e^{-(x+y)} + 1$

Allgemein ist der Zusammenhang zwischen der Richtungsableitung und den partiellen Ableitungen bzw. dem Gradienten der folgende:

**Satz 15.1.** *Ist $f : D \to \mathbb{R}$, $D \subset \mathbb{R}^n$ stetig partiell differenzierbar bei $a \in D$, so existieren alle Richtungsableitungen und für alle $p \in \mathbb{R}^n$ gilt*

$$D_p f(a) = \operatorname{grad} f(a) p = \sum_{i=1}^{n} \frac{\partial}{\partial x_i} f(a) p_i.$$

Die Kurzschreibweise $\operatorname{grad} f(a) p$ entspricht der Multiplikation des **Zeilenvektors** $\operatorname{grad} f(a)$ mit dem **Spaltenvektor** $p$, die so definiert ist, dass jeweils die $j$-ten Einträge miteinander multipliziert werden und alle Produkte addiert werden. Das Resultat ist dann $\sum_{i=1}^{n} \frac{\partial}{\partial x_i} f(a) p_i$. Der Beweis, ebenso wie die folgende Bemerkung, finden sich in Forster (2008b).

*Anmerkung 15.1.* Ist grad $f(a) \neq 0$ und $p \in \mathbb{R}^n$ mit $\|p\| = 1$, so gilt

$$D_p f(a) = \operatorname{grad} f(a)p = \|\operatorname{grad} f(a)\| \cos(\theta),$$

wobei $\theta$ der Winkel zwischen $p$ und grad $f(a)$ ist. Insbesondere ist $D_p f(a)$ maximal, wenn $p$ und grad $f(a)$ in die gleiche Richtung zeigen ($\cos(\theta) = 1$), d. h., der Gradient gibt die Richtung des „stärksten Anstiegs" von $f$ an. Wenn grad $f(a) \neq 0$, dann ist die Richtungsableitung genau dann Null, wenn $p$ senkrecht zu grad $f(a)$ ist ($\cos(\theta) = 0$). Das ist auch der Grund, warum der Gradient senkrecht auf den Niveaulinien (Isoquanten) steht.

Die Funktion $Df(a) : p \mapsto \operatorname{grad} f(a)p$ ist eine lineare Funktion, d. h., es gilt $Df(a)(p+q) = Df(a)(p) + Df(a)(q)$ und $Df(a)(\lambda p) = \lambda Df(a)(p)$ für $p, q \in \mathbb{R}^n$, $\lambda \in \mathbb{R}$. Diese lineare Funktion heißt **Ableitung**. Insbesondere ist die Ableitung eindeutig durch den Gradienten beschrieben[1]. Aus diesem Grund wird die Ableitung üblicherweise mit dem Gradienten identifiziert. Die Ableitung beschreibt auch die Tangentialebene[2] an die Funktion im Punkt $a$. Die Tangentialebene in $a$ wird durch

$$g_a(x) = f(a) + Df(a)(x-a) = f(a) + \operatorname{grad}(a)(x-a)$$

beschrieben. Für den Fall $n = 2$ wird dieser Zusammenhang in Abb. 15.4 illustriert.

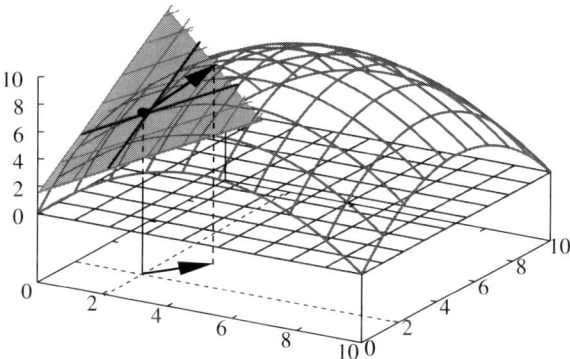

**Abb. 15.4** Tangentialebene an die Funktion $f(x,y) = -\frac{1}{5}[(x-5)^2 + (y-5)^2] + 10$ im Punkt $(2,2)$

Wie im eindimensionalen Fall wird $f(x)$ nahe $a$ approximiert durch

---

[1] In Abschnitt 11.4 wurde gezeigt, dass ein eindeutiger Zusammenhang zwischen linearen Abbildungen und Vektoren bzw. Matrizen besteht.

[2] Für $n > 2$ heißt sie **Tangentialhyperebene**.

$$f(x) \approx f(a) + Df(a)(x-a).$$

Wird der Fehler, der durch solch eine lineare Approximation gemacht wird, mit $\phi(x)$ bezeichnet, so soll die Ableitung gerade diejenige lineare Abbildung sein, für die $\phi(x)$ für $x \to a$ so schnell gegen 0 konvergiert, dass $\lim_{x \to a} \frac{\phi(x)}{\|x-a\|} = 0$ gilt.

> **Definition 15.3.** Eine Funktion $f : D \to \mathbb{R}, D \subset \mathbb{R}^n$ heißt **(total) differenzierbar** in $a \in D$, wenn es eine lineare Funktion $Df(a)$ gibt, so dass
>
> $$f(x) = f(a) + Df(a)(x-a) + \phi(x)$$
>
> ist, wobei $\phi$ eine stetige Funktion ist, für die $\lim_{\substack{x \to a \\ x \neq a}} \frac{\phi(x)}{\|x-a\|} = 0$ gilt. Die lineare Funktion $Df(a)$ heißt **totales Differential**.

*Anmerkung 15.2.* Ist die Abbildung $a \mapsto Df(a)$ stetig (als Abbildung von $D$ in den Raum der linearen Abbildungen), so heißt $f$ **stetig total differenzierbar** und es gilt: $f$ ist genau dann stetig total differenzierbar, wenn $f$ stetig partiell differenzierbar ist. Siehe hierzu beispielsweise Amann und Escher (2006).

Die meisten Ableitungsregeln für eindimensionale Funktionen lassen sich auf mehrdimensionale (reellwertige) Funktionen übertragen.

**Satz 15.2.** *Seien $f, g : D \to \mathbb{R}$ zwei Funktionen mit Definitionsbereich $D \subset \mathbb{R}^n$ und $\lambda \in \mathbb{R}$, dann gilt:*

| Ableitungsregeln |
|---|
| 1. $F(x) = f(x) + \lambda \implies DF(x) = Df(x)$ |
| 2. $F(x) = \lambda f(x) \implies DF(x) = \lambda Df(x)$ |
| 3. $F(x) = f(x) \pm g(x) \implies DF(x) = Df(x) \pm Dg(x)$ |
| 4. $F(x) = f(x) \cdot g(x) \implies DF(x) = f(x)Dg(x) + g(x)Df(x)$ |
| 5. $F(x) = \frac{f(x)}{g(x)} \implies DF(x) = \frac{Df(x)g(x) - Dg(x)f(x)}{g(x)^2}$ |

Vektorwertige Funktionen $f : D \to \mathbb{R}^m$, $x \mapsto \begin{pmatrix} f_1(x) \\ \vdots \\ f_n(x) \end{pmatrix}$ mit $D \subset \mathbb{R}^n$ werden komponentenweise betrachtet, d. h., jedes $f_i$ ist eine reellwertige Funktion $f_i : D \to \mathbb{R}$. In diesem Fall ergibt sich statt des Gradienten die **Jacobi-Matrix** mit den **partiellen Ableitungen**

$$\begin{pmatrix} \frac{\partial}{\partial x_1} f_1(a) & \cdots & \frac{\partial}{\partial x_n} f_1(a) \\ \vdots & & \vdots \\ \frac{\partial}{\partial x_1} f_m(a) & \cdots & \frac{\partial}{\partial x_n} f_m(a) \end{pmatrix}.$$

Im Folgenden wird $Df(a)$ sowohl als Ableitung im Sinne einer lineare Funktion, als auch als Gradient grad $f$ oder Jacobi-Matrix interpretiert. Dies entspricht der Identifikation der linearen Funktion mit ihrer darstellenden Matrix, siehe Abschnitt 11.4.

Mit dieser Interpretation entspricht die Kettenregel der Multiplikation von Matrizen.

**Satz 15.3.** *(Kettenregel) Seien* $f : D_f \to \mathbb{R}^k$, $D_f \subset \mathbb{R}^m$ *und* $g : D_g \to T_g$, $D_g \subset \mathbb{R}^n$ *zwei Funktionen und* $T_g \subset D_f$, *dann gilt*

$$F(x) = f \circ g(x) \;\Rightarrow\; DF(x) = Df(g(x))Dg(x).$$

Hierbei ist $Df(g(x))Dg(x)$ das Produkt der $k \times m$-Matrix $Df(g(x))$ mit der $m \times n$-Matrix $Dg(x)$. Im Folgenden wird hauptsächlich der Spezialfall mit $k = 1$, also einer Abbildung nach $\mathbb{R}$ benutzt, bei dem die Einträge des Gradientenvektors $Df(g(x))Dg(x)$ direkt angegeben werden können.

**Satz 15.4.** *Seien* $f : D_f \to \mathbb{R}$, $D_f \subset \mathbb{R}^m$ *und* $g : D_g \to T_g$, $D_g \subset \mathbb{R}^n$ *zwei Funktionen und* $T_g \subset D_f \subset \mathbb{R}^m$, *dann gilt:*

$$\frac{\partial}{\partial x_i}(f \circ g)(x) = \sum_{j=1}^{m} \frac{\partial}{\partial y_j} f(g(x)) \frac{\partial}{\partial x_i} g_j(x).$$

Ist auch $D_g \subset \mathbb{R}$ eindimensional, so ist $f \circ g : D_g \to \mathbb{R}$ eine eindimensionale Funktion $x \mapsto f(g_1(x), \ldots, g_m(x))$ und es gilt:

$$(f \circ g)'(x) = \sum_{j=1}^{m} \frac{\partial}{\partial y_j} f(g(x)) g_j'(x) = \frac{\partial}{\partial y_1} f(g(x)) g_1'(x) + \ldots + \frac{\partial}{\partial y_m} f(g(x)) g_m'(x).$$

## Die zweite Ableitung

Als Analogie zu eindimensionalen Funktionen sind die notwendigen Bedingungen für ein Maximum bzw. Minimum auch hinreichend, wenn die Funktion in einer Umgebung eines solchen Punktes konkav bzw. konvex ist. Zur Angabe eines Kriteriums für Konvexität und Konkavität kann wieder die zweite Ableitung, dargestellt durch die **Hesse-Matrix** der **zweiten partiellen Ableitungen**, benutzt werden.

---

**Definition 15.4.** Eine stetig differenzierbare Funktion $f : D \to \mathbb{R}$, $D \subset \mathbb{R}^n$ heißt **zweimal partiell differenzierbar** in $a \in D$, wenn die Grenzwerte

$$\frac{\partial^2}{\partial x_i \partial x_j} f(a) := \lim_{h \to 0} \frac{\frac{\partial}{\partial x_j} f(a_1, \dots, a_i + h, \dots, a_n) - \frac{\partial}{\partial x_j} f(a)}{h}$$

für alle $i, j = 1, \dots, n$ existieren. Der Grenzwert $\frac{\partial^2}{\partial x_i \partial x_j} f(a)$ heißt **zweite partielle Ableitung** nach $x_i$ und $x_j$. Eine Funktion $f : D \to \mathbb{R}$, $D \subset \mathbb{R}^n$ heißt **zweimal partiell differenzierbar**, wenn sie in jedem Punkt $x \in D$ partiell differenzierbar ist. Eine Funktion heißt **zweimal stetig differenzierbar**, wenn alle zweiten partiellen Ableitungen stetig in $(x_1, \dots, x_n)$ sind.
Die Matrix der zweiten partiellen Ableitungen

$$H(a) := \begin{pmatrix} \frac{\partial^2}{\partial x_1 \partial x_1} f(a) & \cdots & \frac{\partial^2}{\partial x_1 \partial x_n} f(a) \\ \vdots & & \vdots \\ \frac{\partial^2}{\partial x_n \partial x_1} f(a) & \cdots & \frac{\partial^2}{\partial x_n \partial x_n} f(a) \end{pmatrix}$$

heißt **Hesse-Matrix** bei $a \in D$.

---

Der folgende Satz besagt, dass die Hesse-Matrix symmetrisch ist, d. h. dass die zweiten partiellen Ableitungen unabhängig von der Reihenfolge der partiellen Differentiation sind.

---

**Satz 15.5.** *Ist $f : D \to \mathbb{R}$, $D \subset \mathbb{R}^n$ zweimal stetig (partiell) differenzierbar, so gilt*

$$\frac{\partial^2}{\partial x_i \partial x_j} f(a) = \frac{\partial^2}{\partial x_j \partial x_i} f(a)$$

*für alle $i, j = 1, \dots, n$, d. h. die Hesse-Matrix ist symmetrisch.*

---

Ein Beweis findet sich in Forster (2008b).

Im eindimensionalen Fall gibt es einen Zusammenhang zwischen dem Vorzeichen der zweiten Ableitung und der Krümmungseigenschaft einer Funktion (positive zweite Ableitung ergibt Konvexität und negative zweite Ableitung ergibt Konkavität). Das lässt sich nicht direkt auf den mehrdimensionalen Fall übertragen, da es keine „natürliche" Definition des Vorzeichens einer Matrix gibt. Im mehrdimensionalen Fall werden die Krümmungseigenschaften von **allen** „Richtungsfunktion" $g : (-\varepsilon, \varepsilon) \to \mathbb{R}$, $g(h) := f(a + hp)$ mit $g(0) = f(a)$ betrachtet. Wie bei der ersten Ableitung hergeleitet, ist

$$g'(h) = \operatorname{grad} f(a + hp) \, p = \sum_{i=1}^{n} \frac{\partial}{\partial x_i} f(a + hp) p_i.$$

Durch erneutes Ableiten von $g'(h)$ ergibt sich

$$g''(h) = \sum_{i=1}^{n} \sum_{j=1}^{n} \frac{\partial^2}{\partial x_i \partial x_j} f(a + h) p_i p_j.$$

In Matrix-Vektor-Schreibweise gilt dann:

$$g'(0) = \operatorname{grad} f(a) \, p,$$

$$g''(0) = p^T H(a) \, p = \sum_{i=1}^{n} \sum_{j=1}^{n} H_{ij} p_i p_j.$$

**Fazit:** Die Funktion $f$ ist in $a$ „streng konkav in Richtung $p$", falls $p^T H(a) p > 0$ ist, und „streng konvex in Richtung $p$", falls $p^T H(a) p < 0$ gilt.
Ist $p^T H(a) p > 0$ für alle Richtungen $p \neq 0$ (d. h. $H(a)$ ist positiv definit), so ist $f$ in $a$ streng konkav, und falls $p^T H(a) p < 0$ für alle Richtungen $p \neq 0$ gilt (d. h. $H(a)$ ist negativ definit), so ist $f$ in $a$ streng konvex.
Zusammengefasst ergibt sich folgender Satz:

> **Satz 15.6.** *Ist $f : D \to \mathbb{R}$, $D \subset \mathbb{R}^n$ zweimal stetig (partiell) differenzierbar auf einer konvexen Menge $M \subset D$, so ist $f$ streng konvex auf $M$, wenn die Hesse-Matrix positiv definit auf $M$ ist, und streng konkav auf $M$, wenn die Hesse-Matrix negativ definit auf $M$ ist.*
> *Die Funktion $f$ ist genau dann konvex auf $M$, wenn die Hesse-Matrix positiv semi-definit ist, und genau dann konkav auf $M$, wenn die Hesse-Matrix negativ semi-definit ist.*

Da die Hesse-Matrix symmetrisch ist, lässt sich die Definitheit anhand der Hauptunterdeterminanten (Hauptminoren) der Hesse-Matrix bestimmen, siehe Satz 13.6 auf Seite 194.
Ein relativ einfaches Kriterium ergibt die Version dieses Satzes sich für $n = 2$ mit einer symmetrischen $2 \times 2$-Hesse-Matrix:

**Korollar 15.1.** *Ist* $H = \begin{pmatrix} H_{11} & H_{12} \\ H_{21} & H_{22} \end{pmatrix}$ *eine symmetrische* $2 \times 2$-*Matrix, dann ist* $H$ *positiv definit, wenn*

$$H_{11} > 0$$
$$\det H = H_{11}H_{22} - H_{12}^2 > 0$$

*ist, wobei* $\det H$ *die Determinante ist. Die Matrix ist negativ definit, wenn*

$$H_{11} < 0$$
$$\det H = H_{11}H_{22} - H_{12}^2 > 0$$

*ist. Gilt dies mit* „$\geq$" *und* „$\leq$", *so gelten die Aussagen mit dem Zusatz* **semi**.

Mit diesem Kriterium ergibt sich folgender Satz:

**Satz 15.7.** *Ist* $f : D \to \mathbb{R}$, $D \subset \mathbb{R}^2$ *zweimal stetig (partiell) differenzierbar auf einer konvexen Menge* $M \subset D$, *so ist* $f$ **streng konvex** *auf* $M$, *wenn für die Hesse-Matrix* $H(a) = \begin{pmatrix} H_{11} & H_{12} \\ H_{21} & H_{22} \end{pmatrix}$ *in jedem Punkt* $a \in M$ *gilt:*

$$H_{11} > 0,$$
$$\det H = H_{11}H_{22} - H_{12}^2 > 0.$$

*Die Funktion* $f$ *ist* **streng konkav** *auf* $M$, *wenn für die Hesse-Matrix in jedem Punkt* $a \in M$ *gilt:*

$$H_{11} < 0$$
$$\det H = H_{11}H_{22} - H_{12}^2 > 0.$$

*Gilt dies mit* „$\geq$" *und* „$\leq$", *so gelten die Aussagen* **ohne** *den Zusatz* **streng**.

## 15.2 Optimierung ohne Nebenbedingungen

Aus den bisherigen Ergebnissen ergibt sich als notwendige Bedingung für ein lokales (inneres) Extremum, dass **jede** Richtungsableitung 0 ist und somit der Gradient der Nullvektor ist. Andernfalls wären Verbesserungen in Richtung des Gradienten (Maximum) oder in Gegenrichtung (Minimum) möglich.

**Satz 15.8.** *Eine notwendige Bedingung für ein lokales (inneres) Extremum ist, dass alle partiellen Ableitungen 0 sind.*

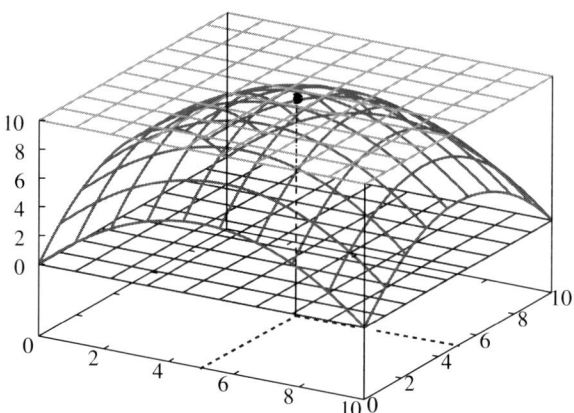

**Abb. 15.5** Die Funktion $f(x,y) = -\frac{1}{5}[(x-5)^2 + (y-5)^2] + 10$ mit der horizontalen Tangential-ebene an in dem Maximum $(5,5)$

Ist also $a \in D$ ein lokales (inneres) Extremum, so muss gelten:

$$\text{grad } f(a) = \left( \frac{\partial}{\partial x_1} f(a), \ldots, \frac{\partial}{\partial x_n} f(a) \right) = (0, \ldots, 0).$$

Eine notwendige Bedingung für ein (inneres) lokales Extremum ist, dass die erste Ableitung, also der Gradient, der Nullvektor ist. Dies bedeutet bei stetiger Differenzierbarkeit, dass alle Richtungsableitungen null sind.

Aus den zweiten partiellen Ableitungen (Einträgen der Hesse-Matrix) $H_{ij} = \frac{\partial^2}{\partial x_i \partial x_j} f(a)$ ergibt sich eine **hinreichende Optimalitätsbedingung**.

**Satz 15.9.** *Sei $f : D \to \mathbb{R}$, $D \subset \mathbb{R}^2$ zweimal stetig (partiell) differenzierbar bei $a \in D$ und grad $f(a) = 0$ (notwendig für ein inneres Extremum), dann liegt in a ein lokales inneres **Maximum** vor, wenn die Hesse-Matrix $H(a)$ **negativ definit** ist, d. h., wenn*

$$H_{11} < 0 \text{ und } H_{11}H_{22} - H_{12}^2 > 0$$

*gilt. Es liegt ein lokales inneres **Minimum** vor, wenn die Hesse-Matrix $H(a)$ **positiv definit** ist, d. h., wenn*

$$H_{11} > 0 \text{ und } H_{11}H_{22} - H_{12}^2 > 0$$

*gilt.*

Hier wurden die **strengen** Krümmungseigenschaften **an einem Punkt** verwendet. Wenn die Funktion **auf einer konvexen Menge** konkav (bzw. konvex) ist (auch ohne „streng"), so reicht grad $f(a) = 0$ aus, um $a$ als Maximum (bzw. Minimum) nachzuweisen.

---

**Satz 15.10.** *Ist* $f : D \to \mathbb{R}$, $D \subset \mathbb{R}^2$ *stetig (partiell) differenzierbar und auf einer konvexen Menge* $M \subset D$ ***konkav***, *d. h., für alle* $a \in M$ *gilt*

$$H_{11} \leq 0, \ \det H = H_{11}H_{22} - H_{12}^2 \geq 0,$$

*so ist jeder Punkt* $a$ *mit* grad $f(a) = 0$ *lokales **Maximum** auf der Menge* $M$.
*Ist* $f : D \to \mathbb{R}$, $D \subset \mathbb{R}^2$ *stetig (partiell) differenzierbar und auf einer konvexen Menge* $M \subset D$ ***konvex***, *d. h., für alle* $a \in M$ *gilt*

$$H_{11} \geq 0, \ \det H = H_{11}H_{22} - H_{12}^2 \geq 0,$$

*so ist jeder Punkt* $a$ *mit* grad $f(a) = 0$ *lokales **Minimum** auf der Menge* $M$.

---

## 15.3 Der Umhüllungssatz

Um parameterabhängige Optimierungsprobleme zu untersuchen und insbesondere die Ableitung der **Optimalwertfunktion** zu ermitteln, ist bisweilen der **Umhüllungssatz** hilfreich.

Ist $F^*(r) := \max_x F(x, r)$ die **Optimalwertfunktion** und $x^*(r)$ der jeweilige **Maximierer**, so gilt $F^*(r) = F(x^*(r), r)$. Die Ableitung von $F^*(r)$ ist nach Kettenregel

$$\frac{\mathrm{d}F^*(r)}{\mathrm{d}r} = \frac{\partial F(x^*(r), r)}{\partial x} \frac{\mathrm{d}x^*(r)}{\mathrm{d}r} + \frac{\partial F(x^*(r), r)}{\partial r},$$

wobei $\frac{\mathrm{d}F^*(r)}{\mathrm{d}r} := F^{*\prime}(r)$ eine andere Schreibweise für eindimensionale Funktionen ist. Da aber $x^*(r)$ der Maximierer von $F(x, r)$ ist, muss gemäß notwendiger Bedingungen erster Ordnung $\frac{\partial F(x^*(r), r)}{\partial x} = 0$ gelten und somit gilt $\frac{\mathrm{d}F^*(r)}{\mathrm{d}r} = \frac{\partial F(x^*(r), r)}{\partial r}$.

---

**Satz 15.11.** *Sei* $F(x, r)$ *stetig differenzierbar. Ferner seien die **Optimalwertfunktion*** $F^*(r) := \max_x F(x, r)$ *sowie der **Maximierer*** $x^*(r)$ *differenzierbar, dann gilt*

$$\frac{\mathrm{d}F^*(r)}{\mathrm{d}r} = \frac{\partial F(x^*(r), r)}{\partial r}.$$

Die Funktion $F(x,r) = 2(xr)^{\frac{1}{3}} - 0.5x - 1.05r$ hat für gegebenes $r$ einen Maximierer $x^*(r) = \left(\frac{4}{3}\right)^{\frac{3}{2}} \sqrt{r}$, so dass sich – durch das Einsetzen und einige Umformungen – die Funktion

$$F^*(r) := F(x^*(r), r) = \left(\frac{4}{3}\right)^{\frac{3}{2}} \sqrt{r} - 1.05\, r$$

ergibt, die alle $F(x,r)$ als Funktion von $r$ „umhüllt". Dieser Zusammenhang ist illustriert in Abb. 15.6. Dort ist $F(x,r)$ mit verschiedenen, jeweils konstanten Werten für $x$ als Funktion von $r$ dargestellt. Ferner ist die Optimalwertfunktion $F^*(r)$ als oberer Rand – die anderen Graphen umhüllend – eingezeichnet. In Abb. 15.7 wird

**Abb. 15.6** Funktion $F(x,r) = 2(xr)^{\frac{1}{3}} - 0.5x - 1.05r$ ergibt als Maximierer $x^*(r) = \left(\frac{4}{3}\right)^{\frac{3}{2}} \sqrt{r}$ und die „Umhüllende" $F^*(r) := F(x^*(r), r) = \left(\frac{4}{3}\right)^{\frac{3}{2}} \sqrt{r} - 1.05\, r$

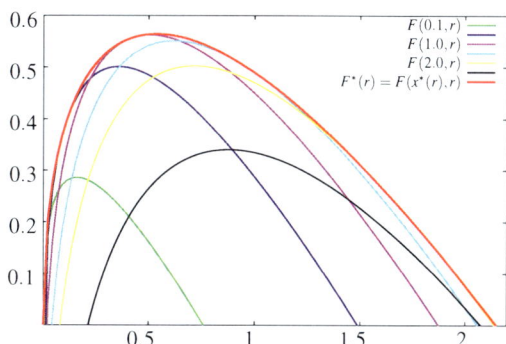

der Graph von $F(x,r)$ zusammen mit dem Maximierer $x^*(r)$ als Projektion dargestellt. Die Optimalwertfunktion $F^*(r)$ verläuft auf der Oberfläche des Graphen von $F(x,r)$ entlang der Kurve $(r, x^*(r), F^*(r))$.

**Abb. 15.7** Funktion $F(x,r) = 2(xr)^{\frac{1}{3}} - 0.5x - 1.05r$ mit der Kurve $(r, x^*(r), F^*(r))$

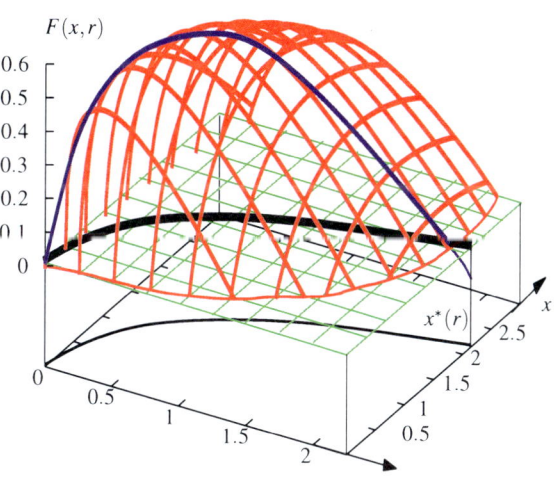

## 15.4 Partielle Elastizität

Bei Produktionsfunktionen, die von mehreren Inputfaktoren abhängen, stellt sich die Frage, wie sich die relative Änderungen eines Inputfaktors auf relative Produktionsveränderungen auswirkt. Dieses Verhalten wird beschrieben durch die **partielle Elastizität** einer Funktion $f$, die definiert ist durch

$$E_{x_i} f(x) := \frac{x_i}{f(x)} \frac{\partial}{\partial x_i} f(x).$$

Das entspricht der Elastizität aus Abschnitt 8.4, wenn alle anderen Inputfaktoren als konstant angenommen werden.

Für Funktionen, die homogen vom Grad $k$ sind, gilt für $\lambda \in \mathbb{R}_+$

$$f(\lambda x_1, \ldots \lambda x_n) = \lambda^k f(x_1, \ldots x_n).$$

Werden die rechte und die linke Seite als Funktion von $\lambda$ aufgefasst und nach $\lambda$ bei $\lambda = 1$ abgeleitet, so ergibt sich nach Kettenregel

$$x_1 \frac{\partial}{\partial x_1} f(x) + \ldots + x_n \frac{\partial}{\partial x_n} f(x) = k f(x).$$

Dieses Ergebnis ist der Satz von Euler und ein wichtiger Zusammenhang bei homogenen Funktionen.

> **Satz 15.12.** *(Satz von Euler) Sei $f$ eine differenzierbare Funktion in $D$. Die Funktion ist genau dann homogen vom Grad $k$, wenn für alle $x \in D$ gilt*
>
> $$\sum_{i=1}^{n} x_i \frac{\partial}{\partial x_i} f(x) = k f(x).$$
>
> *Äquivalent hierzu ist, dass die Summe der partiellen Elastizitäten gerade der Homogenitätsgrad $k$ ist, d. h.,*
>
> $$\sum_{i=1}^{n} E_{x_i} f(x) = k.$$

## 15.5 Isoquanten und implizite Funktionen

Bei mehrdimensionalen Funktionen sind die **Isoquanten** – die Menge aller Punkte mit gleichem Niveau – wichtig, da sie beispielsweise bei Produktionsfunktionen angeben, welche Kombination von Inputfaktoren ein vorgegebenes Outputniveau ermöglicht, oder bei Nutzenfunktionen die Güterbündel angeben, zwischen denen Konsumenten indifferent sind, d. h., die die Konsumenten „gleich gut" finden. Isoquanten finden sich auch in Wanderkarten in der Form von Höhenlinien. Sie dienen dazu, dreidimensionale Sachverhalte in zwei Dimensionen darzustellen. Die Darstellung wird manchmal noch dadurch unterstützt, dass die Bereiche zwischen den Isoquanten mit unterschiedlichen Farben eingezeichnet werden, beispielsweise in Atlanten.

**Definition 15.5.** Ist $U : D \to \mathbb{R}$, $D \subset \mathbb{R}^n$ eine Funktion, so ist die **Menge** $I_C := \{x \in D \mid U(x) = C\}$ eine **Isoquante** von $U$ zum Niveau $C$.

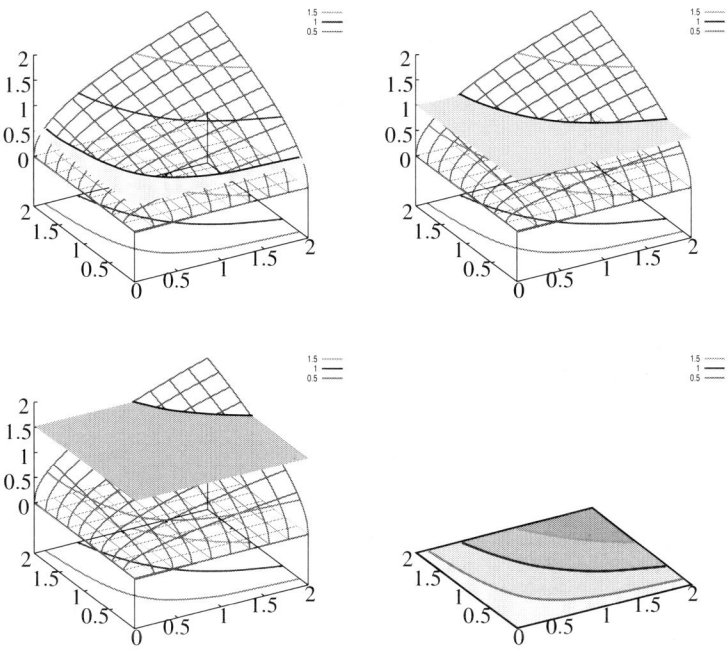

**Abb. 15.8** Die Isoquanten von $\sqrt{xy}$ zu den Niveaus 0.5, 1.0 und 1.5

Da in vielen ökonomischen Fragestellungen Güter betrachtet werden (Gütermengen sind nichtnegativ) und eine geometrische Darstellung höchstens dreidimensional möglich ist, wird zunächst $D \subset \mathbb{R}^2$ betrachtet und am Ende des Abschnitts die Erweiterungen für allgemeinere Fälle angegeben.

Für einige Fragestellungen ist es sinnvoll, $\{(x,y) \in \mathbb{R}^2_+ \mid U(x,y) = C\}$ darzustellen in der Form $I_C = \{(x, g_C(x)) \mid x \in \mathbb{R}^2_+\}$, wobei $g_C(x)$ die **Funktion** ist, die $U(x, g_C(x)) = C$ für alle $x \in \mathbb{R}_+$ löst. Eine solche Funktion $g_C$ heißt **implizite Funktion**. Die Bestimmung erfolgt wie die Bestimmung einer Umkehrfunktion von $f : \mathbb{R} \to \mathbb{R}$ auf Seite 72, wobei die Gleichung $U(x,y) = C$ nach $y$ aufgelöst wird.

Im Beispiel einer Cobb-Douglas-Funktion $U(x,y) = Ax^a y^b$, $a, b > 0$ (allgemeine Form) ist dies für $x > 0$ und $C > 0$ möglich und es gilt

$$Ax^a y^b = C \Longleftrightarrow y^b = \frac{C}{A} x^{-a} \Longleftrightarrow y = \left( \frac{C}{A} \right)^{\frac{1}{b}} x^{-\frac{a}{b}}.$$

Somit lassen sich die Isoquanten der Cobb-Douglas-Funktion durch die Funktionen $g_C(x) = \left( \frac{C}{A} \right)^{\frac{1}{b}} \cdot x^{-\frac{a}{b}}$ beschreiben. In Abb. 15.8 sind die Isoquanten $g_C(x) = \frac{C^2}{x}$ mit $a = b = \frac{1}{2}$, $A = 1$ dargestellt.

Wie beim Invertieren können auch hier die Probleme auftreten, dass es für einige $x$ keine Lösung gibt oder dass mehrere Lösungen möglich sind. Insbesondere kann es sein, dass es nicht möglich ist, eine Formel für die Lösung anzugeben, selbst wenn es eine Lösung gibt.

Zur Untersuchung des Verhaltens in der Nähe eines vorgegebenen Punktes $(\bar{x}, \bar{y})$ wird manchmal nur eine Isoquante durch $(\bar{x}, \bar{y})$ (zum Niveau $C := U(\bar{x}, \bar{y})$) in der Nähe von $(\bar{x}, \bar{y})$ benötigt. Der **Satz über implizite Funktionen** besagt, dass es in einer geeigneten Umgebung von $(\bar{x}, \bar{y})$ eine implizite Funktion $g$ mit $U(x, g(x)) = U(\bar{x}, \bar{y})$ gibt, sofern die partielle Ableitung nach $y$ nicht 0 ist. Insbesondere ist es möglich, anhand der partiellen Ableitungen von $U$ die Ableitung der impliziten Funktion $g$ anzugeben, ohne weitere Funktionswerte von $g$ zu bestimmen.

---

**Satz 15.13.** *(über implizite Funktionen) Seien $U_1 \subset \mathbb{R}$, $U_2 \subset \mathbb{R}$ offene Mengen, $F : U_1 \times U_2 \to \mathbb{R}$, $(x, y) \mapsto F(x, y)$ stetig differenzierbar und sei $(\bar{x}, \bar{y}) \in U_1 \times U_2$ ein Punkt mit $F(\bar{x}, \bar{y}) = 0$, wobei $\frac{\partial}{\partial y} F(\bar{x}, \bar{y}) \neq 0$ ist.*

*Dann existieren offene Umgebungen $V_1 \subset U_1$ von $\bar{x}$, $V_2 \subset U_2$ von $\bar{y}$ und eine stetige Funktion $g : V_1 \to V_2$ mit $g(\bar{x}) = \bar{y}$ und $F(x, g(x)) = 0$ für alle $x \in V_1$. Ferner gilt in einer (möglicherweise kleineren) Umgebung von $\bar{x}$:*

$$g'(x) = - \frac{\frac{\partial}{\partial x} F(x, g(x))}{\frac{\partial}{\partial y} F(x, g(x))}.$$

---

Ein Beweis (für den allgemeineren mehrdimensionalen Fall) findet sich in Forster (2008b). Die Bestimmung der Ableitung entspricht der **impliziten Differentiation**, wobei angenommen wird, dass $g(x)$ existiert und die Gleichung $F(x, g(x)) = 0$ auf beiden Seite abgeleitet wird. Nach Kettenregel gilt

$$\frac{\partial}{\partial x} F(x, g(x)) + \frac{\partial}{\partial y} F(x, g(x)) \, g'(x) = 0.$$

Auflösen nach $g'(x)$ ergibt $g'(x) = - \frac{\frac{\partial}{\partial x} F(x, g(x))}{\frac{\partial}{\partial y} F(x, g(x))}$, sofern $\frac{\partial}{\partial y} F(x, g(x)) \neq 0$.

Letzteres gilt in einer hinreichend kleinen Umgebung aufgrund der Voraussetzungen der stetigen Differenzierbarkeit, sofern $\frac{\partial}{\partial y} F(\bar{x}, \bar{y}) \neq 0$ ist. In Abb. 15.9 werden zwei Punkte $A$, $B$ dargestellt, wobei der Satz über implizite Funktionen bei $B$ angewandt werden kann, bei $A$ aber nicht.

**Abb. 15.9** Illustration des Satzes über implizite Funktionen; nicht anwendbar bei $A$ wegen $\frac{\partial}{\partial y} F(x, g(x)) = 0$ und anwendbar $B$

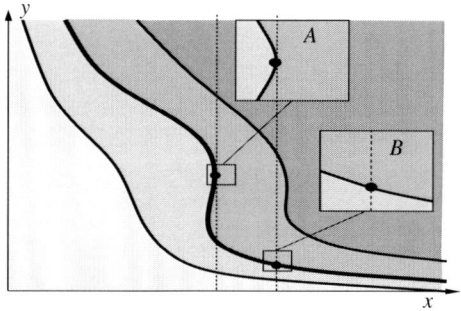

---

**Der Satz über implizite Funktionen ist anwendbar bei $(\bar{x}, \bar{y})$, wenn gilt:**

- Die Funktion $F(x, y)$ ist stetig differenzierbar in einer Umgebung von $(\bar{x}, \bar{y})$.
- Bei $(\bar{x}, \bar{y})$ ist eine Nullstelle von $F$, d. h. $F(\bar{x}, \bar{y}) = 0$.
- In $(\bar{x}, \bar{y})$ gilt $\frac{\partial}{\partial y} F(\bar{x}, \bar{y}) \neq 0$.

Unter diesen Voraussetzungen gibt es eine Funktion $g$, so dass $(x, g(x))$ die Lösungen nahe $(\bar{x}, \bar{y})$ beschreibt. Für die Ableitung der impliziten Funktion $g$ bei $\bar{x}$ gilt

$$g'(\bar{x}) = -\frac{\frac{\partial}{\partial x} F(\bar{x}, \bar{y})}{\frac{\partial}{\partial y} F(\bar{x}, \bar{y})}.$$

---

Um lokale Eigenschaften von Isoquanten bei $(\bar{x}, \bar{y})$ zu bestimmen, wird $F(x, y) = U(x, y) - C$ bzw. $F(x, y) = C - U(x, y)$ mit $C = U(\bar{x}, \bar{y})$ betrachtet. Die implizite Funktion $g_C(x)$ ergibt dann eine Parametrisierung $(x, g_C(x))$ der Isoquante durch $(\bar{x}, \bar{y})$.

Ein wichtiger ökonomischer Begriff ist die **Grenzrate der Substitution**. Bei einer Nutzenfunktion mit zwei Gütern gibt sie an, wie viele „marginale Einheiten" ein Konsument bereit ist, von Gut 2 abzugeben, um „eine marginale Einheit" von Gut 1 zu erhalten. Bei einer Produktionsfunktion mit zwei Gütern gibt die Grenzrate der Substitution an, wie viele „marginale Einheiten" weniger von Input 2 notwendig sind, um „eine marginale Einheit" von Input 1 bei gleicher Produktion zu ersetzen.

Bei $(\bar{x}, \bar{y})$ mit $g_C(\bar{x}) = \bar{y}$ gilt $U(\bar{x}, g_C(\bar{x})) = U(\bar{x} + h, g_C(\bar{x} + h)) = C$ für kleine $h$, d. h., man ist bereit, auf $g_C(\bar{x}) - g_C(\bar{x} + h)$ Einheiten von Gut 2 zu verzichten, um $h$ Einheiten von Gut 1 zu erhalten. Den Grenzwert des Verhältnisses $\frac{g_C(\bar{x}) - g_C(\bar{x} + h)}{h}$ für $h \to 0$ bezeichnet man als Grenzrate der Substitution (marginal rate of substitution MRS). Die Grenzrate der Substitution entspricht gerade dem Verhältnis der

Grenznutzen beider Güter, denn

$$MRS(\bar{x},\bar{y}) = \lim_{h \to 0} \frac{g_C(\bar{x}) - g_C(\bar{x}+h)}{h} = -g'_C(\bar{x}) = \frac{\frac{\partial}{\partial x}U(\bar{x},\bar{y})}{\frac{\partial}{\partial y}U(\bar{x},\bar{y})}.$$

Zur Bestimmung der Grenzrate der Substitution ist es nicht notwendig, die Isoquante durch $(\bar{x},\bar{y})$ zu bestimmen. Allerdings zeigt der Satz über implizite Funktionen, dass die Grenzrate der Substitution den Betrag der Steigung der Isoquante angibt. Für die Cobb-Douglas-Funktion $U(x,y) = Ax^a \cdot y^b$, $a,b > 0$ ist grad $U(x,y) = (Aax^{a-1}y^b, Abx^ay^{b-1})$ und somit

$$MRS(\bar{x},\bar{y}) = \frac{\frac{\partial}{\partial x}U(\bar{x},\bar{y})}{\frac{\partial}{\partial y}U(\bar{x},\bar{y})} = \frac{Aa\bar{x}^{a-1}\bar{y}^b}{Ab\bar{x}^a\bar{y}^{b-1}} = \frac{a\bar{y}}{b\bar{x}}.$$

Abschließend wird noch der Satz über implizite Funktionen im mehrdimensionalen Fall angegeben.

---

**Satz 15.14.** *(über implizite Funktionen) Seien $U_1 \subset \mathbb{R}^n$, $U_2 \subset \mathbb{R}^m$ offene Mengen, $F : U_1 \times U_2 \to \mathbb{R}^m$, $(x,y) \mapsto F(x,y)$ stetig differenzierbar und sei $(\bar{x},\bar{y}) \in U_1 \times U_2$ ein Punkt mit $F(\bar{x},\bar{y}) = 0$, an dem $\frac{\partial}{\partial y}F(\bar{x},\bar{y})$ invertierbar ist. Dann existieren offene Umgebungen $V_1 \subset U_1$ von $\bar{x}$, $V_2 \subset U_2$ von $\bar{y}$ und eine stetige Funktion $g : V_1 \to V_2$ mit $g(\bar{x}) = \bar{y}$ und $F(x,g(x)) = 0$ für alle $x \in V_1$. Ferner gilt*

$$g'(x) = -\left(\frac{\partial}{\partial y}F(x,g(x))\right)^{-1}\frac{\partial}{\partial x}F(x,g(x))$$

*in einer (möglicherweise kleineren) Umgebung von $\bar{x}$.*

---

**Anmerkung 15.3.** • Für $m = 1$ ist $\frac{\partial}{\partial y}F(\bar{x},\bar{y})$ die übliche partielle Ableitung. Die Invertierbarkeitsbedingung ist gleichbedeutend mit $\frac{\partial}{\partial y}F(\bar{x},\bar{y}) \neq 0$.

• Für $m > 1$ ist $\frac{\partial}{\partial y}F(\bar{x},\bar{y})$ eine $m \times m$-Matrix (ein Teil der Jacobi-Matrix) und die Invertierbarkeitsbedingung ist gleichbedeutend mit

$$\det\left(\frac{\partial}{\partial y}F(\bar{x},\bar{y})\right) \neq 0.$$

## 15.6 Anwendung: Portfolio-Entscheidung

In diesem Abschnitt wird die Portfolio-Entscheidung eines Investors mit linearen Mittelwert-Varianz-Präferenzen aufgestellt und gelöst.

Es gibt eine risikolose Anlagemöglichkeit, die eine Rendite $R > 0$ ermöglicht. Alternativ gibt es $K$ Aktien, als risikobehaftete Geldanlagen. Der aktuelle Aktienpreisvektor sei $p \in \mathbb{R}^K$ und der erwartete zukünftige Aktienpreisvektor (gegebenenfalls inklusive Dividende) sei $q \in \mathbb{R}^K$. Ferner geht der Investor davon aus, dass die Risiken und Korrelationen der Aktien durch eine symmetrische, positiv definite $K \times K$-Varianz-Kovarianz-Matrix beschrieben werden.

*Anmerkung 15.4.* Eine Varianz-Kovarianz-Matrix ist immer symmetrisch und positiv semi-definit. Sie ist positiv definit, wenn keine Aktie durch die anderen exakt repliziert werden kann.

Wenn der Investor ein Vermögen $e$ investiert, wobei er auch Kredite aufnehmen und Aktien leerverkaufen darf (negative Aktienbestände sind erlaubt), dann bedeutet die Entscheidung für einen Vektor $x \in \mathbb{R}^K$ als Aktiennachfrage, dass er $e - p^T x$ sicher mit Rendite $R$ anlegt, bzw., falls dies negativ ist, einen entsprechenden Kredit aufnimmt.

Der erwartete Ertrag und die Varianz bei einer Entscheidung für $x \in \mathbb{R}^K$ ist

$$\mu = q^T x + R(e - p^T x) = Re + \pi^T x, \quad \sigma^2 = x^T \Sigma x,$$

wobei $\pi = q - Rp$ Risikoprämie genannt wird. Da der Investor lineare Mittelwert-Varianz-Präferenzen besitzt, ist seine Nutzenfunktion linear abhängig vom Erwartungswert $\mu$ (steigend) und der Varianz $\sigma^2$ (fallend) und es gelte

$$V(\mu, \sigma) = \mu - \frac{\alpha}{2}\sigma^2.$$

Der Koeffizient $\alpha > 0$ ist ein Maß dafür, wie risikoavers der Investor ist.

Für die Portfolio-Entscheidung wird folgende Maximierungsaufgabe gelöst:

$$\max_{x \in \mathbb{R}^K} V\left(Re + x^T \pi, \sqrt{x^T \Sigma x}\right) = \max_{x \in \mathbb{R}^K}\left(Re + x^T \pi - \frac{\alpha}{2}x^T \Sigma x\right).$$

Dies ist eine Optimierung ohne Nebenbedingungen, so dass wir die notwendige Bedingung erster Ordnung durch Ableiten erhalten:

$$0 = \pi - \alpha \Sigma x.$$

Da $-\alpha \Sigma$ die Hesse-Matrix ist, ist diese negativ definit und

$$x^* = \frac{1}{\alpha}\Sigma^{-1}\pi$$

ist in der Tat das optimale Portfolio.

*Anmerkung 15.5.* Es ist noch anzumerken, dass bei allgemeineren (nicht-linearen) Mittelwert-Varianz-Präferenzen die Rechnungen um einiges aufwändiger werden, da die gleichen Rechnungen nur als Optimalitätsbedingung

$$x = \left(-\frac{\frac{\partial V}{\partial \mu}\left(Re + x^T \pi, \sqrt{x^T \Sigma x}\right)}{\frac{\partial V}{\partial \sigma}\left(Re + x^T \pi, \sqrt{x^T \Sigma x}\right)}\sqrt{x^T \Sigma x}\right)\Sigma^{-1}\pi$$

ergeben und damit $x$ noch Teil des Vorfaktors ist. Die Portfoliostruktur ist damit $\Sigma^{-1}\pi$, also nur abhängig von den Erwartungen. Es ist noch eine reelle Zahl zu bestimmen, die von der individuellen Präferenz abhängt. Dazu wird die optimale Risikonachfrage anhand der „Effizenzlinie" bestimmt.

## Aufgaben zu Kapitel 15

**15.1.** a) Bestimmen Sie den Gradienten und die Hesse-Matrix der Cobb-Douglas-Funktion $F(x,y) = Ax^b y^{1-b}$, $b \in (0,1)$.

b) Geben Sie an, für welche Punkte die Leontief-Funktion $F(x,y) = \max(x,y)$ **nicht** differenzierbar ist.

c) Bestimmen Sie für die CES-Funktion $F(x,y) = A(bx^\rho + (1-b)y^\rho)^{\frac{1}{\rho}}$, $\rho < 1$, $\rho \neq 0$, die Isoquante zum Niveau 1.

**15.2.** Betrachten Sie die Funktion $F(x_1,x_2) = 6x_1^2 + 3x_2^2 - 6x_1x_2 + 15x_1 - 9x_2 + 1$ auf $\mathbb{R}^2$.

a) Bestimmen Sie Gradient und Hesse-Matrix.

b) Geben Sie anhand des Gradienten und der Determinante der Hesse-Matrix die Monotonie- und die Krümmungseigenschaften der Funktionen an.

c) Ermitteln Sie mögliche Extrema und geben Sie an, ob es sich um Minima oder Maxima handelt.

**15.3.** Überprüfen Sie, dass für $F(x,r) = 2(xr)^{\frac{1}{3}} - 0.5x - 1.05r$ der Umhüllendensatz gilt, d. h.,

$$\frac{\mathrm{d}F^*(r)}{\mathrm{d}r} = \frac{\partial F(x^*(r),r)}{\partial r}.$$

**15.4.** Betrachten Sie $F(x,y) = x^a y^b$, $a,b \in (0,1)$.

a) Bestimmen Sie die partiellen Elastizitäten von $F$.

b) Bestimmen Sie den Homogenitätsgrad $k$ von $F(x,y)$.

c) Überprüfen Sie, dass der Satz von Euler gilt, d. h., $E_x F(x,y) + E_y F(x,y) = k$.

**15.5.** a) Begründen Sie, ob Sie den Satz über implizite Funktionen auf die Funktion $f : \mathbb{R}^2 \to \mathbb{R}$, gegeben durch $F(x,y) = 6x^2 + 3y^2 - 6xy + 15x - 9y + 1$ anwenden können, um in der Nähe von $(0,0)$ eine Funktion $g(x)$ mit $F(x,g(x)) = 1$ zu bestimmen. Bestimmen Sie die Ableitung von $g$ bei 0 (die Funktion wurde in Aufgabe 15.2 untersucht).

b) Sei $F : \mathbb{R}^2_+ \to \mathbb{R}$ definiert durch $F(x,y) := 10 - (x-1)^2 + y$. Bestimmen Sie die (implizite) Funktion $g : \mathbb{R} \to \mathbb{R}$, die die Gleichung $F(x,g(x)) = 12$ löst. Begründen Sie, dass Sie den Satz über implizite Funktionen bei $(x,y) = (0,3)$ anwenden können, und bestimmen Sie $g'(0)$.

# Kapitel 16
# Optimierung unter Nebenbedingungen

In diesem Kapitel wird eine wichtige Anwendung der Mathematik in den Wirtschaftswissenschaften behandelt, die Optimierung von Funktionen unter Nebenbedingungen. Bei Optimierung mit (ausschließlich) bindenden Nebenbedingungen – diese sind mit Gleichheit erfüllt – wird die **Lagrange-Methode** angewandt (Abschnitt 16.2), während die allgemeinere **Kuhn-Tucker-Methode** (Abschnitt 16.1) auch Ungleichheitsnebenbedingungen zulässt.

Eine typische Anwendung – die Nutzenmaximierung – wird in Abschnitt 16.3 ausführlich anhand einfacher Funktionen und Nebenbedingungen behandelt. Da dieser Anwendungsabschnitt weitgehend selbsterklärend ist und eine gut Intuition vermittelt, wie die formalen Methoden und Vorgehensweisen aus den Abschnitten 16.1 und 16.2 angewandt und interpretiert werden, kann er in diesem Kapitel auch vorab gelesen werden.

## 16.1 Die Kuhn-Tucker-Methode

In diesem Abschnitt werden **Optimierungsaufgaben mit Ungleichheitsnebenbedingungen** behandelt. Betrachtet wird dabei das Optimierungsproblem

$$\max\{F(x) \mid x \in \mathscr{B}\} \text{ mit } \mathscr{B} := \{x \in \mathbb{R}^n \mid g_1(x) \geq c_1, \ldots, g_m(x) \geq c_m\}.$$

Dabei beschreibt die Teilmenge $\mathscr{B} \subset \mathbb{R}^n$ die Menge der **zulässigen Punkte** des Problems und ist durch eine Liste von **Nebenbedingungen** definiert. Jede Nebenbedingung ist durch eine Funktion $g_i : \mathbb{R}^n \to \mathbb{R}$ und eine Konstante $c_i \in \mathbb{R}$ definiert. Wenn die Nebenbedingungen von der Form $g_i(x) \geq c_i$ sind, dann „zeigt" der Gradient von $g_i$ von einem Punkt mit $g_i(x) = c_i$ in die Richtung der Punkte, die zulässig bezüglich der Nebenbedingung $g_i(x) \geq c_i$ sind.

Das Verfahren der „nichtlinearen Programmierung" wird in Kuhn und Tucker (1951) ausgeführt und als **Kuhn-Tucker-Methode** bezeichnet.

T. Pampel, *Mathematik für Wirtschaftswissenschaftler*, Springer-Lehrbuch, DOI 10.1007/978-3-642-04490-8_16, © Springer-Verlag Berlin Heidelberg 2010

**Die Kuhn-Tucker-Methode:**

Seien die **Zielfunktion** $F : \mathbb{R}^n \to \mathbb{R}$ und alle Funktionen $g_i$, $i = 1, \ldots, m$ stetig differenzierbar sowie $\lambda_1, \ldots, \lambda_m \in \mathbb{R}$ Lagrange-Multiplikatoren.

1. Stelle die **Lagrange-Funktion** auf (Vorzeichen beachten)

$$\mathscr{L}(x; \lambda_1, \ldots, \lambda_m) = F(x) + \sum_{i=1}^{m} \lambda_i (g_i(x) - c_i).$$

2. Setze $\frac{\partial \mathscr{L}}{\partial x_j}(x; \lambda_1, \ldots, \lambda_m) = 0$, d. h.,

$$\frac{\partial F}{\partial x_j}(x) + \sum_{i=1}^{m} \lambda_i \frac{\partial g_i}{\partial x_j}(x) \stackrel{!}{=} 0, \quad j = 1, \ldots, n.$$

3. Formuliere die **komplementären Schlupfbedingungen**

$$\lambda_i(g_i(x) - c_i) \stackrel{!}{=} 0, \quad i = 1, \ldots, m.$$

4. Bestimme alle Lösungen $(x, \lambda)$ des Gleichungssystems aus 2. und 3. und prüfe, ob alle Nebenbedingungen erfüllt sind und ob alle $\lambda_i \geq 0$ sind.

5. Zulässige Lösungen $x^*, \lambda^*$ aus 4. mit $\lambda_i^* \geq 0$ sind **mögliche** Maximierer.

*Anmerkung 16.1.* Die Konvention $g_i(x) \geq c_i$ mit „+" vor den Lagrange-Multiplikatoren in der Lagrange-Funktion führt im Maximum zu nichtnegativen Lagrange-Multiplikatoren $\lambda_i \geq 0$.

In der Literatur wird auch $g(x, y) \leq c$ und „$-\lambda(g(x, y) - c)$" benutzt, um ebenfalls $\lambda \geq 0$ zu erhalten. Dann ist bei hinreichenden Bedingungen allerdings zu beachten, in den Sätzen „konkav" und „konvex" an einigen Stellen vertauscht werden müssen.

Es stellt sich nun heraus, dass jeder **Maximierer** $x^* \in \mathscr{B}$ des Maximierungsproblems eine Lösung des Gleichungssystems

$$\frac{\partial F}{\partial x_j}(x) + \sum_{i=1}^{m} \lambda_i \frac{\partial g_i}{\partial x_j}(x) = 0, \quad j = 1, \ldots, n,$$
$$\lambda_i(g_i(x) - c_i) = 0, \quad i = 1, \ldots, m$$

sein muss, sofern die sogenannte **Beschränkungsqualifikation**[1] in $x^*$ gilt. Die Bedingung der Beschränkungsqualifikation liegt in einem Punkt $x \in \mathscr{B}$ vor, wenn die **Gradienten** der bindenden Nebenbedingungen **linear unabhängig** sind.

---

[1] Die Beschränkungsqualifikation besagt, dass die Gradienten zu den bindenden Nebenbedingungen linear unabhängig sind. Für zwei Nebenbedingungen $i'$ und $i''$ bedeutet das, dass $\operatorname{grad} g_{i'}(x^*)$ und $\operatorname{grad} g_{i''}(x^*)$ der beiden Nebenbedingungen im Punkt $x^*$ nicht auf einer Geraden liegen, d. h. einen Winkel bilden, der von $0°$ und $180°$ verschiedenen ist. Diese Bedingung ist für die meisten Optimierungsprobleme *generisch* erfüllt.

**Satz 16.1.** *(Notwendige Kuhn-Tucker-Bedingungen) Seien $F : \mathbb{R}^n \to \mathbb{R}$ und jede der Funktionen $g_i$, $i = 1, \ldots, m$, stetig differenzierbar. Sei $x^*$ ein Maximierer von*

$$\max\{F(x) \,|\, x \in \mathscr{B}\} \text{ mit } \mathscr{B} = \{x \in \mathbb{R}^n \,|\, g_1(x) \geq c_1, \ldots, g_m(x) \geq c_m\}$$

*und die Beschränkungsqualifikation in $x^*$ erfüllt. Dann existieren $m$ nichtnegative Lagrange-Multiplikatoren $\lambda_1^* \geq 0, \ldots, \lambda_m^* \geq 0$, für die gilt:*

*(i)   Für $j = 1, \ldots, n$ gilt*

$$\frac{\partial \mathscr{L}}{\partial x_j}(x^*; \lambda_1^*, \ldots, \lambda_m^*) = \frac{\partial F}{\partial x_j}(x^*) + \sum_{i=1}^{m} \lambda_i^* \cdot \frac{\partial g_i}{\partial x_j}(x^*) = 0.$$

*(ii)   Für $i = 1, \ldots, m$ gilt*

$$\lambda_i\big(g_i(x^*) - c_i\big) = 0.$$

Dieser Satz besagt, dass die Lösungen von (i) und (ii) alle **möglichen Maximierer** ergeben, bei denen die Beschränkungsqualifikation erfüllt ist, sofern stetige Differenzierbarkeit vorliegt. Nun werden **hinreichende Optimalitätsbedingungen** angegeben.

**Satz 16.2.** *(Hinreichende Kuhn-Tucker-Bedingungen) Seien $F : \mathbb{R}^n \to \mathbb{R}$ und jede der Funktionen $g_i$, $i = 1, \ldots, m$, stetig differenzierbar und **konkav**. Seien $x^* \in \mathscr{B}$ ein zulässiger Punkt und $\lambda_1^* \geq 0, \ldots, \lambda_m^* \geq 0$ nichtnegative Lagrange-Multiplikatoren, so dass gilt:*

*(i)   Für $j = 1, \ldots, n$ gilt*

$$\frac{\partial \mathscr{L}}{\partial x_j}(x^*; \lambda_1^*, \ldots, \lambda_m^*) = \frac{\partial F}{\partial x_j}(x^*) + \sum_{i=1}^{m} \lambda_i^* \cdot \frac{\partial g_i}{\partial x_j}(x^*) = 0.$$

*(ii)   Für $i = 1, \ldots, m$ gilt*

$$\lambda_i\big(g_i(x^*) - c_i\big) = 0.$$

*Dann ist $x^*$ eine Lösung der Optimierungsaufgabe*

$$\max\{F(x) \,|\, x \in \mathscr{B}\} \text{ mit } \mathscr{B} = \{x \in \mathbb{R}^n \,|\, g_1(x) \geq c_1, \ldots, g_m(x) \geq c_m\}.$$

Der folgende Satz gibt für den Fall **quasikonkaver** Funktionen hinreichende Bedingungen an; siehe Arrow und Enthoven (1961).

**Satz 16.3.** *(Hinreichende Bedingungen, quasikonkav) Seien $F : \mathbb{R}^n \to \mathbb{R}$ und jede der Funktionen $g_i$, $i = 1, \ldots, m$ stetig differenzierbar und **quasikonkav**. Seien $x^* \in \mathscr{B}$ ein zulässiger Punkt mit*

$$\operatorname{grad} F(x^*) \neq (0, \ldots, 0)$$

*und $\lambda_1^* \geq 0, \ldots, \lambda_m^* \geq 0$ nichtnegative Lagrange-Multiplikatoren, so dass gilt:*

*(i)   Für $j = 1, \ldots, n$ gilt*

$$\frac{\partial \mathscr{L}}{\partial x_j}(x^*; \lambda_1^*, \ldots, \lambda_m^*) = \frac{\partial F}{\partial x_j}(x^*) + \sum_{i=1}^{m} \lambda_i^* \cdot \frac{\partial g_i}{\partial x_j}(x^*) = 0.$$

*(ii)   Für $i = 1, \ldots, m$ gilt*

$$\lambda_i(g_i(x^*) - c_i) = 0.$$

*Dann ist $x^*$ eine Lösung der Optimierungsaufgabe*

$$\max\{F(x) \,|\, x \in \mathscr{B}\} \text{ mit } \mathscr{B} = \{x \in \mathbb{R}^n \,|\, g_1(x) \geq c_1, \ldots, g_m(x) \geq c_m\}.$$

Nun werden noch einige Bemerkungen zu Spezialfällen und Erweiterungen formuliert.

- Eine in ökonomischen Anwendungen typische Nebenbedingung ist $x_i \geq 0$; **Nichtnegativitäts-Bedingung** genannt. Sie hat die spezielle Form $g_i(x) \geq c_i$ mit

$$g_i(x_1, \ldots, x_i, \ldots, x_n) = x_i, \quad \text{und } c_i = 0.$$

- Die Vorzeichen der $m$ Nebenbedingungen sind lediglich Konvention. Zur richtigen Anwendung der Sätze empfiehlt es sich jedoch, die Lagrange-Funktion immer in einer einheitlichen Form aufzustellen, insbesondere um einheitliche Vorzeichen der Lagrange-Multiplikatoren zu erhalten. Eine Bedingung der Form $g_i(x) \leq c_i$ kann in äquivalenter Weise als $-g_i(x) \geq -c_i$ geschrieben werden.
- Die komplementären Schlupfbedingungen $\lambda_i(g_i(x) - c_i) = 0$ bedeuten, dass entweder die $i$-te Nebenbedingung bindend ist, d. h., dass $g_i(x) - c_i = 0$ ist, oder der $i$-te Lagrange-Multiplikator $\lambda_i = 0$ ist. Beim Lösen des Gleichungssystems führt das dazu, dass für jede der $m$ Nebenbedingungen zwei Fälle zu unterscheiden sind, so dass bis zu $2^m$ Fälle untersucht werden müssen. Häufig lässt sich jedoch bei einigen Nebenbedingungen vorab entscheiden, ob sie bindend sind oder nicht. Dadurch wird die Zahl der Fälle jeweils halbiert.
- Jede Nebenbedingung der Form $g_i(x) = c_i$ darf in der Menge $\mathscr{B}$ enthalten sein. Der zugehörige Lagrange-Multiplikator $\lambda_i$ darf dann auch negativ sein. Ein solche Nebenbedingung heißt auch **bindend**. In diesem Fall wird die Bedingung $\lambda_i(g_i(x) - c_i) = 0$ durch die bindende Nebenbedingung $g_i(x) - c_i = 0$ ersetzt,

insbesondere ist damit für diese Nebenbedingung keine Fallunterscheidung mehr notwendig.

- Die Minimierung der Zielfunktion $F$ ist gleichbedeutend mit der Maximierung der Funktion $-F$, denn es gilt

$$\min_x F(x) = -\max_x \{-F(x)\}$$

und $x^*$ ist genau dann ein **Minimierer** der Funktion $F$, falls $x^*$ ein **Maximierer** der Funktion $-F$ ist. Es ist auch möglich, die Sätze für die Minimierung gesondert zu formulieren, insbesondere wird dann an verschiedenen Stellen „konkav" durch „konvex" ersetzt. Entsprechende Formulierungen finden sich beispielsweise in Kistner (2003).

- Eine Verletzung der **Beschränkungsqualifikation** kann bedeuten, dass die Menge der zulässigen Punkte auf einen Punkt zusammenschrumpft und dieser damit automatisch Minimum und Maximum ist, völlig unabhängig von der Zielfunktion. Ein Beispiel sind die Nebenbedingungen $x^2 + y^2 \leq 2$ und $x + y \geq 2$, die nur $(1,1)$ als einzige zulässige und damit automatisch optimale Lösung besitzen.

## *Interpretation der Lagrange-Multiplikatoren*

Die Lagrange-Multiplikatoren sind nicht nur ein mathematisches Hilfsmittel, sie werden häufig auch ökonomisch interpretiert, da sie ein Maß dafür darstellen, wie stark ein Abweichen von einer bindenden Nebenbedingung erwünscht wäre.

- Die Lagrange-Multiplikatoren $\lambda_i$ werden in Anwendungen oft als „Schattenpreise" interpretiert. Der Wert $\lambda_i$ gibt an, wie viel jemand bereit wäre, für eine „Einheit von $c_i$" zu „bezahlen".
- In diesem Sinne ist die Lagrange-Funktion die Zielfunktion, wenn „kaufen oder verkaufen von Einheiten $c_i$ zum Preis $\lambda_i$" möglich wäre.
- Es gilt $\frac{\partial}{\partial c_i}\mathscr{L}(x^*; \lambda^*, c) = -\lambda_i$. Zu beachten ist, dass beim Nutzenmaximierungsproblem aus Abschnitt 16.3 die Budgetnebenbedingung $p_1 x + p_2 y \leq m$ so umgewandelt wird, dass $g(x,y) = -(p_1 x + p_2 y)$, $c = -m$ ist und somit die Ableitung der Zielfunktion nach dem Einkommen $m$ dem Lagrange-Multiplikator $\lambda \geq 0$ entspricht.
- Bestimmt man $(x^*(c), \lambda^*(c))$ in Abhängigkeit von $c$, so gilt

$$F^*(c) := F(x^*(c)) = \mathscr{L}(x^*(c), \lambda^*(c), c)$$

und somit gilt nach Umhüllendensatz 15.11

$$F^{*\prime}(c) = \frac{\partial}{\partial c}\mathscr{L}(x^*(c), \lambda^*(c), c) = -\lambda^*(c).$$

## *Existenz von Optima*

Die bisherigen Sätze sagen **nichts** darüber aus, **ob** es überhaupt Maximierer gibt. Für eine Existenzaussage ist der **Extremwertsatz** besonders hilfreich, weil es wie im eindimensionalen Fall bei **Stetigkeit** der Zielfunktion die Existenz eines Maximums garantiert, sofern die Menge der zulässigen Punkte **abgeschlossen** und **beschränkt** ist.

Die Optimierungsaufgabe ist von der Form

$$\max\{F(x) \,|\, x \in \mathscr{B}\} \text{ mit } \mathscr{B} = \{x \in \mathbb{R}^n \,|\, g_1(x) \geq c_1, \ldots, g_m(x) \geq c_m\},$$

wobei die Funktionen $F$ und $g_1, \ldots, g_m$ als stetig differenzierbar vorausgesetzt sind. Damit sind die Funktionen insbesondere auch stetig. Durch den Extremwertsatz – in der Version von Korollar 14.1 – ist sichergestellt, dass es eine optimale Lösung gibt, wenn die Menge $\mathscr{B}$ **beschränkt** ist.

Zur Bestimmung von Minima und Maxima einer stetig differenzierbaren Funktion $f$ auf einer abgeschlossen und beschränkten Menge $\mathscr{B}$ kann man folgendermaßen vorgehen:

---

**Bestimmung von Optima bei beschränkter Zulässigkeitsmenge:**

1. Der Extremwertsatz besagt: Wenn $\mathscr{B}$ beschränkt ist, dann gibt es ein Minimum und ein Maximum.
2. Bestimme alle Lösungen der notwendigen Kuhn-Tucker-Bedingungen.
3. Untersuche Sonderfälle (nicht differenzierbar, die Beschränkungsqualifikation gilt nicht usw.).
4. Vergleiche die Funktionswerte aller Lösungen aus 2. und 3. und wähle den größten bzw. kleinsten Wert.

---

Bei diesem Vorgehen ist die Beschränktheit wichtig. Beispielsweise ist die Maximierung von $F(x,y) = xy$ mit $2x + y \leq 100$, wie sie ausführlich in Abschnitt 16.3 besprochen wird, nicht lösbar, wenn die Nebenbedingungen $x \geq 0$ und $y \geq 0$ entfallen, da alle $(x,y)$ mit $x < 0$ **und** $y < 0$ zulässig wären und $xy$ beliebig groß wird, wenn $x \to -\infty$ ($y < 0$ fest) oder $y \to -\infty$ ($x < 0$ fest) gilt.

## 16.2 Die Lagrange-Methode

Bei der Lagrange-Methode werden ausschließlich bindende Nebenbedingungen betrachtet. Der wesentliche Unterschied zur Kuhn-Tucker-Methode ist, dass einerseits die komplementäre Schlupfbedingung durch die bindende Nebenbedingung ersetzt wird und andererseits keine Vorzeichenrestriktionen an die Lagrange-Multiplikatoren gestellt werden. Die Details werden in diesem Abschnitt ausgeführt.

Betrachte das Optimierungsproblem mit bindenden Nebenbedingungen (Gleich-heitsnebenbedingungen)

$$\max\left\{F(x)\,\big|\,x\in\mathscr{B}:=\left\{x\in\mathbb{R}^n\,\big|\,g_1(x)=c_1,\ldots,g_m(x)=c_m\right\}\right\}.$$

Wie in den vorherigen Abschnitten seien folgende Voraussetzungen erfüllt:

- Die **Zielfunktion** $F:\mathbb{R}^n\to\mathbb{R}$ ist stetig differenzierbar.
- Jede der Funktionen $g_i$, $i=1,\ldots,m$ ist stetig differenzierbar, $c_1,\ldots,c_m$ sind reelle Konstanten. Vektorwertig aufgeschrieben, mit $g:\mathbb{R}^n\to\mathbb{R}^m$ und $c\in\mathbb{R}^m$, sind die Nebenbedingungen $g(x)=c$.
- Die Teilmenge $\mathscr{B}\subset\mathbb{R}^n$ der **zulässigen Punkte** ist durch eine Liste von **Nebenbedingungen** beschrieben, wobei jede Nebenbedingung durch ein Paar, bestehend aus einer Funktion $g_i:\mathbb{R}^n\to\mathbb{R}$ und einer Konstanten $c_i\in\mathbb{R}$, definiert ist.

Mit dem Vektor $\lambda\in\mathbb{R}^m$ wird auch hier die Lagrange-Funktion aufgestellt:

$$\mathscr{L}(x;\lambda_1,\ldots,\lambda_m)=F(x)+\sum_{i=1}^m\lambda_i\left(g_i(x)-c_i\right)=F(x)+\lambda^T\left(g(x)-c\right)$$

Durch das Differenzieren nach $x$ ergibt sich

$$\operatorname{grad}F(x)+\lambda_1\operatorname{grad}g_1(x)+\ldots+\lambda_m\operatorname{grad}g_m(x)=\mathbf{0},$$

d. h., $\operatorname{grad}F(x)$ lässt sich als Linearkombination der Gradienten der Nebenbedingungsfunktionen darstellen

$$\operatorname{grad}F(x)=-\lambda_1\operatorname{grad}g_1(x)-\ldots-\lambda_m\operatorname{grad}g_m(x)=-\lambda^TDg(x).$$

Da die Nebenbedingungen immer bindend sind, muss zusätzlich $g_i(x)-c_i=0$ für alle Nebenbedingungen gelten[2]. Um mögliche Optima zu bestimmen, wird insgesamt ein System von $n+m$ Gleichungen mit $n+m$ Variablen $x\in\mathbb{R}^n$, $\lambda\in\mathbb{R}^m$ gelöst:

$$\frac{\partial F}{\partial x_j}(x)+\sum_{i=1}^m\lambda_i\frac{\partial g_i}{\partial x_j}(x)=0,\quad j=1,\ldots,n,$$

$$g_i(x)-c_i=0,\quad i=1,\ldots,m.$$

Bei Gleichheitsnebenbedingungen bedeutet die Bedingung der **Beschränkungsqualifikation**, dass **alle** Gradienten der Nebenbedingungsfunktionen $g_i$ linear unabhängig sein müssen, da **alle** Nebenbedingungen bindend sind[3].

---

[2] Die bindenden Nebenbedingungen werden in der Literatur manchmal durch Ableiten der Lagrange-Funktion nach $\lambda_i$ „gefunden". Dieses Vorgehen führt aber bei **Ungleichheitsnebenbedingungen** zu Fehlern, da dann nur der Fall mit **bindenden** Nebenbedingungen behandelt wird. Aus diesem Grund ist es sinnvoll, grundsätzlich die bindenden Nebenbedingungen direkt (oder im Fall von Ungleichheitsnebenbedingungen die komplementären Schlupfbedingungen) anzugeben.

[3] Diese Eigenschaft bedeutet, dass die Jacobi-Matrix $Dg$ vollen Rang besitzt; siehe Kistner (2003).

**Die Lagrange-Methode**

1. Stelle die Lagrange-Funktion auf: Man versehe jede der $m$ Nebenbedingungen mit einem reellen Lagrange-Multiplikator $\lambda_i \in \mathbb{R}$, $i = 1, \ldots, m$, und stelle die **Lagrange-Funktion** auf. Diese lautet:

$$\mathscr{L}(x; \lambda_1, \ldots, \lambda_m) = F(x) + \sum_{i=1}^{m} \lambda_i \left( g_i(x) - c_i \right).$$

2. Ermittle die Ableitungen der Lagrange-Funktion: Differenziere die Lagrange-Funktion $\mathscr{L}$ für jedes $j = 1, \ldots, n$ partiell nach $x_j$ und setze diese gleich null:

$$\frac{\partial \mathscr{L}}{\partial x_j}(x; \lambda_1, \ldots, \lambda_m) = \frac{\partial F}{\partial x_j}(x) + \sum_{i=1}^{m} \lambda_i \frac{\partial g_i}{\partial x_j}(x) \overset{!}{=} 0, \quad j = 1, \ldots, n.$$

3. Betrachte die Nebenbedingungen

$$g_i(x) - c_i \overset{!}{=} 0, \quad i = 1, \ldots, m.$$

4. Die Lösungen $(x^*, \lambda^*)$ von 2. und 3. ergeben **mögliche** Optima.

Hier ist zu beachten, dass die Vorzeichen der Lagrange-Multiplikatoren aufgrund der bindenden Nebenbedingungen nicht festgelegt sind, da die Richtungen der Gradienten der Nebenbedingungsfunktionen nicht eingeschränkt sind.

**Satz 16.4.** *(Notwendige Bedingungen) Es seien alle technischen Voraussetzungen und die sogenannte Beschränkungsqualifikation erfüllt und $x^*$ sei ein Maximierer von $\max\{F(x) \,|\, x \in \mathscr{B}\}$ mit $\mathscr{B} := \{x \in \mathbb{R}^n \,|\, g_1(x) = c_1, \ldots, g_m(x) = c_m\}$.*
*Dann existieren $m$ Lagrange-Multiplikatoren $\lambda_1^*, \ldots, \lambda_m^* \in \mathbb{R}$, für die gilt:*

*(i)   Für $j = 1, \ldots, n$ gilt*

$$\frac{\partial \mathscr{L}}{\partial x_j}(x^*; \lambda_1^*, \ldots, \lambda_m^*) = \frac{\partial F}{\partial x_j}(x^*) + \sum_{i=1}^{m} \lambda_i^* \cdot \frac{\partial g_i}{\partial x_j}(x^*) = 0.$$

*(ii)   Für $i = 1, \ldots, m$ gilt*

$$g_i(x^*) - c_i = 0.$$

Wegen (ii) gilt auch hier, dass im Optimum Zielfunktion und Lagrange-Funktion übereinstimmen:

$$\mathscr{L}(x^*; \lambda_1^*, \ldots, \lambda_m^*) = F(x^*).$$

*Beispiel 16.1.* Maximiere $F(x,y,z) = x+y+z$ unter der bindenden Nebenbedingung $g_1(x,y,z) := \sqrt{x^2+y^2+z^2} = 1$. Dann beschreibt $\mathscr{B}$ eine Kugel um den Nullpunkt mit Radius 1 und es gilt:

$$\text{grad } g_1(x,y,z) = \frac{1}{\sqrt{x^2+y^2+z^2}}(x,y,z).$$

Damit gilt auf der Kugeloberfläche $(x,y,z) \in \mathscr{B}$

$$\text{grad } g_1(x,y,z) = (x,y,z).$$

Der Gradient von $F$ ist in jedem Punkt $(x,y,z) \in \mathbb{R}^3$ gleich:

$$\text{grad } F(x,y,z) = (1,1,1).$$

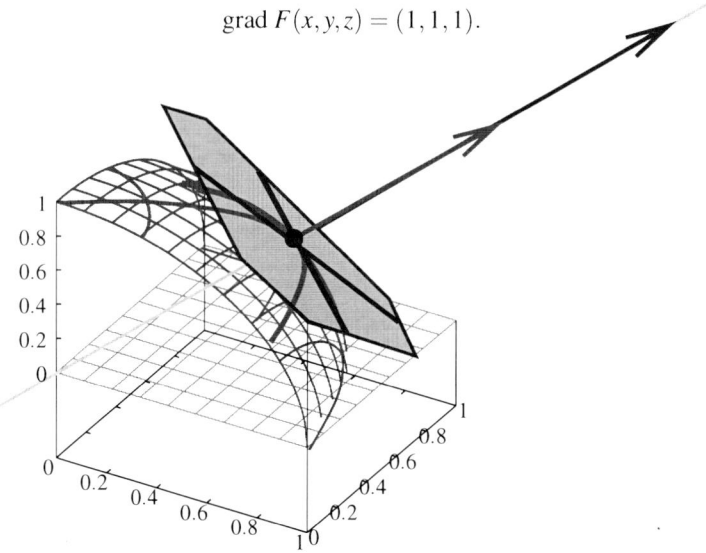

**Abb. 16.1** Tangentialbeziehung im Optimum $\frac{1}{\sqrt{3}}(1,1,1)$

Die einzigen Punkte, die die Nebenbedingung $\sqrt{x^2+y^2+z^2} = 1$ erfüllen und für die die Gradienten auf einer Linie mit $(1,1,1)$ sind, sind

$$a_+ = +\frac{1}{\sqrt{3}}(1,1,1), \quad a_- = -\frac{1}{\sqrt{3}}(1,1,1).$$

Wegen $F(a_-) = -\sqrt{3}$ kann $a_-$ nicht optimal sein. Eine graphische Darstellung der Tangentialbeziehung bei $a_+ = \frac{1}{\sqrt{3}}(1,1,1)$ findet sich in Abb. 16.1. Ferner gilt

$$\text{grad } F(a_+) = (1,1,1) = \sqrt{3} \cdot \frac{1}{\sqrt{3}} (1,1,1) = \sqrt{3} \text{ grad } g_1(a_+)$$

und damit

$$\text{grad } F(a_+) - \sqrt{3} \text{ grad } g_1(a_+) = 0,$$

d. h., der Lagrange-Multiplikator ist $\lambda_1 = -\sqrt{3}$.

*Beispiel 16.2.* **Erweiterung mit zwei Nebenbedingungen:**
Maximiere $F(x,y,z) = x + y + z$ unter den beiden bindenden Nebenbedingungen
$g_1(x,y,z) := \sqrt{x^2 + y^2 + z^2} = 1$ und $g_2(x,y,z) := z = 0$.

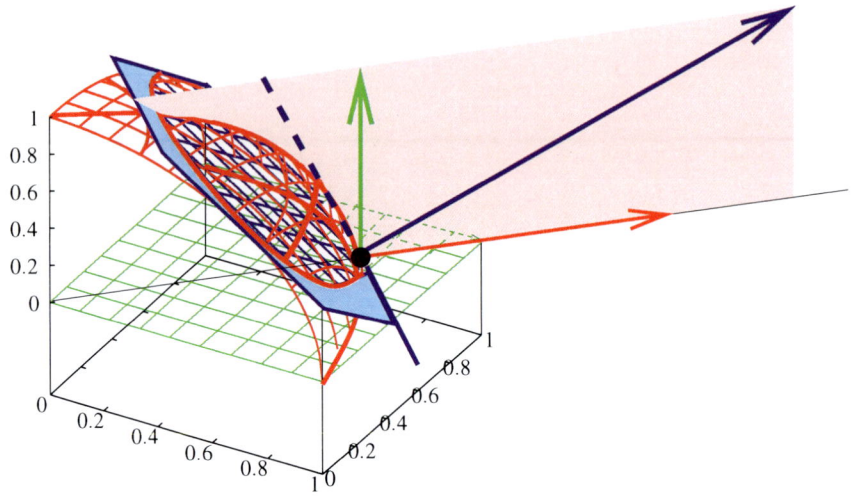

**Abb. 16.2**
Beziehung der Gradienten im Optimum $\frac{1}{\sqrt{2}} (1,1,0)$

Dann beschreibt $\mathscr{B}$ einen Kreis in der $x$-$y$-Ebene um den Nullpunkt mit Radius 1.
Es gilt weiterhin

$$\text{grad } F(x,y,z) = (1,1,1)$$

und

$$\text{grad } g_1(x,y,z) = \frac{1}{\sqrt{x^2 + y^2 + z^2}} (x,y,z),$$

$$\text{grad } g_2(x,y,z) = (0,0,1).$$

Damit gilt auf dem Kreis mit Radius 1 und $z = 0$:

$$\text{grad } g_1(x,y,0) = (x,y,0),$$
$$\text{grad } g_2(x,y,z) = (0,0,1).$$

Im Optimum muss damit gelten

$$(1,1,1) + \lambda_1(x,y,0) + \lambda_2(0,0,1) = (0,0,0), \quad \sqrt{x^2+y^2} = 1, \quad z = 0,$$

und damit $x = y = -\frac{1}{\lambda_1} = \pm\frac{1}{\sqrt{2}}, \lambda_2 = -1$. Es gibt demnach zwei mögliche Lösungen

$$b_+ = +\frac{1}{\sqrt{2}}(1,1,0), \quad b_= -\frac{1}{\sqrt{2}}(1,1,0)$$

mit Funktionswerten

$$F\left(\frac{1}{\sqrt{2}}, \frac{1}{\sqrt{2}}, 0\right) = \sqrt{2}, \quad F\left(-\frac{1}{\sqrt{2}}, -\frac{1}{\sqrt{2}}, 0\right) = -\sqrt{2},$$

wobei $b_+$ das Maximum ergibt. Eine graphische Darstellung der Tangentialbeziehung bei $b_+ = \frac{1}{\sqrt{2}}(1,1,0)$ findet sich in Abb. 16.2.

## 16.3 Anwendung: Nutzenmaximierung

In diesem Abschnitt wird exemplarisch die Nutzenmaximierung bei zwei Gütern und einer Budgetnebenbedingung betrachtet und es werden verschiedene Lösungsmethoden vorgestellt. Falls nur Gleichheitsnebenbedingungen auftreten, gibt es die Möglichkeit, die Nebenbedingungen nach einem Teil der Variablen aufzulösen, diese in die Zielfunktion einzusetzen und dann ohne Nebenbedingungen zu optimieren. In diesem Fall wird manchmal der Satz über implizite Funktionen für das Auflösen benutzt. Eine zweite Möglichkeit verwendet die Eigenschaft, dass die Grenzrate der Substitution dem Preisverhältnis entspricht. Dieser Zusammenhang gilt, weil in einem inneren Optimum (nur positive Einträge) die Isoquante die Budgetebene berührt und weil bei monotonen Funktionen die Budgetbedingung immer bindend ist. Mit der Annahme einer bindenden Budgetbedingung lässt sich auch die **Lagrange-Methode**, siehe Abschnitt 16.2, anwenden. Für die Erweiterung mit einer zweiten Nebenbedingung wird die **Kuhn-Tucker-Methode**, siehe Abschnitt 16.1, ausführlich für das Beispiel durchgerechnet.

Es werden zwei Güter betrachtet und die Präferenzen der Konsumenten werden durch eine Nutzenfunktion

$$U : \mathbb{R}_+^2 \to \mathbb{R} \text{ gegeben durch } U(x,y) = xy$$

dargestellt, wobei $x$ der Konsum von Gut 1 und $y$ der Konsum von Gut 2 ist. Ferner sei $p_1 = 2 \text{ €}$ der Preis für Gut 1 und $p_2 = 1 \text{ €}$ der Preis für Gut 2 und der Konsument habe ein Budget von $m = 100 \text{ €}$.

Daraus ergibt sich folgendes Maximierungsproblem des Konsumenten

$$\max_{(x,y)\in\mathbb{R}_+^2} \{xy\} \text{ unter der Nebenbedingung } 2x + y \leq 100.$$

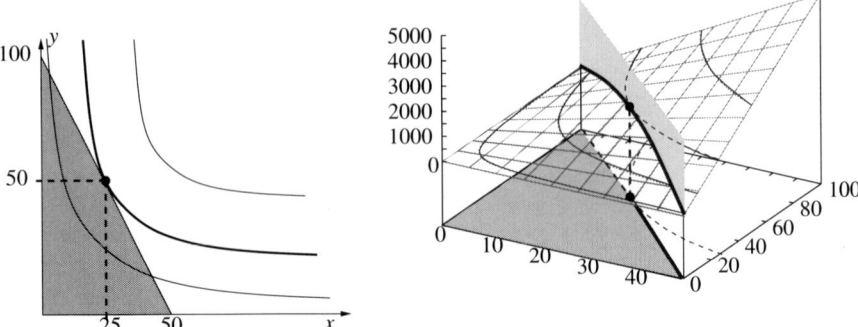

**Abb. 16.3** Maximierung mit Budgetnebenbedingung

Das Nutzenmaximierungsproblem unter Budgetrestriktionen in allgemeiner Form ist folgendes:

$$\max\left\{ U(x)\ \middle|\ x \in \mathscr{B}_{p,m} := \{x \in \mathbb{R}_+^n \mid p_1 x_1 + \ldots + p_n x_n \leq m\}\right\},$$

wobei $\mathscr{B}_{p,m} \subset \mathbb{R}_+^n$ die **Budgetmenge** und $p \in \mathbb{R}_{++}^n$ ein **Preisvektor** ist. Die Elemente der Budgetmenge heißen **zulässig**.

Für das allgemeine Nutzenmaximierungsproblem unter Budgetrestriktionen gilt:

**Satz 16.5.** *Ist $x^*$ ein Maximierer des Nutzenmaximierungsproblem unter einer Budgetrestriktion bei einer streng monoton steigenden, quasikonkaven Nutzenfunktion und bei strikt positiven Preisen, dann wird das Budget ausgeschöpft und es gilt $p_1 x_1^* + \ldots + p_n x_n^* = m$.*

Das bedeutet, ein Maximierer des Nutzenmaximierungsproblem unter Budgetrestriktionen nutzt bei einer streng monoton steigenden, quasikonkaven Nutzenfunktion und strikt positiven Preisen das Budget aus. Andernfalls wäre wegen der strengen Monotonie eine Verbesserung möglich, indem von allen Gütern etwas hinzugefügt wird, so dass die Budgetbedingung noch eingehalten wird. Dabei ist zu beachten, dass auch $x_i = 0$ für einzelne $i$ möglich ist.

Mit diesem Argument reicht es, das Maximierungsproblem

$$\max_{(x,y)\in\mathbb{R}_+^2} \{xy\} \text{ unter der Nebenbedingung } 2x + y = 100$$

zu betrachten, wobei $(x,y) \in \mathbb{R}_+^2$ die Nebenbedingungen $x \geq 0$ und $y \geq 0$ enthält.

Da die Nebenbedingungen hier linear sind, soll zunächst das Verfahren der **Variablensubstitution** angewandt werden. Hierzu wird die **implizite Funktion** $h(x)$

bestimmt, die die Nebenbedingung für jeden $x$-Wert erfüllt. Hier ist $2x + h(x) = 100$ äquivalent zu

$$h(x) = 100 - 2x.$$

Durch Einsetzen in das Maximierungsproblem ergibt sich

$$\max_{x \in [0,50]} \left( 100x - 2x^2 \right),$$

wobei die Einschränkung $x \in [0, 50]$ gelten muss, damit $x \geq 0$ und $y \geq 0$ ist. Die notwendige Bedingung erster Ordnung ergibt

$$0 = 100 - 4x$$

und damit die Lösung $x = 25$, $y = 50$, wobei beide Komponenten positiv und damit **zulässig** sind. Die zweite Ableitung bei $x = 25$ ist ist $-4$, es liegt somit ein lokales inneres Maximum mit $U(25, 50) = 1250$ vor. Die Randlösungen $x = 0$ und $x = 50$ ergeben eine Nutzenniveau 0; sie sind demnach nicht besser.

Entscheidend für die Variablensubstitution ist, dass sich die Nebenbedingungen „leicht" auflösen lassen. Das ist bei linearen Nebenbedingungen der Fall, bei nichtlinearen Nebenbedingungen ist dies dagegen oft schwierig.

Ein anderes Verfahren benutzt den **Lagrange-Ansatz**. Der Ansatz beruht darauf, dass beim Nutzenmaximierungsproblem unter Budgetrestriktionen einerseits der Gradient der **Zielfunktion** $U$ immer senkrecht auf den Isoquanten von $U$ steht und andererseits in einem (inneren) Optimum die Isoquanten die Budgetmenge berühren. Würde die Isoquante die Budgetmenge schneiden, so wäre wegen der Quasikonkavität und der strengen Monotonie eine Verbesserung möglich. Da der Preisvektor senkrecht auf der Budgetmenge steht, bedeutet das, dass in einem Optimum der Gradient von $U$ ein Vielfaches des Preisvektors sein muss, d. h., für ein inneres Maximum $(x^*, y^*)$ gibt es ein $\lambda^* \in \mathbb{R}$ mit $\operatorname{grad} U(x^*, y^*) = \lambda^*(p_1, p_2)$. Dieses Ergebnis bedeutet, dass in einem inneren Optimum die Grenzrate der Substitution gerade dem Preisverhältnis entspricht, d. h.,

$$MRS = \frac{\frac{\partial}{\partial x} U(x^*, y^*)}{\frac{\partial}{\partial y} U(x^*, y^*)} = \frac{p_1}{p_2}.$$

Wird die Budgetnebenbedingung als $m - g(x, y) = 0$ mit der Funktion $g(x, y) = p_1 x + p_2 y$ aufgefasst, so ist $\operatorname{grad} \left( m - g(x, y) \right) = -(p_1, p_2)$ und die Bedingung für ein (inneres) Optimum ist

$$\operatorname{grad} U(x^*, y^*) = \lambda^*(p_1, p_2) \iff \operatorname{grad} U(x^*, y^*) + \lambda^* \operatorname{grad} \left( m - g(x^*, y^*) \right) = 0.$$

Beim **Lagrange-Ansatz** wird folgende **Lagrange-Funktion** definiert:

$$\mathcal{L}(x, y, \lambda) = U(x, y) + \lambda (m - g(x, y)),$$

wobei $\lambda \in \mathbb{R}$ als **Lagrange-Multiplikator** bezeichnet wird. Im Beispiel sind das $g(x,y) = 2x + y$ und $m = 100$ und somit

$$\mathscr{L}(x,y,\lambda) = xy + \lambda(100 - 2x - y).$$

Die Nullstellen der Ableitung der Lagrange-Funktion nach $x$ und $y$ ergeben Lösungen von grad $U(x,y) = -\lambda \text{grad} \, (m - g(x,y))$. Eine notwendige Bedingung für ein Extremum ist neben der (bindenden) Nebenbedingung, dass die partiellen Ableitungen von $\mathscr{L}$ nach $x$ und $y$ null sind, d. h., wir suchen Lösungen $(x,y,\lambda)$ von

$$\frac{\partial}{\partial x}\mathscr{L}(x,y,\lambda) = y - 2\lambda = 0,$$

$$\frac{\partial}{\partial y}\mathscr{L}(x,y,\lambda) = x - \lambda = 0,$$

$$100 - (2x + y) = 0.$$

Als Lösung dieses Gleichungssystem ergibt sich $x = \lambda = 25$, $y = 50$ und auch hier gilt $x \geq 0$ und $y \geq 0$.

Eine Argumentationskette, die zeigt, dass ein Maximum vorliegt, ist die Folgende:

- Da die Budgetmenge $\{x \in \mathbb{R}^2_+ \mid 2x + 1y = 100\}$, die $m = 100$ ausschöpft, abgeschlossen und beschränkt und da $U$ stetig ist, gibt es nach dem Extremwertsatz (mehrdimensionale Version in Abschnitt 14.2) ein Minimum und ein Maximum.

- Ein **inneres** Maximum muss die notwendigen Bedingungen erster Ordnung $y - 2\lambda = 0$, $x - \lambda = 0$ und die Nebenbedingung $100 - (2x + y) = 0$ erfüllen. Die einzige Möglichkeit hierzu ist $x = \lambda = 25$, $y = 50$ mit $U(25,50) = 1250$.

- Weitere Möglichkeiten sind die Randlösungen $(0,100)$ mit $U(0,100) = 0$ und $(50,0)$ mit $U(50,0) = 0$.

- Der Vergleich der drei möglichen Lösungen ergibt als Maximum $x = 25$, $y = 50$.

Die gleiche Argumentation ergibt als **Minimum** bei bindender Budgetbedingung die beiden Randlösungen $(0,100)$ und $(50,0)$. Dies ist hier aber weder gefragt, noch erwünscht.

Eine andere hinreichende Bedingung für ein Maximum wäre, dass die Lagrange-Funktion mit $\lambda = 25$ konkav ist. Dies ist aber in unserem Beispiel nicht der Fall, denn $\mathscr{L}(x,y,25)$ hat einen Sattelpunkt bei $(x,y) = (25,50)$, wie aus Abb. 16.4 ersichtlich wird. Allerdings ist $U$ quasikonkav, so dass Satz 16.3 sicherstellt, dass $x = 25$, $y = 50$ optimal ist.

In Abb. 16.5 wird illustriert, wie sich der Anteil $\lambda(m - g(x,y))$ der Lagrange-Funktion im Optimum auswirkt. Der Lagrange-Multiplikator ist so gewählt, dass ein Abweichen von der Budgetnebenbedingung ausgeglichen wird, so dass eine horizontale Tangente im Optimum entsteht (siehe Abb. 16.4).

Wir betrachten nun die **Ungleichheitsnebenbedingungen** $2x + y \leq 100$, lassen also zu, dass das Budget nicht ausgeschöpft wird. Zusätzlich wird angenommen, dass von Gut 2 maximal $\bar{y} > 0$ Einheiten zur Verfügung stehen, d. h. $y \leq \bar{y}$. Ferner werden $x \geq 0$ und $y \geq 0$ auch als Ungleichheitsnebenbedingungen behandelt.

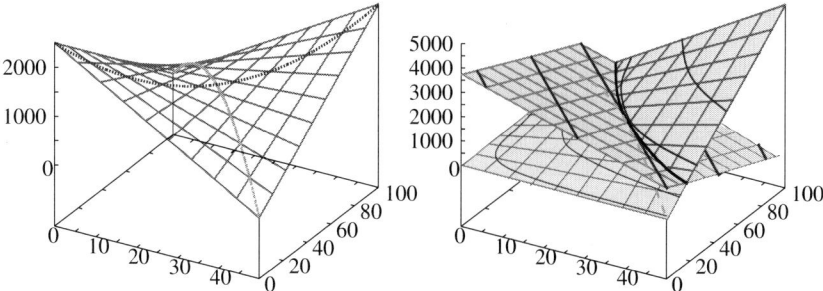

**Abb. 16.4** Darstellung der Lagrange-Funktion $\mathscr{L}(x,y,25)$ mit $\lambda = 25$

**Abb. 16.5** Illustration der Funktionen $U(x,y) = x\,y$ und $25(100 - 2x - y) + 1250$, wobei $U(25,50) = 1250$

Zur Behandlung von Optimierungsproblemen mit Ungleichheitsnebenbedingungen wenden wir die **Kuhn-Tucker-Methode** an.

Das gesamte Maximierungsproblem ist

$$\max_{(x,y)\in\mathbb{R}^2} \{xy\} \text{ unter den Nebenbedingungen } 2x + y \le 100, y \le \bar{y}, x \ge 0, y \ge 0.$$

Bei den Nebenbedingungen $x \ge 0$ und $y \ge 0$ stellt sich bei **dieser** Nutzenfunktion heraus, dass sie **nicht bindend** sein können, denn $x = 0$ oder $y = 0$ ergeben ein Nutzenniveau $xy = 0$, das nicht optimal sein kann, da jede zulässige Allokation mit strikt positiven Einträgen einen strikt positiven Nutzen ergäbe. Aus diesem Grund brauchen für diese Funktion einige Fallunterscheidungen nicht durchgeführt zu werden und das resultierende Gleichungssystem vereinfacht sich. Da dies im Allgemeinen nicht der Fall ist, werden auch diese Nebenbedingungen betrachtet, um das allgemeine Vorgehen zu beschreiben.

Um den Satz von Kuhn-Tucker anzuwenden, führen wir Lagrange-Multiplikatoren $\lambda_1, \lambda_2, \lambda_3$ und $\lambda_4$ und die **Lagrange-Funktion**

$$\mathscr{L}(x,y,\lambda_1,\lambda_2,\lambda_3,\lambda_4) = x \cdot y + \lambda_1 \left(100 - (2x + y)\right)$$
$$+ \lambda_2 (\bar{y} - y) + \lambda_3 x + \lambda_4 y$$

ein. Damit die Lagrange-Multiplikatoren als notwendige Bedingungen die gleichen Vorzeichen erhalten, müssen die Nebenbedingungen einheitlich in der Form $g(x,y) \ge c$ oder in der Form $g(x,y) \le c$ in die Lagrange-Funktion eingehen. Entscheidet man sich **(wie hier)** für $g(x,y) \ge c$, dann gehen die Nebenbedingungen in der Form „$+\lambda(g(x,y) - c)$" ein, um $\lambda \ge 0$ zu erhalten.

Eine notwendige Bedingung dafür, dass $(x^*, y^*)$ ein Optimum ist, ist die Existenz **nichtnegativer Zahlen** $\lambda_i \ge 0$, so dass $(x^*, y^*, \lambda_1, \lambda_2, \lambda_3, \lambda_4)$ folgendes System löst:

$$\frac{\partial}{\partial x}\mathscr{L}(x,y,\lambda_1,\lambda_2,\lambda_3,\lambda_4) = y - 2\lambda_1 + \lambda_3 = 0 \qquad (16.1)$$

$$\frac{\partial}{\partial y}\mathscr{L}(x,y,\lambda_1,\lambda_2,\lambda_3,\lambda_4) = x - \lambda_1 - \lambda_2 + \lambda_4 = 0 \qquad (16.2)$$

$$\lambda_1(100 - (2x+y)) = 0 \qquad (16.3)$$

$$\lambda_2(\bar{y} - y) = 0 \qquad (16.4)$$

$$\lambda_3 x = 0 \qquad (16.5)$$

$$\lambda_4 y = 0 \qquad (16.6)$$

wobei (16.3) bis (16.6) die sogenannten „**Bedingungen des komplementären Schlupfs**" (**complementary slackness conditions**) sind. Beispielsweise bedeutet (16.4), dass entweder $\lambda_2 = 0$ ist oder die zweite Nebenbedingung **bindend** ist, d. h. $y = \bar{y}$. Daraus ergeben sich $2^4 = 16$ Kombinationen:

$$\lambda_1 = 0 \quad\longrightarrow\quad \lambda_2 = 0 \longrightarrow \lambda_3 = 0 \longrightarrow \lambda_4 = 0$$
$$\searrow \qquad\qquad \searrow \; y = 0$$
$$x = 0 \longrightarrow \lambda_4 = 0$$
$$\downarrow \qquad \searrow \qquad\qquad\qquad \searrow \; y = 0$$
$$y = \bar{y} \longrightarrow \lambda_3 = 0 \longrightarrow \lambda_4 = 0$$
$$\searrow \qquad\qquad \searrow \; y = 0$$
$$x = 0 \longrightarrow \lambda_4 = 0$$
$$\searrow \; y = 0$$
$$2x + y = 100 \longrightarrow \lambda_2 = 0 \longrightarrow \lambda_3 = 0 \longrightarrow \lambda_4 = 0$$
$$\searrow \qquad\qquad \searrow \; y = 0$$
$$x = 0 \longrightarrow \lambda_4 = 0$$
$$\searrow \qquad\qquad\qquad\qquad \searrow \; y = 0$$
$$y = \bar{y} \longrightarrow \lambda_3 = 0 \longrightarrow \lambda_4 = 0$$
$$\searrow \qquad\qquad \searrow \; y = 0$$
$$x = 0 \longrightarrow \lambda_4 = 0$$
$$\searrow \; y = 0$$

Um diese Fälle systematisch abzuarbeiten, betrachten wir zunächst die Fälle mit $x = 0$ oder $y = 0$.

**Fall 1** ($x = 0$, $y = 0$): Für $x = 0$ und $y = 0$ ist $\lambda_1 = 0$ wegen (16.3) und $\lambda_2 = 0$ wegen (16.4). Wegen $x = 0$, $y = 0$, $\lambda_1 = 0$ und $\lambda_2 = 0$ folgt aus (16.1) und (16.2), dass auch $\lambda_3 = \lambda_4 = 0$ ist. Somit ist die Nulllösung $x = y = 0$ und $\lambda_1 = \lambda_2 = \lambda_3 = \lambda_4 = 0$ eine mögliche Lösung mit $x \cdot y = 0$.

Fall 2 ($x = 0, y > 0$):    Für $x = 0, y > 0$ gibt es keine mögliche Lösung, da

$$x = 0, y > 0 \stackrel{(16.6)}{\Longrightarrow} \lambda_4 = 0 \stackrel{(16.2)}{\Longrightarrow} \lambda_1 = -\lambda_2 = 0 \text{ (da beide } \geq 0)$$
$$\stackrel{(16.1)}{\Longrightarrow} \lambda_3 = -y < 0$$

im Widerspruch zu $\lambda_3 \geq 0$ steht.

Fall 3 ($x > 0, y = 0$):    Für $x > 0, y = 0$ gibt es keine mögliche Lösung, da

$$x > 0, y = 0 \stackrel{(16.4)}{\Longrightarrow} \lambda_2 = 0 \stackrel{(16.5)}{\Longrightarrow} \lambda_3 = 0$$
$$\stackrel{(16.1)}{\Longrightarrow} \lambda_1 = 0 \stackrel{(16.2)}{\Longrightarrow} \lambda_4 = -x < 0$$

im Widerspruch zu $\lambda_4 \geq 0$ steht.

Damit ergibt $x = 0$ oder $y = 0$ nur die Nulllösung mit Funktionswert 0.

Nun werden die Fälle mit $x > 0$ und $y > 0$, also mit $\lambda_3 = \lambda_4 = 0$ betrachtet. In diesem Fall bleibt folgendes System zu lösen:

$$\frac{\partial}{\partial x} \mathscr{L}(x, y, \lambda_1, \lambda_2) = y - 2\lambda_1 = 0$$
$$\frac{\partial}{\partial y} \mathscr{L}(x, y, \lambda_1, \lambda_2) = x - \lambda_1 - \lambda_2 = 0$$
$$\lambda_1(100 - (2x + y)) = 0$$
$$\lambda_2(\bar{y} - y) = 0$$

Aufgrund der Bedingungen des komplementären Schlupfs sind noch zu untersuchen:

Fall 4    $\lambda_1 = 0$ und $\lambda_2 = 0$
Fall 5    $\lambda_1 = 0$ und $\bar{y} = y$
Fall 6    $2x + y = 100$ und $\lambda_2 = 0$
Fall 7    $2x + y = 100$ und $\bar{y} = y$

Die Fälle 4 und 5 ergeben keine zusätzlichen Lösungen, da $\lambda_1 = 0$ mit $y - 2\lambda_1 = 0$ impliziert, dass $y = 0$ ist. Nach den vorherigen Argumenten lässt das nur die Nulllösung als Möglichkeit zu.

Fall 6    (siehe Abb. 16.6): Mit $\lambda_2 = 0$ und $2x + y = 100$ ergibt sich für $\lambda_1 > 0$ das lineare System

$$\frac{\partial}{\partial x} \mathscr{L}(x, y, \lambda_1) = y - 2\lambda_1 = 0,$$
$$\frac{\partial}{\partial y} \mathscr{L}(x, y, \lambda_1) = x - \lambda_1 = 0,$$
$$100 - (2x + y) = 0.$$

Die Lösung hiervon ist $x = \lambda_1 = 25$, $y = 50$. Dies ist eine zulässige Lösung für $y = 50 \leq \bar{y}$, d. h., falls $\bar{y} \geq 50$ ist.

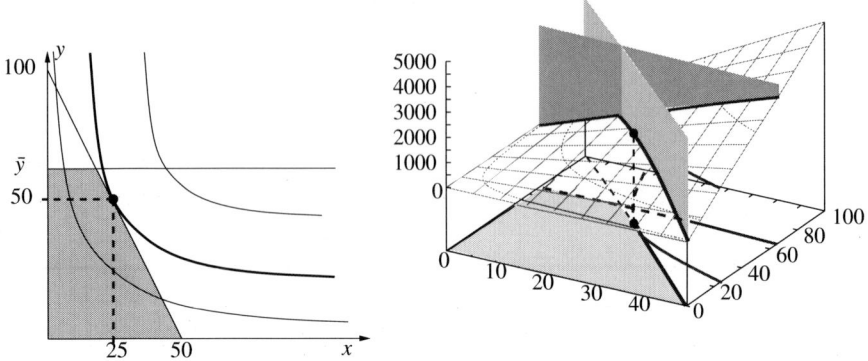

**Abb. 16.6**  Illustration der Maximierung mit $y < \bar{y}$

Fall 7    (siehe Abb. 16.7): Mit $\bar{y} = y$ ergibt sich $\lambda_1 = \frac{\bar{y}}{2}$, $x = 50 - \frac{\bar{y}}{2}$ und $\lambda_2 = 50 - \bar{y}$. Das ist nur eine zulässige Lösung mit $\lambda_2 \geq 0$, also wenn $\bar{y} \leq 50$ ist.

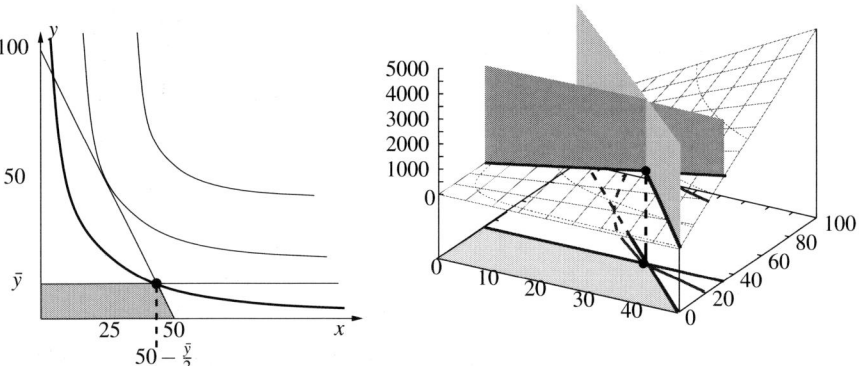

**Abb. 16.7**  Illustration der Maximierung mit bindendem $y = \bar{y}$

Zusammenfassend ergeben sich als mögliche Lösung nur

$$
\begin{pmatrix} x \\ y \\ \lambda_1 \\ \lambda_2 \end{pmatrix} = \begin{cases} \begin{pmatrix} 25 \\ 50 \\ 25 \\ 0 \end{pmatrix} & \text{falls } \bar{y} \geq 50 \\ \begin{pmatrix} 50 - \frac{\bar{y}}{2} \\ \bar{y} \\ \frac{\bar{y}}{2} \\ 50 - \frac{\bar{y}}{2} \end{pmatrix} & \text{falls } \bar{y} < 50 \end{cases}
$$

Weil $xy$ quasikonkav ist und die Nebenbedingungen linear und damit auch konkav sind, besagt Satz 16.3, dass auch hinreichende Bedingungen für ein Maximum erfüllt sind. Damit sind diese Werte in der Tat Maxima.

Zusammengefasst ergeben sich folgende Lösungen erster Ordnung:

| | | | | |
|---|---|---|---|---|
| $\lambda_1 = 0 \longrightarrow$ | $\lambda_2 = 0 \longrightarrow$ | $\lambda_3 = 0 \longrightarrow$ | $\lambda_4 = 0$ | Nulllösung |
| | $\searrow$ | $\searrow$ | $y = 0$ | Nulllösung |
| $\downarrow \qquad \searrow$ | | $x = 0 \longrightarrow$ | $\lambda_4 = 0$ | Nulllösung |
| | | $\searrow$ | $y = 0$ | Nulllösung |
| | $y = \bar{y} \longrightarrow$ | $\lambda_3 = 0 \longrightarrow$ | $\lambda_4 = 0$ | keine Lösung |
| | $\searrow$ | $\searrow$ | $y = 0$ | keine Lösung |
| | | $x = 0 \longrightarrow$ | $\lambda_4 = 0$ | keine Lösung |
| | | $\searrow$ | $y = 0$ | keine Lösung |
| $2x + y = 100 \longrightarrow$ | $\lambda_2 = 0 \longrightarrow$ | $\lambda_3 = 0 \longrightarrow$ | $\lambda_4 = 0$ | Lsg. für $\bar{y} \geq 50$ |
| | $\searrow$ | $\searrow$ | $y = 0$ | keine Lösung |
| $\searrow$ | | $x = 0 \longrightarrow$ | $\lambda_4 = 0$ | keine Lösung |
| | | $\searrow$ | $y = 0$ | keine Lösung |
| | $y = \bar{y} \longrightarrow$ | $\lambda_3 = 0 \longrightarrow$ | $\lambda_4 = 0$ | Lsg. für $\bar{y} < 50$ |
| | $\searrow$ | $\searrow$ | $y = 0$ | keine Lösung |
| | | $x = 0 \longrightarrow$ | $\lambda_4 = 0$ | keine Lösung |
| | | $\searrow$ | $y = 0$ | keine Lösung |

Der Vergleich der Funktionswerte ergibt, dass die Nulllösung nicht optimal ist.

Für die optimale Lösung zeigt sich, dass die Nebenbedingung $y \leq \bar{y}$ je nach Parameterkonstellation bindend sein kann oder nicht.

## Aufgaben zu Kapitel 16

**16.1.** Betrachte die Produktionsfunktion $F(x,y) = (x^2 + y^2)^2 = x^4 + 2x^2y^2 + y^4$ (keine typische Produktionsfunktion, da konvex, aber ein gutes Rechenbeispiel). Minimiere die lineare Kostenfunktion $C(x,y) = 3x + 4y$ unter den Nebenbedingungen, dass mindestens eine Einheiten produziert wird und dass $(x,y) \in \mathbb{R}^2_+$ ist, d. h.

$$\min\{3x + 4y\} \text{ so, dass } (x^2 + y^2)^2 \geq 1, \ x \geq 0, \ y \geq 0.$$

Eine graphische Darstellung dieser Optimierungsaufgabe findet sich in Abb. 16.8. Die optimale Lösung ist $(x,y) = (1,0)$ mit $C(1,0) = 3$. Weitere Punkte, bei denen die notwendigen Bedingungen erfüllt sind, sind $\left(\frac{3}{5}, \frac{4}{5}\right)$ mit $C\left(\frac{3}{5}, \frac{4}{5}\right) = 5 > 3$ und $(0,1)$ mit $C(0,1) = 4 > 3$

**Abb. 16.8** Eine graphische Darstellung der Optimierungsaufgabe aus Aufgabe 16.1

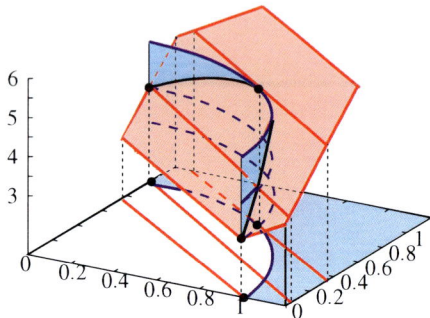

**16.2.** Betrachten Sie die Funktion $F : \mathbb{R}^2 \to \mathbb{R}$, definiert durch:

$$F(x_1, x_2) := 6x_1^2 + 3x_2^2 - 6x_1x_2 + 15x_1 - 9x_2 + 1.$$

a) Minimieren Sie $F$ unter der Nebenbedingung $2x_1 + x_2 \leq 4$.
b) Minimieren Sie die Funktion $F$ unter der Nebenbedingung $2x_1 + x_2 \geq 4$.

**16.3.** Sei $F : \mathbb{R}^2_+ \to \mathbb{R}$ definiert durch $F(x,y) := 10 - (x - 1)^2 + y$.

a) Bestimmen Sie die ersten beiden Ableitungen und entscheiden Sie ob $F$ (streng) konkav/konvex ist.
b) Maximieren Sie $F$ in $\mathbb{R}^2_+$ unter der Nebenbedingung $3x + y \leq 3$ (d. h. $x \geq 0$, $y \geq 0$ und $3x + y \leq 3$). Bestimmen Sie alle Lösungen, die die notwendigen Kuhn-Tucker-Bedingungen erfüllen.
c) Geben Sie an, ob die hinreichenden Kuhn-Tucker-Bedingungen erfüllt sind.

**16.4.** Die Funktion $F : \mathbb{R}^2_+ \to \mathbb{R}$ sei definiert durch $F(x_1, x_2) := \min(4x_1, 3x_2)$. Betrachten Sie das Maximierungsproblem unter der Nebenbedingung

$$x_1^2 + x_2^2 \leq 25.$$

a) Begründen Sie, dass Sie die Sätze von Kuhn-Tucker nicht verwenden können.
b) Skizzieren Sie Isoquanten von $F$ zu $6, 12, 18$ sowie die Menge der zulässigen Punkte.
c) Bestimmen Sie anhand der Skizze ein Maximum.

# Teil VI
# Lineare Algebra

In diesem Teil werden Themen der **Linearen Algebra** etwas abstrakter behandelt. Die Lineare Algebra ist eine Entwicklung aus der **Geometrie der Ebene und des Raumes**. Viele wichtige Bezeichnungen und Ergebnisse werden aus der geometrischen Sichtweise auf höherdimensionale Räume übertragen.

Einige Vektorräume sind in Teil IV eingeführt worden: der $\mathbb{R}^n$ und die Menge der Matrizen jeweils zusammen mit einer Addition und einer Skalarmultiplikation. Mit der allgemeinen Definition in Kapitel 17 werden zusätzlich **Funktionenräume** mit punktweiser Addition und Skalarmultiplikation als Vektorräume identifiziert. Dies ist beispielsweise wichtig, wenn stetige Funktionen durch Polynome approximiert werden, wie bei der Taylor-Entwicklung in Abschnitt 7.3.

**Eigenwerte**, **Eigenvektoren** und **Normalformen** sind Inhalt von Kapitel 18. Sie spielen eine Rolle bei der Beschreibung der Entwicklung ökonomischer Variablen in der Zeit, beispielsweise in der Konjunktur- und Wachstumstheorie. Die **Eigenwerte** und **Eigenvektoren** sind ein besonders wichtiges Hilfsmittel zur Analyse dynamischer Systeme und insbesondere zur Stabilitätsanalyse von Fixpunkten, wobei die Anwendung auf lineare dynamische System in Abschnitt 18.6 kurz behandelt wird.

# Kapitel 17
# Vektorräume und lineare Abbildungen

In diesem Kapitel geht es darum, **Vektorräume** und **lineare Abbildungen** allgemeiner zu definieren und eine möglichst einfache Darstellung von Vektorräumen und linearen Abbildungen herzuleiten.

## 17.1 Komplexe Zahlen

Neben den reellen Vektorräumen wie dem $\mathbb{R}^n$ sind auch **komplexe Vektorräume** bei der Bestimmung von Eigenwerten und Eigenräumen in Kapitel 18 wichtig. Daher werden in diesem Abschnitt die **komplexen Zahlen** eingeführt und ihre Rechenregeln bestimmt.

Die **komplexen Zahlen** sind eine Erweiterung der reellen Zahlen, die es insbesondere ermöglicht, die Wurzel aus $-1$ zu ziehen. Außerdem besagt der **Fundamentalsatz der Algebra**, dass jedes Polynom in komplexe Linearfaktoren zerlegt werden kann; dies wird in Kapitel 18 eine wichtige Rolle spielen. Daher werden zunächst die komplexen Zahlen definiert.

**Definition 17.1.** Die Menge $\mathbb{C} := \mathbb{R}^2$ zusammen mit den Verknüpfungen

$$+ : \mathbb{C} \times \mathbb{C} \longrightarrow \mathbb{C} \quad \text{und} \quad \cdot : \mathbb{C} \times \mathbb{C} \longrightarrow \mathbb{C}$$

definiert durch

$$(x,y) + (a,b) := (x+a, y+b)$$
$$(x,y) \cdot (a,b) := (xa - yb, xb + ya)$$

wird als **Körper der komplexen Zahlen** – kurz **komplexe Zahlen** – bezeichnet. Die komplexe Zahl $(0,1) \in \mathbb{C}$ heißt **imaginäre Einheit** und wird kurz mit i bezeichnet, so dass $(0,y) = iy$ ist.

T. Pampel, *Mathematik für Wirtschaftswissenschaftler*, Springer-Lehrbuch, DOI 10.1007/978-3-642-04490-8_17, © Springer-Verlag Berlin Heidelberg 2010

Auf $\mathbb{R} \times \{0\} \subset \mathbb{C}$ wirken Addition und Multiplikation mit reellen Zahlen wie in $\mathbb{R}$, so dass $\mathbb{R}$ mit $\mathbb{R} \times \{0\}$ identifiziert wird und $(x,0) \in \mathbb{C}$ kurz mit $x \in \mathbb{C}$ bezeichnet wird. Allgemein gilt $(x,y) = x + \mathrm{i}y$ mit $x,y \in \mathbb{R}$. Für $(x,y) \in \mathbb{C}$ ist $\|(x,y)\| := \sqrt{x^2 + y^2}$ der **Betrag** von $(x,y)$. Für jede komplexe Zahl $c = (x,y) = x + \mathrm{i}y$ wird $\bar{c} := (x,-y) = x - \mathrm{i}y$ die **konjugiert komplexe Zahl** zu $c$ genannt.

Geometrisch lassen sich die komplexen Zahlen als Vektoren im $\mathbb{R}^2$ interpretieren. Offensichtlich entspricht die Addition dann der Addition im $\mathbb{R}^2$, da sie genauso definiert ist. Die Multiplikation einer komplexen Zahl $(x,y) \in \mathbb{C}$ mit einer komplexen Zahl $(a,b) \in \mathbb{C}$ lässt sich dann interpretieren als ein „Strecken" oder „Stauchen" von $(x,y)$ um die Euklidische Länge $\|(a,b)\| = \sqrt{a^2 + b^2}$ von $(a,b)$ und die Drehung von $(x,y)$ um den gleichen Winkel wie den zwischen $(1,0)$ und $(a,b)$. Insbesondere bedeutet die Multiplikation mit i eine Drehung um $90°$.

**Abb. 17.1** Geometrische Interpretation der Multiplikation von komplexen Zahlen

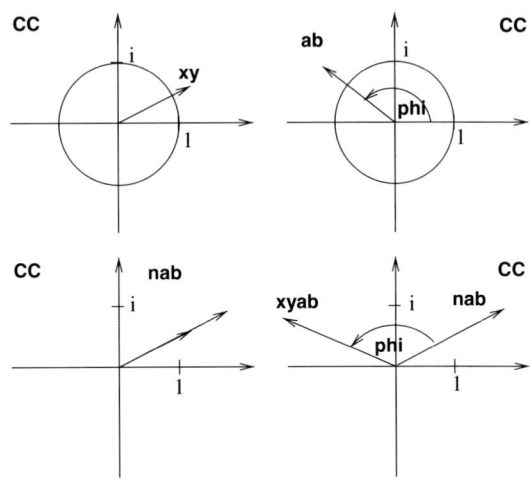

Die Addition ist hier die übliche auf dem $\mathbb{R}^2$, dagegen ist die Multiplikation etwas ungewöhnlich, sie ist aber so konstruiert, dass sie Folgendes leistet:

1. Assoziativ-, Kommutativ- und Distributivgesetz gelten,
2. die Multiplikation von $(x,y) \in \mathbb{C}$ mit einer reellen Zahl $a$ entspricht der Skalarmultiplikation in $\mathbb{R}^2$, d. h. $a(x,y) = (a,0)(x,y) = (ax,ay)$,
3. es gibt eine komplexe Zahl i, deren Quadrat $-1$ ist, d. h., es gilt $\mathrm{i}^2 = -1$.

Wenn diese Forderungen erfüllt werden sollen, ergibt sich die Definition der Multiplikation wie in Definition 17.1. Im Prinzip kann man nun mit komplexen Zahlen rechnen wie mit reellen Zahlen, nur dass man i als zusätzliche spezielle Zahl mit der Eigenschaft $\mathrm{i}^2 = -1$ interpretieren muss, beispielsweise gilt dann

$$(x + \mathrm{i}y)(a + \mathrm{i}b) = xa + \mathrm{i}ya + x\mathrm{i}b + \mathrm{i}^2 yb = (xa - yb) + \mathrm{i}(ya + xb),$$

also die Multiplikation aus Definition 17.1.

Rechenregeln für komplexe Zahlen[1] sind:

**Satz 17.1.** *Für $a, b, c \in \mathbb{C}$ gelten folgende **Rechenregeln in** $\mathbb{C}$:*

1. *Assoziativgesetz der Addition*
   $(a+b)+c = a+(b+c)$
2. *Kommutativgesetz der Addition*
   $a+b = b+a$
3. *Das neutrale Element der Addition ist $0 = (0,0)$*
   $0+a = a$
4. *Das inverse Element zu $a = (x,y) \in \mathbb{C}$ ist $-a = (-x,-y)$*
   $a+(-a) = 0$
5. *Assoziativgesetz der Multiplikation*
   $(a \cdot b) \cdot c = a \cdot (b \cdot c)$
6. *Kommutativgesetz der Multiplikation*
   $a \cdot b = b \cdot a$
7. *Das neutrale Element der Multiplikation ist $1 = (1,0)$*
   $1 \cdot a = a$
8. *Das inverse Element zu $a = (x,y) \in \mathbb{C}$, $a \neq 0$ ist $\frac{1}{\|(x,y)\|^2}(x,-y)$, wobei*
   $\|(x,y)\| = \sqrt{x^2+y^2}$ *der Betrag von $(x,y)$ und $(x,-y) = x - iy$ die konjugiert komplexe Zahl ist. Insgesamt gilt $(x,y) \cdot \frac{1}{\|(x,y)\|^2}(x,-y) = 1$*
9. *Distributivgesetz*
   $a \cdot (b+c) = a \cdot b + a \cdot c, \qquad (a+b) \cdot c = a \cdot c + b \cdot c$

Diese Eigenschaften lassen sich durch elementares Rechnen mit reellen Zahlen unter Benutzung der Addition und der Multiplikation komplexer Zahlen nachweisen. Einige Eigenschaften der konjugiert komplexen Zahlen sind in folgendem Satz zusammengestellt:

**Satz 17.2.** *Seien $\lambda, \mu \in \mathbb{C}$, dann gilt für die konjugiert komplexen Zahlen*

1. $\overline{\lambda + \mu} = \overline{\lambda} + \overline{\mu}$,
2. $\overline{-\lambda} = -\overline{\lambda}$,
3. $\overline{\lambda \cdot \mu} = \overline{\lambda} \cdot \overline{\mu}$,
4. $\overline{\lambda^{-1}} = \left(\overline{\lambda}\right)^{-1}$,
5. $\overline{\lambda} = \lambda \Longleftrightarrow \lambda \in \mathbb{R}$,
6. $\|\overline{\lambda}\| = \|\lambda\|$.

Diese Eigenschaften lassen sich durch elementares Rechnen mit komplexen Zahlen nachweisen, wobei für $\lambda = x + iy$ die konjugiert komplexe Zahl $\overline{\lambda} = x - iy$ ist.

---

[1] Es gibt den mathematischen Begriff des **Körpers**, der gerade diese Eigenschaften besitzt, die auch die reellen und die komplexen Zahlen besitzen, so dass die Definition von Vektorräumen im folgenden Abschnitt auch allgemeiner für Körper gilt. Hier werden allerdings nur reelle und komplexe Vektorräume behandelt, so dass wir die Eigenschaften nur für $\mathbb{R}$ (siehe Abschnitt 10.1) und $\mathbb{C}$ angeben und auf eine allgemeine Definition eines Körpers verzichten.

## 17.2 Der Vektorraum

Neben dem $\mathbb{R}^n$ gibt es noch andere **Vektorräume**. In diesem Abschnitt werden daher **Vektorräume**, **Untervektorräume** und **lineare Abbildung** – als Abbildungen zwischen Vektorräumen – allgemein definiert.

### *Reelle und komplexe Vektorräume*

Um die allgemeinen Definitionen nicht doppelt aufzuschreiben – einmal für reelle und einmal für komplexe Zahlen – wird im Folgenden oft $\mathbb{K}$ anstelle von $\mathbb{R}$ und $\mathbb{C}$ geschrieben. Eine Aussage, in der $\mathbb{K}$ auftritt, gilt für reelle Zahlen mit $\mathbb{K} = \mathbb{R}$ und für komplexe Zahlen mit $\mathbb{K} = \mathbb{C}$.

---

**Definition 17.2.** Ein Tripel $(V, +, \cdot)$, bestehend aus einer Menge $V$, einer Abbildung

$$+ : V \times V \longrightarrow V, \ (a, b) \mapsto a + b,$$

und einer Abbildung

$$\cdot : \mathbb{K} \times V \longrightarrow V, \ (\lambda, a) \mapsto \lambda \cdot a,$$

heißt $\mathbb{K}$-**Vektorraum** (oder **Vektorraum über** $\mathbb{K}$), falls für $a, b, c \in V$ und $\alpha, \beta \in \mathbb{K}$ gilt:

**V1** $(a + b) + c = a + (b + c)$
**V2** $a + b = b + a$
**V3** $\alpha(a + b) = \alpha a + \alpha b$
**V4** $(\alpha + \beta)a = \alpha a + \beta a$
**V5** $(\alpha\beta)a = \alpha(\beta a)$
**V6** Es gibt einen Nullvektor $\mathbf{0} \in V$, so dass für alle $a \in V$ gilt:

$$a + \mathbf{0} = a.$$

**V7** Es gibt zu jedem $a \in V$ ein inverses Element $-a \in V$, so dass gilt:

$$a + (-a) = \mathbf{0}.$$

Im Fall $\mathbb{K} = \mathbb{R}$ heißt dies auch **reeller Vektorraum** und im Fall $\mathbb{K} = \mathbb{C}$ **komplexer Vektorraum**. Ein Element $a \in V$ heißt **Vektor** des Vektorraumes $(V, +, \cdot)$.

---

Die Eigenschaft **V6** impliziert, dass zumindest ein Nullvektor in $V$ existiert und $V$ somit nicht leer ist. Darüberhinaus sollen noch einige Eigenschaften des Nullvektors und des inversen Elements zusammengestellt werden.

**Satz 17.3.** *Sei $(V, +, \cdot)$ ein Vektorraum, dann gilt:*

1. $V \neq \emptyset$, da $\mathbf{0} \in V$,
2. $0 \cdot a = \mathbf{0}$ für alle $a \in V$,
3. $\lambda \cdot \mathbf{0} = \mathbf{0}$ für alle $\lambda \in \mathbb{K}$,
4. $\lambda a = \mathbf{0}$ impliziert $\lambda = 0$ oder $a = \mathbf{0}$ oder beides,
5. $(-1)a = -a$ für alle $a \in V$.

**Beispiele für Vektorräume**

1. Wenn man auf den komplexen Zahlen nur die Multiplikation mit reellen Zahlen zulässt, dann ist $(\mathbb{C}, +, \cdot)$ ein $\mathbb{R}$-Vektorraum. Dieser entspricht $(\mathbb{R}^2, +, \cdot)$.
2. Der reelle Vektorraum $(\mathbb{R}^n, +, \cdot)$, mit „$+, \cdot$" wie in Definition 10.1 definiert.
3. Der komplexe Vektorraum $(\mathbb{C}^n, +, \cdot)$, wobei „$+, \cdot$" komponentenweise für komplexe Zahlen definiert ist.
4. Der reeller Vektorraum $(\mathcal{M}(m \times n, \mathbb{R}), +, \cdot)$, wobei „$+, \cdot$" wie in Definition 11.2 definiert ist.
5. Der komplexer Vektorraum $(\mathcal{M}(m \times n, \mathbb{C}), +, \cdot)$, wobei „$+, \cdot$" komponentenweise für komplexe Zahlen definiert ist, analog zu Definition 17.1.
6. Die Menge $\text{Abb}(X, \mathbb{R})$ der Abbildungen von einer Menge $X$ nach $\mathbb{R}$ ist ein reeller Vektorraum, wenn man die Addition und die Skalarmultiplikation folgendermaßen für $f, g \in \text{Abb}(X, \mathbb{R})$, $\lambda \in \mathbb{R}$ punktweise definiert:

$$(f + g)(x) := f(x) + g(x),$$
$$(\lambda f)(x) := \lambda f(x).$$

Das Nullelement ist die Nullabbildung mit $\mathcal{O}(x) = 0$ für alle $x \in X$ und das inverse Element ist die negative Abbildung $-f = (-1)f$ mit $(-f)(x) = -f(x)$.

7. Die Menge $\text{Abb}(X, V)$, wobei $V$ ein $\mathbb{K}$-Vektorraum ist, ergibt mit der punktweisen Addition und Multiplikation analog zu 5. einen $\mathbb{K}$-Vektorraum.

**Satz 17.4.** *Sind $(V, +, \cdot)$ und $(W, +, \cdot)$ jeweils $\mathbb{K}$-Vektorräume, dann ist das* **kartesische Produkt**

$$V \times W := \{(v, w) \mid v \in V, w \in W\}$$

*zusammen mit Addition und Multiplikation, definiert durch*

$$(v, w) + (v', w') := (v + v', w + w') \quad \text{und} \quad \lambda(v, w) := (\lambda v, \lambda w),$$

*ein $\mathbb{K}$-Vektorraum. Diesen nennt man* **direktes Produkt.**

Insbesondere ist dann $\mathbb{R}^n = \underbrace{\mathbb{R} \times \ldots \times \mathbb{R}}_{n\text{-fach}}$ das $n$-fache direkte Produkt von $\mathbb{R}$.

## *Unterräume*

Weitere Vektorräume erhält man dadurch, dass man Teilmengen von Vektorräumen betrachtet, die unter der Addition und Multiplikation invariant sind, d. h., in den Teilmengen bleiben. Eine Formalisierung hiervon ergibt den Begriff des **Untervektorraums** (oder kurz des **Unterraums**).

**Definition 17.3.** Sei $(V, +, \cdot)$ ein $\mathbb{K}$-Vektorraum. Eine Teilmenge $U \subset V$ heißt **Untervektorraum** (oder kurz **Unterraum**) von $(V, +, \cdot)$, wenn $U \neq \emptyset$ und für alle $a, b \in U$, $\lambda \in \mathbb{K}$ gilt:

$$a + b \in U, \qquad \lambda a \in U.$$

Zunächst sei festgestellt, dass jeder Unterraum selbst ein Vektorraum ist.

**Satz 17.5.** *Sei $U$ ein Unterraum eines $\mathbb{K}$-Vektorraums $(V, +, \cdot)$, dann ist $(U, +, \cdot)$ mit der entsprechenden Addition und Multiplikation ein Vektorraum.*

Dieser Satz ermöglicht es, relativ einfach andere Vektorräume zu erhalten, denn man braucht bei einem gegebenen Vektorraum nur zu zeigen, dass eine Teilmenge „nichtleer" ist und Addition und Multiplikation mit reellen (bzw. komplexen) Zahlen wieder Elemente der Teilmenge ergibt.

Es folgen einige **Beispiele für Untervektorräume**:

1. Jeder Vektorraum $V$ ist ein Unterraum von sich selbst.
2. In jedem Vektorraum $V$ ist $\{0\}$ ein Unterraum, der sogenannte **Nullvektorraum**.
3. Die stetigen Abbildungen $C(\mathbb{R}, \mathbb{R})$ sind ein Untervektorraum der Abbildungen $\text{Abb}(\mathbb{R}, \mathbb{R})$.
4. Die differenzierbaren Abbildungen $C^1(\mathbb{R}, \mathbb{R})$ sind ein Untervektorraum der stetigen Abbildungen $C(\mathbb{R}, \mathbb{R})$, und damit auch ein Untervektorraum der Abbildungen $\text{Abb}(\mathbb{R}, \mathbb{R})$.
5. Die Menge aller Polynome ist ein Unterraum der differenzierbaren Funktionen.
6. Die Lösungsmenge $\mathscr{L}(A, \mathbf{0})$ eines *homogenen* linearen Gleichungssystems $Ax = \mathbf{0}$ mit $A \in \mathscr{M}(m \times n)$ ist ein Untervektorraum des $\mathbb{R}^n$.
7. Die Menge der Linearkombinationen von Vektoren $v_1, \ldots, v_n \in \mathbb{R}^m$, d. h.

$$\text{Lin}(v_1, \ldots, v_n) = \{\lambda_1 v_1 + \ldots + \lambda_n v_n \mid \lambda_1, \ldots, \lambda_n \in \mathbb{R}\}$$

   ist ein Untervektorraum des $\mathbb{R}^m$.
8. Die Menge $\{x \in \mathbb{R}^n \mid p_1 x_1 + \ldots + p_n x_n = 0\}$, die für $p \neq \mathbf{0}$ eine Hyperebene durch den Ursprung im $\mathbb{R}^n$ beschreibt, ist ein Untervektorraum des $\mathbb{R}^n$.

**Achtung**, die Lösungsmenge $\mathscr{L}(A,c)$ eines *inhomogenen* linearen Gleichungssystems $Ax = c$ mit $c \neq \mathbf{0}$, $c \in \mathbb{R}^m$ und $A \in \mathscr{M}(m \times n)$ ist **kein** Untervektorraum des $\mathbb{R}^n$, da $\mathbf{0}$ keine Lösung ist. Ebenso ist die Menge $\{x \in \mathbb{R}^n \mid p_1 x_1 + \ldots + p_n x_n = b\}$ mit $b \neq 0$ **kein** Untervektorraum des $\mathbb{R}^n$.

Im Folgenden definieren wir weitere Unterräume, die sich aus zwei (oder auch mehreren) Unterräumen zusammensetzen:

**Satz 17.6.** *Ist $(V, +, \cdot)$ ein Vektorraum und $W$ und $W'$ Unterräume von $V$, dann ist auch der Durchschnitt $W \cap W'$ ein Unterraum von $V$.*

*Beweis.* Es gilt $\mathbf{0} \in W \cap W'$ und $v + w, \lambda v \in W \cap W'$ für alle $v, w \in W \cap W'$ und $\lambda \in \mathbb{K}$, da $\mathbf{0}, v + w, \lambda v \in W$ und $\mathbf{0}, v + w, \lambda v \in W'$. $\qquad\square$

Die Vereinigung $W \cup W'$ von Unterräumen ist im Allgemeinen **kein** Unterraum. Beispielsweise ist für $W = \{(x, 0) \mid x \in \mathbb{R}\}$ und $W' = \{(0, y) \mid y \in \mathbb{R}\}$ die Vereinigung $W \cup W' = \{(x, y) \in \mathbb{R}^2 \mid x = 0 \text{ oder } y = 0\}$ kein Unterraum, denn $(1, 0) \in W \cup W'$ und $(0, 1) \in W \cup W'$, aber $(1, 0) + (0, 1) = (1, 1) \notin W \cup W'$.

**Satz 17.7.** *Ist $(V, +, \cdot)$ ein Vektorraum und sind $W$ und $W'$ Unterräume von $V$, dann ist*

$$W + W' := \{w + w' \mid w \in W,\ w' \in W'\} \subset V$$

*ein Unterraum von $V$. Die Menge $W + W'$ heißt **Summe** von $W$ und $W'$.*

*Gilt zusätzlich $W \cap W' = \{\mathbf{0}\}$, so heißt dieser Unterraum **direkte Summe** von $W$ und $W'$ und wird mit $W \oplus W'$ bezeichnet.*

**Abb. 17.2** Darstellung von $W_1$ und $W_2$ mit $W_1 + W_2 = \mathbb{R}^3$ und $W_1 \cap W_2 \neq \{\mathbf{0}\}$; $W_1 + W_2$ ist keine direkte Summe

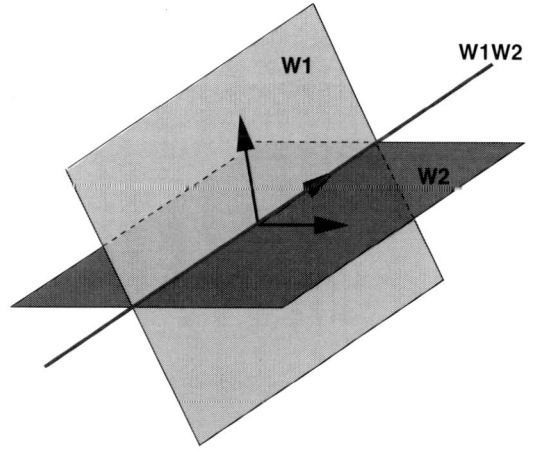

## 17.3 Beschreibung von Vektorräumen

In diesem Abschnitt geht es um die Beschreibung von Vektorräumen anhand einer **Basis**. Wie bei Unterräumen des $\mathbb{R}^n$ gilt auch allgemein, dass jeder Vektor eines Vektorraumes in eindeutiger Form als **Linearkombination** von **Basisvektoren** dargestellt werden kann. In diesem Kapitel sind vermehrt Beweise angegeben, um den Umgang mit den etwas abstrakteren Begriffen zu schulen.

### Das Erzeugendensystem

Zunächst wird ein **Erzeugendensystem** definiert, das sind Vektoren, deren Linearkombinationen den ganzen Vektorraum „aufspannen".

---

**Definition 17.4.** Sei $(V, +, \cdot)$ ein $\mathbb{K}$-Vektorraum und seien $v_1, \ldots, v_r \in V$. Dann heißt $\lambda_1 v_1 + \ldots + \lambda_r v_r \in V$, $\lambda_1, \ldots, \lambda_r \in \mathbb{K}$ **Linearkombination** von $v_1, \ldots, v_r$. Die Menge aller Linearkombinationen von $v_1, \ldots, v_r \in V$ ist

$$\mathrm{Lin}(v_1, \ldots, v_r) := \{\lambda_1 v_1 + \ldots + \lambda_r v_r \mid \lambda_1, \ldots, \lambda_r \in \mathbb{K}\} \subset V$$

und heißt **lineare Hülle** oder **Span**. Gilt

$$\mathrm{Lin}(v_1, \ldots, v_r) = V,$$

so heißen die Vektoren $v_1, \ldots, v_r$ **Erzeugendensystem** von $V$.

---

*Anmerkung 17.1.* Es kann sein, dass ein Vektorraum nicht durch **endlich** viele Vektoren erzeugt werden kann. Das gilt insbesondere typischerweise für Unterräume der Abbildungen. Ein Beispiel ist der Unterraum aller Polynome. Die Monome $1, x, x^2, x^3, x^4, \ldots$ bilden ein (unendliches) Erzeugendensystem.

Aus formalen Gründen ist es sinnvoll, die lineare Hülle der leeren Menge $\emptyset$ durch $\mathrm{Lin}(\emptyset) := \{\mathbf{0}\}$ zu definieren. Insbesondere ergibt dies den Nullvektorraum und damit auch einen Untervektorraum von $V$.

*Anmerkung 17.2.* In dieser Definition ist nicht ausgeschlossen, dass zwei Vektoren $v_i$, $v_j$ gleich sind. Da damit $\{v_1, \ldots, v_r\}$ formal keine „Menge" ist, wird $\{v_1, \ldots, v_r\}$ als **Familie** von Vektoren bezeichnet, wenn gleiche Vektoren zugelassen sein sollen.

---

**Satz 17.8.** *Sei $(V, +, \cdot)$ ein $\mathbb{K}$-Vektorraum und seien $v_1, \ldots, v_r \in V$. Dann ist die lineare Hülle $\mathrm{Lin}(v_1, \ldots, v_r)$ ein Untervektorraum von $V$.*

---

*Beweis.* Die Summe zweier Linearkombinationen erhält man, indem die Koeffizienten addiert werden, das Produkt mit einer reellen (komplexen) Zahl, indem alle Koeffizienten mit der Zahl multipliziert werden. In beiden Fällen erhält man wieder eine Linearkombination. Der Nullvektor ergibt sich, wenn alle Koeffizienten null sind. □

Das Erzeugendensystem ist nun genau so definiert, dass sich jeder Vektor $v \in V$ als Linearkombination der Vektoren eines Erzeugendensystems schreiben lässt (es kann allerdings mehrere Möglichkeiten geben).

**Lemma 17.1.** *Vektoren $v_1, \ldots, v_r$ bilden genau dann ein Erzeugendensystem von V, wenn sich **jedes** $v \in V$ als Linearkombination von $v_1, \ldots, v_r$ schreiben lässt.*

*Beweis.* Liegt ein Erzeugendensystem vor, so gilt $\mathrm{Lin}(v_1, \ldots, v_r) = V$ und damit gilt für jedes $v \in V$ auch $v \in \mathrm{Lin}(v_1, \ldots, v_r)$ und $v$ lässt sich linear kombinieren. Lässt sich andererseits jedes $v \in V$ als Linearkombination darstellen, so gilt $V \subset \mathrm{Lin}(v_1, \ldots, v_r)$, während $v_1, \ldots, v_r \in V$ impliziert, dass $\mathrm{Lin}(v_1, \ldots, v_r) \subset V$ gilt. Insgesamt gilt daher $V = \mathrm{Lin}(v_1, \ldots, v_r)$. □

## Lineare Unabhängigkeit

In diesem Abschnitt wird **lineare Unabhängigkeit** von Vektoren definiert, wobei die Definition aus Kapitel 10 der Spezialfall des Vektorraumes $\mathbb{R}^n$ ist. Das wichtigste Ergebnis ist, dass ein Vektor aus der linearen Hülle von **linear unabhängigen** Vektoren sich in **eindeutiger Weise** als Linearkombination darstellen lässt.

**Definition 17.5.** Sei $(V, +, \cdot)$ ein $\mathbb{K}$-Vektorraum. Dann heißt eine Familie von Vektoren $v_1, \ldots, v_r \in V$ **linear unabhängig**, falls gilt:

$$\lambda_1 v_1 + \ldots + \lambda_r v_r = 0 \text{ mit } \lambda_1, \ldots, \lambda_r \in \mathbb{K} \Longrightarrow \lambda_1 = \lambda_2 = \ldots = \lambda_r = 0.$$

Andernfalls heißt sie **linear abhängig**.

Es zeigt sich, dass es unter linear abhängigen Vektoren mindestens einen Vektor gibt, der sich als Linearkombination der anderen darstellen lässt.

**Lemma 17.2.** *Vektoren $v_1, \ldots, v_r \in V$ sind genau dann **linear abhängig**, wenn es **mindestens ein** $v_i$ gibt, das eine Linearkombination der anderen $v_j$ ist.*

*Beweis.* Seien $v_1, \ldots, v_r \in V$ linear abhängig. Dann gibt es Faktoren $\lambda_1, \ldots, \lambda_r \in \mathbb{R}$ mit $\lambda_1 v_1 + \ldots + \lambda_r v_r = \mathbf{0}$ und mindestens einem $\lambda_i \neq 0$. Dann gilt aber

$$v_i = \alpha_1 v_1 + \ldots + \alpha_{i-1} v_{i-1} + \alpha_{i+1} v_{i+1} + \ldots + \alpha_r v_r,$$

wobei $\alpha_j := -\frac{\lambda_j}{\lambda_i}$ für $j \neq i$ ist. Umgekehrt erhält man die lineare Abhängigkeit direkt aus

$$\mathbf{0} = \alpha_1 v_1 + \ldots + \alpha_{i-1} v_{i-1} + (-1) v_i + \alpha_{i+1} v_{i+1} + \ldots + \alpha_r v_r.$$

□

Eine äquivalente Aussage ist die folgende:

**Lemma 17.3.** *Vektoren* $v_1, \ldots, v_r \in V$ *sind genau dann* **linear unabhängig**, *wenn* **kein** $v_i$ *eine Linearkombination der anderen* $v_j$ *ist.*

*Beweis.* Betrachte folgende Aussagen:

1. A: „$v_1, \ldots, v_r \in V$ sind linear abhängig."
2. B: „Es gibt mindestens ein $v_i$, das eine Linearkombination der anderen $v_j$ ist."

Lemma 17.2 besagt, dass $A \Longleftrightarrow B$ gilt und Lemma 17.3 ist nur eine andere Beschreibung desselben Sachverhalts, die besagt, dass $(\neg A \Longleftrightarrow \neg B)$ gilt.     □

Lineare Unabhängigkeit bedeutet damit, dass für $v \in \mathrm{Lin}(v_1, \ldots, v_r)$ **Eindeutigkeit** von Linearkombinationen vorliegt. Für $v \in V$ mit $v \notin \mathrm{Lin}(v_1, \ldots, v_r)$ gibt es natürlich keine Linearkombinationen.

**Lemma 17.4.** *Vektoren* $v_1, \ldots, v_r \in V$ *sind genau dann linear unabhängig, wenn sich jedes* $v \in \mathrm{Lin}(v_1, \ldots, v_r) \subset V$ *in* **eindeutiger** *Weise als Linearkombination* $v = \lambda_1 v_1 + \ldots + \lambda_r v_r$ *von* $v_1, \ldots, v_r$ *schreiben lässt.*

*Beweis.* Seien $\lambda_1 v_1 + \ldots + \lambda_r v_r = \mu_1 v_1 + \ldots + \mu_r v_r = v$ zwei Linearkombinationen von $v$, dann gilt $(\lambda_1 - \mu_1) v_1 + \ldots + (\lambda_r - \mu_r) v_r = \mathbf{0}$, also wegen der linearen Unabhängigkeit $\lambda_i = \mu_i$. Andererseits lässt sich insbesondere $\mathbf{0}$ in eindeutiger Weise linear kombinieren und damit sind $v_1, \ldots, v_r$ linear unabhängig.     □

## Die Basis

Aus den bisherigen Resultaten ergibt sich, dass ein Erzeugendensystem es ermöglicht, jeden Vektor als Linearkombination darzustellen, und die lineare Unabhängigkeit stellt die Eindeutigkeit einer solchen Darstellung sicher. Dies wird nun im Begriff der **Basis** zusammengeführt.

**Definition 17.6.** Sei $(V, +, \cdot)$ ein $\mathbb{K}$-Vektorraum. Dann heißen $v_1, \ldots, v_r \in V$ eine **Basis** von $V$, wenn

1. $v_1, \ldots, v_r \in V$ ein Erzeugendensystem ist, d. h., $\mathrm{Lin}(v_1, \ldots, v_r) = V$ und
2. $v_1, \ldots, v_r \in V$ linear unabhängig sind.

Die Vektoren $v_1, \ldots, v_r$ heißen **Basisvektoren**.

Aus Lemma 17.1 und Lemma 17.4 ergibt sich folgender Satz:

**Satz 17.9.** *Die Vektoren* $v_1, \ldots, v_r \in V$ *sind genau dann eine **Basis** eines $\mathbb{K}$-Vektorraumes, wenn es **zu jedem** $v \in V$ **genau ein** $(\lambda_1, \ldots, \lambda_r) \in \mathbb{K}^r$ gibt, so dass* $v = \lambda_1 v_1 + \ldots + \lambda_r v_r$ *ist.*

Das bedeutet, jedes Element eines Vektorraumes besitzt eine eindeutige Darstellung als Linearkombination von Basisvektoren.

Nun wollen wir eine Basis eines Vektorraumes bestimmen. Hierzu dient folgender Satz.

**Satz 17.10.** *(Basisergänzungssatz) Sei* $V$ *ein Vektorraum und* $v_1, \ldots, v_r$, $w_1, \ldots, w_s$ *ein Erzeugendensystem von $V$, so dass $v_1, \ldots, v_r$ linear unabhängig sind. Dann gibt es $l$ ($0 \le l \le s$) Indizes $i_1, \ldots, i_l$, so dass $v_1, \ldots, v_r, w_{i_1}, \ldots, w_{i_l}$ eine Basis von $V$ sind.*

Für einen Beweis siehe beispielsweise Jänich (2008). Zur Ermittlung einer Basis kann man folgendermaßen vorgehen:

**Möglichkeit 1 (Ergänzen):**

Starte mit **linear unabhängigen** Vektoren und **ergänze** solange jeweils mit Vektoren, die keine Linearkombinationen der bisherigen Vektoren sind (d. h., ergänze **linear unabhängige** Vektoren), bis ein **Erzeugendensystem** entstanden ist. Dieses Erzeugendensystem ist eine Basis.

**Möglichkeit 2 (Auswählen):**

Starte mit einem **Erzeugendensystem** und **entferne** solange jeweils Vektoren, die Linearkombinationen der anderen Vektoren sind (d. h., entferne **linear abhängige** Vektoren), bis die übrigen Vektoren **linear unabhängig** sind. Die übrigen Vektoren sind eine Basis.

Um eine Basis von $\mathrm{Lin}(v_1, \ldots, v_r)$ zu finden, ist Möglichkeit 2 geeignet, da $v_1, \ldots, v_r$ bereits ein Erzeugendensystem ist.

*Beispiel 17.1.* Die Vektoren $v_1, \ldots, v_7$, gegeben durch die Vektoren

$$\begin{pmatrix} 1 \\ 0 \\ 0 \end{pmatrix}, \begin{pmatrix} 0 \\ 1 \\ 0 \end{pmatrix}, \begin{pmatrix} 0 \\ 0 \\ 1 \end{pmatrix}, \begin{pmatrix} 0 \\ 1 \\ 1 \end{pmatrix}, \begin{pmatrix} 0 \\ 1 \\ -1 \end{pmatrix}, \begin{pmatrix} 1 \\ 1 \\ 1 \end{pmatrix}, \begin{pmatrix} 0 \\ 0 \\ 0 \end{pmatrix},$$

erzeugen den $\mathbb{R}^3$. Nun kann eine Basis folgendermaßen bestimmt werden:

- Entferne $v_1 = v_6 - v_4$,
- entferne $v_2 = v_4 - v_3$,
- entferne $v_3 = \frac{1}{2}v_4 - \frac{1}{2}v_5$,
- entferne $v_7 = 0v_4 + 0v_5 + 0v_6$.

Als Basis des $\mathbb{R}^3$ ergibt sich die linear unabhängige Familie $\{v_4, v_5, v_6\}$.

## Die Dimension

Bisher haben wir **eine** Basis eines Vektorraumes bestimmt; typischerweise sind die Basen aber nicht eindeutig. Allerdings haben alle Basen eines Vektorraumes, der ein endliches Erzeugendensystem besitzt, eines gemeinsam: die Anzahl der Basisvektoren. Hierbei ist folgender Satz besonders wichtig:

**Satz 17.11.** *(Austauschsatz) Seien $V$ ein Vektorraum mit einer Basis $v_1, \ldots, v_r$ und $w_1, \ldots, w_n$ linear unabhängige Vektoren in $V$, dann gilt $n \leq r$ und es gibt Indizes $i_1, \ldots, i_n \in \{1, \ldots, r\}$, so dass nach Austauschen von $v_{i_1}, \ldots, v_{i_n}$ gegen $w_1, \ldots, w_n$ wieder eine Basis von $V$ vorliegt.*

Für einen Beweis siehe beispielsweise Jänich (2008) oder Fischer (2008).

In diesem Satz ist $n \leq r$ eine Folgerung und keine Voraussetzung. Falls es eine Basis mit $r$ Vektoren gibt, bedeutet das, dass die maximale Anzahl linear unabhängiger Vektoren $r$ ist. Ein einfaches Korollar ermöglicht es nun, einzelne Vektoren „in die Basis zu tauschen".

**Korollar 17.1.** *Sei $V$ ein Vektorraum mit einer Basis $v_1, \ldots, v_r$ und $w \neq \mathbf{0}$ ein Vektor aus $V$, dann ist $w$ eine Linearkombination $w = \lambda_1 v_1 + \ldots + \lambda_r v_r$ der Basisvektoren und nach Austauschen von $v_i$ mit $\lambda_i \neq 0$ gegen $w$ ergibt*

$$v_1, \ldots, v_{i-1}, w, v_{i+1}, \ldots, v_r$$

*wieder eine Basis von $V$.*

Der Austauschsatz impliziert, dass jede Basis eines Vektorraumes die gleiche Anzahl von Basisvektoren enthält.

**Satz 17.12.** *Sei $V$ ein Vektorraum, $v_1, \ldots, v_r$ eine Basis von $V$ und $w_1, \ldots, w_n$ eine Basis von $V$, dann gilt $r = n$.*

*Beweis.* Satz 17.11 mit $v_1, \ldots, v_r$ als Basis und mit linear unabhängigen Vektoren $w_1, \ldots, w_n$ impliziert $n \leq r$. Der Satz mit $w_1, \ldots, w_n$ als Basis und mit linear unabhängigen Vektoren $v_1, \ldots, v_r$ ergibt $r \leq n$; also insgesamt $r = n$. □

Somit ist die Zahl der Basisvektoren eindeutig und wird mit **Dimension** bezeichnet.

**Definition 17.7.** Besitzt ein Vektorraum $(V, +, \cdot)$ eine Basis $v_1, \ldots, v_r \in V$, so heißt $r$ die **Dimension** von $V$, kurz $\dim V$ (und $V$ heißt **endlichdimensional**[2]).

Beispielsweise gilt $\dim \mathbb{R}^n = n$, da $e^1, \ldots, e^n$ eine Basis aus $n$ Vektoren ist.
Nun werden noch verschiedene Vektorräume und deren Dimensionen betrachtet.

**Lemma 17.5.** *Sei $(V, +, \cdot)$ ein endlichdimensionaler Vektorraum und $U$ ein Unterraum von $V$, dann gelten folgende Aussagen:*

$$\dim U \leq \dim V.$$
$$\dim U = \dim V \iff U = V.$$

*Beweis.* Bestimme eine Basis $v_1, \ldots, v_r \in V$ von $V$ und eine Basis $w_1, \ldots, w_n$ von $U$, dann ist $w_1, \ldots, w_n$ linear unabhängig in $V$ und nach Satz 17.11 gilt $\dim U = n \leq r = \dim V$. Bei gleichen Dimensionen kann man eine Basen jeweils durch die andere ersetzen und es gilt $U = V$. Ist $U = V$, so sind die Dimensionen nach Satz 17.12 gleich. □

Für die Dimensionen der Summe $W_1 + W_2 = \{w_1 + w_2 \mid w_1 \in W_1, w_2 \in W_2\}$ zweier Unterräume gilt:

**Satz 17.13.** *Seien $(V, +, \cdot)$ ein endlichdimensionaler Vektorraum und $W_1, W_2$ Unterräume von $V$, dann gilt für die Summe von $W_1$ und $W_2$:*

$$\dim(W_1 + W_2) = \dim(W_1) + \dim(W_2) - \dim(W_1 \cap W_2).$$

---

[2] Besitzt $V$ für kein $n \in \mathbb{N}$ eine Basis $v_1, \ldots, v_n$, so heißt der Vektorraum **unendlichdimensional**, kurz $\dim V = \infty$. Ein Beispiel ist der Vektorraum der Polynome. Hier besteht eine Basis aus den Abbildungen $t \mapsto t^r$, d. h. eine Basis ist $1, t, t^2, t^3, \ldots$, und enthält unendlich viele Basisvektoren.

Für die Dimension des Produktraums $V \times W := \{(v,w) \mid v \in V, w \in W\}$ gilt:

---

**Satz 17.14.** *Seien $(V,+,\cdot)$ und $(W,+,\cdot)$ Vektorräume mit Basen $v_1,\dots,v_r$ und $w_1,\dots,w_n$, dann ist*

$$\begin{pmatrix} v_1 \\ 0 \end{pmatrix}, \dots, \begin{pmatrix} v_r \\ 0 \end{pmatrix}, \begin{pmatrix} 0 \\ w_1 \end{pmatrix}, \dots, \begin{pmatrix} 0 \\ w_n \end{pmatrix}$$

*eine Basis des Produktraums $V \times W$ und es gilt:*

$$\dim(V \times W) = \dim(V) + \dim(W).$$

---

## 17.4 Darstellung linearer Abbildungen

In diesem Abschnitt werden die **linearen Abbildungen** zwischen Vektorräumen definiert. Ferner werden Eigenschaften von linearen Abbildungen angegeben, die es insbesondere erlauben, eine Darstellung anhand von Matrizen zu bestimmen.

---

**Definition 17.8.** Seien $(V,+,\cdot)$, und $(W,+,\cdot)$ Vektorräume über $\mathbb{K}$. Eine Abbildung $L: V \to W$ heißt **linear**, wenn für alle $x,y \in V$ und $\lambda \in \mathbb{K}$

$$L(x+y) = L(x) + L(y) \text{ und } L(\lambda x) = \lambda L(x)$$

gilt. Eine **lineare Abbildung** heißt auch **Homomorphismus** und die Menge aller linearen Abbildungen von $V$ nach $W$ wird mit $\mathrm{Hom}(V,W)$ bezeichnet.

---

Dabei ist zu beachten, dass auf der linken Seite jeweils „$+,\cdot$" bezüglich $V$ und auf der rechten Seite bezüglich $W$ definiert ist.

**Beispiele für lineare Abbildungen** (neben denen auf Seite 157):

1. Die Abbildung $\mathbb{R} \to \mathbb{C}$, $x \mapsto (x,0)$ ist eine lineare Abbildung, wenn $\mathbb{C}$ als $\mathbb{R}$-Vektorraum aufgefasst wird.
2. Die Abbildung $\mathbb{R}^2 \to \mathbb{R}$, $(x,y) \mapsto x$ ist eine lineare Abbildung.
3. Sind $V,W$ Vektorräume, dann ist die Nullabbildung $\mathscr{O}: V \to W$, $x \mapsto \mathbf{0}$ immer eine lineare Abbildung.
4. Die Menge aller **Polynome** $P(t) := a_n t^n + a_{n-1} t^{n-1} + \dots + a_1 t + a_0$ bildet einen Untervektorraum von $\mathrm{Abb}(\mathbb{R},\mathbb{R})$. Die Abbildung

$$a = (a_0,\dots,a_n) \in \mathbb{R}^{n+1} \mapsto P_a(t) := a_n t^n + a_{n-1} t^{n-1} + \dots + a_1 t + a_0$$

ist eine lineare Abbildung aus dem $\mathbb{R}^{n+1}$ in die Menge der Polynome.

Von besonderer Bedeutung werden später invertierbare lineare Abbildungen sein.

**Definition 17.9.** Seien $(V,+,\cdot)$ und $(W,+,\cdot)$ Vektorräume. Eine lineare Abbildung $L : V \to W$ ist **invertierbar**, wenn eine Abbildung $L^{-1} : W \to V$ mit $L^{-1}(L(v)) = v$ für alle $v \in V$ und $L(L^{-1}(w)) = w$ für alle $w \in W$ existiert. Eine invertierbare lineare Abbildung heißt **Isomorphismus**.

Insbesondere ist die Inverse eines Isomorphismus auch wieder ein Isomorphismus.

**Satz 17.15.** *Sind $(V,+,\cdot)$ und $(W,+,\cdot)$ Vektorräume und $L : V \to W$ eine lineare Abbildung, die invertierbar ist, so ist die Inverse $L^{-1} : W \to V$ eine lineare Abbildung.*

*Beweis.* Seien $v,w \in W$, $\lambda \in \mathbb{K}$ und $x := L^{-1}(v), y := L^{-1}(w) \in V$, dann gilt

$$L^{-1}(v+w) = L^{-1}\big(L(x)+L(y)\big) = L^{-1}\big(L(x+y)\big) = x+y = L^{-1}(v) + L^{-1}(w)$$

und

$$L^{-1}(\lambda v) = L^{-1}\big(\lambda L(x)\big) = L^{-1}\big(L(\lambda x)\big) = \lambda x = \lambda L^{-1}(v).$$

Damit ist $L^{-1}$ eine lineare Abbildung. $\qquad\square$

Das Vektorraumbeispiel 7. auf Seite 261 besagt, dass $\mathrm{Abb}(V,W)$ ein reeller Vektorraum ist. Es zeigt sich, dass für zwei lineare Abbildungen $f,g \in \mathrm{Hom}(V,W)$ und $\lambda \in \mathbb{R}$ auch $f+g$ und $\lambda f$ linear sind, z. B.

$$(f+g)(x+y) = f(x+y) + g(x+y)$$
$$= f(x) + f(y) + g(x) + g(y) = (f+g)(x) + (f+g)(y).$$

Da ferner die Nullabbildung $\mathcal{O}(x) = \mathbf{0}$ linear ist, ist $\mathrm{Hom}(V,W) \neq \emptyset$ und $f+g, \lambda f \in \mathrm{Hom}(V,W)$ und somit ist $\mathrm{Hom}(V,W)$ ein Unterraum von $\mathrm{Abb}(V,W)$ und selbst ein Vektorraum.

**Satz 17.16.** *Die Menge $\mathrm{Hom}(V,W)$ mit der punktweise definierten Addition $f+g$ gegeben durch $(f+g)(x) = f(x)+g(x)$ und Skalarmultiplikation $\lambda f$ gegeben durch $(\lambda f)(x) = \lambda f(x)$ ist ein Vektorraum.*

Ein spezieller Vektorraum dieser Art ist der **Dualraum** $V^{*} = \mathrm{Hom}(V,\mathbb{R})$ eines Vektorraumes $V$. Die linearen Abbildungen von $V$ nach $\mathbb{R}$ werden auch **Linearformen** genannt.

Mit diesen Bezeichnungen soll nun das Haushaltsbudgetbeispiel aus Abschnitt 10.4 neu interpretiert werden.

Ein Güterbündel aus $n$ Gütern wird als Element $x \in \mathbb{R}^n =: \mathscr{X}$ eines Güterraumes $\mathscr{X}$ aufgefasst, wobei $x_i \in \mathbb{R}$ bedeutet, dass das Güterbündel $x_i$ Einheiten von Gut $i$ enthält. In Abschnitt 10.4 war der Preisvektor ebenfalls ein Elemente des $\mathbb{R}^n =: \mathscr{P}$. Hier muss man allerdings darauf hinweisen, dass ein Güterbündel $x$ und ein Preisvektor $p$ natürlich nicht addiert werden können (das macht ökonomisch keinen Sinn). Deshalb lassen sich Güterbündel und Preisvektoren auch nicht als Elemente des gleichen Vektorraumes interpretieren.

Nun können wir zu jedem Preisvektor $p \in \mathscr{P}$ eine lineare Abbildung von $p^*$ : $\mathscr{X} \to \mathbb{R}$ (d. h. eine Linearform) definieren durch

$$p^* : \mathscr{X} \to \mathbb{R}$$
$$x \mapsto \langle p, x \rangle = \sum_{i=1}^n p_i x_i$$

und es gilt $p^* \in \mathscr{P}^* = \mathrm{Hom}(\mathscr{X}, \mathbb{R})$. In diesem Sinne ist ein Preissystem ein Element des Dualraumes des $\mathbb{R}^n$.

Wenn nun in einem Supermarkt ein Preisvektor $p$ festgelegt wird und in den Computer eingegeben ist, dann wird hierdurch eine lineare Abbildung $p^* \in \mathscr{P}^*$ bestimmt (vorausgesetzt, es gibt keinen Mengenrabatt, sonst ist die Linearität verletzt), die dem Inhalt des Einkaufswagens einen Geldbetrag zuordnet, der an der Kasse bezahlt werden muss.

## Kern und Bild

Zunächst werden Begriffe wie **Kern** und **Bild** linearer Abbildungen definiert und ein Zusammenhang zu Eigenschaften wie **injektiv**, **surjektiv** und **bijektiv** hergestellt.

**Definition 17.10.** Sei $f : V \to W$ eine lineare Abbildung, dann heißt

$$\mathrm{Im} f := f(V) := \{w \in W \mid \text{es gibt ein } v \in V \text{ mit } f(v) = w\}$$

das **Bild** (**Im**age) von $f$ und

$$\mathrm{Kern} f := \{v \in V \mid f(v) = \mathbf{0}\}$$

der **Kern** von $f$.

Ist $f : \mathbb{R}^n \to \mathbb{R}^m$ und $f(v) = Av$, $A \in \mathscr{M}(m \times n)$, so ist das Bild von $f$ die lineare Hülle der Spaltenvektoren von $A$ („wird von den Spaltenvektoren aufgespannt"). Somit gilt

$$\mathrm{Im} f = \mathrm{Lin}(A^1, \ldots, A^n)$$

und der Kern von $f$ ist gerade die Lösungsmenge des **homogenen Gleichungssystems** $Ax = 0$, d. h.,

$$\mathrm{Kern} f = \mathscr{L}(A, \mathbf{0}).$$

Der Kern und das Bild einer linearen Abbildung sind immer Vektorräume.

**Lemma 17.6.** *Sei $f : V \to W$ eine lineare Abbildung, dann ist $\mathrm{Im} f$ ein Unterraum von $W$ und $\mathrm{Kern} f$ ein Unterraum von $V$.*

*Beweis.* Es gilt $\mathbf{0} \in \mathrm{Im} f$ und $\mathbf{0} \in \mathrm{Kern} f$, also sind die Mengen nichtleer. Seien $w_1, w_2 \in \mathrm{Im} f$. Dann gibt es $v_1, v_2 \in V$ mit $f(v_1) = w_1$, $f(v_2) = w_2$ und es gilt

$$w_1 + w_2 = f(v_1) + f(v_2) = f(v_1 + v_2) \in \mathrm{Im} f \text{ und } \lambda w_1 = \lambda f(v_1) = f(\lambda v_1) \in \mathrm{Im} f.$$

Für $v_1, v_2 \in \mathrm{Kern} f$ gilt $v_1 + v_2, \lambda v_1 \in \mathrm{Kern} f$, denn

$$f(v_1 + v_2) = f(v_1) + f(v_2) = \mathbf{0} \text{ und } f(\lambda v_1) = \lambda f(v_1) = \mathbf{0}. \qquad \square$$

Die Dimension des Untervektorraumes $\mathrm{Im} f$ erhält nun die Bezeichnung **Rang**.

**Definition 17.11.** Sei $f : V \to W$ eine lineare Abbildung, dann heißt $\mathrm{rg}(f) := \dim(\mathrm{Im} f)$ der **Rang** von $f$.

Nun sollen ein Zusammenhang zwischen Kern und Bild und Eigenschaften einer Abbildung ermittelt werden.

**Lemma 17.7.** *Sei $f : V \to W$ eine lineare Abbildung, dann gilt:*

- *$f$ ist genau dann **injektiv**, d. h. $f(x) = f(y) \Rightarrow x = y$, wenn $\mathrm{Kern} f = \{\mathbf{0}\}$, also $\dim(\mathrm{Kern} f) = 0$ gilt.*
- *$f$ ist genau dann **surjektiv**, d. h. für jedes $y \in W$ gibt es ein $x \in V$ mit $f(x) = y$, wenn $\mathrm{Im} f = W$, also $\dim(\mathrm{Im} f) = \dim W$ gilt.*
- *$f$ ist genau dann **bijektiv**, wenn $\mathrm{Kern} f = \{\mathbf{0}\}$ und $\mathrm{Im} f = W$ gilt. In diesem Fall ist $f$ ein **Isomorphismus** (siehe Definition 17.9 auf Seite 271).*

*Beweis.* Sei $f$ injektiv, dann gilt $f(x) = \mathbf{0} = f(\mathbf{0}) \Rightarrow x = \mathbf{0}$ und damit $\mathrm{Kern} f = \{\mathbf{0}\}$. Sei umgekehrt $\mathrm{Kern} f = \{\mathbf{0}\}$, dann gilt

$$f(x) = f(y) \Rightarrow f(x - y) = \mathbf{0} \Rightarrow x - y \in \mathrm{Kern} f = \{\mathbf{0}\} \Rightarrow x - y = \mathbf{0} \Rightarrow x = y.$$

Die Surjektivität besagt $W \subset \mathrm{Im} f$; $\mathrm{Im} f \subset W$ gilt immer, da $\mathrm{Im} f$ ein Unterraum von $W$ ist. $\qquad \square$

Ein **Isomorphismus** $f$ ist **invertierbar** und Satz 17.15 besagt, dass die Inverse $f^{-1}$ selbst eine lineare Abbildung ist.

**Lemma 17.8.** *Ist* $f : \mathbb{R}^n \to \mathbb{R}^m$ *und* $f(v) = Av$, $A \in \mathcal{M}(m \times n)$, *so gilt:*

- $f$ *ist genau dann* **injektiv**, *wenn das* **homogene Gleichungssystem** $Ax = 0$ *nur die* **triviale** *Lösung besitzt.*
- $f$ *ist genau dann* **surjektiv**, *wenn die Spaltenvektoren von* $A$ *den* $\mathbb{R}^m$ *aufspannen, d. h.,*

$$\mathrm{Im}f = \mathrm{Lin}(A^1, \ldots, A^n) = \mathbb{R}^m.$$

  *Insbesondere muss es dann mindestens* $m$ *linear unabhängige Spaltenvektoren geben, und da es nach Korollar 12.2 höchstens* $m$ *linear unabhängige Spaltenvektoren gibt, hat* $A$ *Rang* $\mathrm{rg}(A) = m$.
- $f$ *ist genau dann* **bijektiv**, *wenn* $Ax = 0$ *nur die* **triviale** *Lösung besitzt und* $\mathrm{Im}f = \mathrm{Lin}(A^1, \ldots, A^n) = \mathbb{R}^m$ *ist.*

Als wichtiges Ergebnis ergibt sich das folgende Lemma.

**Lemma 17.9.** *Seien* $(V, +, \cdot)$ *und* $(W, +, \cdot)$ *Vektorräume und* $v_1, \ldots, v_r$ *eine Basis von* $V$, *dann ist eine lineare Abbildung* $f : V \to W$ *genau dann ein Isomorphismus, wenn* $f(v_1), \ldots, f(v_r)$ *eine Basis von* $W$ *ist (insbesondere ist dann* $\dim V = \dim W$).

Für einen Beweis siehe beispielsweise Jänich (2008).

Für Abbildungen $f : \mathbb{R}^n \to \mathbb{R}^m$ und $f(v) = Av$, $A \in \mathcal{M}(m \times n)$ bedeutet dies, dass $n = m$ gelten muss und dass $A$ vollen Rang besitzen muss, wenn $f$ invertierbar sein soll.

**Satz 17.17.** *Sei* $f : V \to W$ *eine lineare Abbildung, dann gilt:*

$$\dim(\mathrm{Kern}f) + \mathrm{rg}(f) = \dim V.$$

*Beweis.* Ergänze eine Basis $v_1, \ldots, v_l$ von $\mathrm{Kern}f$ (d. h. $\dim(\mathrm{Kern}f) = l$) mit Vektoren $v_{l+1}, \ldots, v_r$ zu einer Basis von $V$ (d. h. $\dim V = r$) und setze $w_i = f(v_i)$. Dann gilt $\mathrm{Im}f = \mathrm{Lin}(w_{l+1}, \ldots, w_r)$. Ferner sind $w_{l+1}, \ldots, w_r$ linear unabhängig, siehe Jänich (2008). Somit bilden $w_{l+1}, \ldots, w_r$ eine Basis von $\mathrm{Im}f$, d. h., $\mathrm{rg}(f) = \dim(\mathrm{Im}f) = r - l$. $\qquad\square$

# Matrix-Darstellung linearer Abbildungen

Nun werden (wie zuvor für Abbildungen $f : \mathbb{R}^n \to \mathbb{R}^m$) Matrizen bestimmt, die lineare Abbildungen $f : V \to W$ beschreiben.

> **Satz 17.18.** *Seien $(V, +, \cdot)$ und $(W, +, \cdot)$ Vektorräume und $v_1, \ldots, v_n$ eine Basis von $V$, dann gibt es zu jeweils $n$ Vektoren $w_1, \ldots, w_n \in W$ genau eine lineare Abbildung $\Phi : V \to W$ mit $\Phi(v_i) = w_i$ für $i = 1, \ldots, n$. Dieses $\Phi$ ist genau dann ein Isomorphismus, wenn $w_1, \ldots, w_n$ eine Basis von $W$ ergeben.*

Für einen Beweis siehe beispielsweise Jänich (2008).

Insbesondere ermöglicht es dieser Satz, zu einem Vektorraum $V$ mit Basis $v_1, \ldots, v_n$ eine eindeutige lineare Abbildung zu definieren, die jedem Einheitsvektor des $\mathbb{R}^n$ einen Basisvektor von $V$ zuordnet.

> **Definition 17.12.** Sei $(V, +, \cdot)$ ein Vektorraum und $v_1, \ldots, v_n$ eine Basis von $V$, dann heißt
>
> $$\Phi_{(v_1, \ldots, v_n)} : \quad \begin{array}{ccc} \mathbb{R}^n & \longrightarrow & V \\ (x_1, \ldots, x_n) & \mapsto & x_1 v_1 + \ldots + x_n v_n \end{array}$$
>
> **kanonischer Isomorphismus**.

Ist $V = \mathbb{R}^n$ und $v_1, \ldots, v_n$ eine Basis von $\mathbb{R}^n$, so ist die darstellende Matrix von $\Phi_{(v_1, \ldots, v_n)}$ gerade die Matrix

$$X := (v_1, \ldots, v_n) \in \mathscr{M}(n \times n)$$

mit den Basisvektoren als Spalten. Insbesondere ist $X$ invertierbar. Umgekehrt bilden die Spalten einer **invertierbaren** Matrix $X \in \mathscr{M}(n \times n)$ immer eine Basis des $\mathbb{R}^n$.

Sei $f : V \to W$ eine lineare Abbildung, $v_1, \ldots, v_n$ eine Basis von $V$ und $w_1, \ldots, w_m$ eine Basis von $W$, dann ist

$$L_f := \begin{array}{ccccccc} \Phi_{(w_1, \ldots, w_m)}^{-1} & \circ & f & \circ & \Phi_{(v_1, \ldots, v_n)} \\ \mathbb{R}^m & \leftarrow & W \leftarrow V & \leftarrow & \mathbb{R}^n \end{array}$$

eine lineare Abbildung von $\mathbb{R}^n$ nach $\mathbb{R}^m$, die sich durch eine Matrix $A \in \mathscr{M}(m \times n)$ darstellen lässt.

Diesen Zusammenhang kann man durch folgendes **kommutative Diagramm** darstellen.

$$
\begin{array}{ccc}
V & \xrightarrow{\;f\;} & W \\[2pt]
\Phi_{(v_1,\ldots,v_n)} \Big\uparrow & & \Big\uparrow \Phi_{(w_1,\ldots,w_m)} \\[2pt]
\mathbb{R}^n & \xrightarrow[\;]{L_f \cong A} & \mathbb{R}^m
\end{array}
$$

Die Matrix $A$ heißt **darstellende Matrix** bezüglich der Basen $v_1,\ldots,v_n$ von $V$ und $w_1,\ldots,w_m$ von $W$.

Damit ist die **darstellenden Matrix** $A$ von $f : V \to W$ bezüglich der Basen $v_1,\ldots,v_n$ von $V$ und $w_1,\ldots,w_m$ von $W$ eine $m \times n$-Matrix, deren $i$-te Spalte $(a_{1i},\ldots,a_{mi})^T$ die Koeffizienten der Linearkombination $f(v_i) = a_{1i}w_1 + \ldots + a_{mi}w_m$ enthält.

**Die Matrix hängt von der Wahl der Basis ab,** allerdings lässt sich zeigen, dass die Determinanten von verschiedenen darstellenden Matrizen gleich sind, und dieser Wert wird auch als **Determinante der Abbildung** $f$ definiert.

---

**Lemma 17.10.** *Sind $A$ und $B$ darstellende Matrizen von $f$ bezüglich unterschiedlicher Basen, so gilt:*

$$\det A = \det B =: \det f.$$

---

Für einen Beweis siehe Jänich (2008).

*Anmerkung 17.3.* Im Folgenden wird die lineare Abbildung $\mathbb{R}^n \to \mathbb{R}^m$ mit ihrer darstellenden Matrix identifiziert, so dass nur noch die Matrix geschrieben wird.

Sind die darstellende Matrix $A$ mit Rang $\mathrm{rg}(A)$ und die zugehörigen kanonischen Isomorphismen $\Phi_{(v_1,\ldots,v_n)}$ und $\Phi_{(w_1,\ldots,w_m)}$ zu einer Abbildung $f$ bestimmt, so lassen sich Kern und Bild von $f$ folgendermaßen bestimmen:

1. Bestimme eine Basis $u_1,\ldots,u_{n-k}$ des Lösungsraums des homogenen Gleichungssystems $Ax = \mathbf{0}$, dann ist $\Phi_{(v_1,\ldots,v_n)}(u_1),\ldots,\Phi_{(v_1,\ldots,v_n)}(u_{n-k})$ eine Basis von Kern $f$.
2. Bestimme eine Basis $z_1,\ldots,z_k$ des Bildraumes von $A$ (streiche linear abhängige Spaltenvektoren von $A$), dann ist $\Phi_{(w_1,\ldots,w_m)}(z_1),\ldots,\Phi_{(w_1,\ldots,w_m)}(z_k)$ eine Basis von Im $f$.

Nun soll noch ein Zusammenhang zwischen Matrizenmultiplikation und der Komposition von linearen Abbildung ermittelt werden.

Seien $f : V \to W$ und $g : W \to U$ linear mit darstellenden Matrizen $A$ und $B$, dann gilt:

$$
\begin{array}{ccccc}
V & \xrightarrow{\;f\;} & W & \xrightarrow{\;g\;} & U \\[2pt]
\Phi_{(v_1,\ldots,v_n)} \Big\uparrow & & \Big\uparrow & & \Big\uparrow \Phi_{(u_1,\ldots,u_k)} \\[2pt]
\mathbb{R}^n & \xrightarrow{L_f \cong A} & \mathbb{R}^m & \xrightarrow{L_g \cong B} & \mathbb{R}^k
\end{array}
$$

Somit ist $BA$ die darstellende Matrix von $g \circ f$, d. h., das nacheinander Ausführen von linearen Abbildungen lässt sich durch Matrixmultiplikation ersetzen.

Hierbei ist $V = W$ ein wichtiger Fall. Dann ist $f : V \rightarrow V$ ein sogenannter **Endomorphismus**, eine lineare Abbildung von einem Vektorraum in sich selbst. Die Mehrfachabbildung lässt sich durch mehrfache Multiplikation der darstellenden Matrizen $A$ beschreiben.

$$
\begin{array}{ccccccc}
& V & \xrightarrow{f} & V & \xrightarrow{f} & V & \xrightarrow{f} & V \\
\Phi_{(v_1,\ldots,v_n)} \uparrow & & \uparrow & & \uparrow & & \uparrow & \Phi_{(v_1,\ldots,v_n)} \\
& \mathbb{R}^n & \xrightarrow{A} & \mathbb{R}^n & \xrightarrow{A} & \mathbb{R}^n & \xrightarrow{A} & \mathbb{R}^n
\end{array}
$$

Beispielsweise ist $f^3 = f \circ f \circ f$ darstellbar durch $A^3 = AAA$.

Im folgenden Kapitel 18 wird es darum gehen, durch **geeignete Basiswahl** eine darstellende Matrix $A$ zu erhalten, für die die $m$-fache Abbildung $A^m$ besonders einfach zu bestimmen ist. Hat beispielsweise $A$ Diagonalform (Einträge ungleich Null nur auf der Diagonalen), so gilt

$$
A^m = \begin{pmatrix} \lambda_1 & & 0 \\ & \ddots & \\ 0 & & \lambda_n \end{pmatrix}^m = \begin{pmatrix} \lambda_1^m & & 0 \\ & \ddots & \\ 0 & & \lambda_n^m \end{pmatrix},
$$

was vergleichsweise einfach zu berechnen ist.

## Aufgaben zu Kapitel 17

**17.1.** Bestimmen Sie folgende komplexe Zahlen oder Vektoren:

a) $(2+3i)(3+i)$      b) $(2+3i)(3-3i)$      c) $(3+3i)(3-3i)$

d) $i\begin{pmatrix} 3+i \\ 3-3i \end{pmatrix}$      e) $(2+3i)\begin{pmatrix} i \\ 1 \end{pmatrix}$      f) $(2+3i)\cdot\begin{pmatrix} 3+i \\ 3-3i \end{pmatrix}$

**17.2.** Betrachten Sie die Menge der Polynome bis zur Ordnung 3:

$$U = \left\{ P_a : t \mapsto a_3 t^3 + a_2 t^2 + a_1 t + a_0 \;\middle|\; a = \begin{pmatrix} a_0 \\ a_1 \\ a_2 \\ a_3 \end{pmatrix} \in \mathbb{R}^4 \right\} \subset \mathrm{Abb}(\mathbb{R}, \mathbb{R})$$

a) Prüfen Sie, ob $U$ ein reeller Untervektorraum des Vektorraumes $\mathrm{Abb}(\mathbb{R}, \mathbb{R})$ ist.

b) Zeigen Sie, dass die Funktionen $t \mapsto t^3,\, t \mapsto t^2,\, t \mapsto t,\, t \mapsto 1$ eine Basis von $U$ bilden.

c) Zeigen Sie, dass der Ableitungsoperator

$$\mathrm{Abl} : U \to U, \quad a_3 t^3 + a_2 t^2 + a_1 t + a_0 \mapsto 3a_3 t^2 + 2a_2 t + a_1$$

eine lineare Abbildung ist.

**17.3.** Betrachten Sie die linearen Abbildung $f$ gegeben durch $f\begin{pmatrix} x_1 \\ x_2 \end{pmatrix} = \begin{pmatrix} -\frac{1}{4}x_1 + \frac{3}{2}x_2 \\ \frac{3}{8}x_1 - \frac{1}{4}x_2 \end{pmatrix}$

a) Bestimmen Sie die darstellende Matrix bezüglich der kanonischen Basis $\begin{pmatrix} 1 \\ 0 \end{pmatrix}$, $\begin{pmatrix} 0 \\ 1 \end{pmatrix}$.

b) Berechnen Sie $f^3\begin{pmatrix} 4 \\ 4 \end{pmatrix} = f\left( f\left( f\begin{pmatrix} 4 \\ 4 \end{pmatrix} \right) \right)$ (mit Taschenrechner).

c) Bestimmen Sie die darstellende Matrix bezüglich der Basis $\begin{pmatrix} 2 \\ -1 \end{pmatrix}$, $\begin{pmatrix} 2 \\ 1 \end{pmatrix}$.

d) Bestimmen Sie möglichst effizient $f^{19}\left( f\left( f\begin{pmatrix} 4 \\ 4 \end{pmatrix} \right) \right)$, $f^{100}\left( f\left( f\begin{pmatrix} 4 \\ 4 \end{pmatrix} \right) \right)$ (ohne Taschenrechner, Potenzen können stehen bleiben).

# Kapitel 18
# Eigenwerte und Normalformen

In diesem Kapitel wird durch die geeignete Wahl einer Basis eine möglichst einfache Darstellung einer linearen Abbildung eines Vektorraumes in sich selbst bestimmt. Hierzu werden **Eigenwerte** und **Eigenvektoren** bestimmt. Wird eine Abbildung auf einen Eigenvektor angewandt, dann entspricht das bei reellen Eigenwerten einer Streckung oder Stauchung und bei komplexen Eigenwerten zusätzlich einer Drehung.

## 18.1 Eigenwerte und Eigenvektoren

Die einfachsten linearen Abbildungen sind die, die einen Vektor nur strecken oder stauchen, d. h. mit einem Skalar multiplizieren. Vektoren, auf die eine Abbildung so wirkt, werden **Eigenvektoren** genannt und der multiplikative Faktor heißt **Eigenwert**. Besonders einfach ist die Anwendung einer linearen Abbildung, wenn man eine Basis aus Eigenvektoren bestimmen kann. In diesem Fall wird die darstellende Matrix eine Diagonalmatrix.

### *Bestimmung von Eigenvektoren*

Zunächst geht es darum, wie Eigenvektoren bestimmt werden können, wenn ein Eigenwert schon bekannt ist. Die Berechnung erfolgt dann im Wesentlichen durch das Lösen eines **homogenen linearen Gleichungssystems**. Ferner wird ein Zusammenhang ermittelt zwischen der Existenz einer Basis aus Eigenvektoren und der Möglichkeit einer Darstellung durch eine Diagonalmatrix.

T. Pampel, *Mathematik für Wirtschaftswissenschaftler*, Springer-Lehrbuch,
DOI 10.1007/978-3-642-04490-8_18, © Springer-Verlag Berlin Heidelberg 2010

**Definition 18.1.** Sei $f : V \to V$ linear. Ein **Eigenvektor** von $f$ zu einem **Eigenwert** $\lambda \in \mathbb{K}$ ist ein Vektor $v \in V$, $v \neq \mathbf{0}$, für den gilt:

$$f(v) = \lambda v.$$

Sei $A \in \mathcal{M}(n \times n, \mathbb{K})$. Ein **Eigenvektor** von $A$ zu einem **Eigenwert** $\lambda \in \mathbb{K}$ ist ein Vektor $v \in V$, $v \neq \mathbf{0}$, für den gilt:

$$Av = \lambda v.$$

Ist $f : \mathbb{R}^n \to \mathbb{R}^n$ mit darstellender Matrix $A$, dann stimmen Eigenwerte und Eigenvektoren von $f$ und $A$ überein.

*Anmerkung 18.1.* Der Nullvektor $v = \mathbf{0}$ ist **nie** ein **Eigenvektor**. Dagegen kann $\lambda = 0$ ein **Eigenwert** sein. Das ist immer dann der Fall, wenn Kern$f \neq \{\mathbf{0}\}$ ist.

Nehmen wir nun an, dass es eine Basis aus Eigenvektoren $v_1, \dots, v_n$ von $f : V \to V$ gibt. Dann können wir den kanonischen Isomorphismus $\Phi$ so bestimmen, dass $\Phi(e^i) = v_i$ gilt und die darstellende Matrix $D$ bezüglich der Basis $v_1, \dots, v_n$ als Spalte $i$ gerade das Bild der Abbildung $\Phi^{-1} \circ f \circ \Phi$ enthält. Somit ist die $i$-te Spalte

$$\Phi^{-1} \circ f \circ \Phi(e^i) = \Phi^{-1}\big(f(v_i)\big) = \Phi^{-1}(\lambda_i v_i) = \lambda_i \Phi^{-1}(v_i) = \lambda_i e^i.$$

Damit ist die darstellende Matrix von $\Phi^{-1} \circ f \circ \Phi$ eine Diagonalmatrix der Form

$$D = \begin{pmatrix} \lambda_1 & & 0 \\ & \ddots & \\ 0 & & \lambda_n \end{pmatrix}.$$

Da umgekehrt

$$f(v_i) = f\big(\Phi(e^i)\big) = \Phi \circ \Phi^{-1} \circ f \circ \Phi(e^i) = \Phi D e^i = \lambda_i \Phi e^i = \lambda_i v_i$$

ist, impliziert eine darstellende Diagonalmatrix, dass alle $v_i$ Eigenvektoren von $f$ sind, d. h., es ergibt sich folgender Zusammenhang:

**Satz 18.1.** *Die darstellende Matrix einer linearen Abbildung $f : V \to V$ bzgl. einer Basis $v_1, \dots, v_n$ ist genau dann eine Diagonalmatrix, wenn jedes $v_i$ ein Eigenvektor zu einem Eigenwert $\lambda_i$ für $i = 1, \dots, n$ ist.*

Dieser Zusammenhang motiviert die folgende Definition:

**Definition 18.2.** Eine lineare Abbildung $f : V \to V$ heißt **diagonalisierbar**, wenn es eine Basis aus Eigenvektoren gibt.

Eine $n \times n$-Matrix $A$ heißt **diagonalisierbar**, wenn es eine invertierbare Matrix $X$ gibt, so dass $D := X^{-1}AX$ eine Diagonalmatrix ist. Die Spalten von $X$ sind dann Eigenvektoren von $A$. Dieser Zusammenhang wird durch folgendes kommutative Diagramm beschrieben:

$$
\begin{array}{ccc}
\mathbb{R}^n & \xrightarrow{\ A\ } & \mathbb{R}^n \\
X \uparrow & & \uparrow X \\
\mathbb{R}^n & \xrightarrow{\ D\ } & \mathbb{R}^n
\end{array}
$$

*Beispiel 18.1.* Betrachte die lineare Abbildung, die durch die Matrix

$$
A = \begin{pmatrix} 0 & -1\frac{1}{2} & -2 & -\frac{1}{2} \\ 0 & 1\frac{1}{4} & 1 & -\frac{1}{4} \\ 1 & \frac{3}{4} & 2 & 1\frac{1}{4} \\ 0 & \frac{3}{4} & 1 & \frac{1}{4} \end{pmatrix}
$$

beschrieben wird. Dann ergeben die Matrizen

$$
X = \begin{pmatrix} 2 & -1 & -1 & 0 \\ -1 & \frac{1}{2} & -\frac{1}{2} & \frac{1}{2} \\ 0 & \frac{1}{2} & \frac{1}{2} & -\frac{1}{2} \\ -1 & \frac{1}{2} & \frac{1}{2} & \frac{1}{2} \end{pmatrix}, \quad X^{-1} = \begin{pmatrix} 1 & 0 & 1 & 1 \\ 1 & 1 & 2 & 1 \\ 0 & -1 & 0 & 1 \\ 1 & 0 & 0 & 2 \end{pmatrix}
$$

($X$ ist die Inverse aus dem Beispiel 12.4 in Abschnitt 12.5) eine Diagonalmatrix

$$
D = X^{-1}AX = \begin{pmatrix} 1 & 0 & 0 & 0 \\ 0 & 2 & 0 & 0 \\ 0 & 0 & \frac{1}{2} & 0 \\ 0 & 0 & 0 & 0 \end{pmatrix}.
$$

Damit sind die Spalten $v_i$ von $X$ Eigenvektoren von $A$, denn

$$
Av_i = AXe^i = XX^{-1}AXe^i = XDe^i = \lambda_i Xe^i = \lambda_i v_i
$$

und sie bilden eine Basis des $\mathbb{R}^4$ aus Eigenvektoren.

Da $f(v) = \lambda v$ für einen Vektor $v \neq \mathbf{0}$ genau dann gilt, wenn $(f - \lambda \mathrm{Id})(v) = \mathbf{0}$ ist, ist dies gleichbedeutend ist mit $v \in \mathrm{Kern}(f - \lambda \mathrm{Id})$.

**Lemma 18.1.** *Ein Vektor $v \neq 0$ ist genau dann ein Eigenvektor von $f$ zum Eigenwert $\lambda$, wenn*

$$v \in \mathrm{Kern}(f - \lambda \,\mathrm{Id}) =: E_\lambda$$

*gilt. Ist $f : \mathbb{R}^n \to \mathbb{R}^n$, $f(x) = Ax$, so ist ein Eigenvektor $v$ eine nichttriviale Lösung des homogenen Gleichungssystems $(A - \lambda \,\mathrm{Id})v = 0$.*

Der Unterraum $\mathrm{Kern}(f - \lambda \,\mathrm{Id})$ und seine Dimension haben spezielle Bezeichnungen.

**Definition 18.3.** $E_\lambda$ heißt **Eigenraum** von $f$ zum Eigenwert $\lambda$ und $\dim E_\lambda$ heißt **geometrische Vielfachheit**.

Anhand eines Induktionsbeweises lässt sich zeigen, dass Eigenvektoren $v_1, \ldots, v_r$ zu jeweils verschiedenen Eigenwerten $\lambda_i \neq \lambda_j$, $i \neq j$ linear unabhängig sind, siehe Jänich (2008). Ferner ergibt sich, dass die Aneinanderreihung der Basisvektoren der Eigenräume $E_{\lambda_i}$ jeweils linear unabhängige Vektoren ergibt, siehe ebenfalls Jänich (2008). Ist $n$ die Dimension von $V$, dann gibt es höchstens $n$ linear unabhängige Vektoren. Das impliziert, dass die Summe der geometrischen Vielfachheiten aller Eigenwerte höchstens $n$ ist. Da eine Basis von $V$ aber genau $n$ Vektoren enthält, muss diese Summe genau $n$ sein, wenn eine Basis aus Eigenvektoren vorliegt. Zusammengefasst ergibt sich folgender Satz:

**Satz 18.2.** *Eine lineare Abbildung $f : V \to V$ ist genau dann diagonalisierbar (d. h., es gibt eine Basis aus Eigenvektoren), wenn die Summe der geometrischen Vielfachheiten aller Eigenwerte gerade die Dimension von $V$ ist. Dann ergeben die Basen aller Eigenräume eine Basis von Eigenvektoren von $V$.*

Verfahren zur **Bestimmung einer Basis von Eigenvektoren:**

1. Suche alle Eigenwerte $\lambda$ (wird im Folgenden behandelt).
2. Bestimme durch Lösen des homogenen Gleichungssystems $(f - \lambda \,\mathrm{Id})v = 0$ zu jedem Eigenwert $\lambda$ eine Basis des Eigenraums $E_\lambda = \mathrm{Kern}(f - \lambda \,\mathrm{Id})$.
3. Die Aneinanderreihung der Vektoren ist eine Basis von $V$ aus Eigenvektoren, wenn dies insgesamt $n = \dim V$ Vektoren sind, sonst ist $f$ nicht diagonalisierbar.

## Das Charakteristische Polynom

Um Eigenvektoren zu berechnen, werden zunächst Eigenwerte benötigt. In diesem Abschnitt geht es um die Bestimmung von Eigenwerten und es stellt sich heraus, dass die Eigenwerte die Nullstellen des sogenannten **Charakteristischen Polynoms** sind.

Aus Lemma 18.1 ergibt sich, dass der Eigenraum $E_\lambda = \text{Kern}(f - \lambda \text{Id})$ einen Vektor $v \neq 0$ enthält und damit $\dim E_\lambda \geq 1$ gilt. Nun impliziert der Rangsatz 17.17

$$\dim\big(\text{Im}(f - \lambda \text{Id})\big) = \text{rg}(f - \lambda \text{Id}) = \dim V - \dim\big(\text{Kern}(f - \lambda \text{Id})\big) < \dim V.$$

Also ist $f - \lambda \text{Id}$ nicht invertierbar. Das impliziert $\det(f - \lambda \text{Id}) = 0$ und damit nach Lemma 17.10 für jede darstellende Matrix $A$ auch $\det(A - \lambda \text{Id}) = 0$.

---

**Lemma 18.2.** *Sei $f$ eine lineare Abbildung $f : V \to V$, dann ist $\lambda$ genau dann ein Eigenwert, wenn $\det(f - \lambda \text{Id}) = 0$ gilt, d. h., wenn für eine beliebige darstellende Matrix $A$*

$$\det(A - \lambda \text{Id}) = 0$$

*gilt.*

---

Wird $\det(A - \lambda \text{Id})$ als Funktion von $\lambda$ aufgefasst, so stellt sich heraus, dass dies ein Polynom vom Grad $\dim V$ ist.

---

**Lemma 18.3.** *Sei $f$ eine lineare Abbildung $f : V \to V$ und $\dim V = n$, dann ist $P_f(\lambda) := \det(f - \lambda \text{Id})$ als Funktion von $\lambda$ ein Polynom vom Grade $n$ und es gibt Koeffizienten $a_0, \ldots, a_{n-1}$, so dass*

$$\det(f - \lambda \text{Id}) = (-1)^n \lambda^n + a_{n-1}\lambda^{n-1} + \ldots + a_1 \lambda + a_0$$

*gilt. Die Koeffizienten sind unabhängig davon, welche Darstellung von $f$ gewählt wird. $P_f$ heißt **Charakteristisches Polynom**.*

---

Für einen Beweis siehe Jänich (2008).

**Fazit:** Die Eigenwerte sind genau die Nullstellen des Charakteristischen Polynoms.

*Beispiel 18.2.* Betrachte die $2 \times 2$-Matrix $A = \begin{pmatrix} a & b \\ c & d \end{pmatrix}$ so gilt

$$P_A(\lambda) = \det(A - \lambda \text{Id}) = \det \begin{pmatrix} a - \lambda & b \\ c & d - \lambda \end{pmatrix} = (a - \lambda)(d - \lambda) - bc$$

$$= \lambda^2 - (a + d)\lambda + (ad - bc) = \lambda^2 - \text{spur}(A)\lambda + \det(A),$$

wobei spur($A$) die Summe der Diagonaleinträge ist. Die Eigenwerte sind

$$\lambda_\pm = \frac{\text{spur}(A)}{2} \pm \sqrt{\left(\frac{\text{spur}(A)}{2}\right)^2 - \det(A)}.$$

Somit gibt es nur dann **reelle** Nullstellen, wenn $\left(\frac{\text{spur}(A)}{2}\right)^2 \geq \det(A)$ gilt. Andernfalls, für $\left(\frac{\text{spur}(A)}{2}\right)^2 < \det(A)$, besitzen die Eigenwerte einen **komplexen** Anteil

$$\lambda_\pm = \frac{\text{spur}(A)}{2} \pm \mathrm{i}\sqrt{\det(A) - \left(\frac{\text{spur}(A)}{2}\right)^2}$$

und insbesondere sind die Eigenwerte konjugiert komplex zueinander, d. h., es gilt $\lambda_- = \overline{\lambda_+}$.

Betrachte eine $3 \times 3$-Matrix $A$. Es ergibt sich nach etwas Rechnen

$$P_A(\lambda) = -\lambda^3 + \lambda^2 \text{spur}(A) - \lambda\left(\det(\mathcal{M}_{11}) + \det(\mathcal{M}_{22}) + \det(\mathcal{M}_{33})\right) + \det(A).$$

Hier ist es im Normalfall schon sehr schwierig, Nullstellen dieses Polynoms vom Grad 3 zu bestimmen, es sei denn, es ist möglich, **eine** Nullstelle zu „erraten" und dann nach **Polynomdivision** (wie im folgenden Beispiel) ein quadratisches Polynom zu erhalten.

*Beispiel 18.3.* Betrachte die $4 \times 4$-Matrix $B$ aus dem obigen Beispiel.

$$B = \begin{pmatrix} 0 & -1\frac{1}{2} & -2 & -\frac{1}{2} \\ 0 & 1\frac{1}{4} & 1 & -\frac{1}{4} \\ 1 & \frac{3}{4} & 2 & 1\frac{1}{4} \\ 0 & \frac{3}{4} & 1 & \frac{1}{4} \end{pmatrix},$$

so ergibt sich nach einigem Rechnen

$$P_B(\lambda) = \det(B - \lambda \,\text{Id}) = \lambda^4 - \lambda^3\frac{7}{2} + \lambda^2\frac{7}{2} - \lambda.$$

Hier ist es schon schwierig Eigenwerte zu bestimmen, aber bei genauer Betrachtung lassen sich die Nullstellen $\lambda_1 = 0$ und $\lambda_2 = 1$ „erraten". Somit ist noch ein Polynom $Q(\lambda)$ vom Grad 2 zu bestimmen, so dass

$$\lambda^4 - \lambda^3\frac{7}{2} + \lambda^2\frac{7}{2} - \lambda = \lambda(\lambda - 1)Q(\lambda)$$

gilt. Hierzu wird zunächst $\lambda$ ausgeklammert und eine **Polynomdivision** durchgeführt:

$$\lambda^3 - \tfrac{7}{2}\lambda^2 + \tfrac{7}{2}\lambda - 1 : (\lambda - 1) = \lambda^2 - \tfrac{5}{2}\lambda + 1.$$
$$\underline{-[\,\lambda^3 - \lambda^2\,\phantom{+\tfrac{7}{2}\lambda}\,]}$$
$$-\tfrac{5}{2}\lambda^2 + \tfrac{7}{2}\lambda$$
$$\underline{-[\,-\tfrac{5}{2}\lambda^2 + \tfrac{5}{2}\lambda\,]}$$
$$\lambda - 1$$
$$\underline{-[\,\lambda - 1\,]}$$
$$0$$

Also ist $Q(\lambda) = \lambda^2 - \tfrac{5}{2}\lambda + 1$ und somit ergeben sich anhand der $p$-$q$-Formel mit $p = -\tfrac{5}{2}$ und $q = 1$ die restlichen Nullstellen $\lambda_3 = 2$ und $\lambda_4 = \tfrac{1}{2}$ aus

$$\lambda_\pm = -\frac{p}{2} \pm \sqrt{\left(\frac{p}{2}\right)^2 - q} = \frac{5}{4} \pm \sqrt{\frac{25}{16} - 1} = \frac{5}{4} \pm \sqrt{\frac{9}{16}} = \frac{5}{4} \pm \frac{3}{4}.$$

Die Eigenwerte stimmen somit mit den Diagonalelementen aus dem obigen Beispiel überein.

Es stellt sich noch die Frage, ob und wann es überhaupt Nullstellen gibt. Wie das Beispiel 18.2 zeigt, ist dies offensichtlich nicht immer der Fall, wenn man nach **reellen** Nullstellen sucht. Beispielsweise besitzt das Polynom $x^2 + 1$ keine reelle Nullstelle. Sind aber auch **komplexe** Nullstellen zugelassen, so hat das Polynom $x^2 + 1$ zwei Nullstellen $x_\pm = \pm\sqrt{-1} = \pm\mathrm{i}$. Es gilt für komplexe Zahlen sogar folgender Satz:

**Satz 18.3.** *(Fundamentalsatz der Algebra) Jedes komplexe Polynom vom Grad $n \geq 1$ besitzt mindestens eine Nullstelle (möglicherweise komplex).*

Damit haben wir sichergestellt, dass es **eine** Nullstelle gibt, allerdings ermöglicht das folgende Lemma im Prinzip, alle weiteren Nullstellen rekursiv zu bestimmen.

**Lemma 18.4.** *Ist P ein Polynom vom Grad $n \geq 1$ und $\lambda_0 \in \mathbb{C}$ eine Nullstelle, dann gibt es ein (wohlbestimmtes) Polynom Q vom Grad $n-1$ mit*

$$P(\lambda) = (\lambda - \lambda_0)Q(\lambda).$$

Dieses Polynom $Q(\lambda)$ lässt sich wie in Beispiel 18.3 mit Polynomdivision bestimmen.

**Fazit:** Jedes komplexe Polynom zerfällt in Linearfaktoren und

$$P_f(\lambda) := \det(f - \lambda\,\mathrm{Id}) = (-1)^n \prod_{i=1}^{n} (\lambda - \lambda_i)^{m_i},$$

wobei $\lambda_i, i = 1, \ldots, r$ paarweise verschiedene Nullstellen sind und $m_1 + \ldots + m_r = n$ gilt. Die natürlichen Zahlen $m_i$ heißen **algebraische Vielfachheit** und die Abbildung $f$ ist genau dann diagonalisierbar, wenn die algebraischen und die geometrischen Vielfachheiten übereinstimmen, d. h., wenn für alle $i = 1, \ldots, r$ gilt:

$$m_i = \dim E_{\lambda_i} = \dim \left( \text{Kern}(f - \lambda_i \text{Id}) \right).$$

---

**Bestimmung einer Basis von Eigenvektoren:**

1. Bestimme das Charakteristische Polynom.
2. Suche alle Eigenwerte $\lambda_i \in \mathbb{C}$ als Nullstellen des Charakteristischen Polynoms.
3. Bestimme zu jedem Eigenwert eine Basis von $E_\lambda = \text{Kern}(f - \lambda \text{Id})$ und dessen Dimension $n_i = \dim E_{\lambda_i}$.
4. Ist $n_i = m_i$ (algebraische gleich geometrischen Vielfachheit) für alle $i$, so ergibt die Aneinanderreihung der Basisvektoren eine Basis von $V$ aus Eigenvektoren. Ist $n_i < m_i$ ($n_i \le m_i$ gilt immer) so ist $f$ nicht diagonalisierbar.

---

## 18.2 Reelle Eigenwerte

Für diagonalisierbare Matrizen ist es anhand einer Basis $v_1, \ldots, v_n$ aus Eigenvektoren zu reellen Eigenwerten $\lambda_1, \ldots, \lambda_n$ besonders einfach, Mehrfachabbildungen

$$f^m(v) = \underbrace{f \circ \ldots \circ f}_{m\text{-fach}}(v)$$

zu berechnen. Hierzu bestimme die Linearkombination $v = x_1 v_1 + \ldots + x_n v_n$ und man erhält per Induktion

$$f^m(v) = x_1 f^m(v_1) + \ldots + x_n f^m(v_n) = x_1 \lambda_1^m v_1 + \ldots + x_n \lambda_n^m v_n.$$

Dieser Wert ist problemlos auch für relativ große $m \in \mathbb{N}$ zu bestimmen.

Insbesondere ergibt sich eine Diagonalmatrix $D$ als darstellende Matrix, so dass es besonders einfach ist, $D^m$ zu bestimmen, und es gilt

$$D^m = \begin{pmatrix} \lambda_1 & & 0 \\ & \ddots & \\ 0 & & \lambda_n \end{pmatrix}^m = \begin{pmatrix} \lambda_1^m & & 0 \\ & \ddots & \\ 0 & & \lambda_n^m \end{pmatrix},$$

was vergleichsweise einfach zu berechnen ist. Hieraus lässt sich entnehmen, wie das asymptotische Verhalten für $m \to \infty$ aussieht, da

$$\lim_{m \to \infty} |\lambda^m| = \begin{cases} 0, & \text{falls } |\lambda| < 1 \\ 1, & \text{falls } |\lambda| = 1 \\ \infty, & \text{falls } |\lambda| > 1 \end{cases}$$

gilt. Dieser Zusammenhang ist elementar für die Stabilität von Fixpunkten diskreter Dynamischer Systeme und wird in Abschnitt 18.6 behandelt.

## 18.3 Komplexe Eigenwerte reeller Abbildungen

In diesem Abschnitt werden **reelle lineare Abbildungen** $f : \mathbb{R}^n \to \mathbb{R}^n$ mit **komplexen** Eigenwerten und Eigenvektoren betrachtet.

Um mit komplexen Zahlen multiplizieren zu können, erweitern wir eine reelle Abbildung zu einer komplexe Abbildung $f : \mathbb{C}^n \to \mathbb{C}^n$ durch die Definition $f(v + iw) := f(v) + if(w)$ für $v + iw \in \mathbb{C}^n$ mit $v, w \in \mathbb{R}^n$. Insbesondere bleibt das Rechnen auf $\mathbb{R}^n$ gleich.

Zunächst wird, wie bereits im Fall einer $2 \times 2$-Matrix gezeigt, auch im allgemeinen Fall bewiesen, dass mit einem Eigenwert $\lambda = \mu + i\eta$, $\eta \neq 0$ auch die konjugiert komplexe Zahl $\bar{\lambda} = \mu - i\eta$ ein Eigenwert ist. Insbesondere wird gezeigt, wie der zugehörige Eigenvektor aussehen muss.

Sei $x_+ := v + iw \in \mathbb{C}^n$ mit $v, w \in \mathbb{R}^n$ ein (komplexer) Eigenvektor zu einem Eigenwert $\lambda = \mu + i\eta$, $\eta \neq 0$ von $f$, dann gilt $f(v), f(w) \in \mathbb{R}^n$ und

$$f(v) + if(w) = \underbrace{f(v + iw)}_{= f(x_+)} = \underbrace{(\mu + i\eta)}_{= \lambda} \underbrace{(v + iw)}_{= x_+} = (\mu v - \eta w) + i(\eta v + \mu w)$$

und somit komponentenweise $f(v) = (\mu v - \eta w)$ und $f(w) = (\eta v + \mu w)$. Damit gilt aber auch

$$f(v - iw) = f(v) - if(w) = (\mu v - \eta w) - i(\eta v + \mu w) = (\mu - i\eta)(v - iw)$$

und $x_- := v - iw \in \mathbb{C}^n$ ist ein Eigenvektor zum Eigenwert $\bar{\lambda} = \mu - i\eta$.

Insgesamt ergeben nun die **reellen** Vektoren $v = \frac{1}{2}(x_+ + x_-) \in \mathbb{R}^n$ und $w = -i\frac{1}{2}(x_+ - x_-) \in \mathbb{R}^n$ eine Basis des Untervektorraumes des $\mathbb{C}^n$, der von den Eigenvektoren $x_+, x_- \in \mathbb{C}^n$ aufgespannt wird.

Wegen $f(v) = (\mu v - \eta w)$ und $f(w) = (\eta v + \mu w)$ ist die darstellende Matrix bezüglich der Vektoren $v, w$ gerade

$$A = \begin{pmatrix} \mu & \eta \\ -\eta & \mu \end{pmatrix}.$$

Dieses ist nun wieder eine Darstellung in Form einer reellen Abbildung $\mathbb{R}^n \to \mathbb{R}^n$, die Zwischenschritte über $\mathbb{C}^n$ waren nur ein Hilfsmittel.

Geometrisch ist diese Abbildung eine Drehung, wobei $|\lambda| = \sqrt{\mu^2 + \eta^2}$ angibt, wie stark der Vektor gestreckt oder gestaucht wird, und das Verhältnis zwischen $\eta$ und $\mu$ angibt, wie stark gedreht wird ($\mu = 0$ entspricht $90°$, $\mu = \eta$ entspricht $45°$ und $\eta = 0$ bedeutet keine Drehung (es läge ein doppelter **reeller** Eigenwert vor).

Liegt somit eine (im komplexen) diagonalisierbare Abbildung vor, so lassen sich jeweils konjugiert komplexe Eigenräume zusammenfassen und man kann, wie oben aufgezeigt, zwei **reelle** Vektoren bestimmen, die eine Basis dieses Summenraumes $E_\lambda \oplus E_{\bar{\lambda}}$ bilden. Insgesamt ergibt sich eine **reelle** darstellende Matrix der Form

$$A = \begin{pmatrix} \lambda_1 & & & & & \\ & \ddots & & & 0 & \\ & & \lambda_l & & & \\ & & & \Lambda_1 & & \\ & 0 & & & \ddots & \\ & & & & & \Lambda_k \end{pmatrix}$$

wobei $\lambda_i \in \mathbb{R}$ reelle Eigenwerte sind und $\Lambda_i \in \mathscr{M}(2 \times 2, \mathbb{R})$ reelle Matrizen der Form $\begin{pmatrix} \mu & \eta \\ -\eta & \mu \end{pmatrix}$ zu Eigenwerten $\mu + i\eta \in \mathbb{C}$ sind.

## 18.4 Die Jordansche Normalform

In diesem Abschnitt wird noch (kurz) angegeben, welche Darstellung möglich ist, wenn eine lineare Abbildung **nicht** diagonalisierbar ist. Der einfachste Fall wird beschrieben durch die $2 \times 2$-Matrix

$$A = \begin{pmatrix} \lambda_0 & 1 \\ 0 & \lambda_0 \end{pmatrix}.$$

Das Charakteristische Polynom ist $P_A(\lambda) = \lambda^2 - 2\lambda\lambda_0 + \lambda^2 = (\lambda - \lambda_0)^2$, und somit ist $\lambda = \lambda_0$ ein Eigenwert mit **algebraischer** Vielfachheit 2. Dagegen ist $E_{\lambda_0} = \langle \binom{1}{0} \rangle$ und somit ist die **geometrische** Vielfachheit nur 1; es gibt nur **einen** Eigenvektor.

Allgemein erhält man diese darstellende Matrix für einen Eigenwert $\lambda_0$ mit geometrischer Vielfachheit 1 und algebraischer Vielfachheit 2, indem man eine Basis aus dem Eigenvektor $v_1$ und dem Lösungsvektor $v_2$ von $(A - \text{Id})v_2 = v_1$ bestimmt.

Ein Induktionsbeweis zeigt, dass $A^m$ auch in diesem Fall relativ einfach zu bestimmen ist:

$$A^m = \begin{pmatrix} \lambda_0^m & m\lambda_0^{m-1} \\ 0 & \lambda_0^m \end{pmatrix}.$$

Im $3 \times 3$-Fall gilt für

$$A = \begin{pmatrix} \lambda_0 & 1 & 0 \\ 0 & \lambda_0 & 1 \\ 0 & 0 & \lambda_0 \end{pmatrix} \text{ dann } A^m = \begin{pmatrix} \lambda_0^m & m\lambda_0^{m-1} & \frac{m(m-1)}{2}\lambda_0^{m-2} \\ 0 & \lambda_0^m & m\lambda_0^{m-1} \\ 0 & 0 & \lambda_0^m \end{pmatrix}$$

Für größere quadratische Matrizen dieser Art lassen sich die **Jordan-Matrizen**

$$J_\lambda := \begin{pmatrix} \lambda & 1 & 0 & \ldots & \ldots & 0 \\ 0 & \lambda & 1 & 0 & & \vdots \\ \vdots & \ddots & \ddots & \ddots & \ddots & \vdots \\ \vdots & & 0 & \lambda & 1 & 0 \\ \vdots & & & 0 & \lambda & 1 \\ 0 & \ldots & \ldots & \ldots & 0 & \lambda \end{pmatrix}$$

auf ähnlich Weise berechnen. Diese Matrizen werden nun im folgenden Satz benutzt, um eine möglichst einfache Darstellung zu beschreiben.

**Satz 18.4.** *(Jordansche Normalform) Ist $A \in \mathcal{M}(n \times n, \mathbb{C})$ und zerfällt das Charakteristische Polynom in Linearfaktoren (gilt immer in $\mathbb{C}$), dann gibt es eine Basis von $\mathbb{C}^n$, so dass die darstellende Matrix die Form*

$$\begin{pmatrix} J_{\lambda_1} & & 0 \\ & \ddots & \\ 0 & & J_{\lambda_l} \end{pmatrix}$$

*hat und auf der Diagonalen Jordan-Matrizen $J_\lambda$ stehen. Diese Darstellung heißt **Jordansche Normalform**.*

## 18.5 Symmetrische Matrizen

Symmetrische Matrizen haben die Eigenschaft, dass alle Eigenwerte reell sind, und dass deren algebraische Vielfachheit jeweils der geometrischen entspricht. Damit sind symmetrische Matrizen immer diagonalisierbar mit reellen Eigenwerten. Es ist sogar möglich, eine Orthonormalbasis aus Eigenvektoren zu erzeugen, da Eigenvektoren zu verschiedenen Eigenwerten automatisch orthogonal zueinander sind.

**Lemma 18.5.** *Sei $A \in \mathcal{M}(n \times n, \mathbb{R})$ eine symmetrische Matrix. Seien $v$ ein Eigenvektor zum Eigenwert $\lambda$ und $w$ ein Eigenvektor zum Eigenwert $\mu \neq \lambda$. Dann sind $v$ und $w$ orthogonal zueinander.*

*Beweis.* Seien $v$, $w$ Eigenvektoren einer symmetrischen Matrix $A$ zu verschiedenen Eigenwerten $\lambda$, $\mu$, dann gilt

$$\lambda v^T w = (\lambda v)^T w = (Av)^T w = v^T A^T w = v^T A w = v^T (\mu w) = \mu v^T w.$$

Wegen $\lambda \neq \mu$ und $(\lambda - \mu)v^T w = 0$ gilt $\langle v, w \rangle = v^T w = 0$ und damit $v \perp w$. Damit sind die Eigenvektoren zu verschiedenen Eigenwerten einer **symmetrischen** Matrix jeweils orthogonal zueinander.                                                                  $\square$

In Jänich (2008) wird gezeigt, dass alle Eigenvektoren zu einer symmetrischen Matrix reell sind und die algebraische Vielfachheit der geometrischen entspricht.

**Satz 18.5.** *Sei $A \in \mathcal{M}(n \times n, \mathbb{R})$ eine symmetrische Matrix, dann gibt es eine Orthonormalbasis aus Eigenvektoren zu **reellen** Eigenwerten von $A$. Insbesondere ist jede symmetrische Matrix diagonalisierbar mit **reellen** Eigenwerten.*

Um eine Orthonormalbasis zu bestimmen, werden alle Eigenwerte $\lambda_i$ und Basen zu den zugehörigen Eigenräumen $E_{\lambda_i}$ bestimmt. Nach Lemma 18.5 gilt $E_{\lambda_i} \perp E_{\lambda_j}$ für $\lambda_i \neq \lambda_j$. Berechnet man mit dem Schmidtschen Orthonormalisierungsverfahren (siehe Satz 10.7 auf Seite 147) zu jedem Eigenraum $E_{\lambda_i}$ eine Orthonormalbasis, so ist die Aneinanderreihung der Basisvektoren eine Orthonormalbasis aus Eigenvektoren von $A$. Ist $S$ die Matrix, bei der die Basisvektoren der Orthonormalbasis die Spalten sind, so ist die Inverse $S^{-1}$ gerade die Transponierte von $S$, d. h. $S^{-1} = S^T$.

Nun soll noch die Definitheit einer Matrix anhand der Eigenwerte bestimmt werden. Hierbei ist es wichtig, dass die Darstellung als Diagonalmatrix die Definitheit der Orginalmatrix erhält. Hat man eine invertierbare Matrix mit $S^{-1} = S^T$ mit $D = S^{-1}AS$, so gilt:

$$x^T A x > 0 \text{ für alle } x \neq 0 \Longleftrightarrow (Sx)^T A Sx > 0 \text{ für alle } x \neq 0$$
$$\Longleftrightarrow x^T S^T A Sx > 0 \text{ für alle } x \neq 0$$
$$\Longleftrightarrow x^T S^{-1} A Sx > 0 \text{ für alle } x \neq 0$$
$$\Longleftrightarrow x^T D x > 0 \text{ für alle } x \neq 0$$

und somit ist $A$ genau dann positiv definit, wenn $D$ positiv definit ist, und das ist der Fall, wenn alle Eigenwerte positiv sind.

**Satz 18.6.** *Eine symmetrische Matrix ist genau dann positiv definit, wenn alle Eigenwerte strikt positiv sind, d. h., wenn $\lambda_i > 0$ für alle $i$ gilt. Sie ist genau dann negativ definit, wenn alle Eigenwerte strikt negativ sind, d. h., wenn $\lambda_i < 0$ für alle $i$ gilt.*

# 18.6 Lineare Differenzengleichungen

Dieser Abschnitt gibt einen kurzen Einblick in die einfachste Form **dynamischer Systeme**, die **linearen Differenzengleichungen**. Dynamische Systeme werden in den Wirtschaftswissenschaften zur Beschreibung zeitlicher Entwicklungen eingesetzt. Bei linearen Differenzengleichungen beschreibt eine lineare Abbildung bzw. eine Matrix die Entwicklung ökonomischer Daten von einer Periode zur nächsten.

Die Einschränkung auf lineare Differenzengleichungen und deren Lösungsstruktur ist insofern auch für nichtlineare dynamische Systeme wichtig, weil ein nichtlineares System in der Nähe eines Fixpunktes die gleichen strukturellen Lösungseigenschaften hat wie dessen Linearisierung am Fixpunkt. Die Linearisierung am Fixpunkt wird durch die Jacobi-Matrix am Fixpunkt beschrieben; das entspricht einer linearen Abbildung. Strukturelle Eigenschaften dieser linearen Differenzengleichung lassen sich bei der Analyse des nichtlinearen Systems in der Nähe eines Fixpunktes übertragen.

Aus den Eigenwerten der Abbildung lassen sich viele Informationen über die Struktur von Lösungen linearer Differenzengleichungen entnehmen, insbesondere, ob die zeitliche Entwicklung gegen $\mathbf{0}$ konvergiert – dann spricht man von Stabilität – oder ob divergentes Verhalten auftritt.

---

**Definition 18.4.** Sei $A$ eine $n \times n$-Matrix ist. Die **Lösung** einer linearen Differenzengleichung ist eine Folge $\{x_t\}_{t=0}^{\infty}$ von Vektoren $x_t \in \mathbb{R}^n$, so dass für alle $t \geq 0$

$$x_{t+1} = Ax_t$$

gilt und $x_0 \in \mathbb{R}^n$ ein gegebener Anfangswert ist. Als Lösung in Periode $t$ gilt: $x_t = A^t x_0$.
Der Ursprung $\mathbf{0}$ heißt **asymptotisch stabil**, wenn alle Lösungen gegen $\mathbf{0}$ konvergieren, d. h., wenn $\lim_{t \to \infty} x_t = \mathbf{0}$ für alle Anfangswerte $x_0$ gilt.

---

Für jeden einfachen reellen Eigenwert $\lambda \in \mathbb{R}$ beschreibt der Eigenraum $E_\lambda$ eine Gerade durch den Ursprung $\mathbf{0}$. Ist $x_0 \in E_\lambda$, dann ist die Lösung der linearen Differenzengleichung $x_t = \lambda^t x_0$. Diese Lösung konvergiert genau dann gegen $\mathbf{0}$, wenn $|\lambda| < 1$ ist. Etwas ausführlicher gilt:

- Ist $\lambda < -1$, so divergiert die Folge alternierend.
- Ist $\lambda = -1$, so ergibt die Folge einen Zweierzyklus.
- Ist $\lambda \in (-1, 0)$, so konvergiert die Folge alternierend gegen $\mathbf{0}$.
- Ist $\lambda = 0$, so gilt $x_t = \mathbf{0}$ für alle $t \geq 1$.
- Ist $\lambda \in (0, 1)$, so konvergiert die Folge monoton gegen $\mathbf{0}$.
- Ist $\lambda = 1$, so ist die Folge konstant.
- Ist $\lambda > 1$, so divergiert die Folge monoton.

Gibt es eine Basis $v_1, \ldots, v_n$ aus Eigenvektoren zu reellen Eigenwerten $\lambda_1, \ldots, \lambda_n$, kann man vorgehen wie in Abschnitt 18.2 beschrieben.

Zunächst wird zu $x_0$ die Linearkombination $x_0 = a_1 v_1 + \ldots + a_n v_n$ bestimmt und man erhält per Induktion

$$x_t = a_1 A^t v_1 + \ldots + a_n A^t v_n = a_1 \lambda_1^m v_1 + \ldots + a_n \lambda_n^m v_n.$$

Diese Folge konvergiert gegen $\mathbf{0}$, wenn für alle $i$ mit $a_i \neq 0$ gilt, dass die Eigenwerte $|\lambda_i| < 1$ erfüllen.

Für jedes komplexe Eigenwertpaar $\lambda, \bar{\lambda} \in \mathbb{C}$ beschreibt der gemeinsame Eigenraum $E_\lambda \oplus E_{\bar{\lambda}}$ eine Ebene durch $\mathbf{0}$. Die Entwicklung von $t$ nach $t+1$ für einen zugehörigen Eigenvektor ist spiralförmig, wobei für die Folge gilt:

- Ist $|\lambda| > 1$, so divergiert die Folge spiralförmig.
- Ist $|\lambda| = 1$, so ergibt sich zyklisches Verhalten.
- Ist $|\lambda| < 1$, so konvergiert die Folge spiralförmig gegen $\mathbf{0}$.

Für den Fall einer $2 \times 2$-Matrix $A$ lassen sich die Eigenwerte anhand von Spur und Determinante bestimmen:

$$\lambda_\pm = \frac{\mathrm{spur}(A)}{2} \pm \sqrt{\left( \frac{\mathrm{spur}(A)}{2} \right)^2 - \det(A)}.$$

Die folgenden Grenzen sind wichtig, wenn die Lösungen beschrieben werden sollen:

- Die Parabel $\det = \frac{\mathrm{spur}^2}{4}$ beschreibt den Übergang von reellen Eigenwerten ($\det < \frac{\mathrm{spur}^2}{4}$, unterhalb der Parabel in Abb. 18.1) zu komplexen Eigenwerten ($\det > \frac{\mathrm{spur}^2}{4}$, oberhalb der Parabel in Abb. 18.1).
- $\det = 1$, $|\mathrm{spur}| < 2$ beschreibt komplexe Eigenwerte mit $|\lambda| = 1$ (Divergenz bei komplexen Eigenwerten und $\det > 1$, Konvergenz bei komplexen Eigenwerten und $\det < 1$).
- Die Gerade $\det = \mathrm{spur} - 1$ beschreibt einen reellen Eigenwert $\lambda = 1$.
- Die Gerade $\det = -\mathrm{spur} - 1$ beschreibt einen reellen Eigenwert $\lambda = -1$.

In Abb. 18.1 werden in den verschiedenen Bereichen jeweils die beiden Eigenwerte und eine Illustration der Entwicklung[1] angegeben. Insbesondere ist festzustellen, dass die Folge gegen $\mathbf{0}$ konvergiert, wenn Spur und Determinante von $A$ im hervorgehobenen Dreieck liegen. Daher heißt es auch **Stabilitätsdreieck**.

## 18.7 Anwendung: Konjunkturzyklen

Das Hicks-Konjunkturzyklusmodell zeigt, dass mit wenigen, einfachen Annahmen ein lineares Modell aufgestellt werden kann, dass Konjunkturzyklen generiert.

---

[1] Die Lösungen sind genaugenommen Punkte, die auf den Kurven in den Phasenbildern verlaufen. Insbesondere kann es sein, dass eine Lösung alternierend auf zwei Kurven verläuft. Eine Darstellung dieses Sachverhalts wäre allerdings sehr unübersichtlich.

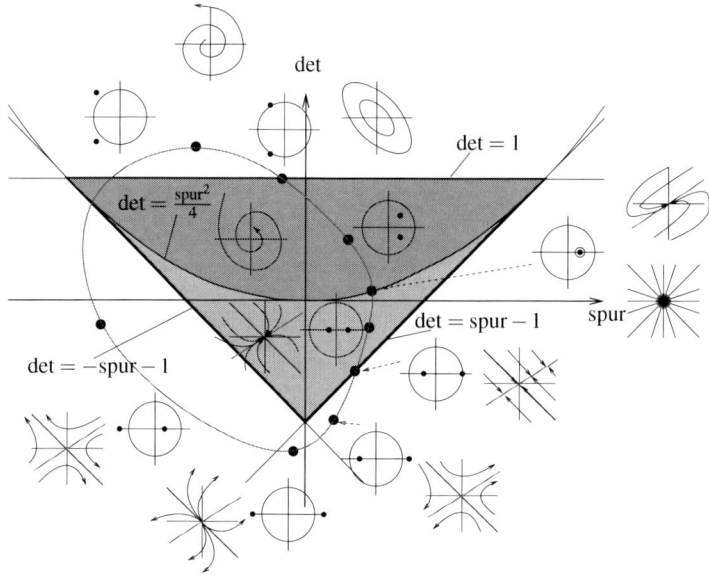

**Abb. 18.1** Das Stabilitätsdreieck mit Eigenwerten und Phasenbildern zu verschiedenen Bereichen im Spur-Determinante-Diagramm

Die **Grundannahmen** des Hicks-Modells sind:

1. Der Konsum hängt linear vom **Niveau** der vorherigen Produktion ab. Der positive lineare Faktor $c \in (0,1)$ heißt Multiplikator und es gilt:

$$C_t = c_0 + cY_{t-1},$$

   wobei $C_t$ der Konsum in $t$ ist und $Y_{t-1}$ die Produktion der Vorperiode $t-1$ ist. Ferner ist $c_0 > 0$ ein Grundkonsum.

2. Investitionen hängen linear von der **Veränderung** der vorherigen Produktion ab. Der lineare Faktor $m \geq 0$ heißt Akzelerator und es gilt:

$$I_t = m_0 + m(Y_{t-1} - Y_{t-2}),$$

   wobei $I_t$ die Investitionen in $t$ sind und $Y_{t-1} - Y_{t-2}$ die Produktionsveränderung der Vorperiode darstellt. Ferner sind $m_0 > 0$ die Grundinvestitionen.

3. Der Gütermarkt ist geräumt: **Produktion = Konsum + Investitionen**

$$\begin{aligned} Y_t &= C_t + I_t \\ &= c_0 + cY_{t-1} + m_0 + m(Y_{t-1} - Y_{t-2}) \\ &= (c+m)Y_{t-1} - mY_{t-2} + c_0 + m_0 \end{aligned}$$

Ausgehend von diesen drei Annahmen erhält man durch entsprechendes Einsetzen eine **Differenzengleichung 2. Ordnung**:

$$Y_t = (c+m)Y_{t-1} - mY_{t-2} + c_0 + m_0.$$

Diese besitzt einen **Fixpunkt** mit $Y_t = Y_{t-1} = Y_{t-2} = \bar{Y}$, denn

$$(1 - (c+m) + m)\bar{Y} = c_0 + m_0 \Longrightarrow \bar{Y} = \frac{c_0 + m_0}{1 - c}$$

Für die weitere Analyse wird zunächst der Fixpunkt in den Ursprung verschoben, indem $y_t := Y_t - \bar{Y}$ definiert wird. Mit $(-\bar{Y}) = (c+m)(-\bar{Y}) - m(-\bar{Y}) - c_0 - m_0$ gilt für $y_t$, dass

$$y_t = (c+m)y_{t-1} - my_{t-2}$$

eine **lineare** Differenzengleichung 2. Ordnung ist. Um die Ergebnisse aus diesem Kapitel anwenden zu können, definieren wir die Variablen $u_t := y_t$, $v_t = y_{t-1}$, so dass $v_t = u_{t-1}$ und insgesamt mit

$$v_{t+1} = u_t$$
$$u_{t+1} = (c+m)u_t - mv_t$$

eine **lineare Differenzengleichung 1. Ordnung** mit 2 Variablen entsteht. Hierfür gilt in Matrix-Vektor-Schreibweise:

$$\begin{pmatrix} v_{t+1} \\ u_{t+1} \end{pmatrix} = \underbrace{\begin{pmatrix} 0 & 1 \\ -m & c+m \end{pmatrix}}_{A} \begin{pmatrix} v_t \\ u_t \end{pmatrix}$$

Offensichtlich ist $\text{spur}(A) = m + c$ und $\det(A) = m$, so dass die Eigenwerte

$$\lambda_\pm = \frac{\text{spur}(A)}{2} \pm \sqrt{\left(\frac{\text{spur}(A)}{2}\right)^2 - \det(A)} = \frac{m+c}{2} \pm \frac{1}{2}\sqrt{(m+c)^2 - 4m}.$$

Es gilt $|\lambda| < 1$ für **alle** Eigenwerte von $A$, wenn $\det(A) < 1 \Longleftrightarrow m < 1$ gilt. Die beiden anderen Bedingungen $\det(A) > \text{spur}(A) - 1 \Longleftrightarrow c < 1$ und $\det(A) > -\text{spur}(A) - 1 \Longleftrightarrow m > -(m+c+1)$ (vgl. Stabilitätsdreieck) gelten wegen $c \in (0,1)$ immer.

Die kritische Grenze, ab der komplexe Eigenwerte – und damit Konjunkturzyklen – auftreten, ist

$$(m+c)^2 - 4m < 0 \Longleftrightarrow c < -m + \sqrt{4m}.$$

Diese Kurve, ebenso wie die Stabilitätsgrenze $m < 1$, sind illustriert in Abb. 18.7.

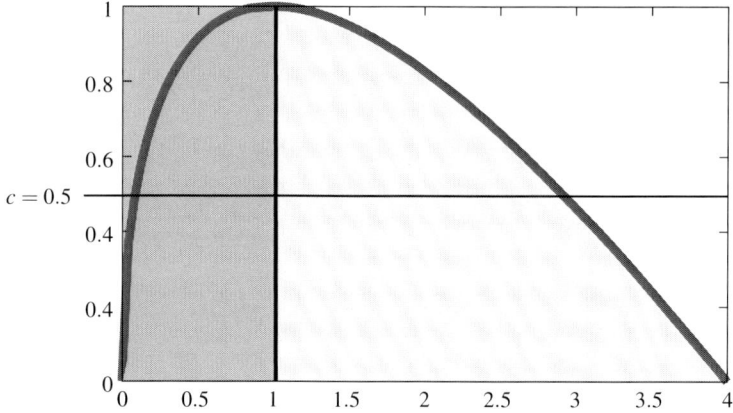

**Abb. 18.2** Komplexe Eigenwerte unterhalb der Kurve $c < -m + \sqrt{4m}$ im $m$-$c$-Parameterraum; Stabilität für $m < 1$

Ist $0 \le m < 1.5 - \sqrt{2}$, so gibt es zwei reelle Eigenwerte mit $\lambda_i \in [0, 1)$; das entsprechende Phasen-Diagramm befindet sich in Abb. 18.3. Ist $1.5 - \sqrt{2} < m < 1$, so gibt es ein konjugiert komplexes Eigenwertpaar mit $|\lambda| < 1$; das entsprechende Phasen-Diagramm befindet sich in Abb. 18.4. In beiden Fällen mit $m < 1$ ist der Ursprung asymptotisch stabil.

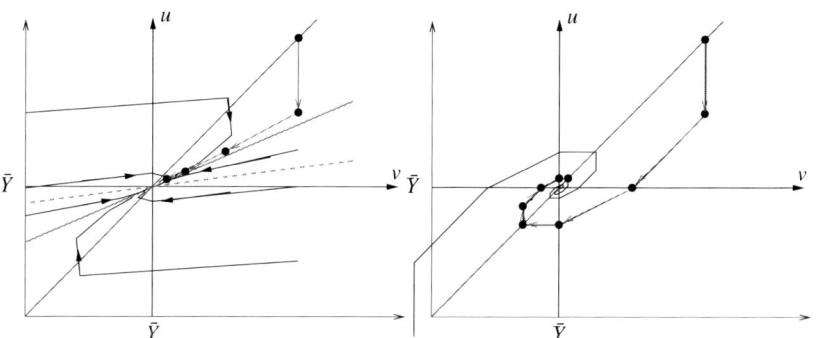

**Abb. 18.3** Phasenbild: $c = 0.5$, $m = 0.0625$, zwei reelle Eigenwerte in $(0, 1)$

**Abb. 18.4** Phasenbild: $c = 0.5$, $m = 0.5$, komplexe Eigenwerte mit $|\lambda| < 1$

Ist $1 < m < 1.5 + \sqrt{2}$, so gibt es ein konjugiert komplexes Eigenwertpaar mit $|\lambda| > 1$. Für $m > 1.5 + \sqrt{2}$ gibt es wieder zwei reelle Eigenwerte, aber mit $\lambda_i > 1$. In beiden Fälle mit $m > 1$ ist der Ursprung ist instabil.

Das Fazit aus diesem linearen (relativ einfachen) Modell ist, dass ein höherer Akzelerator zyklisches Verhalten hervorrufen kann (komplexe Eigenvektoren) und letztendlich bei $m > 1$ sogar Konjunkturzyklen erzeugt, die immer größer werden.

# Aufgaben zu Kapitel 18

**18.1.** Bestimmen Sie alle Nullstellen des Polynoms $P(x) = x^3 - 2x^2 + x - 2$ (Tipp: eine Nullstelle ist $x = 2$, die anderen komplex).

**18.2.** Gegeben sei die Matrix $A = \begin{pmatrix} 0 & 2 \\ -3 & -5 \end{pmatrix}$.

a) Bestimmen Sie zu den Eigenwerten $\lambda_1 = -2$ und $\lambda_2 = -3$ je einen Eigenvektor $v_1$ und $v_2$.

b) Geben Sie die darstellende Matrix bezüglich $v_1, v_2$ an.

c) Berechnen Sie $A^6 \begin{pmatrix} 3 \\ -4 \end{pmatrix}$ mit den Informationen aus a) und b).

**18.3.** Die Abbildung $f : \mathbb{R}^3 \to \mathbb{R}^3$ sei gegeben durch $f \begin{pmatrix} x_1 \\ x_2 \\ x_3 \end{pmatrix} = \begin{pmatrix} -x_2 + x_3 \\ -3x_1 - 2x_2 + 3x_3 \\ -2x_1 - 2x_2 + 3x_3 \end{pmatrix}$.

a) Bestimmen Sie darstellende Matrix, das charakteristisches Polynom und alle Eigenwerte.

b) Bestimmen Sie zu den Eigenwerten $\lambda_1 = 1$ und $\lambda_2 = -1$ alle Eigenvektoren.

c) Bestimmen Sie ganzzahlige Basen der Eigenräume und machen sie eine begründete Aussage über die Diagonalisierbarkeit.

**18.4.** Betrachten Sie die Matrix $A = \begin{pmatrix} 5 & 1 \\ -1 & 3 \end{pmatrix}$ und den Vektor $v = \begin{pmatrix} 1 \\ -1 \end{pmatrix}$.

a) Begründen Sie, dass $v$ ein Eigenvektor von $A$ ist.

b) Geben Sie den zugehörigen Eigenwert $\lambda$ an.

c) Ermitteln Sie eine Lösung $w$ von $(A - \lambda \mathrm{Id})w = v$.

d) Geben Sie die darstellende Matrix bezüglich $v$ und $w$ an.

**18.5.** Gegeben sei die Matrix $A = \begin{pmatrix} 1 & 0 & 0 \\ 8 & -3 & 10 \\ 2 & -1 & 3 \end{pmatrix}$.

a) Bestimmen Sie das charakteristische Polynom und geben Sie alle Eigenwerte an (auch die komplexen).

b) Bestimmen Sie einen Eigenvektor $v_1$ zum **reellen Eigenwert** $\lambda_1$.

c) Zeigen Sie, dass $\begin{pmatrix} 0 \\ -3+i \\ -1 \end{pmatrix}$ und $\begin{pmatrix} 0 \\ -3-i \\ -1 \end{pmatrix}$ Eigenvektoren sind, und geben Sie die zugehörigen **komplexen** Eigenwerte $\lambda_2$ und $\lambda_3$ an.

d) Die Vektoren $v_2 = \begin{pmatrix} 0 \\ -3 \\ -1 \end{pmatrix}$ und $v_3 = \begin{pmatrix} 0 \\ 1 \\ 0 \end{pmatrix}$ bilden eine Basis von $E_{\lambda_2} \oplus E_{\lambda_3}$ (direkte Summe) aus **reellen** Vektoren. Schreiben Sie $Av_1, Av_2$ und $Av_3$ jeweils als Linearkombination von $v_1, v_2, v_3$. Geben Sie die darstellende Matrix bezüglich $v_1, v_2, v_3$ an.

# Formelsammlung

# Kapitel 1

**Summenregeln:**

a) $\sum_{i=1}^{n} c = n \cdot c$ 　　　　　　b) $\sum_{i=m}^{n}(a_i \pm b_i) = \sum_{i=m}^{n} a_i \pm \sum_{i=m}^{n} b_i$

c) $\sum_{i=m}^{n}(ca_i) = c\sum_{i=m}^{n} a_i$ 　　　　d) $\sum_{i=m}^{n} a_i = \sum_{i=m+k}^{n+k} a_{i-k},\ k \in \mathbb{N}$

e) $\sum_{i=m}^{n} a_i = \sum_{i=m}^{k} a_i + \sum_{i=k+1}^{n} a_i,\ m < k < n-1$

......................................................................

**Potenzregeln:**

a) $a^n \cdot a^m = a^{n+m}$ 　　　　b) $(a^n)^m = a^{n \cdot m}$ 　　　　c) $a^{-n} = \frac{1}{a^n}, a \neq 0$

d) $a^{n-m} = \frac{a^n}{a^m}, a \neq 0$ 　　　　e) $a^n \cdot b^n = (a \cdot b)^n$

f) $a^{\frac{m}{n}} = \sqrt[n]{a^m} = (\sqrt[n]{a})^m, a > 0$ 　　g) $\sqrt{a^2} = |a| = \begin{cases} a; a \geq 0 \\ -a; a < 0 \end{cases}$

......................................................................

**Logarithmenregeln:**

a) $\log_a(1) = 0, \log_a a = 1$ 　　　　b) $\log_a(a^y) = y, a^{\log_a x} = x$

c) $\log_a(x_1 \cdot x_2) = \log_a(x_1) + \log_a(x_2)$ 　　d) $\log_a\left(\frac{x_1}{x_2}\right) = \log_a(x_1) - \log_a(x_2)$

e) $\log_a(x^p) = p \log_a(x)$ 　　　　f) $\log_a(x) = \frac{\log_b(x)}{\log_b(a)} = \frac{\log x}{\log a}$

......................................................................
*Kapitel 2*
......................................................................

**vollständige Induktion:** $A(n), n \in \mathbb{N}$ gilt, wenn $A(1)$ gilt und $A(n) \Rightarrow A(n+1)$

Beispiel: $\sum_{i=1}^{n} i = \frac{n(n+1)}{2}$ gilt für alle $n \in \mathbb{N}$, da

a) (Induktionsanfang) 　　$\sum_{i=1}^{1} i = 1 = \frac{1 \cdot 2}{2}$

b) (Induktionsschritt) 　　$\sum_{i=1}^{n+1} i = \sum_{i=1}^{n} i + (n+1) = \frac{n(n+1)}{2} + (n+1) = \frac{n+2}{2}(n+1)$

......................................................................
*Kapitel 3*
......................................................................

**Zinsrechnung:**

a) $K_n = (1+p)^n K_0$ 　　　　b) $K_0 = \frac{K_n}{(1+p)^n}$

c) $p^* = \left(\frac{K_n}{K_0}\right)^{\frac{1}{n}} - 1$ 　　　　d) $N = \frac{\log\left(\frac{E}{K_0}\right)}{\log(1+p)}$

T. Pampel, *Mathematik für Wirtschaftswissenschaftler*, Springer-Lehrbuch,　　　　297
DOI 10.1007/978-3-642-04490-8, © Springer-Verlag Berlin Heidelberg 2010

**Eigenschaften einer Folge $\{a_i\}_{i=1}^{\infty}$:**
**nach oben beschränkt:** Für ein $c \in \mathbb{R}$ gilt: $a_i \leq c$ für $i \in \mathbb{N}$.
**(streng) monoton steigend:** $a_{i+1} \geq a_i$ $(a_{i+1} > a_i)$ für $i \in \mathbb{N}$.

......................................................................................................

**konvergent gegen** $a$: Zu $\varepsilon > 0$ gibt es $N(\varepsilon) \in \mathbb{N}$ mit $|a_n - a| < \varepsilon$ für $n \geq N(\varepsilon)$.
**Grenzwertsätze:** Sei $\lim_{i \to \infty} a_i = a$, $\lim_{i \to \infty} b_i = b$
a) $a_i \leq b_i \Rightarrow a \leq b$      b) $\lim_{i \to \infty}(za_i) = za$      c) $\lim_{i \to \infty}(a_i \pm b_i) = a \pm b$
d) $\lim_{i \to \infty}(a_i b_i) = ab$      e) $\lim_{i \to \infty} \frac{a_i}{b_i} = \frac{a}{b}, b \neq 0$
**Satz:** Jede monoton steigende, nach oben beschränkte Folge konvergiert.
Jede monoton fallende, nach unten beschränkte Folge konvergiert.

......................................................................................................

## *Kapitel 4*
......................................................................................................

**Eigenschaften einer Reihe:**
**konvergent:** Die Folge $\{S_n\}_{n=1}^{\infty}$ der Partialsummen $S_n := \sum_{i=1}^{n} a_i$ konvergiert.
**absolut konvergent:** $\{\sum_{i=1}^{n} |a_i|\}_{n=1}^{\infty}$ konvergiert.
**Spezielle Reihen:**
a) $\sum_{i=1}^{\infty} \frac{1}{i}$ divergiert            b) $\sum_{i=0}^{\infty} q^i = \frac{1}{1-q}$ falls $|q| < 1$
c) $\sum_{i=1}^{\infty} \frac{(-1)^{i-1} x^i}{i} = \log(1+x), |x| < 1$     d) $\sum_{i=0}^{\infty} \frac{x^i}{i!} = e^x$
**Konvergenzkriterien für Reihen:** Eine Reihe konvergiert absolut, wenn
für $i \geq n_0$, $n_0$ groß, eines folgender Kriterien gilt:
a) Majorantenkriterium: $|a_i| \leq c_i$; $c_i \geq 0$, $\sum_{i=1}^{\infty} c_i \in \mathbb{R}$
b) Quotientenkriterium: $\left|\frac{a_{i+1}}{a_i}\right| \leq \delta$; $\delta \in (0, 1)$
c) Wurzelkriterium: $\sqrt[i]{|a_i|} \leq \delta$; $\delta \in (0, 1)$

......................................................................................................

## *Kapitel 5*
......................................................................................................

**Injektiv/surjektiv/bijektiv** $f : D \to T$
**surjektiv:** $f(x) = y$ hat für jedes $y \in T$ **mindestens** eine Lösung $x \in D$.
     $f(x) = y$ nicht lösbar für ein $y \in T \implies$ nicht surjektiv
**injektiv:** $f(x) = y$ hat für jedes $y \in T$ **höchstens** eine Lösung $x \in D$.
     $f(x) = y$ hat mehrere Lösungen für ein $y \in T \implies$ nicht injektiv.
**bijektiv:** $f(x) = y$ hat für jedes $y \in T$ **genau** eine Lösung $x \in D$.
     Die Lösung heißt $f^{-1}(y)$ und definiert die Umkehrfunktion $f^{-1} : T \to D$

......................................................................................................

**Eigenschaften einer Funktion** $f : D \to T, D, T \subset \mathbb{R}$
**nach oben beschränkt:** Für ein $c \in \mathbb{R}$ gilt $f(x) \leq c$ für $x \in D$.
**nach unten beschränkt:** Für ein $d \in \mathbb{R}$ gilt $f(x) \geq d$ für $x \in D$.
**(streng) monoton steigend:** $f(x) \geq f(y)$ $(f(x) > f(y))$ für $x > y$.
**(streng) monoton fallend:** $f(x) \leq f(y)$ $(f(x) < f(y))$ für $x > y$.

......................................................................................................

**konvex** auf $[a, b] \subset D$: Es gilt $f(\lambda x_1 + (1-\lambda)x_2) \leq \lambda f(x_1) + (1-\lambda)f(x_2)$ für alle
$x_1, x_2 \in [a, b]$ und $\lambda \in [0, 1]$. Gilt dies für $\lambda \in (0, 1)$ mit "$<$", so ist $f$ **streng konvex**.
**konkav:** Gilt dies mit "$\geq$" bzw. "$>$" so ist $f$ **(streng) konkav**.

## *Kapitel 6*

$f : D \to \mathbb{R}$ **konvergiert gegen** $A$ für $x \to a$, kurz $\lim_{x \to a} f(x) = A$:
Zu $\varepsilon > 0$ gibt es $\delta(\varepsilon) > 0$ mit $|f(x) - A| < \varepsilon$ für $x \in D$, $|x - a| < \delta(\varepsilon)$.
$f : D \to \mathbb{R}$ ist **stetig** in $a \in D$: $\lim_{\substack{x \to a \\ x > a}} f(x) = \lim_{\substack{x \to a \\ x < a}} f(x) = f(a) \iff$
Zu $\varepsilon > 0$ gibt es $\delta(\varepsilon) > 0$ mit $|f(x) - f(a)| < \varepsilon$ für $x \in D$, $|x - a| < \delta(\varepsilon)$.

**Zwischenwertsatz:**
$f : D \to \mathbb{R}$ **stetig auf** $[a,b] \subset D \implies f$ nimmt alle Werte in $[f(a), f(b)]$ an.
**Zwischenwertsatz** (Existenz einer Nullstelle):
$f : D \to \mathbb{R}$ **stetig auf** $[a,b] \subset D$, $f(a)f(b) < 0 \implies$ Es gibt $p \in [a,b]$ mit $f(p) = 0$.
**Extremwertsatz:**
$f : D \to \mathbb{R}$ **stetig auf** $[a,b] \subset D \implies f$ beschränkt, nimmt Min und Max an.

## *Kapitel 7*

$f : D \to \mathbb{R}$ ist **differenzierbar:** $f'(a) := \lim_{\substack{x \to a \\ x \neq a}} \frac{f(x) - f(a)}{x - a}$ existiert und ist eindeutig.
Der Grenzwert $f'(a)$ heißt **Ableitung** (Steigung der Tangente).
Die Ableitung der **Funktion** $f'(x)$ ist die **zweite Ableitung** von $f$ bei $a$:
$f''(a) := (f')'(a) = \lim_{x \to a} \frac{f'(x) - f'(a)}{x - a}$.

a) $f(x) = c \Rightarrow f'(x) = 0$      c) $f(x) = ax + b \Rightarrow f'(x) = a$
e) $f(x) = x^r \Rightarrow f'(x) = rx^{r-1}, r \neq 0$      b) $f(x) = a^x \Rightarrow f'(x) = a^x \log(a), a > 0$
d) $f(x) = e^x \Rightarrow f'(x) = e^x$      f) $f(x) = \log(x) \Rightarrow f'(x) = \frac{1}{x}$

| | | |
|---|---|---|
| Konstanten: | $F(x) = f(x) + \lambda$ | $\Rightarrow F'(x) = f'(x),$ |
| Faktoren: | $F(x) = \lambda f(x)$ | $\Rightarrow F'(x) = \lambda f'(x),$ |
| Summenregel: | $F(x) = f(x) \pm g(x)$ | $\Rightarrow F'(x) = f'(x) \pm g'(x),$ |
| Produktregel: | $F(x) = f(x) \cdot g(x)$ | $\Rightarrow F'(x) = f'(x)g(x) + g'(x)f(x),$ |
| Quotientenregel: | $F(x) = \frac{f(x)}{g(x)}$ | $\Rightarrow F'(x) = \frac{f'(x)g(x) - g'(x)f(x)}{g(x)^2}$ |
| Kettenregel: | $F(x) = f \circ g(x)$ | $\Rightarrow F'(x) = f'(g(x))g'(x).$ |
| Umkehrfunktion: | $F(x) = f^{-1}(x)$ | $\Rightarrow F'(x) = \frac{1}{f'\left(f^{-1}(x)\right)}.$ |

**globales Maximum** $\bar{x} \in D$: $f(\bar{x}) \geq f(x)$ für alle $x \in D$
**lokales Maximum** $\bar{x} \in D$: $f(\bar{x}) \geq f(x)$ in einer Umgebung von $\bar{x}$
**Wendepunkt** $\bar{x} \in D$: Wechsel von konvex nach konkav oder umgekehrt
**(inneres) isoliertes Maximum:** $f$ differenzierbar, Vorzeichenwechsel von $f'$
**Wendepunkt:** $f$ zweimal differenzierbar, Vorzeichenwechsel von $f''$
**notwendige Bedingung für ein (inneres) Extremum:** $f'(\bar{x}) = 0$
**hinreichende Bedingung für ein (inneres) Maximum:** $f'(\bar{x}) = 0$, $f''(\bar{x}) < 0$

**asymptotisches Verhalten:** Regel von L'Hospital und/oder Polynomdivision

**Kurvendiskussion:** $f : D \to \mathbb{R}$ hinreichend oft differenzierbar auf $I$ und $p \in I$:

| Gilt | für | dann ist |
|------|-----|----------|
| $f'(x) \geq 0$ | alle $x \in I$ | $f$ monoton steigend in $I$. |
| $f'(x) \leq 0$ | alle $x \in I$ | $f$ monoton fallend in $I$. |
| $f'(x) > 0$ | alle $x \in I$ | $f$ streng monoton steigend in $I$. |
| $f'(x) < 0$ | alle $x \in I$ | $f$ streng monoton fallend in $I$. |
| $f''(x) \geq 0$ | alle $x \in I$ | $f$ konvex in $I$. |
| $f''(x) \leq 0$ | alle $x \in I$ | $f$ konkav in $I$. |
| $f''(x) > 0$ | alle $x \in I$ | $f$ streng konvex in $I$. |
| $f''(x) < 0$ | alle $x \in I$ | $f$ streng konkav in $I$. |
| $f(p) = 0$ | ein $p$ | $p$ eine Nullstelle. |
| $f'(p) = 0$ und $f''(p) < 0$ | ein $p$ | ein isoliertes Maximum bei $p$. |
| $f'(p) = 0$ und $f''(p) > 0$ | ein $p$ | ein isoliertes Minimum bei $p$. |
| $f''(p) = 0$ und $f'''(p) \neq 0$ | ein $p$ | ein Wendepunkt bei $p$. |

**Bestimmung von globalen Extrema** $f : D \to \mathbb{R}$
1. Bestimme alle $p \in D$ mit $f'(p) = 0$ (stationäre Punkte).
2. Bestimme Unstetigkeitsstellen, nicht differenzierbare Stellen, Randverhalten: Divergenz gegen $+\infty$ oder $-\infty$ bedeutet kein Maximum bzw. Minimum.
3. Bestimme die Funktionswerte $f(p)$ für $p$ aus 1., 2. und an den Rändern von $D$.
4. Wähle den größten und kleinsten Funktionswert als globales Maximum und Minimum.

## *Kapitel 8*

**Newton-Verfahren:** Nullstellensuche mit Genauigkeit $c > 0$:
$f$ stetig differenzierbar auf $[a,b]$, $f(a)f(b) < 0$, $c > 0$.
1. Starte mit $x \in [a,b]$
2. Berechne die Lösung von $f'(x)(m - x) + f(x) = 0$, also $m = x - \frac{f(x)}{f'(x)}$
3. Falls $|f(m)| < c$ ist, wurde die vorgegebener Genauigkeit $c$ erreicht. ENDE!
4. Falls $m \notin [a,b]$ ist: Keine Approximation;
$\implies$ ENDE oder NEUSTART mit anderem $x \in [a,b]$.
5. Setze mit $x := m$ bei 1. fort.

**Regel von L'Hospital** (auch $x_0 = \pm\infty$):
$\lim_{x \to x_0} g(x) = \lim_{x \to x_0} h(x) = 0$ oder $\lim_{x \to x_0} g(x) = \pm\infty$, $\lim_{x \to x_0} h(x) = \pm\infty$
und $\lim_{x \to x_0} \frac{g'(x)}{h'(x)}$ existiert, dann gilt $\lim_{x \to x_0} \frac{g(x)}{h(x)} = \lim_{x \to x_0} \frac{g'(x)}{h'(x)}$.

**Mittelwertsatz:**
$f$ differenzierbar auf $(a,b)$, dann gilt $f'(\xi) = \frac{f(b)-f(a)}{b-a}$ für ein $\xi \in (a,b)$.

**Taylor-Entwicklung** der Ordnung $n$ bei $a$: $f(x) = \sum_{i=0}^{n} \frac{f^{(i)}(a)}{i!}(x-a)^i + R_n(x)$,

„$R_n(x)$" ist der Restterm/Fehler der Approx. $f(x) \approx \sum_{i=0}^{n} \frac{f^{(i)}(a)}{i!}(x-a)^i$.

**Taylor-Entwicklung** der Ordnung 2 bei $a$:

$$f(x) = f(a) + f'(a)(x-a) + \frac{f''(a)}{2}(x-a)^2 + R_2(x)$$

**lineare Approximation** bei $a$:

$$f(x) \approx f(a) + f'(a)(x-a)$$

**Quadratische Approximation** bei $a$:

$$f(x) \approx f(a) + f'(a)(x-a) + \frac{f''(a)}{2}(x-a)^2$$

Die **Taylor-Reihe** bei $a$ konvergiert für $x$, wenn $\sum_{i=0}^{\infty} \frac{f^{(i)}(a)}{i!}(x-a)^i$ existiert.

. . . . . . . . . . . . . . . . . . . . . . . . . . . . . . . . . . . . . . . . . . . . . . . . . . . . . . . . . . . . . . . . . . . . . . .

## *Kapitel 9*

. . . . . . . . . . . . . . . . . . . . . . . . . . . . . . . . . . . . . . . . . . . . . . . . . . . . . . . . . . . . . . . . . . . . . . .

**unbestimmtes Integral:**

a) $\int 1 \, dx = x + const$

b) $\int x^r \, dx = \frac{1}{r+1} x^{r+1} + const$, für $r \neq -1$

c) $\int \frac{1}{x} \, dx = \log(|x|) + const$

d) $\int e^x \, dx = e^x + const$

e) $\int a^x \, dx = \frac{a^x}{\log(a)} + const$, für $a > 0$

f) $\int \log(x) \, dx = x(\log(x) - 1) + const$

. . . . . . . . . . . . . . . . . . . . . . . . . . . . . . . . . . . . . . . . . . . . . . . . . . . . . . . . . . . . . . . . . . . . . . .

**bestimmtes Integral:**

a) $\int_a^a f(x) \, dx = 0$

b) $f(x) \leq g(x)$ für $x \in [a,b] \Longrightarrow \int_a^b f(x) \, dx \leq \int_a^b g(x) \, dx$

c) $\int_a^b f(x) \, dx = -\int_b^a f(x) \, dx$

d) $\int_a^b f(x) \, dx = \int_a^c f(x) \, dx + \int_c^b f(x) \, dx$, $c \in [a,b]$

e) $\int_a^b \lambda f(x) \, dx = \lambda \int_a^b f(x) \, dx$

f) $\int_a^b f(x) \pm g(x) \, dx = \int_a^b f(x) \, dx \pm \int_a^b g(x) \, dx$

g) $\int_a^b f(x)g'(x) \, dx = \left[f(x)g(x)\right]_a^b - \int_a^b f'(x)g(x) \, dx$

h) $\int_a^b f\big(g(x)\big)g'(x) \, dx = \int_{g(a)}^{g(b)} f(u) \, du = [F(g(x))]_a^b$, $F$ Stammfunktion von $f$

. . . . . . . . . . . . . . . . . . . . . . . . . . . . . . . . . . . . . . . . . . . . . . . . . . . . . . . . . . . . . . . . . . . . . . .

**Fundamentalsatz der Differential- und Integralrechnung:**

$f$ stetig auf $[a,b]$ und $F$ Stammfunktion von $f$, dann ist $\int_a^b f(y) \, dy = F(b) - F(a)$.

Dieser Wert heißt das **bestimmte Integral** von $f$ über $[a,b]$.

. . . . . . . . . . . . . . . . . . . . . . . . . . . . . . . . . . . . . . . . . . . . . . . . . . . . . . . . . . . . . . . . . . . . . . .

**Das uneigentliche Integral:** $f : [a,\infty) \to \mathbb{R}$ und existiert der Grenzwert

$\int_a^\infty f(y) \, dy := \lim_{x \to \infty} \int_a^x f(y) \, dy$, dann heißt dieser **uneigentliches Integral**.

Analog wird $\int_{-\infty}^a f(y) \, dy$ definiert und $\lim_{x \to b} \int_a^x f(y) \, dy =: \int_a^b f(y) \, dy$ für $[a,b)$.

. . . . . . . . . . . . . . . . . . . . . . . . . . . . . . . . . . . . . . . . . . . . . . . . . . . . . . . . . . . . . . . . . . . . . . .

## *Kapitel 10*

. . . . . . . . . . . . . . . . . . . . . . . . . . . . . . . . . . . . . . . . . . . . . . . . . . . . . . . . . . . . . . . . . . . . . . .

**Vektorraum** $\mathbb{R}^n$: Gleichheit, Vektoraddition und Skalarmultiplikation sind komponentenweise definiert.

**Rechenregeln** im $\mathbb{R}^n$: Seien $a, b, c \in \mathbb{R}^n$ und $\alpha, \beta \in \mathbb{R}$:

a) $(a+b)+c = a+(b+c)$

b) $a+b = b+a$

c) $\alpha(a+b) = \alpha a + \alpha b$

d) $(\alpha + \beta)a = \alpha a + \beta a$

e) $(\alpha\beta)a = \alpha(\beta a)$

f) Der Nullvektor $\mathbf{0} \in \mathbb{R}^n$ erfüllt $a + \mathbf{0} = a$ für alle $a \in \mathbb{R}^n$     .

g) Es gibt zu jedem $a \in \mathbb{R}^n$ ein $-a \in \mathbb{R}^n$ mit $a + (-a) = \mathbf{0}$.

Ein **Untervektorraum** (Unterraum) $U \subset \mathbb{R}^n$ des $\mathbb{R}^n$ erfüllt:

a) Es gibt ein $x \in U$ \quad b) $x, y \in U \Longrightarrow x + y \in U$ \quad c) $x \in U, \lambda \in \mathbb{R} \Longrightarrow \lambda x \in U$

**Bsp.** $U = \{ \binom{x}{x} \mid x \in \mathbb{R} \}$ ist Untervektorraum von $\mathbb{R}^2$, denn

$\binom{0}{0} \in U \Rightarrow U \neq \emptyset, \quad \binom{x}{x}, \binom{y}{y} \in U, \lambda \in \mathbb{R} \Rightarrow \binom{x}{x} + \binom{y}{y} = \binom{x+y}{x+y} \in U, \lambda \binom{x}{x} = \binom{\lambda x}{\lambda x} \in U$

....................................................

Vektoren $v_1, \ldots, v_m \in \mathbb{R}^n$ heißen **linear unabhängig**, falls gilt:

Sind $\lambda_1, \ldots, \lambda_m \in \mathbb{R}$ und $\lambda_1 v_1 + \ldots + \lambda_m v_m = \mathbf{0}$, so folgt $\lambda_1 = \lambda_2 = \ldots = \lambda_m = 0$.

Andernfalls heißen sie **linear abhängig** und es gibt ein $v_i$, so dass für geeignete

$\alpha_j \in \mathbb{R}, \ j \neq i$ gilt $v_i = \alpha_1 v_1 + \ldots + \alpha_{i-1} v_{i-1} + \alpha_{i+1} v_{i+1} + \ldots + \alpha_m v_m$.

....................................................

$v_1, \ldots, v_r \in \mathbb{R}^n$ bilden eine **Basis** eines Unterraums $U \subset \mathbb{R}^n$, wenn $v_1, \ldots, v_r \in U$ **linear unabhängig** sind und jedes $v \in U$ eine **Linearkombination** ist, d. h. $v = x_1 v_1 + \ldots + x_r v_r \in U$ für geeignete $x_1, \ldots, x_r \in \mathbb{R}$. Die **Dimension** von $U$ ist die Anzahl der Basisvektoren.

....................................................

Das **Skalarprodukt** ist $\langle x, y \rangle := x_1 y_1 + x_2 y_2 + \ldots + x_n y_n = \sum_{i=1}^n x_i y_i = x^T y$

a) $\langle x, y \rangle = \langle y, x \rangle$ \quad b) $\langle x, y + z \rangle = \langle x, y \rangle + \langle x, z \rangle$ \hfill c) $\langle \alpha x, y \rangle = \alpha \langle x, y \rangle$

d) $\langle x, x \rangle \geq 0$ \quad e) $\langle x, x \rangle = 0$ genau dann, wenn $x = \mathbf{0}$.

....................................................

Die **Euklidische Norm** $\|x\| := \sqrt{\langle x, x \rangle} = \sqrt{x_1^2 + x_2^2 + \ldots + x_n^2} = \sqrt{\sum_{i=1}^n x_i^2}$.

**Abstand** zweier Vektoren $x, y \in \mathbb{R}^n$: $\|x - y\| = \sqrt{\langle x - y, x - y \rangle}$

a) $\|x\| \geq 0$ \hfill b) $\|x\| = 0 \Longleftrightarrow x = \mathbf{0}$

c) $\|x + y\| \leq \|x\| + \|y\|$ \hfill d) $\|\alpha x\| = |\alpha| \cdot \|x\|$

....................................................

Zwei Vektoren $v, w \in \mathbb{R}^n$ sind (paarweise) **orthogonal**, kurz $v \perp w$, wenn $\langle v, w \rangle = 0$.

Vektoren $v_1, \ldots, v_n$ aus $V$ bilden ein **Orthonormalbasis**, wenn sie eine Basis bilden und wenn $\|v_i\| = 1$ für $i = 1, \ldots, n$ und $\langle v_i, v_j \rangle$ für $i \neq j$ gilt.

- Ist $v$ ein Vektor, so ist $\frac{1}{\|v\|} v$ der **auf 1 normierte** Vektor.
- Seien $v_1, \ldots, v_r \in V$ orthogonal zueinander und normiert, $U := \mathrm{Lin}(v_1, \ldots, v_r)$ und $v \in V$, dann gilt $u := \sum_{i=1}^r \langle v, v_i \rangle v_i \in U$, \quad $w := v - \sum_{i=1}^r \langle v, v_i \rangle v_i \in U^\perp$ und $v = u + w$.

## *Kapitel 11*
....................................................

**Matrixmultiplikation:**

a) $A(B + C) = AB + AC$ \hfill b) $(AB)D = A(BD)$

c) $A(\alpha B) = \alpha(AB)$ \hfill d) i. A. gilt $AB \neq BA$

....................................................

**Transponierte Matrix** (Zeilen und Spalten tauschen):

a) $(A + B)^T = A^T + B^T$ \hfill b) $(A^T)^T = A$

c) $(AC)^T = C^T A^T$ \hfill d) $(\lambda A)^T = \lambda A^T$

....................................................

**Inverse Matrix** $(A^{-1}A = \mathrm{Id}_n)$:

a) $(A^{-1})^{-1} = A$ \hfill b) $(AB)^{-1} = B^{-1} A^{-1}$

c) $(\lambda A)^{-1} = \frac{1}{\lambda} A^{-1}$ \hfill d) $(A^T)^{-1} = (A^{-1})^T$

Eine Abbildung $f : \mathbb{R}^n \to \mathbb{R}^m$ heißt **linear**, wenn für alle $x, y \in \mathbb{R}^n$ und $\lambda \in \mathbb{R}$ gilt
a) $f(x+y) = f(x) + f(y)$        b) $f(\lambda x) = \lambda f(x)$ .

........................................................................

**Bild:** $\text{Im} f := f(V) := \{w \in W \mid \text{ es gibt ein } v \in V \text{ mit } f(v) = w\}$,
$c \in \text{Im} f$ bedeutet, das (inhomogene) Gleichungssystem $f(v) = c$ ist lösbar.

........................................................................

**Kern:** $\text{Kern} f := \{v \in V \mid f(v) = \mathbf{0}\}$,
$v \in \text{Kern} f$ bedeutet, $v$ löst das homogene Gleichungssystem $f(v) = \mathbf{0}$.

........................................................................

Die **darstellende Matrix** von $f : \mathbb{R}^n \to \mathbb{R}^m$ (bzgl. der kanonischen Basen) ist
$\big(f(e^1), \ldots, f(e^n)\big) \in \mathscr{M}(m \times n)$.
**Bsp.:** Die darstellende Matrix (bzgl. $e^1, e^2$) von $f(x,y) = \binom{x+2y}{x}$ ist $\left(\begin{smallmatrix} 1 & 2 \\ 1 & 0 \end{smallmatrix}\right)$.

........................................................................

## Kapitel 12
........................................................................

**Gaußsches Eliminationsverfahren**, homogenes Gleichungssystem, $Ax = \mathbf{0}$
  1. Bringe $A$ auf Zeilenstufenform $B$.
  2. Lege „Nichtstufen" als freie Variablen fest.
  3. Bestimme die „Stufen" durch Rückwärtsauflösung.

Basis des Bildraums: Spalten von $A$ (Orginalmatrix) der „Stufenindizes"
Basis des Lösungsraums: Jeweils Lösungsvektoren mit genau einem
„Nichtstufenindex" $i$ mit $x_i = 1$ und $x_j = 0$ für $j \neq i$ „Nichtstufenindex"

........................................................................

**Gaußsches Eliminationsverfahren**, invertierbare $n \times n$-Matrix, $Ax = c$
  1. Bilde die erweiterte Matrix $(A|c)$.
  2. Bringe $(A|c)$ auf Zeilenstufenform $(B|d)$.
  3. Löse rückwärts $Bx = d$.

**Achtung:** Falls $\text{rg}(A) = \text{rg}(B) =: k < n$ ist, ist $A$ nicht invertierbar und nur lösbar,
wenn $d_i = 0$ für $i = k+1, \ldots, n$ gilt.
Ist $A$ eine $n \times m$-Matrix, so ist $Ax = c$ genau dann lösbar, wenn $\text{rg} A = \text{rg}(A|c)$ ist.

........................................................................

**Inversenbestimmung:** Bringe $(A|\text{Id}_n)$ durch Zeilenumformungen auf $(\text{Id}_n|A^{-1})$.

........................................................................

## Kapitel 13
........................................................................

Die **Determinante** einer quadratischen $n \times n$-Matrix erfüllt:

a) Die Abbildung det ist **linear in jeder Zeile und Spalte**.
b) Skalarmultiplikation: $\det(\lambda A) = \lambda^n \det(A)$.
c) Zeilentausch bedeutet Vorzeichenwechsel der Determinante.
d) Addition einer Zeile zu einer anderen ändert die Determinante nicht.
e) Addition des Vielfachen einer Zeile zu einer anderen ändert die Determ. nicht.
f) $\det(AB) = \det(A)\det(B)$.
g) Ist $A$ invertierbar, so gilt $\det(A^{-1}) = \frac{1}{\det(A)}$.
h) $\det(A^T) = \det(A)$.

Berechnung von Determinanten:

$$n = 2: \det \begin{pmatrix} a_{11} & a_{12} \\ a_{21} & a_{22} \end{pmatrix} = \begin{vmatrix} a_{11} & a_{12} \\ a_{21} & a_{22} \end{vmatrix} = a_{11}a_{22} - a_{12}a_{21},$$

$n = 3:$

$$\det \begin{pmatrix} a_{11} & a_{12} & a_{13} \\ a_{21} & a_{22} & a_{23} \\ a_{31} & a_{32} & a_{33} \end{pmatrix}$$
$$= a_{11}a_{22}a_{33} + a_{12}a_{23}a_{31} + a_{13}a_{21}a_{32} - a_{11}a_{23}a_{32} - a_{12}a_{21}a_{33} - a_{13}a_{22}a_{31}.$$

. . . . . . . . . . . . . . . . . . . . . . . . . . . . . . . . . . . . . . . . . . . . . . . . . . . . . . . . . .

Die $(ij)$-te **Untermatrix** $\mathcal{M}_{ij}$ entsteht durch Streichen der $i$-ten Zeile und $j$-ten Spalte, der **Kofaktor** von $a_{ij}$ ist dann $\mathcal{K}_{ij} := (-1)^{i+j} \det(\mathcal{M}_{ij})$.
Entwicklung nach der $i$-ten Zeile nach **Laplace**:

$$\det(A) = \sum_{j=1}^{n} (-1)^{i+j} a_{ij} \det(\mathcal{M}_{ij}) = \sum_{j=1}^{n} a_{ij} \mathcal{K}_{ij},$$

Entwicklung nach der $j$-ten Spalte nach **Laplace**:

$$\det(A) = \sum_{i=1}^{n} (-1)^{i+j} a_{ij} \det(\mathcal{M}_{ij}) = \sum_{i=1}^{n} a_{ij} \mathcal{K}_{ij},$$

**Bsp.** Entwicklung einer $3 \times 3$ nach der 1. Zeile

$$\det(A) = a_{11} \begin{vmatrix} a_{22} & a_{23} \\ a_{32} & a_{33} \end{vmatrix} - a_{12} \begin{vmatrix} a_{21} & a_{23} \\ a_{31} & a_{33} \end{vmatrix} + a_{13} \begin{vmatrix} a_{21} & a_{22} \\ a_{31} & a_{32} \end{vmatrix}$$
$$= (a_{11}a_{22}a_{33} - a_{11}a_{23}a_{32}) - (a_{12}a_{21}a_{33} - a_{12}a_{23}a_{31}) + (a_{13}a_{21}a_{32} - a_{13}a_{22}a_{31}).$$

. . . . . . . . . . . . . . . . . . . . . . . . . . . . . . . . . . . . . . . . . . . . . . . . . . . . . . . . . .

**Cramersche Regel** $A \in \mathcal{M}(n \times n)$ mit $\det(A) \neq 0$ und $Ax = c$, dann gilt

$$x_i = \frac{\det \left( A^1 \ldots A^{i-1} \, c \, A^{i+1} \ldots A^n \right)}{\det(A)} \quad \text{für jedes } i = 1, \ldots, n.$$

**Beispiel:** $\begin{pmatrix} 1 & 2 \\ 3 & 4 \end{pmatrix} \begin{pmatrix} x_1 \\ x_2 \end{pmatrix} = \begin{pmatrix} 5 \\ 6 \end{pmatrix},$

$x_1 = -\frac{1}{2} \begin{vmatrix} 5 & 2 \\ 6 & 4 \end{vmatrix} = -\frac{1}{2}(20 - 12) = -4, \quad x_2 = -\frac{1}{2} \begin{vmatrix} 1 & 5 \\ 3 & 6 \end{vmatrix} = -\frac{1}{2}(6 - 15) = 4\frac{1}{2}.$

$$(A^{-1}) = \frac{1}{\det(A)} \mathcal{K}^T = \frac{1}{\det(A)} \begin{pmatrix} \mathcal{K}_{11} & \cdots & \mathcal{K}_{n1} \\ \vdots & & \vdots \\ \mathcal{K}_{1n} & \cdots & \mathcal{K}_{nn} \end{pmatrix}.$$

$2 \times 2$-Fall: $\begin{pmatrix} a & b \\ c & d \end{pmatrix}^{-1} = \frac{1}{ad - bc} \begin{pmatrix} d & -b \\ -c & a \end{pmatrix}$, wobei $\mathcal{K} = \begin{pmatrix} d & -c \\ -b & a \end{pmatrix}$ ist.

Eine Matrix $A \in \mathcal{M}(n \times n)$ ist **positiv (negativ) definit**, falls
$$v^T A v > 0 \ (v^T A v < 0) \text{ für alle } v \in \mathbb{R}^n, \ v \neq 0 \text{ gilt .}$$
Gilt dies mit „$\geq$" bzw. „$\leq$" ist die Matrix positiv bzw. negativ **semi-definit**.
Eine symmetrische Matrix ist **positiv definit**, falls für die Unterdeterminanten
$$D_k := \det \begin{pmatrix} a_{11} & \ldots & a_{1k} \\ \vdots & & \vdots \\ a_{k1} & \ldots & a_{kk} \end{pmatrix} > 0 \quad \text{für alle } k = 1, \ldots, n \text{ gilt}$$
und **negativ definit** falls $(-1)^k D_k > 0$ für alle $k = 1, \ldots, n$ ist.

. . . . . . . . . . . . . . . . . . . . . . . . . . . . . . . . . . . . . . . . . . . . . . . . . . . . . . . . . . . . . . . . . . . . . . .

## Kapitel 14
. . . . . . . . . . . . . . . . . . . . . . . . . . . . . . . . . . . . . . . . . . . . . . . . . . . . . . . . . . . . . . . . . . . . . . .

**Eigenschaften einer Menge** $A \subset \mathbb{R}^n$:
**beschränkt:** Es gibt ein $K \in \mathbb{R}$, so dass $\|x\| < K$ für alle $x \in A$ gilt.
**abgeschlossen:** Für jede Folge $\{a_i\}_{i=0}^{\infty}$, $a_i \in A$ mit $\lim_{i \to \infty} a_i = a \in \mathbb{R}$ gilt $a \in A$.
**kompakt:** $A$ ist abgeschlossen und beschränkt.
**konvex:** Für $x, y \in A$ gilt $\lambda x + (1 - \lambda) y \in A$ für alle $\lambda \in [0, 1]$.

. . . . . . . . . . . . . . . . . . . . . . . . . . . . . . . . . . . . . . . . . . . . . . . . . . . . . . . . . . . . . . . . . . . . . . .

**Eigenschaften mehrdimensionaler Funktionen** $f : D \to T$, $D \subset \mathbb{R}^n$:
Modifikationen im Vergleich zu eindimensionalen Funktionen:
- beschränkt: Identisch mit $D \subset \mathbb{R}^n$.
- monoton: Identisch, aber nur für vergleichbare $x, y \in D \subset \mathbb{R}^n$.
- konvex/konkav: Identisch, aber statt $[a, b]$ eine konvexe Menge $M \subset D$
- Konvergenz und Stetigkeit: Identisch, aber mit Euklidischer Norm;
    $\|f(x) - f(a)\| < \varepsilon$ für alle $x \in D$ mit $\|x - a\| < \delta(\varepsilon)$.
- Bei Stetigkeit sind alle Richtungsableitungen „aus dem Inneren" zu betrachten.
- **Extremwertsatz:** (mehrdimensional):
$f : D \to \mathbb{R}$ **stetig** auf $S \subset D \subset \mathbb{R}^n$, $S$ **abgeschlossen** und **beschränkt** (d. h. kompakt).
$\implies f$ ist beschränkt und nimmt Minimum sowie Maximum auf $S$ an.

. . . . . . . . . . . . . . . . . . . . . . . . . . . . . . . . . . . . . . . . . . . . . . . . . . . . . . . . . . . . . . . . . . . . . . .

$f : D \to T$, $D \subset \mathbb{R}^n$ ist **quasikonkav** auf einer **konvexen** Teilmenge $M \subset D$, wenn
für alle $a \in \mathbb{R}$ die Menge $\{x \in M \mid f(x) \geq a\}$ **konvex** ist.

. . . . . . . . . . . . . . . . . . . . . . . . . . . . . . . . . . . . . . . . . . . . . . . . . . . . . . . . . . . . . . . . . . . . . . .

$f : D \to T$, $D \subset \mathbb{R}^n$ ist **homogen vom Grad** $r$, wenn für jedes $x \in D$ und jedes $\lambda > 0$
gilt $f(\lambda x) = \lambda^r f(x)$. Der Wert $r$ heißt **Homogenitätsgrad**.

. . . . . . . . . . . . . . . . . . . . . . . . . . . . . . . . . . . . . . . . . . . . . . . . . . . . . . . . . . . . . . . . . . . . . . .

## Kapitel 15
. . . . . . . . . . . . . . . . . . . . . . . . . . . . . . . . . . . . . . . . . . . . . . . . . . . . . . . . . . . . . . . . . . . . . . .

**Mehrdimensionale Ableitungen:**
Die **partielle Ableitung** $\frac{\partial}{\partial x_i} f(x)$ ist die Ableitung von $f(x_1, \ldots, x_n)$ mit $x_i$ variabel
und alle anderen $x_j$, $j \neq i$ konstant. $f$ ist **stetig differenzierbar**, falls alle partiellen
Ableitungen stetig in $(x_1, \ldots, x_n)$ sind.
Der Vektor grad $f(a) := \left( \frac{\partial}{\partial x_1} f(a), \ldots, \frac{\partial}{\partial x_n} f(a) \right)$ heißt **Gradient** bei $a \in D$.

Bei vektorwertigem $f : D \to \mathbb{R}^m$, $D \subset \mathbb{R}^n$ ist $Df(a) := \left( \frac{\partial}{\partial x_1} f(a), \ldots, \frac{\partial}{\partial x_n} f(a) \right)$ eine
$m \times n$-Matrix und heißt **Jacobi-Matrix** bei $a \in D$.

Die Matrix der zweiten partiellen Ableitungen heißt **Hesse-Matrix** bei $a \in D$.
Es gilt $\frac{\partial^2}{\partial x_i \partial x_j} f(a) = \frac{\partial^2}{\partial x_j \partial x_i} f(a)$ für alle $i, j = 1, \ldots, n$.

$$H(a) := \begin{pmatrix} \frac{\partial^2}{\partial x_1 \partial x_1} f(a) & \cdots & \frac{\partial^2}{\partial x_1 \partial x_n} f(a) \\ \vdots & & \vdots \\ \frac{\partial^2}{\partial x_n \partial x_1} f(a) & \cdots & \frac{\partial^2}{\partial x_n \partial x_n} f(a) \end{pmatrix}$$

Definitheit und Konvexität/Konkavität für $n = 2$:
$H_{11} < 0 (H_{11} > 0)$ und $H_{11}H_{22} - H_{12}^2 > 0 \implies H(a)$ negativ (positiv) definit.
$H_{11} \leq 0 (H_{11} \geq 0)$ und $H_{11}H_{22} - H_{12}^2 \geq 0 \implies H(a)$ negativ (positiv) semi-definit.
$H(x)$ positiv definit auf konvexem $S \implies f$ **streng konvex** auf $S$
$H(x)$ negativ definit auf konvexem $S \implies f$ **streng konkav** auf $S$
$H(x)$ positiv semi-definit auf konvexem $S \implies f$ **konvex** auf $S$
$H(x)$ negativ semi-definit auf konvexem $S \implies f$ **konkav** auf $S$

**Notwendige Bedingung** für ein lokales (inneres) Extremum $a$ ist:

$$\text{grad } f(a) = \left( \frac{\partial}{\partial x_1} f(a), \ldots, \frac{\partial}{\partial x_n} f(a) \right) = (0, \ldots, 0).$$

**Hinreichende Bedingung** für ein lokales (inneres) Extremum $a$ ist:
Ist $f : D \to \mathbb{R}, D \subset \mathbb{R}^n$ zweimal stetig (partiell) differenzierbar bei $a \in D$
und grad $f(a) = 0$, dann gilt
• $H(a)$ **negativ/positiv definit** $\implies a$ ist ein lokales **Maximum/Minimum**;
• $f$ **konkav/konvex** auf konvexem $S \implies a$ ist ein **Maximum/Minimum** auf $S$.

**Elastizität** von $f$: $E_f(x) := \frac{f'(x)x}{f(x)}$
**partielle Elastizität** $E_{x_i} f(x) := \frac{x_i}{f(x)} \frac{\partial}{\partial x_i} f(x)$.
**Satz von Euler:** Ist $f$ differenzierbar und homogen vom Grad $r$, dann gilt

$$\sum_{i=1}^{n} x_i \frac{\partial}{\partial x_i} f(x) = k f(x) \text{ und äquivalent } \sum_{i=1}^{n} E_{x_i} f(x) = r$$

**Umhüllungssatz:** Sei $F(x, r)$ stetig differenzierbar, $F^*(r) := \max_x F(x, r)$ und $x^*(r)$
der jeweilige **Maximierer**, d. h. $F^*(r) = F(x^*(r), r)$. Dann gilt

$$\frac{\partial F^*(r)}{\partial r} = \frac{\partial F(x^*(r), r)}{\partial r}.$$

**Satz über implizite Funktionen:** $F(x, y), x \in \mathbb{R}^n, y \in \mathbb{R}, F(a, b) = 0$
Ziel: Suche eine Funktion $g(x)$ mit $g(a) = b$ und $F(x, g(x)) = 0$.
Voraussetzung: $F(x, y)$ ist stetig differenzierbar, $F(a, b) = 0$, $\frac{\partial}{\partial y} F(a, b) \neq 0$.
Dann gibt es nahe $(a, b)$ genau eine Funktion $g(x)$ mit $g(a) = b$ und $F(x, g(x)) = 0$.
Für die Ableitung der impliziten Funktion bei $a$ gilt $g'(a) = -\frac{\frac{\partial}{\partial x} F(a, b)}{\frac{\partial}{\partial y} F(a, b)}$.

· · · · · · · · · · · · · · · · · · · · · · · · · · · · · · · · · · · · · · · · · · · · · · · · · · · · · · ·
## *Kapitel 16*
· · · · · · · · · · · · · · · · · · · · · · · · · · · · · · · · · · · · · · · · · · · · · · · · · · · · · · ·
**Optimiere:** $\max\{F(x)\,|\,x \in \mathscr{B}\}$ mit $\mathscr{B} := \{x \in \mathbb{R}^n \,|\, g_1(x) \geq c_1, \dots, g_m(x) \geq c_m\}$

1. Stelle die Lagrangefunktion $\mathscr{L}(x; \lambda_1, \dots, \lambda_m) = F(x) + \sum_{i=1}^m \lambda_i (g_i(x) - c_i)$ auf.
2. Setze die partiellen Ableitungen der Lagrangefunktion nach $x_j$ gleich Null:

$$\tfrac{\partial \mathscr{L}}{\partial x_j}(x; \lambda_1, \dots, \lambda_m) = \tfrac{\partial F}{\partial x_j}(x) + \sum_{i=1}^m \lambda_i \tfrac{\partial g_i}{\partial x_j}(x) \overset{!}{=} 0, \quad j = 1, \dots, n.$$

3. Formuliere die Bedingungen des komplementären Schlupfes

$$\lambda_i (g_i(x) - c_i) \overset{!}{=} 0, \quad i = 1, \dots, m.$$

4. Die Lösungen $(x^*, \lambda^*)$ aus 2. und 3. ergeben mögliche Optima.

· · · · · · · · · · · · · · · · · · · · · · · · · · · · · · · · · · · · · · · · · · · · · · · · · · · · · · ·
**Extremwertsatz:** $F$ stetig, alle $g_i$ stetig ($\Longrightarrow \mathscr{B}$ abgeschlossen) und $\mathscr{B}$ beschränkt, dann wird das Optimum angenommen.

· · · · · · · · · · · · · · · · · · · · · · · · · · · · · · · · · · · · · · · · · · · · · · · · · · · · · · ·
**Bemerkungen zur Optimierung unter Nebenbedingungen:**
- **Bindende Nebenbedingung** $g_i(x) = c_i$: Der zugehörige Lagrange-Multiplikator $\lambda_i$ darf negativ sein, ersetze dann $\lambda_i(g_i(x) - c_i) = 0$ durch $g_i(x) - c_i = 0$.
- **Minimierungsprobleme** können als Maximierung von $-F$ behandelt werden.
- **Hinreichende Bedingung:**

Seien $F$ und jede Funktion $g_i$, $i = 1, \dots, m$, konkav. Erfüllt $x^*$ die notwendigen Bedingungen, dann ist $x^*$ eine Lösung des Optimierungsproblems.

Seien $F$ und jede Funktion $g_i$, $i = 1, \dots, m$, stetig differenzierbar und quasikonkav. Erfüllt $x^*$ die notwendigen Bedingungen und $\mathrm{grad} F(x^*) \neq (0, \dots, 0)$, dann ist $x^*$ eine Lösung des Optimierungsproblems.

· · · · · · · · · · · · · · · · · · · · · · · · · · · · · · · · · · · · · · · · · · · · · · · · · · · · · · ·
## *Kapitel 17*
· · · · · · · · · · · · · · · · · · · · · · · · · · · · · · · · · · · · · · · · · · · · · · · · · · · · · · ·
**Komplexe Zahlen:** Eine komplexe Zahl $z \in \mathbb{C}$ ist von der Form $z = x + iy$, wobei i die imaginäre Zahl ist, die $i^2 = -1$ erfüllt.

Multiplikation: $(x + iy), (a + ib) \in \mathbb{C} \Longrightarrow (x + iy)(a + ib) = (xa - yb) + i(ya + xb)$

**Konjugiert komplex:** $\lambda = (x + iy) \in \mathbb{C} \Longrightarrow \bar{\lambda} := (x - iy) \in \mathbb{C}$

· · · · · · · · · · · · · · · · · · · · · · · · · · · · · · · · · · · · · · · · · · · · · · · · · · · · · · ·
**Vektorraum:** Menge $V$, Addition $+ : V \times V \longrightarrow V$, Multiplikation $\cdot : \mathbb{K} \times V \longrightarrow V$ erfüllen für $a, b, c \in V$ und $\alpha, \beta \in \mathbb{K}$:

a) $(a + b) + c = a + (b + c)$             b) $a + b = b + a$
c) $\alpha(a + b) = \alpha a + \alpha b$             d) $(\alpha + \beta)a = \alpha a + \beta a$
e) $(\alpha \beta)a = \alpha(\beta a)$             f) Es gibt $\mathbf{0} \in V$ mit $a + \mathbf{0} = a$ für alle $a \in V$
g) Es gibt zu jedem $a \in V$ ein $-a \in V$ mit $a + (-a) = \mathbf{0}$

Definitionen von **linear unabhängig**, **linear abhängig**, **Linearkombination**, **Basis** und **Dimension** stimmen mit denen in $\mathbb{R}^n$ überein, wenn $\mathbb{R}^n$ durch den Vektorraum $V$ und gegebenenfalls $\mathbb{R}$ durch $\mathbb{C}$ ersetzt wird.

· · · · · · · · · · · · · · · · · · · · · · · · · · · · · · · · · · · · · · · · · · · · · · · · · · · · · · ·
Sind $V$ und $W$ Vektorräume, dann ist das **Produkt**
$V \times W = \{(v, w) \,|\, v \in V, w \in W\}$ ein Vektorraum, $\dim(V \times W) = \dim V + \dim W$.

Ein **Unterraum** $U \subset V$ eines Vektorraumes $V$ erfüllt:
a) Es gibt ein $x \in U$     b) $x, y \in U \Longrightarrow x + y \in U$     c) $x \in U, \lambda \in \mathbb{R} \Longrightarrow \lambda x \in U$.

..................................................................................................

Sind $W$ und $W'$ Unterräume von $V$, dann ist $W + W' := \{w + w' \mid w \in W, w' \in W'\}$
ein Unterraum von $V$. Die Menge $W + W'$ heißt **Summe** von $W$ und $W'$ und es gilt
$$\dim(W + W') = \dim(W) + \dim(W') - \dim(W \cap W').$$
Ist zusätzlich $W \cap W' = \{0\}$, dann heißt $W + W'$ **direkte Summe** $W \oplus W'$.

..................................................................................................

Sind $W, W'$ Unterräume von $V$, dann ist auch $W \cap W'$ ein Unterraum von $V$.
**Achtung**, $W \cup W'$ ist i. A. **kein** Unterraum von $V$.

..................................................................................................

**Basisaustausch:** Ist $v_1, \ldots, v_r$ Basis von $V$ und $w = x_1 v_1 + \ldots + x_r v_r \neq 0$ eine Linearkombination mit $x_i \neq 0$. Dann bildet $v_1, \ldots, v_{i-1}, w, v_{i+1}, \ldots, v_r$ eine Basis von $V$.

..................................................................................................

Eine Abbildung $f : V \rightarrow W$ heißt **linear**, wenn für alle $x, y \in V$ und $\lambda \in \mathbb{R}$ gilt
a) $f(x + y) = f(x) + f(y)$ \hspace{2cm} b) $f(\lambda x) = \lambda f(x)$     .
**Bild:** $\mathrm{Im} f := f(V) := \{w \in W \mid$ es gibt ein $v \in V$ mit $f(v) = w\}$, $\mathrm{Rang} f := \dim(\mathrm{Im} f)$.
**Kern:** $\mathrm{Kern} f := \{v \in V \mid f(v) = 0\}$.

..................................................................................................

Sei $f : V \rightarrow W$ eine lineare Abbildung, dann gilt:
$f$ ist genau dann **injektiv**, wenn $\mathrm{Kern} f = \{0\}$, also $\dim \mathrm{Kern} f = 0$ gilt.
$f$ ist genau dann **surjektiv**, wenn $\mathrm{Im} f = W$, also $\dim \mathrm{Im} f = \dim W$ gilt.
$f$ ist genau dann **bijektiv**, wenn es injektiv und surjektiv ist.
**Rangsatz:** $\dim(\mathrm{Kern} f) + \dim(\mathrm{Im} f) = \dim V$.

..................................................................................................

Seien $v_1, \ldots, v_n$ und $w_1, \ldots, w_m$ Basen von $V$ und $W$ sowie $f : V \rightarrow W$ eine lineare Abbildung. Die **darstellende Matrix** von $f$ bezüglich der Basen $v_1, \ldots, v_n$ und $w_1, \ldots, w_m$ ist eine $m \times n$-Matrix, deren $i$-te Spalte $(a_{1i}, \ldots, a_{mi})^T$ die Koeffizienten der Linearkombination $f(v_i) = a_{1i} w_1 + \ldots + a_{mi} w_m$ enthält.
**Bsp.** $f(x, y) = \binom{x+2y}{x}$ bzgl. $\binom{1}{1}, \binom{1}{-1}$ als Basis von $V = W = \mathbb{R}^2$ impliziert:
$f(1, 1) = \binom{3}{1} = 2\binom{1}{1} + 1\binom{1}{-1}$ also 1. Spalte $\binom{2}{1}$ und
$f(1, -1) = \binom{-1}{1} = -1\binom{1}{-1}$ also 2. Spalte $\binom{0}{-1}$ und darstellende Matrix $\begin{pmatrix} 2 & 0 \\ 1 & -1 \end{pmatrix}$.

..................................................................................................

## Kapitel 18

..................................................................................................

Ein **Eigenvektor** von $f$ zu einem **Eigenwert** $\lambda \in \mathbb{R}$ (oder $\lambda \in \mathbb{C}$) ist $v \in V$, $v \neq 0$
mit
$$f(v) = \lambda v \iff v \in \mathrm{Kern}(f - \lambda \mathrm{Id})$$

$E_\lambda := \mathrm{Kern}(f - \lambda \mathrm{Id})$ heißt **Eigenraum**, $\dim E_\lambda$ heißt **geometrische Vielfachheit**.

..................................................................................................

$f : V \rightarrow V$ ist **diagonalisierbar** $\iff$ es gibt eine Basis aus Eigenvektoren
$A$ **diagonalisierbar** $\iff$ es gibt invertierbares $X$ mit
$D := X^{-1} A X$ ist Diagonalmatrix
Die Spalten von $X$ bilden eine Basis aus Eigenvektoren.

**Charakteristisches Polynom:**

$P_f(\lambda) := \det(f - \lambda\,\mathrm{Id}) = (-1)^n \lambda^n + a_{n-1}\lambda^{n-1} + \ldots + a_0$

Für eine $2 \times 2$-Matrix $A = \begin{pmatrix} a & b \\ c & d \end{pmatrix}$ gilt

$$P_A(\lambda) = \lambda^2 - (a+d)\lambda + (ad - bc) = \lambda^2 - \mathrm{spur}(A)\lambda + \det(A)$$

Für eine $3 \times 3$-Matrix gilt

$$P_A(\lambda) = -\lambda^3 + \lambda^2\mathrm{spur}(A) - \lambda(\det\mathcal{M}_{11} + \det\mathcal{M}_{22} + \det\mathcal{M}_{33}) + \det(A).$$

. . . . . . . . . . . . . . . . . . . . . . . . . . . . . . . . . . . . . . . . . . . . . . . . . . . . . . . . . .

Die Eigenwerte sind die Nullstellen des Charakteristischen Polynoms. **Polynomdivision** durch $\lambda - \lambda_0$, **Bsp.** $\lambda^2 - 2\lambda + 1$ mit $\lambda_0 = 1$

$$
\begin{array}{l}
\lambda^2 \;-\; 2\lambda \;+\; 1 : (\lambda - 1) = \lambda - 1 \\
\underline{-[\,\lambda^2 \;-\; \lambda\ \,]} \\
\qquad\qquad -\lambda \,+\, 1 \\
\qquad\qquad \underline{-[\,-\lambda \,+\, 1\,]} \\
\qquad\qquad\qquad\quad 0
\end{array}
$$

$$P_A(\lambda) = (-1)^n (\lambda - \lambda_1)^{m_1} \cdot \ldots \cdot (\lambda - \lambda_k)^{m_k} \qquad \text{im Bsp. } P_A(\lambda) = (\lambda - 1)^2$$

$m_i$ gibt an, wie häufig eine Nullstelle $\lambda_i$ auftritt, und wird mit **algebraische Vielfachheit** bezeichnet ($m_1 + \ldots + m_k = n$), im Bsp. ist $k = 1$ und $m_1 = 2$.

**$p$-$q$-Formel:** $\lambda^2 + p\lambda + q = 0$ hat Lösungen $\lambda_{\pm} = -\frac{p}{2} \pm \sqrt{\left(\frac{p}{2}\right)^2 - q}$ . . . . . . . . . . . . . .

**Bestimmung einer Basis von Eigenvektoren:**

1. Bestimme das Charakteristische Polynom.
2. Suche alle Eigenwerte $\lambda_i$ als Nullstellen des Charakteristischen Polynoms.
3. Bestimme zu jedem Eigenwert eine Basis von $E_{\lambda_i} = \mathrm{Kern}(A - \lambda_i\mathrm{Id})$ und $\dim E_{\lambda_i}$.
4. Ist **algebraische** (Exponent im Char. Polynom) gleich **geometrische Vielfachheit** ($\dim E_{\lambda_i}$) für alle Eigenwerte, so ist $A$ **diagonalisierbar** (die Basisvektoren der Eigenräume ergeben eine Basis von $V$ aus Eigenvektoren), sonst ist $A$ **nicht diagonalisierbar**.

. . . . . . . . . . . . . . . . . . . . . . . . . . . . . . . . . . . . . . . . . . . . . . . . . . . . . . . . . .

Zu einer reellen symmetrischen Matrix $A$ gibt es eine Orthonormalbasis aus Eigenvektoren von $A$. Ferner gilt:

- Jede reelle symmetrische Matrix ist diagonalisierbar mit **reellen** Eigenwerten.
- Jede reelle symmetrische Matrix ist genau dann **positiv (negativ) definit**, wenn alle Eigenwerte positiv (negativ) sind.

. . . . . . . . . . . . . . . . . . . . . . . . . . . . . . . . . . . . . . . . . . . . . . . . . . . . . . . . . .

Bei einer **linearen Differenzengleichung** ist der Ursprung **0** asymptotisch stabil, wenn für alle Eigenwerte $\|\lambda\| < 1$ gilt.

Der Ursprung **0** instabil, wenn für einen Eigenwerte $\|\lambda\| > 1$ gilt.

43
3
5
3
5
3
3
6
3
3

# Literatur

## Weitere Lehrbücher, Aufgaben- und Formelsammlungen

Die folgenden Zusammenstellung zeigt eine Auswahl von weiteren Büchern zum Thema.

- **Grundlagen:**

  - Dörsam (2003),
  - Gerlach, Schelten und Steuer (2004)
  - Küstenmacher, Partoll und Wagner (2003),
  - Purkert (2008),
  - Schwarze (2005).

- **Weitere Lehrbücher:**

  - Böhm (1982),
  - Karmann (2008),
  - Mosler, Dyckerhoff und Scheicher (2009),
  - Riedel und Wichardt (2007),
  - Sydsæter und Hammond (2009),
  - Pfuff (2009).

- **Aufgabensammlungen:**

  - Luderer (2008),
  - Riedel, Wichardt und Matzke (2009),
  - Schwarze (2008).

- **Formelsammlungen:**

  - Böker (2007),
  - Luderer, Nollau und Vetters (2008).

# Literaturverzeichnis

Amann H, Escher J (2006) Analysis I, 3. Aufl. Grundstudium Mathematik, Birkhäuser, Basel [u.a.]

Arrow KJ, Enthoven AC (1961) Quasi-Concave Programming. Econometrica 29:779–800

Auer L (2007) Ökonometrie: eine Einführung. Springer, Berlin [u.a.]

Bauer H (1992) Maß- und Integrationstheorie, 2. Aufl. De-Gruyter-Lehrbuch, de Gruyter, Berlin [u.a.]

Beutelspacher A (1992) „Das ist o. B. d. A. trivial!". Vieweg, Braunschweig, Wiesbaden

Böker F (2007) Formelsammlung für Wirtschaftswissenschaftler. Wi, Wirtschaft, Pearson Studium, München

Böhm V (1982) Mathematische Grundlagen für Wirtschaftswissenschaftler. Heidelberger Taschenbücher, 219, Springer, Berlin [u.a.]

Böhm V (1995) Arbeitsbuch zur Mikroökonomik I, 3. Aufl. Heidelberger Taschenbücher, Springer, Berlin [u.a.]

Cantor G (1895) Beiträge zur Begründung der transfiniten Mengelehre. Mathematische Annalen 46:481–512

Childress RL (1974) Mathematics for Managerial Decisions. Englewood Cliffs, N.J., Prentice Hall; xiv, 698

Dörsam P (2003) Mathematik anschaulich dargestellt., 11. Aufl. PD-Verlag, Heidenau

Fischer G (2008) Lineare Algebra: eine Einführung für Studienanfänger. Vieweg + Teubner, Wiesbaden

Forster O (2008a) Analysis 1: Differential- und Integralrechnung einer Veränderlichen. Vieweg+Teubner, Wiesbaden

Forster O (2008b) Analysis 2: Differentialrechnung im $\mathbb{R}^n$, gewöhnliche Differentialgleichungen. Vieweg+Teubner, Wiesbaden

Frohn J (1995) Grundausbildung in Ökonometrie, 2. Aufl. De-Gruyter-Lehrbuch, de Gruyter, Berlin [u.a.]

Gerlach S, Schelten A, Steuer C (2004) Rechentrainer „Schlag auf Schlag – Rechnen bis ich's mag", 6. Aufl. Studeo-Verl., Berlin

Hackl P (2005) Einführung in die Ökonometrie. Pearson Studium, München [u.a.]

Hildebrandt S (2006) Analysis 1. Springer-Lehrbuch, Springer, Berlin [u.a.]

Jänich K (2008) Lineare Algebra, 11. Aufl. Springer, Berlin [u.a.]

Karmann A (2008) Mathematik für Wirtschaftswissenschaftler: problemorientierte Einführung. Oldenbourg, München

Kistner KP (2003) Optimierungsmethoden: Einführung in die Unternehmensforschung für Wirtschaftswissenschaftler, 3. Aufl. Physica-Verl., Heidelberg

Kuhn HW, Tucker AW (1951) Nonlinear programming. In: Proceedings of the Second Berkeley Symposium on Mathematical Statistics and Probability, University of California Press, Berkeley and Los Angeles, pp 481–492

Küstenmacher WT, Partoll H, Wagner I (2003) Mathe macchiato. Pearson Education Inc.; 208, München

Luderer B (2008) Klausurtraining Mathematik und Statistik für Wirtschaftswissenschaftler. Vieweg+Teubner, Wiesbaden

Luderer B, Nollau V, Vetters K (2008) Mathematische Formeln für Wirtschaftswissenschaftler. Teubner, Wiesbaden

Mosler K, Dyckerhoff R, Scheicher C (2009) Mathematische Methoden für Ökonomen. Springer-Lehrbuch, Springer, Berlin [u.a.]

Pfuff F (2009) Mathematik für Wirtschaftswissenschaftler kompakt. Vieweg+Teubner, Wiesbaden

Purkert W (2008) Brückenkurs Mathematik für Wirtschaftswissenschaftler. Teubner, Wiesbaden

Riedel F, Wichardt P (2007) Mathematik für Ökonomen. Springer-Lehrbuch, Springer, Berlin [u.a.]

Riedel F, Wichardt P, Matzke C (2009) Arbeitsbuch zu Mathematik für Ökonomen. Springer-Lehrbuch, Springer, Berlin [u.a.]

Schwarze J (2005) Mathematik für Wirtschaftswissenschaftler 1: Grundlagen, 12. Aufl. NWB-Studienbücher Wirtschaftswissenschaften, NWB-Verlag, Herne/Berlin

Schwarze J (2008) Mathematik für Wirtschaftswissenschaftler/Aufgabensammlung, NWB Studium Betriebswirtschaft, Vol. Aufgabensammlung, 6. Aufl. NWB-Verlag, Herne/Berlin

Sydsæter K, Hammond P (2009) Mathematik für Wirtschaftswissenschaftler, 3. Aufl. Wi, Wirtschaft, Pearson Studium, München [u.a.]

# Sachverzeichnis